国家中职教育改革发展示范校项目建设成果

数控车加工与项目实践

（数控车工一体化学材）

主　编　王新国　纪东伟
参　编　蔡锐东　陈廷堡
主　审　陈　强　蓝韶辉

图书在版编目（CIP）数据

数控车加工与项目实践／王新国，纪东伟主编．—杭州：浙江大学出版社，2013．8
ISBN 978-7-308-11882-8

Ⅰ．①数… Ⅱ．①王… ②纪… Ⅲ．①数控机床—车床—车削—加工工艺②数控机床—车床—程序设计 Ⅳ．①TG519．1

中国版本图书馆 CIP 数据核字（2013）第 170809 号

内容简介

数控加工是具有代表性的先进制造技术，数控车更是应用最为广泛的数控机床，在机械制造的各个行业已普及。

本书基于“工学结合”一体化的教学模式编写，分成两大阶段，第一阶段为基础篇，在具有一定理论基础与专业基础的基础上，掌握数控车的基础知识；第二阶段是进阶篇，以若干典型的应用实例为背景，重点突出数控车加工和NC编程的基本思路和关键问题，使读者把握学习的要点，迅速达到独立进行一般复杂程度的数控车加工操作及编程的水平，以适应以后的工作环境。

本书适用于职业院校数控车加工课程的教材以及数控技术培训教材。也可作为数控车床操作与编程人员的自学教材和参考书。

数控车加工与项目实践

主　编　王新国　纪东伟
参　编　蔡锐东　陈廷堡

责任编辑　杜希武
封面设计　刘依群
出版发行　浙江大学出版社
（杭州市天目山路148号　邮政编码310007）
（网址：http://www.zjupress.com）
排　　版　杭州好友排版工作室
印　　刷　杭州日报报业集团盛元印务有限公司
开　　本　787mm×1092mm　1/16
印　　张　20．5
字　　数　498千
版 印 次　2013年8月第1版　2013年8月第1次印刷
书　　号　ISBN 978-7-308-11882-8
定　　价　48．00元

前　言

随着数控加工技术的迅速发展，新工艺、新技术在机械制造领域得到了普遍应用，并且将越来越普及，其高精度、高适应性、高柔性加工、高效率等方面的优越性已经显露出来，并且有替代传统机械制造加工的趋势。

编者为在数控车工教学一线的教师，在多年教学过程中，不断收集学生的意见和建议，反复比较教学的效果，并在合作企业的专家指导下，不断修改、整理，同时在结合国家职业资格考试标准的基础上，逐步形成了本书的教学内容，并在实践教学过程中逐渐形成了"工学结合"一体化教学模式的教学方法和特点。

该一体化教材共分为两大阶段。第一阶段为基础篇，主要学习数控车工需要掌握的基础知识；第二阶段是进阶篇，第一阶段的学习达到学校的教学要求后，适当予以提高，以适应以后的工作环境。

第一阶段中的项目一、项目二是入门篇，用了较为详细的文字描述了数控车工最基本的入门知识，以帮助绝大多数学生能顺利的进入到数控车工加工的理念中来。项目三是在学生入门后体验轻巧的编程方法，项目四是过渡，也是对前面数控车工编程理论的全面复习。项目五讲授的是外螺纹的加工方法，顺便把内螺纹的一些知识讲授出来，是第一阶段中的重要一篇，项目六到项目十三，是数控车工编程中的各个循环和单一指令的讲解。第一阶段的项目一到项目十三的练习工件的尺寸精度逐步提高。

第二阶段中的项目一是数控车工中级工的进阶篇，是在完成第一阶段的学习任务后的综合应用；项目二是过渡，拓展一下加工的内容并开始接触一般工件的内孔；项目三是简单配合件的练习，主要练习内螺纹的加工；项目四是复合件的练习，是对数控车工基础知识的全面练习；项目五和项目六是拓展综合练习，以提高学生在工作中的适应性；教材中有些重复内容，是为在教学实践中获得的反馈而设置的。

本书以 FANUC 系统为主，没有特殊说明，均是以 FANUC 系统为内容讲解的；华中系统为辅，华中系统的指令前均用▲符号表示。

珠海市技师学院安排了专业能力强、教学经验丰富的教师来承担本书的编写工作。由王新国、纪东伟为主编，蔡锐东、陈廷堡为参编，陈强、蓝韶辉为主审，全书由蔡锐东进行校对。本书适用于职业院校数控加工专业或相近专业的师生使用，也可供有关工程技术人员参考。由于我们的水平所限、经验不足，参考资料欠缺，且时间紧迫，唯恐事与愿违，本书一定存在大量不足之处，我们恳切期望各位读者提出宝贵意见，以便以后修改。请通过以下方式与我们交流：

- 网　站：　www.51cax.com
- E-mail：book@51cax.com
- 致　电：　0571－28811226，28852522

珠海市技师学院深度合作企业珠海市旺磐精密机械有限公司詹益恭副总经理，在本课程建设及教材编写中积极给予技术指导；杭州浙大旭日科技开发有限公司为本书配套提供立体教学资源库、教学软件及相关协助；在此，我们谨向所有为本书提供大力支持的有关人员、合作企业，以及在组织、撰写、研讨、修改、审定、打印、校对等工作中做出奉献的同仁表示由衷的感谢。

编　者

2013 年 7 月

目　　录

第二阶段　进阶篇

绪论 车间勤务

一、车间勤务

(一)数控车床实习相关管理规定

1. 实训学员守则

<table>
<tr><td colspan="6">××技工学校</td></tr>
<tr><td>文件名称</td><td>实训学员守则</td><td>编写日期</td><td colspan="3">××年×月</td></tr>
<tr><td>文件编号</td><td></td><td>版　　次</td><td>A0</td><td>机号</td><td></td></tr>
<tr><td>目　　的</td><td colspan="5">为使学员养成良好的工作学习习惯,规范学员日常行为,培养学员职业素养,确保安全文明生产,提高实训质量,特制定本守则。</td></tr>
<tr><td>适用范围</td><td colspan="5">数控车、数控铣/加工中心车间</td></tr>
<tr><td>责任部门</td><td colspan="5">数控实训中心教研室</td></tr>
<tr><td>内容</td><td colspan="5">1. 学员在实训前须接受实训中心规章制度及安全文明生产教育,否则不准参加实训,并作旷课处理;
2. 学员在进入实训中心前须按规定穿戴好工作服、鞋帽,否则不准进入实训车间,并作旷课处理;
3. 实训前,在班主任及实训(一体化)教师指导下做好分组工作,并选出实训小组组长;
4. 实训期间,学员必须严格遵守出勤制度,不得无故迟到、早退或无故离岗,请假必须填写《学员请假单》,经实训(一体化)指导教师或班主任批准后方为有效,否则作旷课处理;
5. 实训期间,学员必须严格听从实训(一体化)指导教师的安排,不许做与实训内容无关的事情;
6. 实训期间,不允许学员看报纸、杂志、小说等无关实训的书籍、资料;
7. 实训期间,不允许学员带早餐、零食等进入实训场内;
8. 实训期间,不允许学员带手机、游戏机、MP3、MP4 进入实训场内;
9. 实训期间,不允许学员趴在或倚靠在课桌、工具柜、机床上;
10. 实训期间,各学员必须注重安全文明生产,不允许在实训场内追逐打闹;
11. 实训期间,各学员必须遵守 6S 相关规定,自觉维护良好的实训工作环境;
12. 实训期间,各组学员轮流进行机床点检后如实填写《机床操作人员日常点检表》;
13. 上、下午实训课结束后,各组学员按指定地点列队,值日生考勤,实训(一体化)教师宣布下课后方可离开;
14. 每周五下午结束实训前半小时,由值日生安排全体学员进行卫生大扫除;
15. 实训场作息时间:8:30~10:05→工间休息→10:15~12:00→中午休息→14:30~16:15→放学。</td></tr>
<tr><td>核　准</td><td></td><td>审　核</td><td></td><td>责任人</td><td></td></tr>
</table>

2. 实训中心工具柜管理规则

<table>
<tr><td colspan="6">××技工学校</td></tr>
<tr><td>文件名称</td><td>实训中心工具柜管理规则</td><td>编写日期</td><td colspan="3">××年×月</td></tr>
<tr><td>文件编号</td><td></td><td>版　　次</td><td>A0</td><td>机号</td><td></td></tr>
<tr><td>目　　的</td><td colspan="5">为使学员养成良好的工作习惯，规范工量具（器具）的使用，培养学员的责任心，确保安全文明生产，特制定本规则。</td></tr>
<tr><td>适用范围</td><td colspan="5">数控车、数控铣/加工中心车间</td></tr>
<tr><td>责任部门</td><td colspan="5">数控实训中心教研室</td></tr>
<tr><td>内容</td><td colspan="5">1. 实训场按每台机床配备一个相同编号的工具柜及相应的工、量、刃、洁具一批（附清单），不得随意挪动或调乱；
2. 学员在开始实训时在指导教师处领取工具柜锁匙并领取及清点工、量、刃、洁具，学员在确认各物品完好无损及数量、规格、型号无异议后，由实训小组组长在《工具柜及工、量、刃、洁具领用单》上签名；实训结束后，经实训（一体化）指导教师检验确认无误后归还，并在《工具柜及工、量、刃、洁具领用单》上签名；
3. 在实训过程中，每个实训小组各成员共同使用工具柜及工、量、刃、洁具，小组各成员必须爱护公物，规范使用工、量、刃、洁具；
4. 学员应严格按照相关规程保管、放置、使用工、量、刃、洁具，每次使用完工量具后要擦拭干净，进行保养并放入盒内，不得随意摆放；
5. 实训结束后，各组应按《量具保养规程》对量具进行保养；
6. 工具柜内的物品必须严格按标准的位置放置，不得随意摆放；
7. 对于管理不善、保养不良、使用不当的学员，视情节轻重分别给予相应的批评教育；
8. 工量具因人为因素损坏或丢失，由小组成员共同照价赔偿。</td></tr>
</table>

核　准		审　核		责任人	

3. 实训中心值日生职责

<table>
<tr><td colspan="6">××技工学校</td></tr>
<tr><td>文件名称</td><td>实训中心值日生职责</td><td>编写日期</td><td colspan="3">××年×月</td></tr>
<tr><td>文件编号</td><td></td><td>版　　次</td><td>A0</td><td>机号</td><td></td></tr>
<tr><td>目　　的</td><td colspan="5">为培养学员良好的工作习惯及工作规范，维护实训环境，确保安全文明生产，特制定本规程。</td></tr>
<tr><td>适用范围</td><td colspan="5">数控车、数控铣/加工中心车间</td></tr>
<tr><td>责任部门</td><td colspan="5">数控实训中心教研室</td></tr>
<tr><td>内容</td><td colspan="5">1. 值日生以实训小组为单位，各小组轮流担任，实训小组组长统筹安排本小组成员当天值日工作；
2. 负责检查实训学员出勤情况，每天上下班时负责召集实训小组全体学员考勤点名，做好记录并报告实训(一体化)指导教师；
3. 负责批准本小组实训学员的临时离岗申请，发放和收回离岗卡(同一时间只允许一人离岗)，并同时做好记录；
4. 在实训过程中和实训完成后，检查实训学员 6S 执行情况，并做好记录；
5. 负责检查各组的《机床操作人员日常点检表》填写情况并做好记录；
6. 随时对违反学校及数模实训中心规章制度的实训学员提出警告并做好记录；
7. 上、下午实训结束后，负责清洁清扫教学场所及公共卫生责任区，负责关窗、关门，整理公共使用的设备、工具，由值日生组长负责监督实施；
8. 每天实训结束后，及时更新实训管理通告牌，如实填写每天的实训情况；
9. 每周五下午负责组织、带领全体学员进行大扫除；
10. 每天上午班前开会，汇报、点评前一天 6S 检查情况及违章违纪情况。</td></tr>
<tr><td>核　准</td><td></td><td>审　核</td><td></td><td>责任人</td><td></td></tr>
</table>

4. 书籍、资料管理规则

<table>
<tr><td colspan="6">××技工学校</td></tr>
<tr><td>文件名称</td><td>书籍、资料管理规则</td><td>编写日期</td><td colspan="3">××年×月</td></tr>
<tr><td>文件编号</td><td></td><td>版　　次</td><td>A0</td><td>机号</td><td></td></tr>
<tr><td>目　　的</td><td colspan="5">为使学员养成良好的工作习惯，规范书籍、资料的使用，培养学员的责任心及自主学习的积极性，特制定本规则。</td></tr>
<tr><td>适用范围</td><td colspan="5">数控车、数控铣/加工中心车间</td></tr>
<tr><td>责任部门</td><td colspan="5">数控实训中心教研室</td></tr>
<tr><td>内
容</td><td colspan="5">1. 实训场按每台机床配备一个相同编号的资料柜及相应的书籍、资料一批(附清单)，不得随意挪动或调乱；
2. 学员在开始实训时在指导教师处领取资料柜及书籍、资料，学员在确认各物品完好无损及数量、编号、版本无异议后在《书籍、资料领用单》上签名；实训完后，经指导教师检验确认无误后归还，并在《书籍、资料领用单》上签名；
3. 在实训过程中，小组各成员共同使用书籍、资料，各成员必须爱护公物，不得在书籍、资料上乱涂、乱写、乱画；
4. 学员应保管好柜内物品，每次使用完后应清洁、整理好书籍、资料，不得随意摆放；
5. 资料柜内不得放置其他任何物品，如工件、工量具、书包、手机等，否则作没收处理；
6. 资料柜必须时刻保持干净、整洁；
7. 对于管理不善、使用不当、乱涂、乱写、乱画的学员，视情节轻重分别给予相应的批评教育；
8. 资料柜及书籍、资料因人为因素损坏或丢失，由小组成员共同照价赔偿。</td></tr>
</table>

核　准		审　核		责任人	

5．衣帽柜管理规则

<table>
<tr><td colspan="5">××技工学校</td></tr>
<tr><td>文件名称</td><td>衣帽柜管理规则</td><td>编写日期</td><td colspan="2">××年×月</td></tr>
<tr><td>文件编号</td><td></td><td>版　　次</td><td>A0</td><td>机号</td></tr>
<tr><td>目　　的</td><td colspan="4">为使学员养成良好的工作习惯，严肃实训场的纪律，培养学员良好的职业素养，确保安全文明生产，特制定本规则。</td></tr>
<tr><td>适用范围</td><td colspan="4">数控车、数控铣/加工中心车间</td></tr>
<tr><td>责任部门</td><td colspan="4">数控实训中心教研室</td></tr>
<tr><td>内容</td><td colspan="4">1．学员在实训期间，实训场为每位学员配备一个衣帽柜，用以学员在上班时存放私人物品；
2．衣帽柜必须时刻保持干净、整洁；
3．在实训过程中，各成员必须爱护公物，不得在衣帽柜上乱涂乱画；
4．对于管理不善、使用不当、乱涂乱画的学员，视情节轻重分别给予相应的批评教育；
5．衣帽柜因为个人因素损坏的，由个人负责照价赔偿。
6．衣帽柜必须时刻保持干净、整洁；
7．对于管理不善、使用不当、乱涂、乱写、乱画的学员，视情节轻重分别给予相应的批评教育；
8．衣帽柜因人为因素损坏或丢失，由小组成员共同照价赔偿。</td></tr>
</table>

核　准		审　核		责任人	

6. 数控车床安全操作规程

<table>
<tr><td colspan="6">××技工学校</td></tr>
<tr><td>文件名称</td><td>数控车床安全操作规程</td><td>编写日期</td><td colspan="3">××年×月</td></tr>
<tr><td>文件编号</td><td></td><td>版　次</td><td>A0</td><td>机号</td><td></td></tr>
<tr><td>目　　的</td><td colspan="5">为了正确合理、规范使用数控机床，减少机床故障的发生，延长机床的使用寿命，确保安全文明生产，特制定本规程。</td></tr>
<tr><td>适用范围</td><td colspan="5">数控车、数控铣/加工中心车间</td></tr>
<tr><td>责任部门</td><td colspan="5">数控实训中心教研室</td></tr>
<tr><td>内
容</td><td colspan="5">1. 学员必须遵守一般金属切削机床的安全操作规程；
2. 学员在进入实训中心前须按规定穿戴好工作服、鞋帽等安全防护用品，不允许穿拖鞋、短裤、裙子进入车间，女生在进入车间时必须戴工作帽；严禁在车间内打闹、追逐；
3. 严禁戴手套操作机床；
4. 学员必须熟悉该数控机床的性能、结构、各部件的运动形式、操作程序及紧急停车的方法，经实训指导教师同意后方可上机操作；
5. 不得在通道上、机床防护罩上放置任何物品；
6. 不准随意修改、删除机床内文件和重要参数；
7. 开机程序：总电源→机床电源→面板电源；
8. 开机前按机床《点检表》上各项目进行机床检查、保养，并签核记录；然后开机低速运转 3～5 分钟进行预热；如机床长时间不开动，应对导轨面等进行防锈处理；
9. 使用的刀具应与机床允许的规格相符，有严重破损的刀具应及时更换，并向当班老师报备；
10. 在校表时，严禁使用 G00 快速进给，必须使用手持器操作；
11. 开机加工前确认工件是否放正、夹紧，卡盘扳手、刀具扳手、毛刷等物品不得遗留在机床内，且机床开动前确认关好机床防护门，加工过程中严禁打开防护门；
12. 车削过程中，不得随意触动操作面板上的按键及开关；
13. 加工过程中严禁离开岗位，加工中发现异常现象应立即停车，应报告当班教师并备案；
14. 程序输入后，应再次仔细检查，确认程序名、刀补、刀具直径、坐标中心、切削参数等符合要求后进行模拟加工，一切正常后待指导教师确认方可开机加工（模拟后必须回零）；
15. 在进行首次车件时，单段执行，并且把进给倍率调至低挡位置，车刀到达进刀点位置正常后，方能按程序设置进给速度自动执行加工；
16. 开机或重新启动机床后必须先回零，严禁在切削过程中停止主电机；
17. 严禁用手或其他方式接触旋转的主轴、工件及其他运动部件；拆卸、测量工件时必须等卡盘停稳后方可进行；
18. 机床不加工时，应把状态放在非“AUTO”挡上，以防误动；
19. 严禁使用压缩空气清理切屑、工作台和机床导轨面，需使用铁钩或毛刷来清理；
20. 加工完毕后按 6S 要求打扫、清理工作现场，保养机床，把工作台、刀架及尾座停置在规定的位置，依次关闭操作面板上电源→机床电源→总电源。</td></tr>
<tr><td>核　准</td><td></td><td>审　核</td><td></td><td>责 任 人</td><td></td></tr>
</table>

(二)数控机床的维护保养

1. 日保养

启动数控车床前,检查润滑油油箱的液面是否低于最低界面;如果低于最低界面,应当添加润滑油达到规定界面后方可启动数控车床。

数控车床通电后,应检查机床的控制设备是否异常;如果有异常,应当排除异常后方可使用数控车床。

启动数控车床后,主轴应当空运转达 15 分钟以上达到热平衡后方可进行切削加工。

数控车床在运转时有异常响声等现象,应当及时停机,待排除故障后方可继续使用。

每天中午停机前,应当把大托板移动到数控车床的尾座处,车床导轨上的切屑扫除到车床的积屑箱,车床周围的卫生打扫干净,工具箱的物品按照规定清点、检查量具工具等物品的数量和性能、盘放整齐后,方可停电离开。

每天下午停机前,应当把大托板移动到数控车床的尾座处,将车床上和车床周围的卫生打扫干净,工具箱的物品按照规定清点、检查量具工具等物品的数量和性能、盘放整齐后,方可停电离开。

2. 周保养

检查、添加数控车床润滑油油箱的液面达到规定的要求,并检查润滑油的润滑效果。

检查冷却风扇的通风效能,清洁通风滤网。

检查机床的控制按钮是否异常并及时更换损坏的按键。

检查机床刀架的性能,特别是刀具固定螺钉底面是否为圆弧面并及时修正。

检查机床尾座的性能并及时修正。

如果长时间不工作,应保持每 7 天送一次电,使电器元器件及数控系统通电运行 2～3 小时,以驱赶电器柜内部的潮湿,并为电池充电。

二、数控车床车间的安全知识

(一)进入数控车床车间的安全知识

(1)进入数控车床车间,要穿厚底的包裹住脚面的鞋,不准穿凉鞋、拖鞋等裸露出脚面和脚底的鞋进入车间。

(2)在数控车间行进中要注意安全,不得在行进中观看机床操作,只有停下来才能观看机床操作。

(3)在数控车床车间内不得打闹、游戏、跳跃、奔跑。

(4)没有经过车间实习老师的允许,不得擅自开动机床。

(5)时刻牢记“紧急停车按钮”或“电源总开关”的位置,以便紧急时刻操作它们。

(二)数控车床操作的安全知识

(1)机床电源接通之前,检查各部分的正确连接,关闭所有防护门,以防止外界物质(如灰尘、铁屑等)进入机床电器柜及操作台内部。

(2)在数控车床通电之后、应检查润滑油泵和冷却风扇工作是否正常;如有问题,应及时排除;排除故障前,不得启动数控车床。

(3)在数控车床通电之后、开动之前,检查机床有无漏电现象:其方法是用手背轻轻触摸一下机床裸露的金属表面,不得用湿手触摸电控元器件。

(4)严禁戴手套操作数控车床,长头发操作人员应戴防护帽并将长发挽于帽内。操作人员工作服的袖口应系紧。

(5)操作人员应佩戴防护眼镜,以免在加工零件时因切屑飞出而损伤眼睛。

(6)数控车床通电后,确保卡盘卡爪在安全状态下(夹紧状态下),方可使主轴转动。工件没有夹紧前,不得开动机床。

每次开动数控车床前,应检查卡盘扳手是否已经从卡盘上卸掉,以免卡盘扳手飞出或卷住而造成人身伤害。

(7)数控车床工作时,不准用手去除切屑,以免划伤手或手被旋转的主轴缠绕而出现人身伤害。

(8)机床加工过程中,不能接触或接近驱动部件,不得将头、手伸向运动部件,严禁戴领带、项链等脖子上的悬挂物操作车床,以防引发严重事故。

(9)每台数控车床每次只准许一名人员操纵,严禁两人以上(含两人)同时操作机床,操作机床者不得倚靠在车床上操作。

(10)整理卫生时,清除切屑要用钩子和刷子,不可用手直接清除。

(11)不得随意拆装车床上的电气设备和其他附件,更换保险丝时一定要切断电源,并且用相同规格的保险丝更换。

(12)不要敲击、拍打电器柜及操作台,以防引起错误的报警和事故的发生。

(13)严禁随意改变机床参数及电器元器件的设定值。

(14)机床开动时关好防护门,防止铁屑飞出伤人。

三、实习小组的划分及各实习小组的职责

(1)每个班安排一名实习组长,负责全体实习学生的考勤和与班主任、实习老师之间的联系。

(2)每台数控车床有若干人员组成一个实习小组,安排一名实习小组长,负责安排本小组的量具、工具、刃具、清洁用具等物品的保管和本小组实习顺序、人员纪律、卫生值日的安排,并督促本小组实习学生按时按要求完成工件的加工练习和工作页、工件的检测和上交实习工件和工作页。

实习小组长负责或委托本组的其他实习学生保管本台机床的工具柜钥匙、工具、量具、刃具和洁具。

(3)每个实习班级在数控车床实习的第一个半天,按照事先预分的实习小组分配实习车床,实习小组长负责或委托本组的实习学生清点并记录工具柜内的量具、工具、刃具、洁具、附件等实习用品;在实习的最后一个半天,由实习老师按照记录按组清点、验收工具柜内的

量具、工具、刃具、洁具、附件等实习用品。

(4)实习用品正常损坏不需赔偿。每个实习小组无故丢失、非正常损坏实习物品，由丢失、非正常损坏的人员赔偿，如果责任不清，由全组实习学生赔偿。

四、数控车床实习评分标准

(1)按照学校安排的数控车床实习教学时间和每个班级具体的实习进度情况，由数控车床实习老师确认每次实习的内容和每一个实习项目。

(2)每次实习分数为 100 分，分为实习勤务分和实习项目分，各个实习内容的分数比为：实习勤务占 40%，实习项目占 60%。具体分配如下：

实习勤务(40%)：安全纪律 20%、卫生 10%、考勤 10%。

实习项目 60%：按照具体的实习项目多少，平均分配。每个实习项目评分包含理论作业题(引导问题)的分数(占 50%)和实习练习工件的分数(占 50%)。

(3)实习项目的评分方法采用学生自己测分和老师测分的方法综合评分；如果学生自己的测分与老师的测分不一致导致争议，则要查阅标准答案进行合议评分，合议评分后的分数是实习学生在本项目的最终分。

五、附件

(一)量具的规格及用途

1. 游标卡尺(如图 0-1 所示)

游标卡尺的结构：游标卡尺的结构主要由尺身、尺框、深度尺、游标、上下量爪、紧固螺钉、片弹簧、微动装置几部分组成。

常见的量程一般有：0～100mm、0～125mm、0～150mm、0～300mm、0～500mm、0～1000mm、0～1500mm、0～2000mm 等几种。

测量精度范围有：0.10mm、0.05mm、0.02mm(0.01mm)等几种，机械制造一般使用测

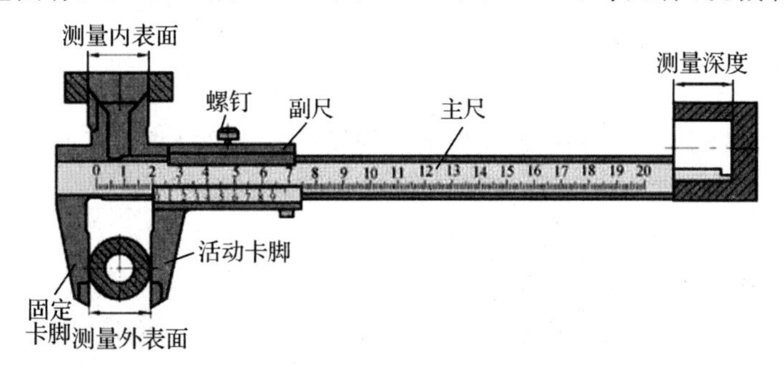

图 0-1 游标卡尺

量精度范围为 0.02mm 的一种。

表达方式:测量范围×测量精度范围。

例如,测量范围 0～150、测量精度范围 0.02 的表达式为 0～150×0.02。

游标卡尺用途是测量工件内、外径尺寸、长度尺寸(宽度、厚度、高度尺寸)、深度尺寸和孔距等。

2. 深度游标卡尺(如图 0-2 所示)

深度游标卡尺的结构:其结构主要由尺身、尺框、紧固螺钉、游标、调节螺钉、片弹簧几部分组成。

常见的量程一般有:0～100mm、0～150mm、0～300mm、0～500mm 等几种。

测量精度范围有:0.1mm、0.05mm、0.02mm、0.01mm 等几种。

表达方式:测量范围×测量精度范围。

例如,测量范围 0～300、测量精度范围 0.02 的表达式为 0～300×0.02。

深度游标卡尺用途主要用于测量阶梯形、盲孔、曲槽等工件的深度。

3. 高度游标卡尺(如图 0-3 所示)

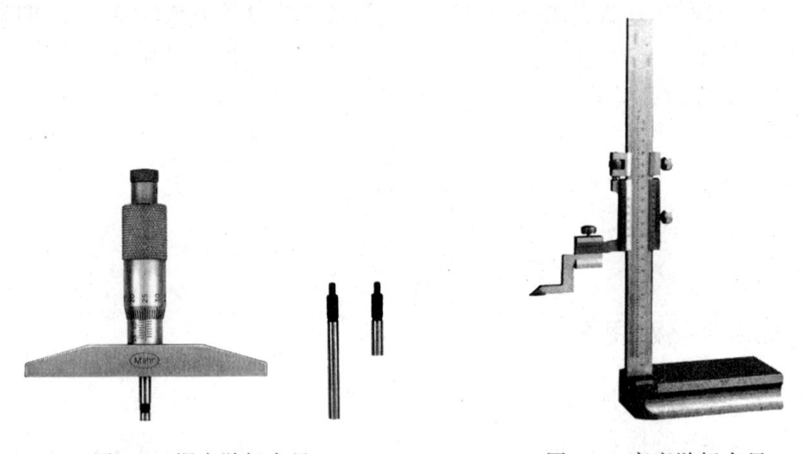

图 0-2　深度游标卡尺　　　　图 0-3　高度游标卡尺

高度游标卡尺的结构主要由尺身、微动框、尺框、游标、紧固螺钉、划线爪、底座几部分组成。

常见的量程一般有:0～300、0～500mm 等。测量精度范围有:0.02mm、0.01mm 等几种。表达方式为测量范围×测量精度范围。

例如,测量范围 0～300、测量精度范围 0.02 的表达式为 0～300×0.02。

高度游标卡尺的测量工作是通过尺框上的划线爪沿着尺身相对于底座位移进行测量或划线,其主要用于测量工件的高度尺寸、相对位置和精密划线。

注意:高度游标卡尺测量或划线时,应当在平台上进行。

4. 齿厚游标卡尺(如图 0-4 所示)

其结构主要由水平主尺、微动螺母、游标、游框、活动量爪、高度尺、固定量爪、紧固螺钉、垂直主尺几部分组成。

常见的量程一般有:M1～18、M1～26(模数)等。

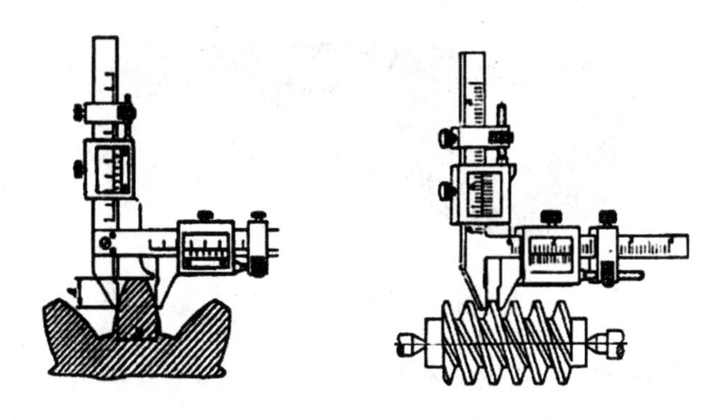

图 0-4　齿厚游标卡尺

表达方式:模数为 1～26 的齿厚游标卡尺表示为 M26。

齿厚游标卡尺用于测量直齿和斜齿圆柱齿轮的固定弦齿厚和分度圆弦齿厚。

5. 万能角度尺(如图 0-5 所示)

万能角度尺的结构主要由主尺、基尺、制动器、扇形板、直角尺、直尺、卡块、微动装置几部分组成。

常见的量程一般为 0°～320°外角及 40°～130°内角。

测量精度范围有 2′和 5′两种。

表达方式:测量范围×精度。

例如:测量范围为 0°～320°、读数值为 2′、允许误差为 2′的表达式为:0°～320°×2′。

万能角度尺的用途是以接触法按游标读数测量工件角度和进行角度划线的。

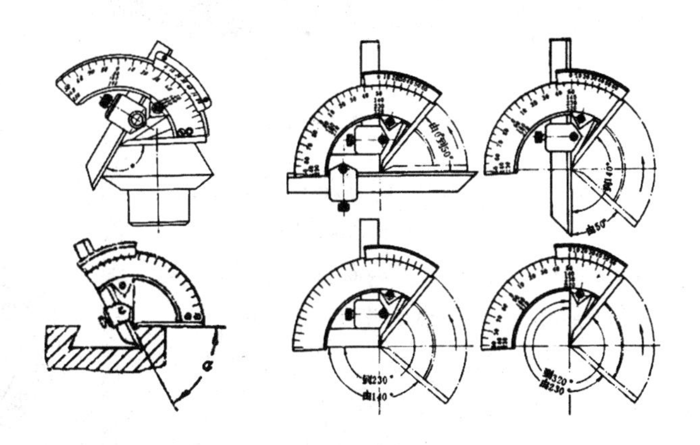

图 0-5　万能角度尺

6. 外径千分尺(如图 0-6 所示)

外径千分尺的结构主要由尺架、测砧、测微螺杆、螺纹轴套、固定套管、微分筒、调节螺母、弹簧套、垫片、测力装置、锁紧装置、隔热装置几部分组成。

千分尺的常见量程有测量上限不大于 300mm 的千分尺,按 25mm 分段,如 0～25mm、

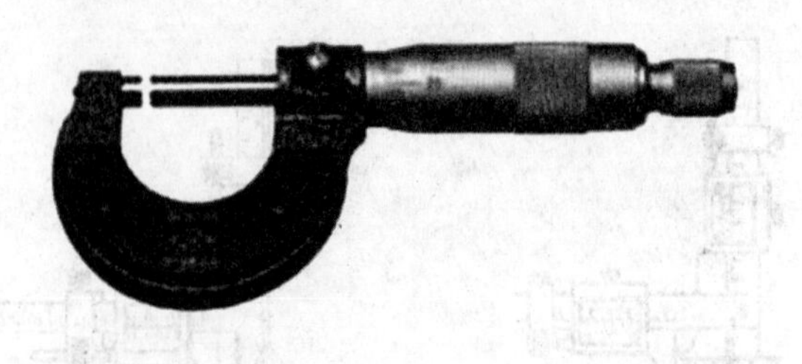

图 0-6　外径千分尺

25～50mm、…、275～300mm 等;测量上限大于 300mm 至 1000mm 的千分尺,按 100mm 分段,如 300～400mm、400～500mm、……

测量精度:0.001(部分千分尺没有第三标尺,精度为 0.01,千分位为估读)。

表达方式:测量范围×测量精度范围。

例如,测量范围 0～25、测量精度范围 0.01 的表达式为 0～25×0.01。

外径千分尺的用途:可测量 IT7—IT12 级工件的各种外形尺寸,如长度、外径、厚度等。

7. 内径千分尺(如图 0-7 所示)

内径千分尺的结构主要由固定测头、螺母、固定套管、锁紧装置、测微螺杆、微分筒、活动测头、调整量具、管接头、弹簧、套管、量杆几部分组成。

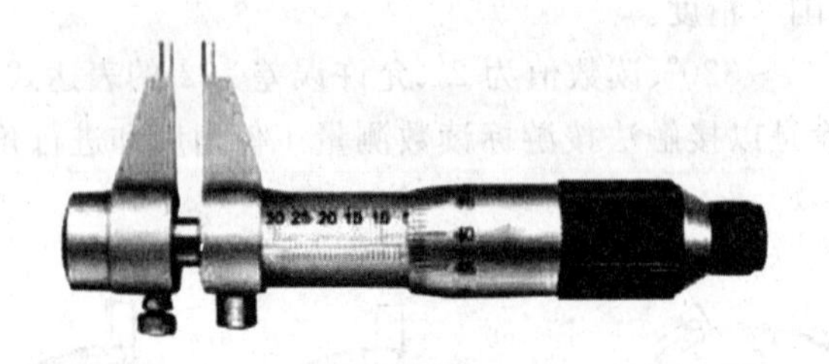

图 0-7　内径千分尺

单体内径千分尺的示值范围为 25mm,测量范围一般有:5～30mm、25～50mm、50～75mm、75～100mm 等几种;加上测量杆测量范围有:50～250mm、50～600 等几种。内径千分尺的测量下限有:50mm、75mm、150mm 等,测量上限最大至 5000mm。

测量精度(分度值):0.01。

表达方式:为测量范围×测量精度范围。

例如,测量范围 5～25、测量精度范围 0.01 的表达式为 5～25×0.01。

内径千分尺的用途:测量 IT10 或低于 IT10 级工件的孔径、槽宽、两端间距离等内尺寸。

8. 百分表(如图 0-8 所示)

图 0-8　百分表

百分表的结构:主要由表体、表圈、刻度盘、转数指针、指针、装夹套、测杆、测头几部分组成。其工作原理是将测杆的直线位移，经过齿条一齿轮传动，转变为指针的角位移。

百分表的常见量程一般为 0～3、0～5 和 0～10mm 等几种。

常用测量精度为 0.01。

表达方式为测量范围×测量精度范围，例如，测量范围 0～5mm、测量精度范围0.01mm 的表达式为：0～5×0.01。

百分表主要用于直接或比较测量工件的长度尺寸、几何形状偏差，也可用于检验机床几何精度或调整加工工件装夹位置偏差。

9. 螺纹量规(如图 0-9 所示)

螺纹量规有环规和塞规两大类，环规检测外螺纹尺寸(一般有通规和止规两件组成)，塞规检测内螺纹尺寸。不论是环规或是塞规都有检测最大极限尺寸和最小极限尺寸的检验量具构成。螺纹环规用于综合检验外螺纹，螺纹塞规用于综合检验内螺纹。

螺纹量规是测量内螺纹尺寸正确性的工具。螺纹量规的种类繁多，从形状上可分为普通粗牙、细牙和管子螺纹三种。螺距为 0.35 毫米或更小的，2 级精度及高于 2 级精度的和螺距为 0.8 毫米或更小的 3 级精度的塞规都没有止端测头。100 毫米以下的为锥柄螺纹量规。100 毫米以上的为双柄螺纹量规。

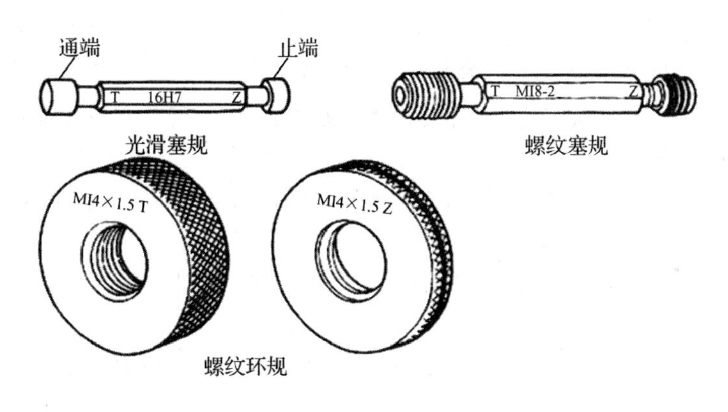

图 0-9 螺纹量规

(二)量具的使用和保养

1. 游标卡尺

使用前，应先把量爪和被测工件表面的灰尘和油污等擦干净，以免碰伤游标卡尺量爪和影响测量精度，同时检查各部件的相互作用，如尺框和微动装置移动是否灵活，紧固螺钉是否能起作用等。

检查游标卡尺零位，使游标卡尺两量爪紧密贴合，用眼睛观察应无明显的光隙。

使用时，要掌握好量爪面同工件表面接触时的压力，既不太大，也不太小，刚好使测量面与工件接触，同时量爪还能沿着工件表面自由滑动；有微动装置的游标卡尺，应使用微动装置。

游标卡尺读数时，应把游标卡尺水平地拿着朝亮光的方向，使视线尽可能地和主、副尺上所读的刻线垂直,以免由于视线的歪斜而引起读数误差。

测量外尺寸时,读数后,切不可从被测工件上猛力抽下游标卡尺,否则会使量爪的测量面磨损并导致读数误差。

不能用游标卡尺测量运动着的工件。

不准以游标卡尺代替卡钳在工件上来回拖拉,严禁把游标卡尺当成工具使用。

游标卡尺不要放在强磁场附近(如磨床的磁性工作台上),以免使游标卡尺感受磁性,影响使用。

使用过程中,游标卡尺上严禁压上其他物品。

使用后,应当注意使游标卡尺平放,尤其是大尺寸的游标卡尺,否则会使主尺弯曲变形。

使用完毕后,检查卡尺是否完整,清理干净,涂抹防锈油后,应安放在专用盒内。

2. 深度游标卡尺

测量时先将尺框的测量面贴合在工件被测深部的顶面上,注意不得倾斜,然后将尺身推上去直至尺身测量与被测深部接触,此时即可读数。

由于尺身测量面小,容易磨损,在测量前需检查深度尺的零位是否正确。

深度游标卡尺一般都不带有微动装置,如使用带有微动装置的深度尺时,需注意切不可接触过度,以致带来测量误差。

由于尺框测量面比较大,在使用时,应使测量面清洁,无油污灰尘,并去除毛刺、锈蚀等缺陷的影响。

使用过程中,深度游标卡尺上严禁压上其他物品。

使用完毕后,检查是否完整,清理干净,涂抹防锈油后,应安放在专用盒内。

3. 高度游标卡尺

测量高度尺寸时,先将高度尺的底座贴合在平板上,移动尺框的划线爪,使其端部与平板接触,检查高度尺的零位是否正确。

搬动高度游标卡尺时,应握持底座,不允许抓住尺身,否则容易使高度游标卡尺跌落或尺身变形。

使用完毕后,检查卡尺是否完整,清理干净,涂抹防锈油后,应安放在专用盒内。

4. 齿厚游标卡尺

使用前,先检查零位和各部分的作用是否准确和灵活可靠。

使用时,先按固定弦或分度圆弦齿高的公式计算出齿高的理论值,调整垂直主尺的读数,使高度尺的端面按垂直方向轻轻地与齿轮的齿顶圆接触。在测量齿厚时,应注意使活动量爪和固定量爪按垂直方向与齿面接触,无间隙后,进行读数,同时还应注意测量压力不能太大,以免影响测量精度。

测量时,可在每隔 120°的齿圈上测量一个齿,取其偏差最大值作为该齿轮的齿厚实际尺寸,测得的齿厚实际尺寸与按固定弦或分度圆弦齿厚公式计算出的理论值之差即为齿厚偏差。

使用完毕后,检查卡尺是否完整,清理干净,涂抹防锈油后,应安放在专用盒内。

5. 万能角度尺

使用前,用干净纱布擦干净,再检查各部件是否移动平稳可靠、止动后的读数是否不动,然后对“0”位。

测量时，放松制动器上的螺帽，移动主尺座作粗调整，再转动游标背后的手把作精细调整，直到使万能角度尺的两测量面与被测工件的工作面密切接触为止，然后拧紧制动器上的螺帽加以固定，即可进行读数。

测量被测工件内角时，应从360°减去万能角度尺上的读数值；例如在万能角度尺上的读数为306°24′，则内角的测量值就是360°－306°24′＝53°36′。

使用完毕后，检查量具是否完整，清理干净，涂抹防锈油后，应安放在专用盒内。

6. 外径千分尺

使用外径千分尺时，一般用手握住隔热装置（如果手直接握住尺架，就会使千分尺和工件温度不一致而增加测量误差）。在一般情况下，应注意外径千分尺和被测工件温度是否相同。

外径千分尺两测量面将与工件接触时，要使用测力装置，不要转动微分筒。

千分尺测量轴的中心线要与工件被测长度方向相一致，不要歪斜。

千分尺测量面与被测工件相接触时，要考虑工件表面几何形状。

在测量被加工的工件时，工件要在静态下测量，不要在工件转动或加工时测量，否则易使测量面磨损，测杆扭弯，甚至折断。

按被测尺寸调节外径千分尺时，要慢慢地转动微分筒或测力装置，不要握住微分筒挥动或摇转尺架，以致使精密测微螺杆变形。

测量时，应使测砧测量面与被测表面接触，然后摆动测微头端找到正确位置后，使测微螺杆测量面与被测表面接触，在千分尺上读取被测值；当千分尺离开被测表面读数时，应先用锁紧装置将测微螺杆锁紧再进行读数。

千分尺不能当卡规或卡钳使用，防止划坏千分尺的测量面。

测量完毕后，用干净纱布仔细擦干，涂上防锈油，放入盒内。

7. 内径千分尺

选取接长杆时，尽可能选取数量最少的接长杆来组成所需的尺寸，以减少累积误差。在连接接长杆时，应按尺寸大小排列，尺寸最大的接长杆应与微分头连接。如把尺寸小的接长杆排在组合体的中央时，则接长后千分尺的轴线，会因管头端面平行度误差的“积累”而增加弯曲，使测量误差增大。

使用测量下限为75（或150）毫米的内径千分尺时，被测量面的曲率半径不得小于25（或60）毫米，否则可能由于内径千分尺的测头球面的边缘来测量导致误差。

测量必须注意温度影响，防止手的传热或其他热源，特别是大尺寸内径千分尺受温度变化的影响较明显；测量前应严格等温，还要尽量减少测量时间。

测量时，固定测头与被测表面接触，摆动活动测头的同时，转动微分筒，使活动测头在正确的位置上与被测工件手感接触，就可以从内径千分尺上读数。

所谓正确位置是指：测量两平行平面间距离，应测得最小值；测量内径尺寸，轴向找最小值，径向找最大值。离开工件进行读数前，应使锁紧装置将测微螺杆锁紧，再进行读数。

测量完毕后，用干净纱布仔细擦干，涂上防锈油，放入盒内。

8. 百分表

百分表应固定在可靠的表架上，根据测量需要，可选择带平台的表架或万能表架。

百分表应牢固地装夹在表架夹具上，如与套筒紧固时，夹紧力不宜过大，以免使装夹套筒变形，卡住测杆，应检查测杆移动是否灵活。夹紧后，不可再转动百分表。

百分表测量杆与被测工件表面必须垂直，否则将产生较大的测量误差。

测量圆柱形工件时，测杆轴线应与圆柱形工件直径方向一致。

测量前须检查百分表是否夹牢又不影响其灵敏度，为此可检查其重复性，即多次提拉百分表使测杆略高于工件高度，放下测杆，使之与工件接触，在重复性较好的情况下，才可以进行测量。

在测量时，应轻轻提起测杆，把工件移至测头下面，缓慢下降测头，使之与工件接触，不准把工件强迫推入至测头，也不准急骤下降测头，以免产生瞬时冲击测力，给测量带来误差。对工件进行调整时，也应按上述操作方法。在测头与工件表面接触时，测杆应有 0.5～1mm 的压缩量，以保持一定的起始测量力。

根据工件的不同形状，可自制各种形状测头进行测量：如可用平测头测量球形的工件；可用球面测头测量圆柱形或平表面的工件；可用尖测头或曲率半径很小的球面测头测量凹面或形状复杂的表面。测量薄壁工件厚度时须在正、反方向上各测量一次，取最小值，以免由于弯曲，不能正确反映其尺寸。

测量杆上不要加油，免得油污进入表内，影响表的传动机和测杆移动的灵活性。

测量完毕后，用干净纱布仔细擦干，放入盒内。

9. 螺纹环规

螺纹环规使用前，应经相关检验计量机构检验计量合格后，方可投入生产现场使用。

通规使用时，应注意被测螺纹公差等级及偏差代号与环规标识的公差等级、偏差代号相同（如 M24×1.5－6h 与 M24×1.5－5g 两种环规外形相同，其螺纹公差带不相同，错用后将产生批量不合格品）。

通规检验测量过程：首先要清理干净被测螺纹油污及杂质，然后在环规与被测螺纹对正后，用大拇指与食指转动环规，使其在自由状态下旋合通过螺纹全部长度判定合格，否则以不通判定。

止规使用时，应注意被测螺纹公差等级及偏差代号与环规标识公差等级、偏差代号相同。止规检验测量过程：首先要清理干净被测螺纹油污及杂质，然后在环规与被测螺纹对正后，用大拇指与食指转动环规，旋入螺纹长度在 2 个螺距之内为合格，否则判为不合格品。

维护与保养：量具（环规）使用完毕后，应及时清理干净测量部位附着物，存放在规定的量具盒内。生产现场在用量具应摆放在工艺定置位置，轻拿轻放，以防止磕碰而损坏测量表面。严禁将量具作为切削工具强制旋入螺纹，避免造成早期磨损。可调节螺纹环规严禁非计量工作人员随意调整，确保量具的准确性。

螺纹环规长时间不用，用干净纱布仔细擦干，涂上防锈油，放入盒内。

(三)工具柜及工、量、刃、洁具领用单

内容 \ 序号	名　称	规　格	数量	新品	旧品	堪用	完整程度说明	领用人签名	备　注
量具	游标卡尺	0～150×0.02							
		0～250×0.02							
	外径千分尺	0～25×0.01							
		25～50×0.01							
		50～75×0.01							
	内径千分尺	5～25×0.01							
		25～50×0.01							
		50～75×0.01							
	钢板尺	0～150×0.5							
		0～250×0.5							
		0～500×0.5							
	螺纹对刀板	60°、55°、30°、3°/30°							
	螺纹量规	M12－8g(环规)							
		M16－8g(环规)							
		M20－8g(环规)							
		M24－8g(环规)							
		M30－8g(环规)							
		M36－8g(环规)							
		M42－8g(环规)							
		M12－8H(塞规)							
		M16－8 H(塞规)							
		M20－8 H(塞规)							
		M24－8 H(塞规)							
		M30－8 H(塞规)							
		M36－8 H(塞规)							
		M42－8 H(塞规)							
工具	工具	刀架扳手							
	卡盘扳手								
	切削勾	ϕ4×250							
	套筒	1/4 吋×250							
	手锤	1P							
	垫片	片							
洁具	毛刷	100mm(2 吋)							
		200mm(4 吋)							

续表

序号 内容	名称	规格	数量	新品	旧品	堪用	完整程度说明	领用人签名	备注
车刀	高速钢刀具	90°粗偏刀							
		90°精偏刀							
		公制螺纹刀							
		切断刀(宽)							
		通孔粗镗刀							
		通孔精镗刀							
		盲孔粗镗刀							
		盲孔精镗刀							
		内孔螺纹刀							
		内孔切槽刀							
	硬质合金刀具 P类(YT) K类(YG)	90°粗偏刀							
		90°精偏刀							
		公制螺纹刀							
		切断刀(宽)							
		通孔粗镗刀							
		通孔精镗刀							
		盲孔粗镗刀							
		盲孔精镗刀							
		内孔螺纹刀							
		内孔切槽刀							
	机夹刀 (型号)								
其他	卡盘反向卡爪								

(四)学员请假单

姓名		组号		班级	
请假时间					
请假理由				批准教师	

（五）数控车床　日常点检表　实训班级：

单位名称	××市高级技工学校	科室	机械系 / 数模教研室	点检日期	第__周__年__月__日至__月__日	组长	
组　别		机床编号		规格型号		资产编号	
						组员	

	每日检查维护项目	周一			周二			周三		周四			周五			周六			周日		
		上午	下午	晚上	上午	下午	晚上	上午	晚上	上午	下午	晚上	上午	下午	晚上	上午	下午	晚上	上午	下午	晚上
工作前	1. 检查确认工、量、夹具是否齐全、完整。																				
	2. 确认工装夹具工作状态是否异常。（三爪卡盘）																				
	3. 检查机械和润滑泵是否渗漏油，必要时适当处置。																				
	4. 检查润滑装置的油量，不足时补充。（68 号润滑油）																				
	5. 检查电柜通风窗是否通畅，过滤网有无灰尘、破损。																				
	6. 检查切削液管路，清除其内部的切屑等杂物。																				
	7. 检查切削液量，必要时加以补充。																				
	8. 检查刀架及装刀槽上有无切屑、杂物、脏污																				
	9. 刀、量具上的油污、脏污要擦拭干净。																				
	10. 通电前检查面板上各开关按钮是否处于正确位置。																				
工作中	11. 通电后检查电源信号指示灯有无异常。																				
	12. 启动数控系统，检查数控系统是否正常。																				
	13. 主轴运动是否正常，有无异响、报警。																				
	14. 检查刀架运动是否正常																				
	15. 注意润滑油是否消耗太快，不正常。																				
	16. 润滑管路有无漏油现象。																				
工作后	17. 将刀架、工作台、尾座、防护门移动到指定位置。																				
	18. 顺序关闭电源：面板电源→机床电源→总电源。																				
	19. 工件卸下后，清扫工作台面、导轨护板及机床。																				
	20. 清扫工作区域油污、水迹等，废弃物区分处理。																				
	21. 设备外观干净、整洁，无污迹。																				
	22. 工量具是否按标准归置好。																				
点检维护人员（学生签名）																					
监督人员（老师签名）																					

注：1 每项检查完成后，需在相应的空格里做标记，合格的划“√”，不合格的划“×”　。2. 项目全部检查完成后，维护人员签字；设备监督人员对其进行抽查，并签字。3. 发现异常，可以自行修理的自行修理，修理不了的填写《设备维修报检联络记录卡》报告给维修人员，并存放入《设备履历表》内存档。

（六）数控车床　值日生 6S 每日点检表　实训班级：

实训主管		指导教师						值日小组					点检日期			___年___月___日		
	每日检查项目(点评各小组)	配分	SC-01	SC-02	SC-03	SC-04	SC-05	SC-06	SC-07	SC-08	SC-09	SC-10	SC-11	SC-12	SC-14	SC-15	SC-16	SC-17
			扣分	扣分	扣分	扣分	扣分	扣分	扣分	扣分	扣分	扣分	扣分	扣分	扣分	扣分	扣分	扣分
机床	1. 机床外罩无灰尘、脏污，透明窗干净、无油污。	6																
	2. 操作面板无脏污，上面无物品。	4																
	3. 防护门闭合好。	4																
	4. 栈板摆放整齐、对称	3																
	5. 刀架及刀具干净无切屑。	4																
	6.《点检表》填写及时、正确，无漏项。	6																
	7. 机床导轨无铁屑及其它物品	5																
	8. 工作台、尾座停放位置正确。	5																
	9. 机床开关处于闭合状态。	3																
	10. 机床电柜、风扇、过滤网干净无破损。	5																
	11. 电源开关关闭，无灰尘，罩合上，无破损。	4																
	12. 润滑油装置干净无灰尘，油量适中。	4																
	13. 切屑槽清理干净。	4																
	14. 机床上各种警告标识、表格无破损。	4																
地面	15. 地面干净、明亮，无铁屑、纸屑、布碎等垃圾。	8																
	16. 地面无水迹、油迹等污迹。	5																
	17. 地面无划痕、破损。	3																
工具柜	18. 工具柜摆放在区域内，无移位。	4																
	19. 工具柜上无其它物品。	4																
	21. 工具柜已上锁。	6																
	22. 工具柜外观干净，无脏污，标识清晰。	4																
	23. 工具柜上《清单》无破损、脱落	5																
点检值日生（学生签名）		合计得分	100															
指导教师（签名）																		

注：值日生每项检查完成后，需在相应项的空格里给出相应的分数，最后合计该小组当天 6S 得分，并公布在管理广告牌上。该表在早会开完后交指导教师存档，并为当天值日生准备一张新表。

（七）数控车床(公共区域) 值日生 6S 点检表 实训班级：

实训主管		指导教师		点检日期区间	第__周 __年__月__日至__月__日				
每日检查项目(公共区域)		周一 __日	周二 __日	周三 __日	周四 __日	周五 __日	周六 __日	周日 __日	备注
公共场所及物品	1. 车间两大门;是否锁好。 2. 车间电气控制柜:是否有脏污、破损,周围有无杂物,地面是否干净、整洁,指示灯是否正常。								
	3. 窗户（含公共区域窗户）：是否关好、上锁，有无脏污。								
	4. 非在用机床：是否脏污、移位、是否干净、整洁或有其它物品。								
	5. 公共工具柜：是否已上锁，有无其它物品，有无脏污，是否摆放整齐、标识清晰,《清单》有无破损、脱落。								
	6. 区域间墙面、墙上是否有灰尘、破损及其它物品。								
	7. 实训场中间：是否干净、整洁。								
	8. 车间照明开关：是否关闭、开关盒有无破损。								
	9. 清洁工具放置区：是否干净、 整洁 、无垃圾，垃圾桶是否冲洗干净，地面无油污、杂物。								
教学及资料区	10. 桌子：台面有无脏污、有无其它物品、置物架是否脱落、有无其它物品，桌子是否摆放整齐。								
	11. 椅子：是否按序号摆放整齐，椅子脚胶套是否脱落，凳面是否有松动、脱落。								
	12. 白板（黑板）：摆放是否整齐，板擦和白板笔有无遗失。								
	13. 地面：是否干净、整洁，有无清扫。								
	14. 广告牌：有无破损、脏污，广告牌内容有无更新，有无过期内容，广告牌资料是否填写完整、整洁。								
	15. 衣帽柜：是否干净、摆放整齐，柜门有无关好，地面是否干净、有无脏污、垃圾。								
地面过道	16. 公共过道：是否保持通畅、有无垃圾杂物，有无清扫。								
	17. 地面：是否干净、明亮，有无铁屑、纸屑、布碎等垃圾。								
	18. 地面：有无水迹、油迹等污迹。								
	19. 地面：有无划痕、破损。								
	值 日 小 组								
	点检值日生（学生签名）								
	指导教师 （签名）								

注：值日生对每个项进行检查，如不达标则立即整改，整改合格在相应项的空格里打“ √”，该表在每周一早会开完后交指导教师存档，并为当周值日生准备一张新表。

第一阶段　基础篇

项目一　数控车床的结构和车削加工基本知识

一、任务与操作技术要求

第一次数控车工实习，要求在学习了《机械制图》、《金属材料与热处理》、《尺寸公差与配合》、《机械原理》、《机械制造工艺》、《机械测量知识》等理论课程和普通车床基础实训后，通过综合实践应用，以达到初步掌握数控车工操作的要求。

为了达到教学目的，在讲授新的内容的同时，对一些理论课程进行适当的复习。

进入车间有哪些注意事项？对于考勤、卫生的具体要求，本项目实训中应有所了解，特别是安全操作规定的事项。

经过普通车床的基础操作练习，对车床的性能和操作有了一定的了解；对车工的加工工艺有了初步的认识，这是学习数控车床操作的基本技术要求。

项目一的任务是了解数控车床的基本构造，数控机床操作的原理，特别是数控车床操作的基础之一——认识外圆车刀的常用种类和外圆刀具的安装。

数控车床的操作与普通车床有什么区别呢？从机床的结构、机床的操作手柄上直接能看出差异，但是从车刀的安装上又有什么区别呢？

进入数控车床实训车间，什么是最重要的事项？答案是安全。

二、信息文

数控车工的操作和刀具的安装与普通车床有所不同，项目一主要用于数控车床的手动基本操作和常用外圆车刀刀具安装等基本操作。

数控车床基本操作的要求是熟练了解数控车床操作面板的各个按键的功能、掌握数控车床操作面板的各个按键的操作。

数控车床操作面板的操作必须经过一定时间操作面板的练习后才能掌握；掌握了基本的操作面板按键操作后，首先应该练习数控车床操作的基本要求之一是：识别外圆车刀的种类和外圆刀具的安装，经过手动装刀以及手动车削加工操作，为数控车床的下一步—编程加工前的对刀操作做准备。

本项目中的重点是练习常用外圆车刀的安装，这也是本项目的考核内容。

本次练习最常用外圆车刀有：90°外圆粗偏刀，90°外圆精偏刀、公制外螺纹刀，切断刀（刀刃宽≤4，有效切断半径>25）。

开始操作前要强调数控车床操作中的安全注意事项。

三、基础文

(一)数控车床的基本结构

1. 数控车床的主体结构的特点

(1)采用静刚性、动刚性、热刚性均较优越的机床支撑构件。

(2)采用高性能的无级(或有限级)变速主轴伺服传动系统。

(3)采用高效率、高刚性和高精度的传动组件,例如:滚珠丝杠螺母副、静压蜗杆副、塑料滑动导轨、滚动导轨、静压导轨等。

(4)采取减小机床热变形的措施,保证机床的精度稳定,获得可靠的加工质量。

2. 数控车床的主体结构组成

一般由床身、主轴箱、刀架进给系统、液压系统、冷却系、中拖板、尾架、控制面板等组成。

中拖板是用来支撑刀架和控制刀架沿 X 轴和 Z 轴方向;并由伺服电机直接通过滚珠丝杠驱动溜板和刀具,实现进给运动的精密运动的部件。

3. 操作面板示例

FANUC 系统的控制面板如图 1-1 所示,操作面板一般由 LCD 显示器、CNC 键盘、控制面板三部分组成。

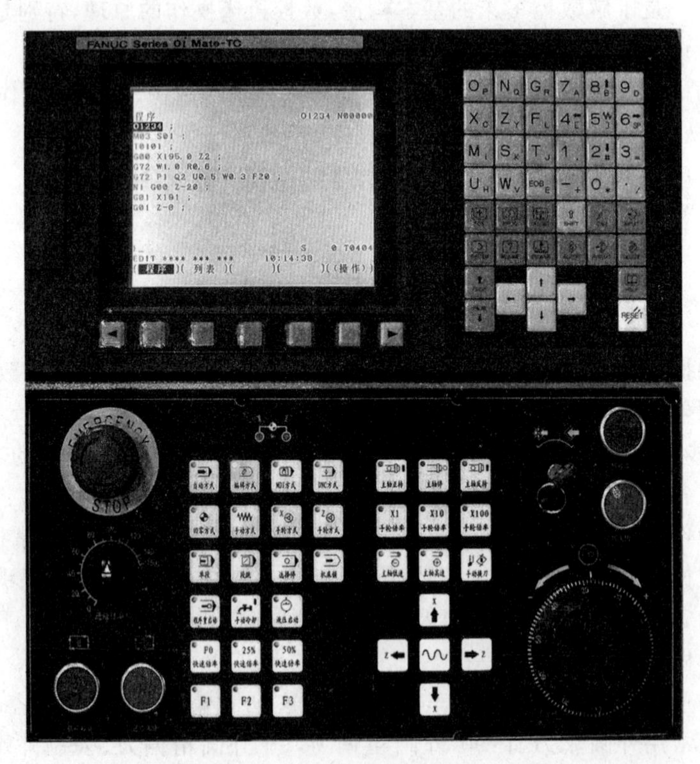

图 1-1　FANUC 系统的控制面板

4. 数控系统

是数控机床的核心，其性能的优劣决定了加工能力的强弱。

一般由输入/输出装置、数控装置、伺服装置、检测和反馈装置四部分组成。

(1)输入/输出装置：人和数控机床之间建立联系的装置。

(2)数控装置：接受并处理输入的信号，并将代码加以识别、存储、运算后输出相应的脉冲信号，再把这些信号传送给伺服装置。

数控装置是数控机床的大脑和中枢，是核心部分。由输入/输出接口、运算器、内部存储器组成。

(3)伺服装置：是数控系统的执行部分，其性能决定了数控系统的精度和快速响应程度。

伺服装置把从数控装置输入的脉冲信号通过放大和驱动执行机构完成相应的动作。

(4)检测和反馈装置：检测位移和速度，将反馈信号送到数控装置。

数控机床的加工精度主要是由检测反馈装置的精度决定的。

(二)手动操作常用按钮

1. 数控车床手动开关常用按钮的符号

(1)数控车床电源总开关：具体见实习车间的机床电源开关。

(2)数控车床开关：如图 1-2 所示；开关的形式有许多种，规定按下红色按钮时关闭，按下绿色按钮是开启。

2. FANUC 系统的操作面板(如图 1-1 所示)按键说明

(1)控制面板，如图 1-3 所示。

【STOP】紧急停止按钮：如图 1-4 所示，用于数控车床的紧急停止。按下此按钮，电源断开，关闭一切操作，但是机床没有断电；向右方向旋出此按钮，机床才能进行其他操作。

【ON】NC 启动按钮：如图 1-5 绿色按钮所示，按下此按钮，接通电源，LCD 画面上有相关内容显示。

图 1-2　数控车床开关

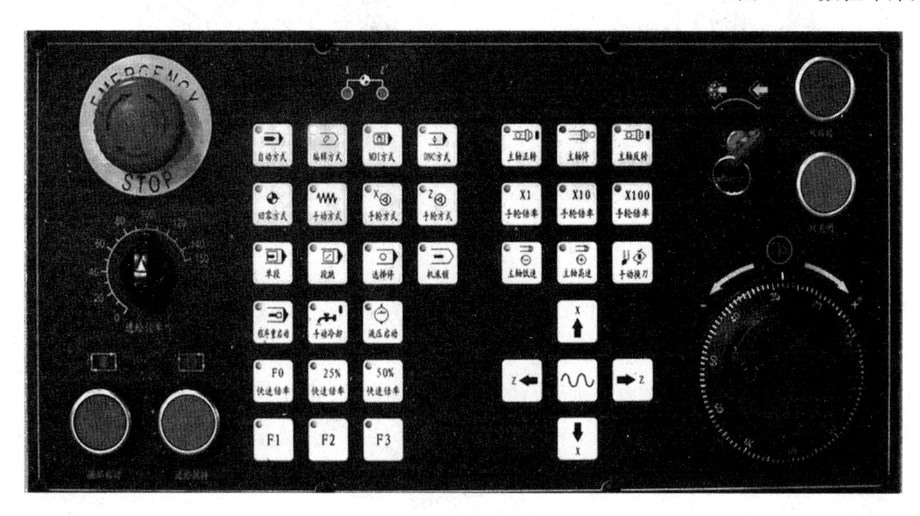

图 1-3　FANUC 系统的操作面板

【STOP】NC 关闭按钮：如图 1-5 红色按钮所示，按下此按钮，断开电源，LCD 画面关闭。

【OFF-ON】程序锁：如图 1-5 钥匙锁所示，启动程序锁住后将不能添加或删除程序。

程序锁：钥匙向右，不能拔下钥匙，打开机床锁，机床可以进行编辑等操作；钥匙向左，可以拔下钥匙，锁上机床锁，机床不能进行编辑等操作。

【CYCLESTART】循环启动按钮：如图 1-6 绿色按钮所示，按下该按钮，系统自动运行加工的程序，用暂停、复位、急停可以停止加工。

【FEEDHOLD】进给保持按钮：如图 1-6 红色按钮所示，在自动加工中按下此按键，数控车床暂停加工，再次按下循环启动键，程序继续执行。

图 1-4　紧急停止按钮

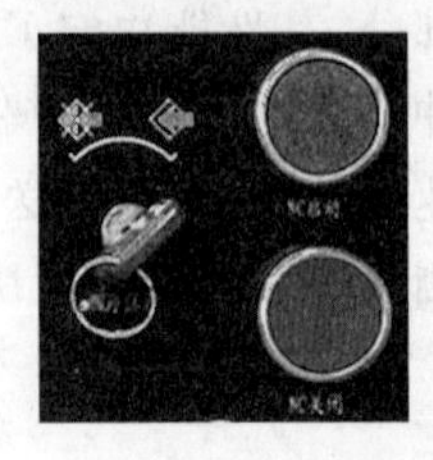

图 1-5　NC 启动/关闭按钮

图 1-6　循环启动按钮

进给倍率旋钮：如图 1-7 所示，调节刀架进给速度的快慢，调整倍数有：0%～150%，当旋钮在 100%时，刀架的进给速度等于设定的进给速度；当旋钮在 60%时，刀架的进给速度是设定进给速度的 0.6 倍，以此类推。

手轮：如图 1-8 所示，分别按下方向键【X】(或【Z】)，倍率按键【×1】(或【×10】、【×100】)后，转动手轮，则刀架沿着设定的方向和速度移动。按下【×1】按键，手轮每转动一小格，刀架沿设定的【X】(或【Z】)方向移动一微米，按下【×10】按键，手轮每转动一小格，刀架沿设定的【X】(或【Z】)方向移动十微米，以此类推。

图 1-7　进给倍率旋钮

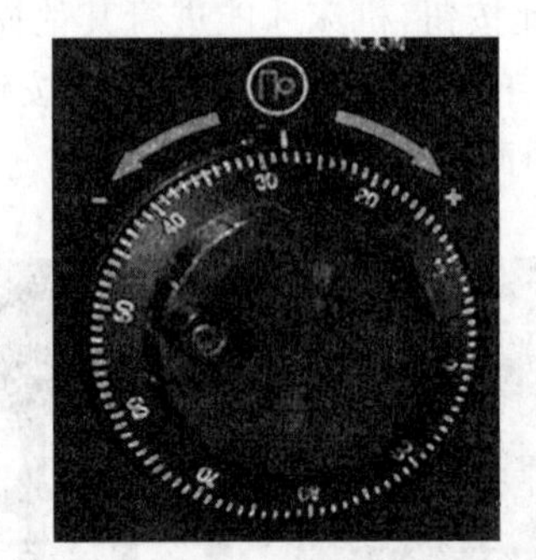

图 1-8　手轮

【AUTO】自动方式按键：如图 1-9 所示，在自动方式下进行自动加工。

【EDIT】编程方式按键：如图 1-9 所示，在编程方式下进行程序的编写、修改和删除。

【MDI】录入方式按键：如图 1-9 所示，在 MDI 方式下，系统可以运行单段程序。

【ZRN】机械回零：如图 1-9 所示，按下此按钮，再按下轴移动方向键，系统返回到该轴机械零点。一般先按【＋X】方向键，让刀架回到＋X 的零点，然后再按【＋Z】方向键，让刀架回到＋Z 的零点。

【JOG】手动方式按键：如图 1-9 所示，移动 X、Z 轴，启动主轴正转，停止、反转。

【HANDLESELECT】手轮方式选择按键：如图 1-9 所示，分别有【X】【Z】两个方向按键，按下其中一个，转动手轮，则刀架沿选定的方向移动。

【SBK】单段按键：如图 1-9 所示，在自动方式下程序单段运行。

【JBK】段跳按键：如图 1-9 所示，跳过不加工的程序段。

【选择停】按键：如图 1-9 所示，按下此按键，执行程序中有选择停的编码。

【MLK】机床锁按键：如图 1-9 所示，锁住床身后，X、Z 两个方向均不运动。

【FOR】主轴正转按键：如图 1-10 所示，在【手动】方式下按此按键，主轴正传(从主轴尾部看过去，主轴顺时针转动)。

【STOP】主轴停转按键：如图 1-10 所示，在【手动】方式下按此按键，主轴停止转动。

【REV】主轴反转按键：如图 1-10 所示，在【手动】方式下按此按键，主轴反转(从主轴尾部看过去，主轴逆时针转动)。

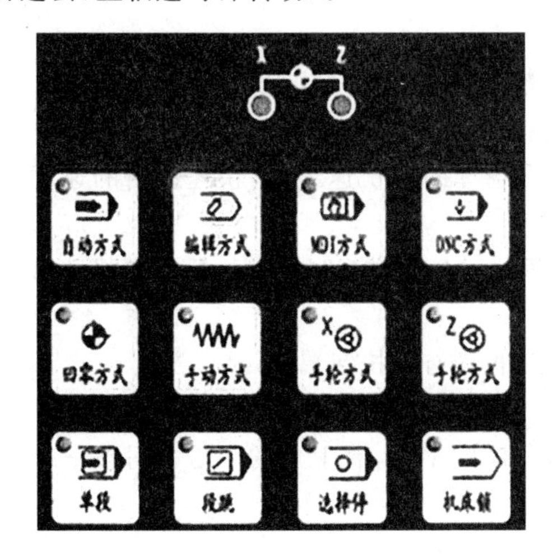

图 1-9

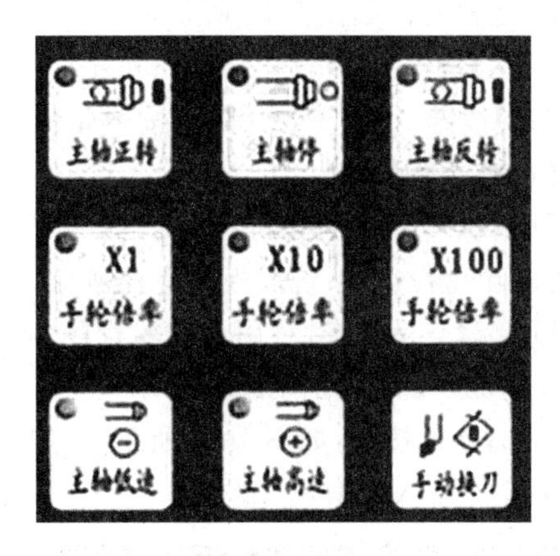

图 1-10

【手动倍率】按键：如图 1-10 所示，分别有【×1】、【×10】、【×100】三个按键，在单步方式下，选择其中一个按键按下，每按一次刀架移动一个选择的位移量；在手轮方式下，手轮每转动一小格，刀架移动一个选择的位移量；移动单位：微米。

【主轴低速】按键，如图 1-10 所示，按下此键，主轴以设定的转速低速运转。

【主轴高速】按键：如图 1-10 所示，按下此键，主轴以设定的转速高速运转。

【MTCH】手动换刀按键：如图 1-10 所示，通过人工操作换刀；在【手动方式下】，每按下一次此按键，刀架转动 90°(换一次刀)。

【程序重启动】按键：如图 1-11 所示，重新启动程序。

【COOLANT】手动冷却按键：如图 1-11 所示，手动操作冷却液的开启、关闭。

【液压启动】按键：如图 1-11 所示，手动操作润滑油的启动、关闭。

【快速倍率】按键：如图 1-11 所示，快速倍率有四个：分别是 F0、25%、50%和 100%，但是机床只有【F0】【25%】【50%】三个按键，机床默认 100%。

【F1】【F2】【F3】：如图 1-11 所示，数控车床预备按键。

【→Z】按键：如图 1-12 所示，用于向+Z 轴方向移动进给。

【Z←】按键：如图 1-12 所示，用于向-Z 轴方向移动进给。

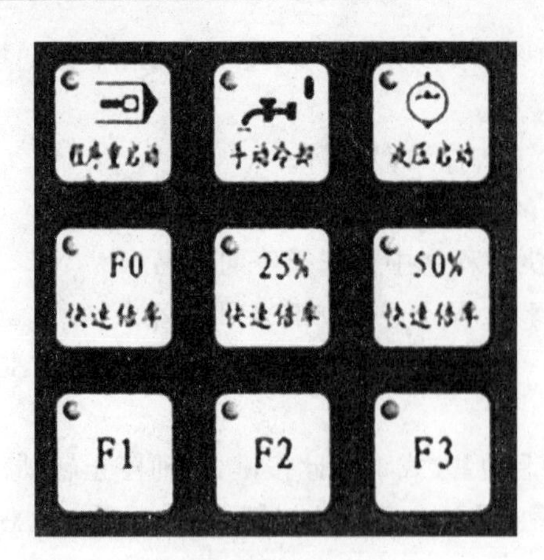

图 1-11

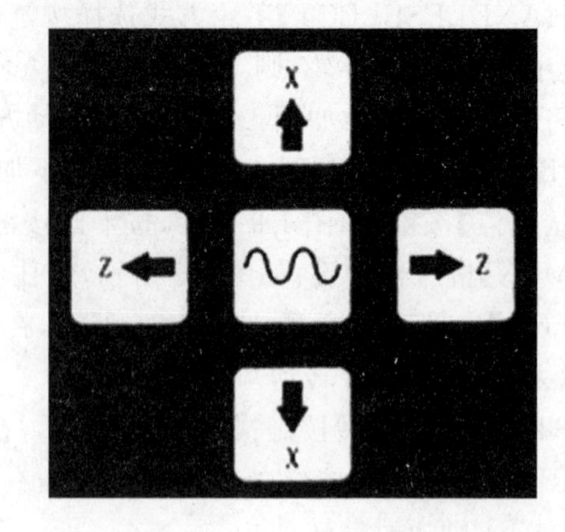

图 1-12

【↑X】按键：如图 1-12 所示，用于向－X 轴方向移动进给。

【↓X】按键：如图 1-12 所示，用于向＋XZ 轴方向移动进给。

【∽】按键：如图 1-12 所示，按下此键，刀架沿选择的轴快速进给，快速进给的速度由选定的【快速倍率】控制。

【UNLOCK】超程解除按钮：当刀具超出行程后，按下此按钮的同时，反方向移动 X 或 Z 轴，可解除超程（本系统面板没有此按钮）。

【BRN】空运行按钮：用于校验程序（本系统面板没有此按钮）。

(2)CNC 键盘，如图 1-13 所示。

【Op】字母按键：如图 1-14 所示，编辑、录入相应的字母，右下角的字母在每按下一次上档键后才能录入或编辑一次。

图 1-13

图 1-14

【7_A】数字按键：如图 1-14 所示，录入数字等符号的按键，右下角的字母在每按下一次上档键后才能录入或编辑一次。

【EOB_E】回车按键：如图 1-14 所示，每个程序段最后，输入“;”结束符号。

【POS】位置显示按键：如图 1-15 所示，按下此按键，在 LCD 显示屏上显示当前的位置画面。

【PROG】程序按键：如图 1-15 所示，按下此按键，在 LCD 显示屏上显示下列内容：在编辑方式下，按下此按键，编辑和显示内存中的程序；在【MDI】方式下，输入和显示 MDI 数据；在【自动方式】下，指令值显示。

【OFS/SET】偏置设定和显示按键：如图 1-15 所示，按下此按键，显示和设定偏置值。

【SHIFT】：上档(换挡)按键，如图 1-15 所示，按下此按键，在字母键和数字键中输入右下角的符号。

【CAN】取消按键：如图 1-15 所示，取消已输入到缓冲器的字符或符号。

【INPUT】输入按键：如图 1-15 所示，用于参数或偏置值的输入；启动 I/O 设备的输入；在【MDI】方式下的指令数据的输入。

【SYSTEM】系统参数按键：如图 1-15 所示，按下此按键，显示系统画面。

【MESSAGE】联系按键：如图 1-15 所示，按下此按键，显示信息画面。

【CSTM/GR】图形显示按键：如图 1-15 所示，按下此按键，显示用户图形显示画面。

【ALTER】替换修改按键：如图 1-15 所示，修改存贮器中程序的字符或符号。

【INSERT】插入按键：如图 1-15 所示，在光标后插入字符或符号。

【DELETE】删除按键：如图 1-15 所示，删除存储器中程序的字符或符号。

【↑PAGE】上翻页按键：如图 1-16 所示，LCD 显示器中向前变换页面，每按下一次该键，页面向前翻一页。

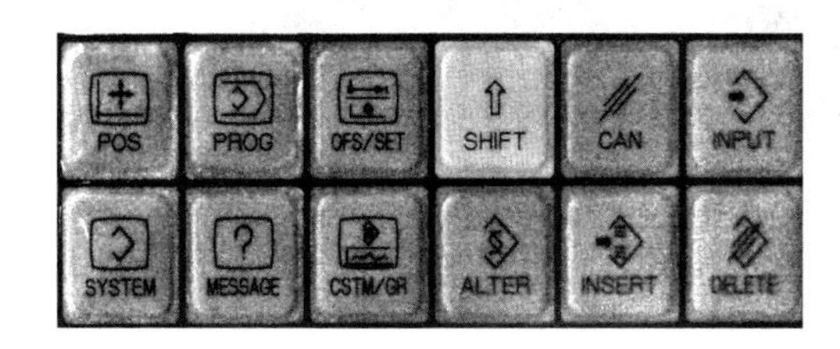

图 1-15

图 1-16

【↓PAGE】下翻页按键：如图 1-16 所示，LCD 显示器中向后变换页面，每按下一次该键，页面向后翻一页。

【←】光标向左按键：如图 1-16 所示，按下此键，向左移动光标。

【→】光标向右按键：如图 1-16 所示，按下此键，向右移动光标。

【↑】光标向上按键：如图 1-16 所示，按下此键，向上移动光标。

【↓】光标向下按键：如图 1-16 所示，按下此键，向下移动光标。

【HELP】查询帮助按键：如图 1-16 所示。

【RESET】复位按键：如图 1-16 所示，按下此键，复位 CNC 系统；包括取消报警、主轴故障复位、中途退出自动操作循环和中途退出输入、输出过程等。

▲ 3. 华中系统的操作面板按键说明

由 LCD 显示器、CNC 键盘和控制面板三部分组成，如图 1-17 所示华中系统的面板按键说明。

(1)控制面板，如图 1-18 所示。

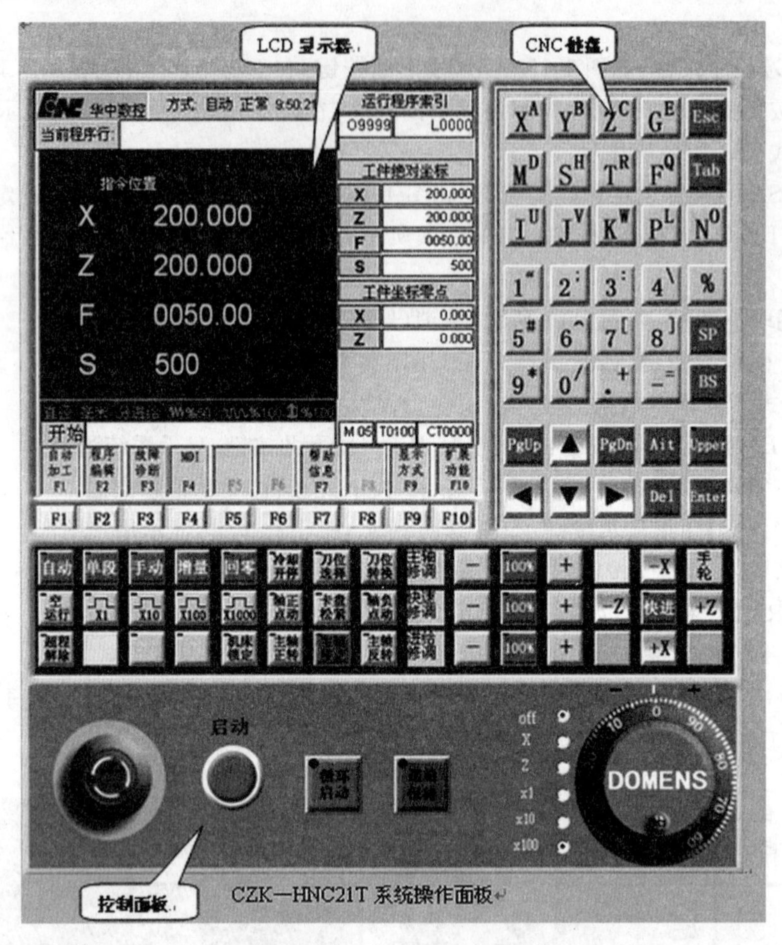

图 1-17　华中系统的控制面板

图 1-18　控制面板

电源关闭(急停按钮):如图 1-19 所示,按下此按钮,电源断开,关闭一切操作,但是机床没有断电;旋出此按钮,机床才能进行其他操作。

【启动】电源开启按钮:如图 1-20 所示,当电源接通时,LCD 画面上有内容显示。

【循环启动】按钮:如图 1-21 所示,按下该按钮,系统自动运行加工的程序,用暂停、复位、急停可以停止加工。

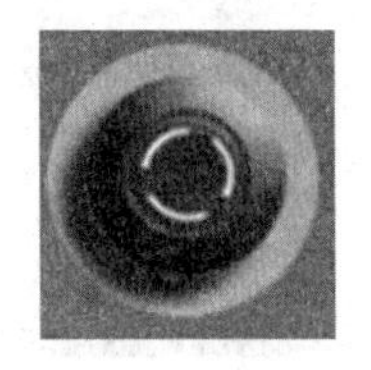

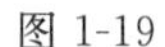

图 1-19

图 1-20

图 1-21

图 1-22

【进给保持】暂停方式按钮:如图 1-22 所示,在自动加工中按下此按键,数控车床暂停加工,再次按下循环启动键,程序继续执行。

手轮:如图 1-23 所示,分别按下方向键【X】(或【Z】),倍率按键【×1】(或【×10】、【×100】)后,转动手轮,则刀架沿着设定的方向和速度移动。

【冷却开停】按键:如图 1-24 所示,按下此开关,冷却液开启;松开此开关,冷却液关闭。

【刀位选择】按键:如图 1-24 所示,切换需要进行换刀的刀具。

【刀位转换】按键:如图 1-24 所示,在【手动】方式下每按一次此按键,执行换刀一次。

【轴正点动】按键:如图 1-24 所示,主轴停止时,按下此键一次,主轴正转数圈后停止,连续按下,主轴一直正转。

图 1-23

图 1-24

【卡盘松紧】按键:如图 1-24 所示,在使用液压卡盘情况下,按下一次此按键,液压卡盘自动松开到设置的最大直径,再按下一次此按键,液压卡盘自动夹紧。

【轴负点动】按键:如图 1-24 所示,主轴停止时,按下此键一次,主轴反转数圈后停止,连续按下,主轴一直反转。

【主轴正转】按键:如图 1-24 所示,在【手动】方式下按此按键,从主轴尾部看过去,主轴顺时针转动。

【主轴停转】按键:如图 1-24 所示,在【手动】方式下按此按键,主轴停止转动。

【主轴反转】按键:如图 1-24 所示,在【手动】方式下按此按键,从主轴尾部看过去,主轴逆时针转动。

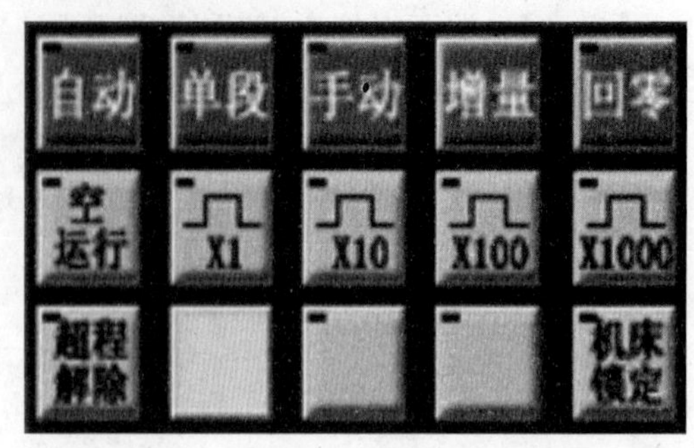

图 1-25

【自动】方式按键:如图 1-25 所示,按此按键,在自动方式下进行自动加工。

【单段】按键:如图 1-25 所示,按此按键,在自动方式下程序单段运行。(即:按下此按键后,每按下一次【循环启动】按键,程序执行一段。)

【手动】方式按键:如图 1-25 所示,移动 X、Z 轴,启动主轴正转,停止、反转。

【增量】方式按键:如图 1-25 所示,按设定的进给步长增量进给或手轮进给。

【回零】机械回零按键:如图 1-25 所示,选择此按钮,再按下轴移动方向键【+X】、【+Z】按键,系统分别返回到+X、+Z 轴的机械零点。

【空运行】按键:如图 1-25 所示,在检验程序时,按下此键,程序忽略程序中的进给速度,以快速移动完成程序的验证。

【超程解除】按键:如图 1-25 所示,当刀架沿 X 或 Z 移动超出位移终点行程时而导致刀架锁住,按下此按键,解除超程。

【机床锁住】按键:如图 1-25 所示,按此按键,锁住床身,刀架在 X、Z 方向上不运动。

【手动增量进给步长】按键:如图 1-26 所示,按下选择的按键,每次进给的步长,如图 1-27 所示对应的数值。

图 1-26

X1: 0.001mm
X10: 0.01mm
X100: 0.1mm
X1000: 1mm

图 1-27

【-X】、【+X】、【-Z】、【+Z】轴移动方向按键:如图 1-28 所示,分别控制 X、Z 轴的进给方向。

【快进】按键:如图 1-28 所示,按下该键,按下 X、Z 轴按键移动 X、Z 轴时,以机床参数设定的值做快速进给移动。

【手轮】按键:如图 1-28 所示,按下此按键,启用手轮功能(如图 1-23 所示)。

【主轴修调】按键:如图 1-29 所示,车床主轴在转动的情况下,100%是主轴编程设定的转速,按下【+】号按钮,则主轴转速加快,按下【-】号按钮,主轴转速减慢,调整倍数有:0%、10%、20%、30%、40%、50%、60%、70%、80%、90%、100%、110%、120%、130%、140%、150%。

【快速修调】按键:如图 1-29 所示,调节刀架沿 X、Z 快速移动的速度。调整倍数有:100%、50%、20%、F_0%四种倍率。

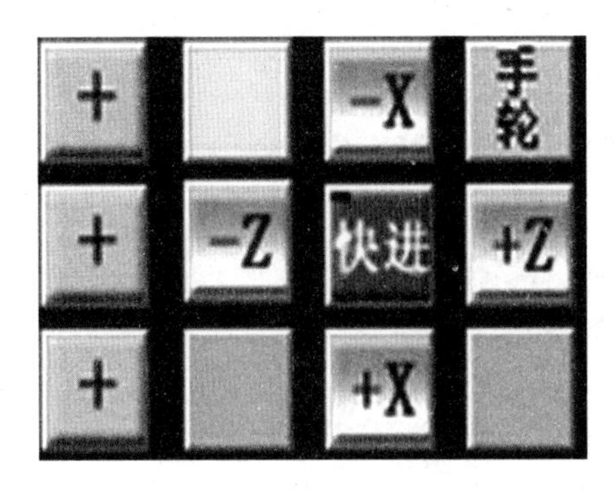

图 1-28

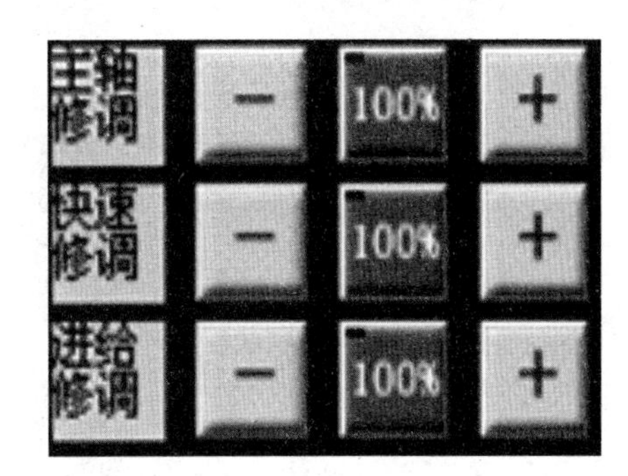

图 1-29

【进给修调】按键：如图 1-29 所示，调节刀架进给速度的快慢，调整倍数有：0%、10%、20%、30%、40%、50%、60%、70%、80%、90%、100%、110%、120%、130%、140%、150%。

增量/手轮方式切换方法：如图 1-30 所示，手轮开关选择“off”关闭，即为手动增量方式；选择“X”、“Z”，即启用手轮方式，X 轴或 Z 轴方向进给。

手轮进给步长如图 1-31 所示。

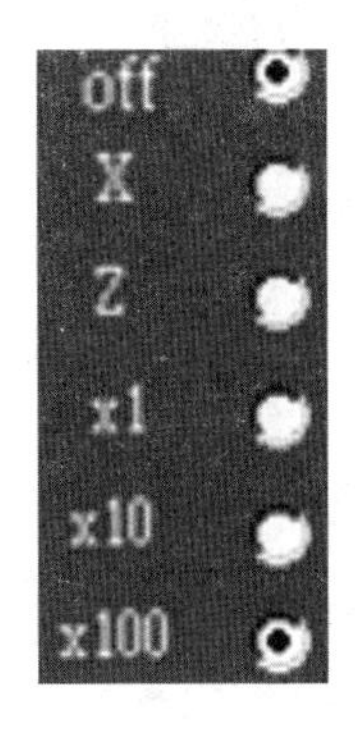

图 1-30

X1:　　0.001mm
X10:　　0.01mm
X100:　　0.1mm

图 1-31

(2)CNC 键盘，如图 1-32、图 1-33 所示。

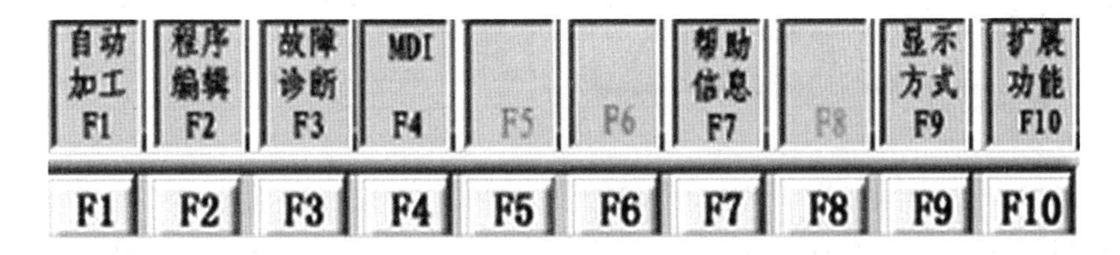

图 1-32

①软菜单键：包含程序编辑、刀具偏置、坐标显示设置等扩展菜单，如图 1-32 所示，每一个【F】软键对应的有相应的功能。

②字母键：如图 1-33 所示。

【Esc】复位键：如图 1-34 所示，CNC 复位、取消报警等。

【Tab】键：切换键，如图 1-34 所示。

图 1-33

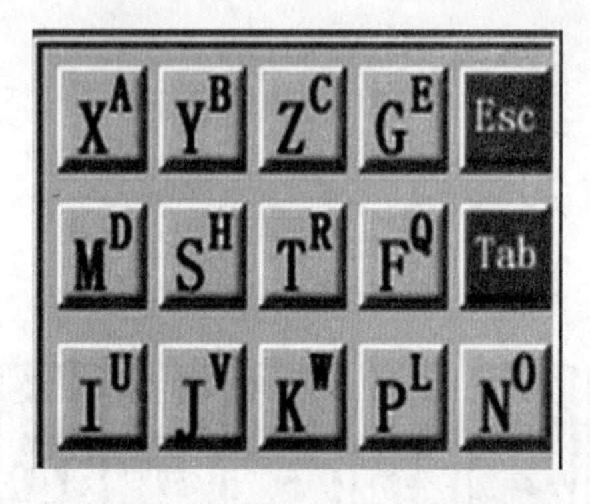

图 1-34

图 1-35

【1“】数字键：如图 1-35 所示，录入数字等符号的按键，右上角的字母在每按下一次上档键（或切换键）后才能录入或编辑一次。

【SP】空格键：如图 1-35 所示，输入程序段时，每按下一次此键，有一个空格。

【BS】取消键：如图 1-35 所示，删除最后一个进入输入缓存区的字符或符号。

③操作键：如图 1-36 所示。

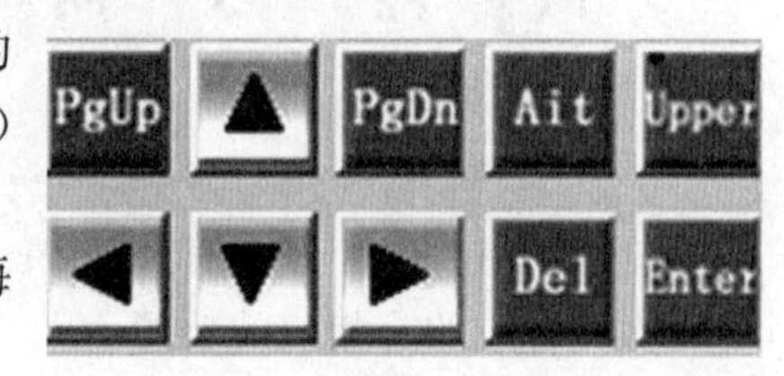

图 1-36

【PgUp】上翻页键：如图 1-36 所示，每按下一次该键，LCD 显示屏中的桌面向上翻一页。

【PgDn】下翻页键：如图 1-36 所示，每按下一次该键，LCD 显示屏中的桌面向下翻一页。

【Ait】辅助键：如图 1-36 所示，按照系统的提示，按下此键，再按下其他的键，以完成指定的要求。

【Upper】上档键：如图 1-36 所示，按下一次此键，可以输入字母键或数字键的右上角的符号。

【Enter】输入键：如图 1-36 所示，输入工件偏移值、刀具补偿量和参数等。

【Del】删除键：如图 1-36 所示，编辑程序时，删除光标后一个字符

【▲】光标向上键：如图 1-36 所示，按下此键，向上移动光标。

【▼】光标向下键：如图 1-36 所示，按下此键，向下移动光标。

【◀】光标向左键：如图 1-36 所示，按下此键，向左移动光标。

【▶】光标向右键：如图 1-36 所示，按下此键，向右移动光标。

(3)LCD 显示器，如图 1-37 所示，显示当前所执行的内容。

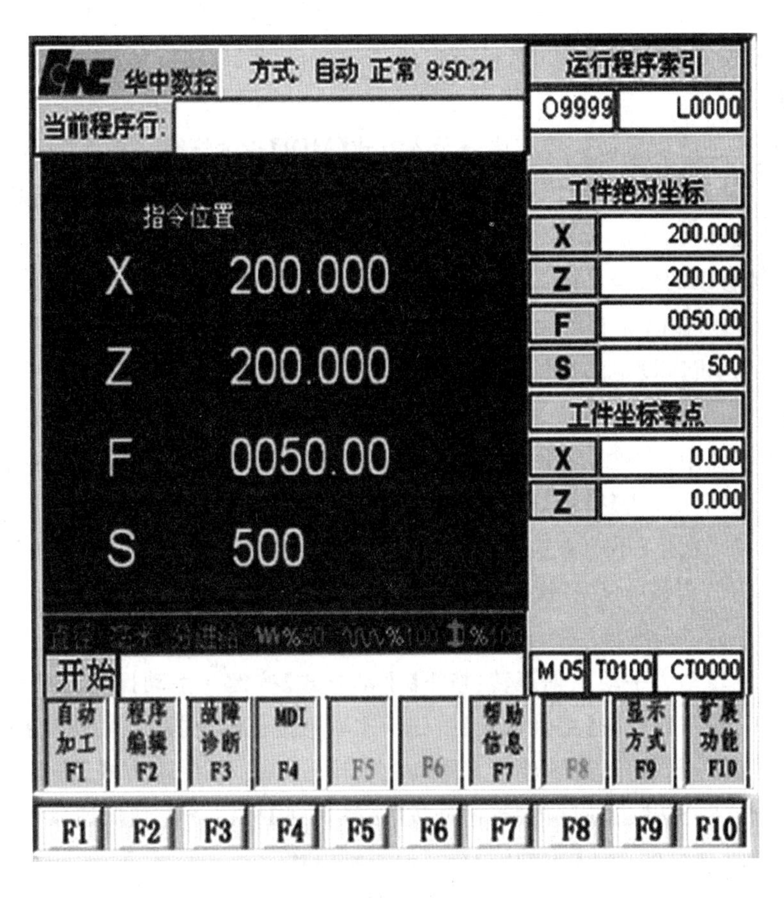

图 1-37

（三）数控车床手动操作

1. FANUC 系统数控车床的手动部分操作

（1）数控车床的启动-关机步骤。

①数控车床的启动：打开机床控制盒的电源开关→打开数控车床的电源总开关（听到有风扇的声音和机床照明灯亮）→按下【NC 启动】按键，数控车床启动→录入方式【MDI】指示灯亮→数控车床开启。

②数控车床的关机：检查安全和卫生注意事项→按下【NC 关闭】按键→关闭数控车床的电源总开关→关闭机床控制盒的电源总开关→数控车床关机。

（2）数控车床手动操作常规操作。

①手动进给。启动数控车床→录入方式【MDI】指示灯亮→按下【手动方式】按键→按下方向按钮【X←】【→X】【↑Z】【↓Z】四个之一【→】刀架沿所按下的方向按钮方向移动进给。

说明：刀架移动的快慢可以调整进给倍率，进给倍率分别为 0%、10%、20%、30%、40%、50%、60%、70%、80%、90%、100%、110%、120%、130%、140%、150%共 16 个倍率。其中 100%是设定的进给速度，60%是设定的进给速度的 0.6 倍，130%是设定的进给速度的 1.3 倍，以此类推。

②手动快速进给。启动数控车床→录入方式【MDI】指示灯亮→按下【手动方式】按键→同时按下快速【∽】按钮和方向按钮【X↓】【↑X】【Z←】【→Z】四个之一→刀架沿所按下的方向按钮方向快速移动。

说明：快速移动的快慢可以调整快速倍率：快速倍率分别有：100%、50%、20%、F_0%四个倍率，其中 100%在面板上是数控车床默认值，车床上没有标出；只标出 50%、20%、F_0%三个倍率，50%是机床设定的进给速度的 0.5 倍，以此类推。

③机床回零。启动数控车床→按下【手动方式】按键→手动移动刀架到机床机械零点的左侧靠近三爪卡盘附近→按下【回零方式】按键→按下【X↓】按键→按下【→Z】按键→刀架回到机床零点（【回零方式】指示灯从闪烁到熄灭即可）。

④手动换刀。按下【手动方式】按键→手动操作刀架移动到安全位置→按【手动换刀】按键→刀架转动 90°，刀具换刀一次→再按【手动换刀】按键→刀架又转动 90°，刀具又换刀一次。

⑤手动主轴转动。手动主轴正转：按下【手动方式】按键→手动操作刀架移动到安全位置→按【主轴正传】按钮→按【主轴低速】按钮→主轴低速正转→按【主轴高速】按钮→主轴高速正转→按【主轴停】按钮→主轴停转。手动主轴反转。按下【手动方式】按键→手动操作刀架移动到安全位置→按【主轴反传】按钮→按【主轴低速】按钮→主轴低速反转→按【主轴高速】按钮→主轴高速反转→按【主轴停】按钮→主轴停转。

⑥手轮方式。刀架沿 Z 轴移动：按【手轮方式 Z】按键→选择【手轮倍率】按键→转动手轮→刀架沿 Z 轴移动。刀架沿 X 轴移动：按【手轮方式 X】按键→选择【手轮倍率】按键→转动手轮→刀架沿 X 轴移动。

说明：【手轮倍率】分为×1、×10、×100 三种，在手轮上分别表示转动一小格，刀架移动

1 微米、10 微米、100 微米。

(3)X 或 Z 行程超程解除。刀架沿 X 或 Z 方向超程，按下【手动方式】按键→手动操作刀架沿相反的方向移动一段距离→按下【RESET】按键→超程解除。

▲2. 华中系统数控车床的手动部分操作

(1)数控车床的启动-关机步骤。

①数控车床的启动：打开机床控制盒的电源开关→打开数控车床的电源开关→松开【急停开关】按钮→显示「华中数控」「加工方式：手动」「运行正常」桌面→数控车床启动。

②数控车床的关机：检查安全和卫生注意事项→按下【急停开关】按键→关闭数控车床的电源总开关→关闭机床控制盒的电源总开关→数控车床关机。

(2)数控车床手动操作常规操作。

①手动进给。启动数控车床→默认【手动】按键→调节进给修调【100%】按键→按下【+X】【-X】【+Z】【-Z】四个方向按键之一→刀架按照方向按键移动进给。

说明：移动的快慢可以用进给修调【100%】两边的【+】【-】按键调整，最高 150%，最低 0%，当调到 0%时，刀架不移动。

②手动快速进给。启动数控车床→默认【手动】按键→调节快速修调【100%】按键→同时按下【快进】按键和方向按钮【+X】【-X】【+Z】【-Z】四个方向按键之一 →刀架按照方向按键快速移动。

说明：快速移动速度的快慢可以用快速修调【100%】两边的【+】【-】按键调整，最高 100%，最低 0%，当调到 0%时，刀架不移动。

③机床回零。启动数控车床→默认【手动】按键→手动移动刀架到机床机械零点的左侧→按下【回参考点】按键→按下【+X】按键→刀架回到+X 零点(指示灯从闪烁到熄灭)→按下【+Z】按键→刀架回到+Z 零点(指示灯从闪烁到熄灭即可)。

④手动换刀。按下【手动方式】按键→手动操作刀架移动到安全位置→按【刀位选择】按键，选择刀号→按下【刀位转换】按键→执行换刀一次。

⑤手动主轴转动与变速。方式一：按下【手动】按键→按下【F3】按钮进入 MDI 桌面→输入 M03S500→按【Enter】回车键按钮→按【循环启动】按键→主轴以 500r/min 正转→在 MDI 界面上输入 M05→按下【Enter】按键→按下【循环启动】按键→主轴停转。

方式二：在【手动】【增量】【单段】【自动】四种任意一种方式下→按下【主轴正传】按键→主轴以 500r/min 的转速正转→用主轴修调【100%】调整转速高低→按下【主轴停止】按键→主轴停转。

说明：主轴转速的高低用主轴修调【100%】两边的【+】【-】按键调整转速的高低，最高 150%，最低 0%(主轴修调到 0%时，转速是原转速的一半)。手动调整转速时，必须用方式一的方法，经过 MDI 桌面，输入新的转速从而改变转速。

⑥手轮方式。默认【手动】按键→按下【增量】按钮→【X、Y、Z 轴】选择旋钮，选择其中的 X 轴→选择【×1】【×10】【×100】【×1000】四个倍率之一→转动手轮(顺时针旋转远离工件，逆时针旋转接近工件)→刀架沿 X 轴移动→【X、Y、Z 轴】选择旋钮，选择其中的 Z 轴→刀架沿 Z 轴移动。

说明 1:【X、Y、Z 轴】选择旋钮中的 Y 轴选择无效。

说明 2:手轮倍率四个【×1】【×10】【×100】【×1000】按键中,【×1】表示手轮移动一小格,刀架移动 1 微米;【×10】表示手轮移动一小格,刀架移动 10 微米;【×100】表示手轮移动一小格,刀架移动 100 微米。

(3)X 或 Z 行程超程解除。显示屏最上方显示 X 或 Z 行程超程报警→长按【超程解除】按键→显示屏最上方显示原来的操作状态→转换到【手动】或【手轮】按键方式→反方向移动 X 或 Z 行程一段距离→超程报警解除。

(四)切削液的选用

切削液又称冷却液,有冷却、润滑、冲洗、防锈的作用。在切削加工过程中合理地使用切削液,能够改善加工工件的表面粗糙度,减少 15%～30%的切削力,还会使切削温度减低 100～150℃,从而提高刀具寿命、提高生产效率和加工质量。

1. 切削液的种类及特点(切削液分两类)

(1)乳化液。乳化液是在乳化油中加入 15～20 倍的水稀释而成(主要作用是冷却),其比热容大、流动性好、润滑防锈能力较差。

(2)切削油。主要成分是矿物油,例如 10 号、20 号机油、硫化油、轻机油、煤油等(主要作用是润滑),其比热容小、流动性差,润滑防锈能力好。

2. 切削液的选用原则

(1)依据工艺特点、加工性质、工件和刀具材料等条件选用。

①粗加工应选用乳化液,主要作用是冷却。

②精加工应选用高浓度的乳化液或切削油,主要作用是润滑。

③半封闭式加工。应选用粘度较小的乳化液,主要作用是冷却、润滑和冲屑。

(2)根据工件材料选用。

①一般钢材,粗车时选用乳化液,精车时选用硫化油。

②车削铸铁、铸铝等脆性金属材料时,一般不用冷却液,精车时可选用煤油或 7%～10%的乳化液。

③车削有色金属或铜合金时,不宜采用含硫的切削液,以免腐蚀工件。

④车削镁合金时,严禁使用切削液,以免失火(用压缩空气冷却)。

⑤车削难加工材料时(不锈钢、耐热钢等),应选用极压切削油或极压乳化液。

(3)根据刀具材料选用。

①高速钢粗加工时选用乳化液,精加工时选用极压切削油或高浓度的极压乳化液。

②硬质合金一般不使用切削液,在加工硬度高、强度好、导热性差的材料或细长轴时,可选用切削液。

3. 使用切削液注意事项

(1)油状乳化液必须用水稀释后搅拌均匀才能使用。

(2)切削液必须充分的浇注在切削加工区域。

(3)硬质合金车刀切削时,如果使用切削液,必须从加工一开始就连续充分地加足切削液，不得在加工中途打开切削液或中断切削液，否则硬质合金刀具会因突然冷热不均而产生裂纹。

(4)添加极压添加剂(硫、氯等)和防锈剂，以提高润滑和防锈能力。

(5)外圆常用刀具的基础知识介绍、安装方法及刃磨常识。

(五)车刀的使用

1. 车刀常用知识

(1)车刀的基本几何参数。

①车刀的三面、二刃和一尖，如图 1-38 所示。

三面即前刀面 A_γ：切削沿其流出的表面；主后面 A_a：与过度表面相对的面；副后面 A_a'：与已加工表面相对的面。

二刃即主切削刃：前刀面与主后刀面相交形成的切削刃；副切削刃：前刀面与副后刀面相交形成的切削刃。

一尖即车刀刀尖(数控车削的刀位点)。

②车刀的平面参考系，如图 1-39 所示。

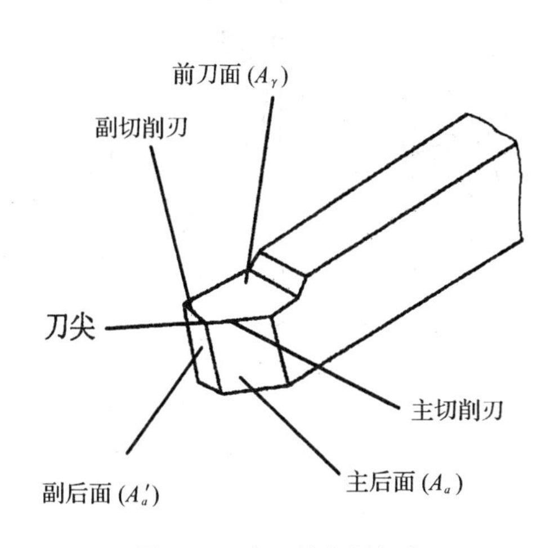

图 1-38 车刀的车削部分(三面、二刃、一尖)

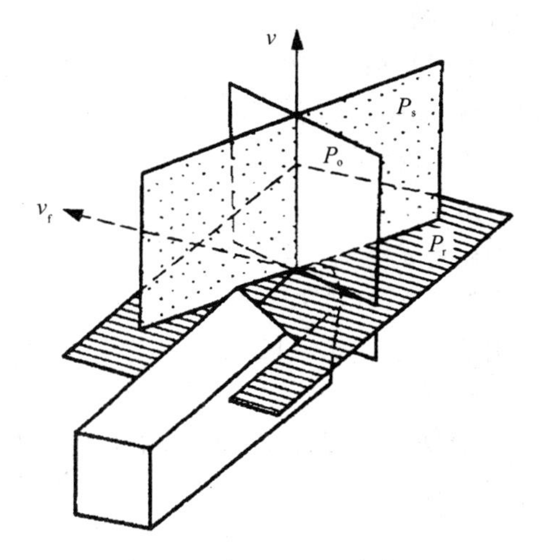

图 1-39 车刀的平面参考系

基面 P_r：过切削刃选定点平行或垂直刀具安装面(或轴线)的平面。

切削平面 P_s：过切削刃选定点与切削刃相切并垂直于基面 P_r 的平面。

正交平面 P_o：过切削刃选定点同时垂直于切削平面 P_s 和基面 P_r 的平面。

③一般车刀的基本几何参数，如图 1-40 所示。

前角 γ_o：在主切削刃选定点的正交平面 P_o 内，前刀面与基面之间的夹角。

后角 a_o：在正交平面 P_o 内，主后面与基面之间的夹角。

副后角 a_o'：在正交平面 P_o 内，副后面与基面 P_r 的夹角。

主偏角 K_r：主切削刃在基面上的投影与进给方向的夹角。

刃倾角 λ_s：在切削平面 P_s 内，主切削刃与基面 P_r 的夹角。

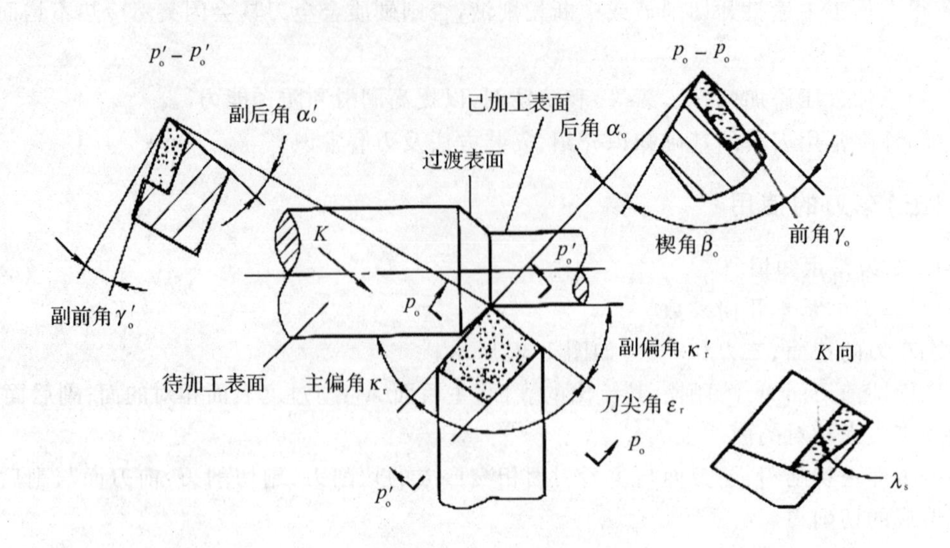

图 1-40　车刀的基本几何参数

副偏角 K'_r：在正交平面 P_o 内，副切削刃与基面 P_r 的夹角。

④如图半精车或精车软金属时 90°偏刀的基本几何参数，如图 1-41 所示。

前角 $\gamma_o = 20°$；

后角 $a_o = 5° \sim 8°$；

副后角 $a_o' = 5° \sim 8°$；

主偏角 $K_r = 90°$；

副偏角 $K'_r = 8° \sim 12°$；

刃倾角 $\lambda_s = 0°$。

⑤ 普通三角螺纹车刀的基本几何参数，如图 1-42 所示。

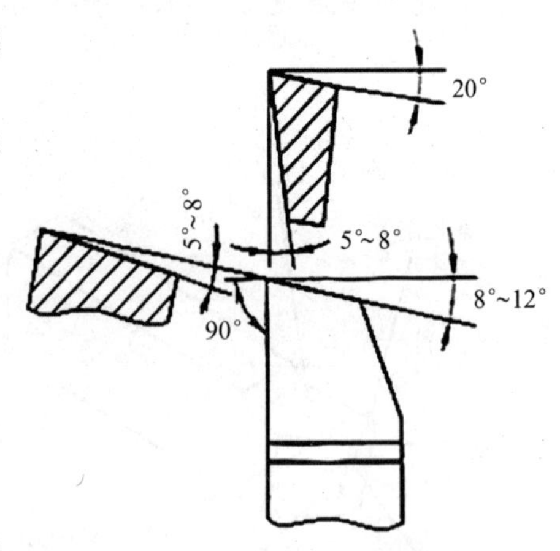

图 1-41　90°右偏刀的基本几何参数

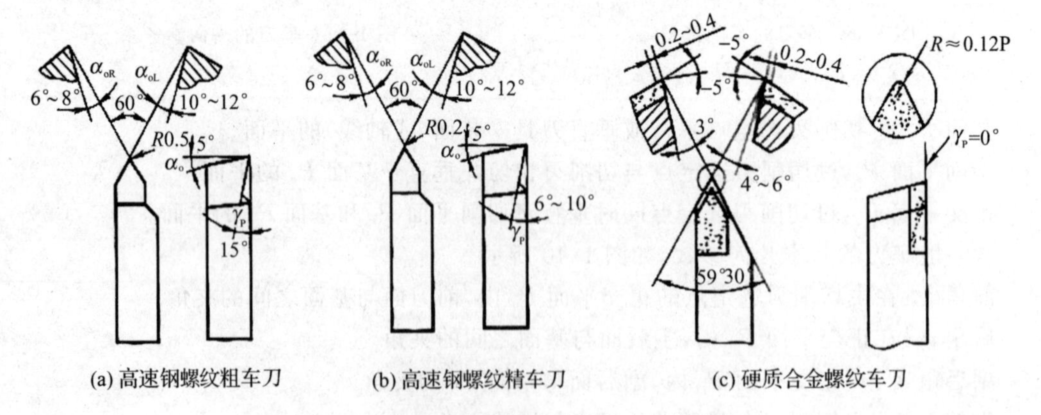

(a) 高速钢螺纹粗车刀　(b) 高速钢螺纹精车刀　(c) 硬质合金螺纹车刀

图 1-42　普通三角螺纹车刀的基本几何参数

说明：螺纹刀的后角一定要大于螺纹的摩擦角，螺纹刀的副后角只要小于0°即可。

⑥切断车刀的基本几何参数，如图1-43所示。

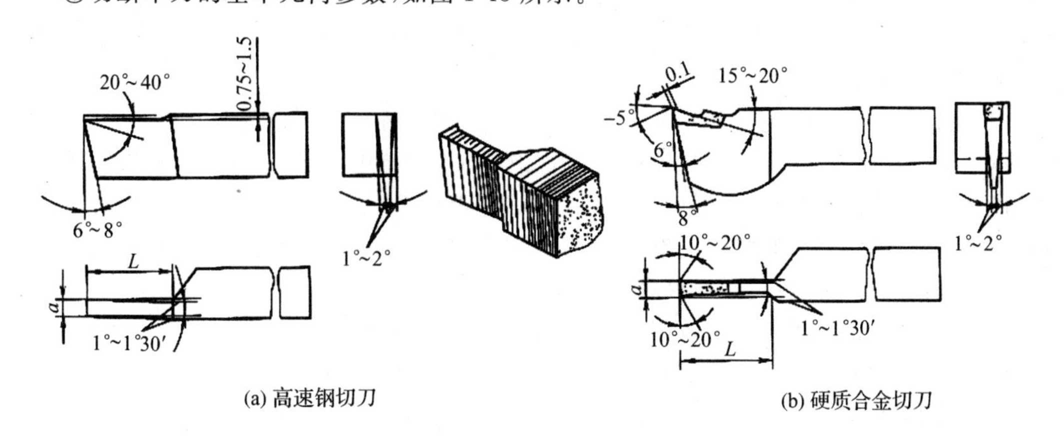

图1-43　切断车刀的基本几何参数

(2)切断和切槽的进给量推荐值，如表1-1所示。

表1-1　切断和切槽的进给量推荐值

工件直径(mm)	切刀宽度(mm)	加工材料	
		碳素钢、合金结构钢	铸铁、铜合金及铝合金
		进给量 f(mm/r)	
≤20	3	0.06～0.08	0.11～0.14
>20～40	3～4	0.10～0.12	0.16～0.19
>40～60	4～5	0.13～0.16	0.20～0.24
>60～100	5～8	0.16～0.23	0.24～0.32
>100～150	6～10	0.18～0.26	0.30～0.40
>150	10～15	0.28～0.36	0.40～0.55

(3)常用硬质合金数控车刀切削碳素钢时的角度参考推荐值，如表1-2所示。

表1-2　常用硬质合金数控车刀切削碳素钢时的角度参考推荐值

角度 刀具	前角(γ_o)	后角(α_o)	副后角(α'_o)	主偏角(κ_r)	副偏角(κ'_r)	刃倾角(λ_s)	刀尖半径(γ_ε)(mm)
外圆粗车刀	0°～10°	6°～8°	1°～3°	75°左右	6°～8°	0°～3°	0.5～1
外圆精车刀	15°～30°	6°～8°	1°～3°	90°～93°	2°～6°	3°～8°	0.1～0.3
外切槽刀	15°～20°	6°～8°	1°～3°	0°	1°～1°30′	0°	0.1～0.3
公制螺纹刀	0°	4°～6°	2°～3°	60°	60°	0°	0.12P
通孔车刀	15°～20°	8°～10°	磨出双重后角	60°～75°	15°～30°	-6°～-8°	1～2
盲孔车刀	15°～20°	8°～10°		90°～93°	6°～8°	0°～2°	0.5～1

2. 常用车刀刀具材料及用途简介

良好的刀具材料能有效、迅速的完成切削工作，并保持良好的刀具寿命。一般常用车刀材质有下列几种：

(1)高碳钢。高碳钢车刀是由含碳量在0.8%～1.5%之间的一种碳素钢,经过淬火硬化后使用;因切削中的摩擦热很容易导致回火软化,其红硬性较低,一般为127℃～150℃,因而被高速钢等其他刀具所取代。一般仅适合于软金属材料或低速、手动切削,常用者有SK1,SK2、……SK7等。

(2)高速钢。高速钢为一种钢基合金俗名白车刀(白钢刀),含碳量在0.7%～1.5%的碳素钢中加入大量的钨(W)、铬(Cr)、钒(V)、钼(Co)等强碳化物合金元素而成;是一种具有高红硬性、高耐磨性的合金工具钢。钨和钼是提高钢红硬性的主要元素;铬主要提高钢的淬透性。钒能显著提高钢的硬度、耐磨性和红硬性并能细化晶粒。高速钢的红硬性可达500～600℃,切削时能长期保持刃口锋利,又称为锋钢。

用途:高速钢的加工工艺性较好,常用于制造切削速度较高(1000rpm以下)的刀具(车刀、铣刀、钻头等)和形状复杂、载荷较大的成型刀具(齿轮铣刀、拉刀等)。

常用的高速钢有:W18Cr4V(简称18—4—1)、W6Mo5Cr4V2、W6Mo5Cr4V2Co8(用于难加工切削材料:如高温合金、不锈钢等)

(3)硬质合金(分成K、P、M三类,并分别以红、蓝、黄三种颜色来标识)。硬质合金的性能特点是硬度高、红硬性高、耐磨性好:在室温下硬度可达86～93HRA,在900～1000℃温度下仍然有较高的硬度,其切削速度、耐磨性及使用寿命均比高速钢显著提高。抗压强度比高速钢高,但抗弯强度只有高速钢的1/3～1/2,韧性差,约为淬火钢的30%～50%。

常用的硬质合金分为K类硬质合金(钨钴类)、P类硬质合金(钨钴钛类)和M类硬质合金(钨钛钽类)三大类。

① K类硬质合金(钨钴类硬质合金)(或称YG类硬质合金)。主要合金元素成分为碳化钨(WC)和钴(Co)。

牌号:用“硬”、“钴”二字的汉语拼音字头“YG”加数字表示,数字表示含钴量的百分数。数字从1～30,数字越大,刀具材料硬度降低,塑性、韧性提高。

适用范围:K(YG)类适于切削石材、铸铁、青铜等脆硬材料,有K01(YG3X)、K10(YG6A)、K15(YG6X)、K20(YG6)、K30(YG8)、K40(YG15)六类,K01(YG3X)为高速精车刀,K40(YG15)为低速粗车刀,此类刀柄涂以红色加以识别。

例如,YG8(K30):表示钨钴类硬质合金(或K类硬质合金、YG类硬质合金),表示平均WCo含量=8%,,适于铸铁、有色金属及合金、非金属材料低速粗加工。

YG6x(K15):适于冷硬铸铁、球墨铸铁、灰铸铁、耐热合金钢的中小切削断面高速精加工、半精加工。

YG3X(K01):适于铸铁、有色金属及合金淬火钢合金钢小切削断面高速精加工。

② P类硬质合金(钨钴钛类硬质合金)(或称YT类硬质合金)。主要合金元素成分为碳化钨(WC)、碳化钛(TiC)和钴(Co)。

牌号:有P01、P10(YT15)、P20(YT14)、P30(YT5)、P40(YC45)、P50六类,P01为高速精车刀,号码小,耐磨性较高;P50为低速粗车刀,号码大,韧性高,刀柄涂蓝色以识别之。

用“硬”、“钛”二字的汉语拼音字头“YT”加数字表示,数字表示含碳化钛的百分数。数字从1～30,数字越大,刀具材料硬度越高,塑性、韧性降低。

适用范围:适于加工塑性材料(如钢材等)。

例如,YT5(P30):表示钨钴钛类硬质合金(或P类硬质合金、YT类硬质合金),表示平均 TiC 含量＝5%。适于碳素钢与合金钢(包括钢锻件,冲压件及铸件的表皮)的粗车及钻孔。

YT15(P10)适用于碳素钢与合金钢加工中,连续切削时的粗车、半精车及精车,间断切削时的小断面精车,孔的粗扩与精扩。

③钨钛钽(铌)类硬质合金(M 类硬质合金)(或称 YW 类硬质合金)。主要合金成分为碳化钨(WC)、碳化钛(TiC)、碳化钽(TaC)或碳化铌(NbC)和钴(Co)。

牌号:用“硬”、“万”二字的汉语拼音字头“YW”加顺序号表示。

适用范围:适于所有金属,特别是不锈钢、耐热钢、高锰钢等难加工的材料,俗称“通用硬质合金”或“万能硬质合金”,此类刀柄涂以黄色来识别。

举例 1:YW1(M10):表示 1 号钨钛钽(铌)类硬质合金(或 M 类硬质合金、YW 类硬质合金)适于钢、耐热钢、高锰钢、不锈钢等难加工钢材和铸铁的中速、半精加工。

举例 2:YW2(M20):适于耐热钢、高锰钢、不锈钢及高级合金钢等难加工钢材的中、低速粗加工、半精加工和铸铁的加工。

一般市场上只有 YW1、YW2、YW3、(YW4、YW5)。

(4)非金属刀具。①陶瓷车刀。金属 Al_2O_3 陶瓷刀具应用较广,具有硬度高、耐热性好(硬度、抗热性、切削速度比碳化钨高)、与金属没有亲和性的特点,因为质脆,故不适用于非连续或重车削,只适合高速精削。

②立方氮化硼(CBN)车刀。硬度与耐磨性仅次于钻石。硬度达到 8000～9000HV,耐热度达到 1400℃,耐磨性好,与金属没有亲和性。适用于加工坚硬、耐磨的铁族合金、镍基合金和钴基合金,能对淬硬钢(45～65HRC)、轴承钢(60～64HRC)、高速钢(63～66HRC)、冷硬铸铁进行粗车和精车,还能对高温合金、硬质合金等难加工材料进行高速切削加工。

③金刚石(聚晶金刚石 PCD)。硬度达到 10000HV,具有高硬度、高耐磨性和高导热性等性能。在有色金属加工中应用广泛,但在加工钢铁时要注意其亲和性。主要用来对铜及铜合金、铝及铝合金或轻合金进行精密车削,在车削时必须使用高速度,最低需在 60～100m/min,通常在 200～300m/min。加工铝及铝合金是切削速度可达 1000～4000m/min。

3. 车刀刃磨

(1)砂轮的选择。砂轮的特性由磨料、粒度、硬度、结合剂和组织 5 个因素决定。

①磨料。常用的磨料有氧化物系、碳化物系和高硬磨料系 3 种。机械加工厂常用的是氧化铝砂轮和碳化硅砂轮。氧化铝砂轮磨粒硬度低(HV2000-HV2400)、韧性大,适用刃磨高速钢、高碳钢车刀,其中白色的砂轮叫做白刚玉,灰褐色的砂轮叫做棕刚玉。

碳化硅砂轮的磨粒硬度比氧化铝砂轮的磨粒高(HV2800 以上)。性脆而锋利,并且具有良好的导热性和导电性,适用刃磨硬质合金。其中常用的是黑色和绿色的碳化硅砂轮,而绿色的碳化硅砂轮更适合刃磨硬质合金车刀。

②粒度。粒度表示磨粒大小的程度。以磨粒能通过每英寸长度上多少个孔眼的数字作为表示符号。例如 60 粒度是指磨粒可通过每英寸长度上有 60 个孔眼的筛网。因此,数字越大则表示磨粒越细。粗磨车刀应选磨粒号数小的砂轮,精磨车刀应选号数大(即磨粒细)的砂轮。常用的粒度为 46 号～80 号的中软或中硬的砂轮。

③硬度。砂轮的硬度是反映磨粒在磨削力作用下,从砂轮表面上脱落的难易程度。砂轮硬,即表面磨粒难以脱落;砂轮软,表示磨粒容易脱落。刃磨高速钢车刀和硬质合金车刀

时应选软或中软的砂轮。砂轮的软硬和磨粒的软硬是两个不同的概念,必须区分清楚。

另外,在选择砂轮时还应考虑砂轮的结合剂和组织。机械加工厂一般选用陶瓷结合剂(代号 A)和中等组织的砂轮。

综上所述,应根据刀具材料正确选用砂轮。刃磨高速钢车刀时,应选用粒度为 46 号到 60 号的软或中软的氧化铝砂轮。刃磨硬质合金车刀时,应选用粒度为 60 号到 80 号的软或中软的碳化硅砂轮,两者不能搞混。

(2)车刀刃磨的步骤(以 90°右偏刀为例)。①磨主后刀面,同时磨出主偏角及主后角;②磨副后刀面,同时磨出副偏角及副后角;③磨前面,同时磨出前角;④磨断屑;⑤修磨各刀面及刀尖。

(3)刃磨的方法。①人站立在砂轮机的侧面,以防砂轮碎裂时,碎片飞出伤人;②两手握刀的距离放开,两肘夹紧腰部,以减小磨刀时的抖动;③磨刀时,车刀要放在砂轮的水平中心,刀尖略向上翘约 3°~8°,车刀接触砂轮后应作左右方向水平移动。当车刀离开砂轮时,车刀需向上抬起,以防磨好的刀刃被砂轮碰伤;④磨后刀面时,刀杆尾部向左偏过一个主偏角的角度;磨副后刀面时,刀杆尾部向右偏过一个副偏角的角度;⑤修磨刀尖圆弧时,通常以左手握住车刀前端为支点,用右手转动车刀的尾部。

(4)磨刀安全知识。①刃磨刀具前,应首先检查砂轮有无裂纹,砂轮轴螺母是否拧紧,并经试转后使用,以免砂轮碎裂飞出伤人;②刃磨刀具不能用力过大,否则会使手打滑而触及砂轮面,造成工伤事故;③磨刀时应戴防护眼镜,以免砂砾和铁屑飞入眼中;④磨刀时不要正对砂轮的旋转方向站立,以防意外;⑤磨小刀头时,必须把小刀头装入刀杆上;⑥砂轮支架与砂轮的间隙不得大于 3mm,若发现过大,应调整适当。

4. 车刀安装

(1)车刀安装注意事项。①车刀安装在刀架上,在保证安全和满足加工要求的条件下,伸出的部分不宜太长,伸出量一般为刀杆高度的 1~1.5 倍。② 刀杆的垫铁要平整,数量尽量少(一般不要超过 4 片)。③车刀至少要有两个固定螺钉压紧在刀架上,并逐个轮流拧紧。④车刀刀尖应与被切削的工件轴线等高,否则会因为基面和切削平面的位置发生变化而改变车刀工作时的前角和后角的角度。车刀刀尖与工件轴线不等高时的不良后果如图 1-44 所示。⑤车刀刀杆切削中心线应与进给方向垂直,否则会使主偏角和副偏角的数值发生变化,甚至导致无法切削。⑥车刀的刀尖低于主轴中心高时加工表面容易出现的表面误差,如图 1-45 所示。

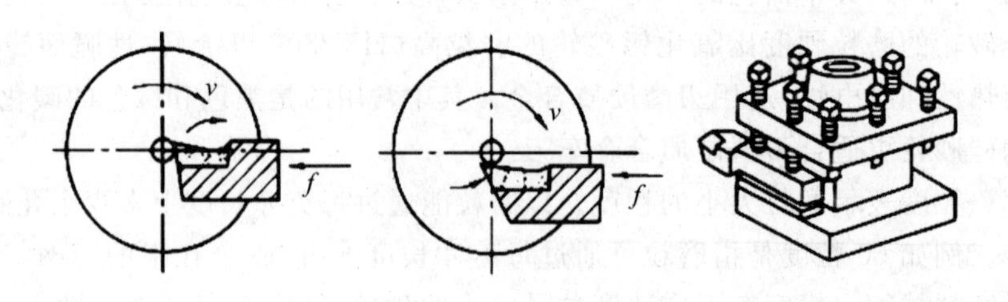

图 1-44　车刀的装夹

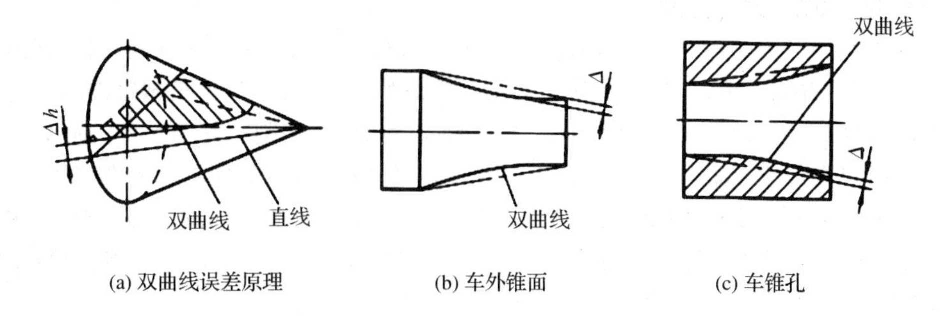

(a) 双曲线误差原理　　(b) 车外锥面　　(c) 车锥孔

图 1-45　车刀安装不正确产生的表面误差

(2)外螺纹车刀的安装，要在精车外圆后用对刀板对正螺纹刀尖的对称角度，如图 1-46 所示。

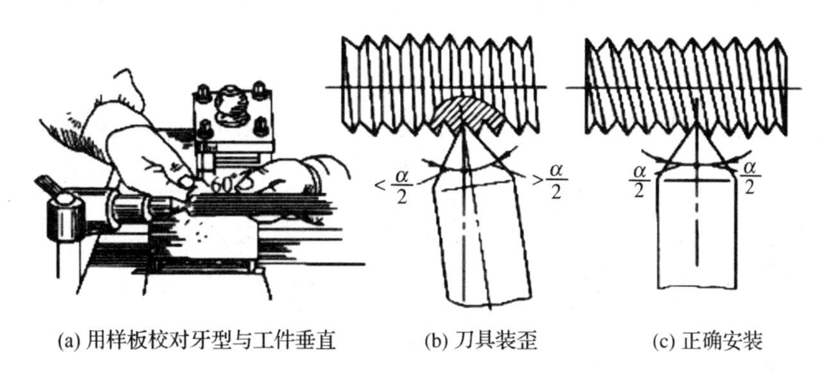

(a) 用样板校对牙型与工件垂直　　(b) 刀具装歪　　(c) 正确安装

图 1-46　外螺纹车刀的安装

(六)外圆刀具的安装方法演示

1. 第一次数控车床实习要用到常用的外圆车刀

(1)90°粗加工偏刀(看样品)。特征：主偏角大约 93°，断屑槽大约宽 5，刃倾角一般为“－”角度或“0°”，其他的角度与切削参数的变化和材料的不同而变化。

(2)90°精加工偏刀(看样品)。特征：主偏角大约 93°，断屑槽大约宽 3，刃倾角一般为“＋”角度或“0°”

(3)切断刀(看样品)。特征：前角和后角因切削不同的物品角度有变化，两个副后角的角度为 1°30′，断屑槽视加工的情况而确定。但是要保证能把加工的工件完整的切断。

切槽刀：形状与切断刀相似，但是副切削刃比较短，以满足切削槽的深度为要求。

(4)公制外螺纹刀(看样品)。特征：两个切削刃的夹角为 60°，主切削刃与副切削刃在一个水平面上，如果切削大螺距螺纹，主切削刃应当低于副切削刃一个楔角(也称螺旋升角)的角度，刀刃处的圆弧或直线刃的宽度为 0.122P，后角一般大于楔角的角度(螺旋升角)，副后角较小，甚至可为 0°。

粗加工和半精加工的螺纹刀前角为正、可以有断屑槽，精加工螺纹刀前角为 0°、没有断屑槽。

2. 常用外圆车刀装刀的要求

(1)90°粗加工偏刀的安装要求:刀尖与工件轴线等高,主切削刃与工件的端面夹角一般呈6°～12°,不得有干涉现象,在满足切削要求和安全的情况下,刀具伸出越短则刚性越好。

(2)90°精加工偏刀的安装要求:刀尖与工件轴线等高,主切削刃与工件的端面夹角一般呈1°～6°,不得有干涉现象,在满足切削要求和安全的情况下,刀具伸出越短则刚性越好。

(3)切断刀的安装要求:切断刀有两个刀尖,选择一个起主要作用的作为主刀尖,主刀尖与工件轴线等高,主切削刃与已经精加工过的工件圆柱面全接触,不得有干涉现象,在满足切削要求和安全的情况下,刀具伸出越短则刚性越好。

(4)公制外螺纹刀的安装要求。刀尖与工件的轴线等高,螺纹对刀板与已经精加工过的工件圆柱面全接触,螺纹刀尖与对刀板上的牙型角度完全相符,且对刀板的上表面与螺纹刀尖的上表面等高。刀具与工件的几何表面不得有干涉现象,在满足切削要求和安全的情况下,刀具伸出越短则刚性越好。如果是精密螺纹(6级精度及以上),在用对刀板装刀过程中应当做透光实验。

3. 刀具工艺卡

车刀刀具工艺卡的形式多种多样,国家没有统一规定,现举例如表1-3所示。

表1-3　刀具工艺卡

零件名称			零件图号	刀柄尺寸			备注
序号	刀具号	刀具偏置号	刀具名称及规格	刀尖半径	数量	加工表面	
1	T01	01	90°粗车右偏刀	R0.4	1		
2	T02	02	90°精车右偏刀	R0.2	1		
3	T03	03	切断刀(切削刃≤4,切削半径Φ45)	R0.2	1		
4	T04	04	公制外螺纹刀(P=2.5)	R0.3	1		

4. 刀具安装的演示

(1)数控车床安全操作注意事项。

(2)床头箱上工具、量具、毛坯等物品的摆放。

(3)各种刀具安装顺序、安装角度的要求(见项目一评分表)。

数控车工第一阶段实习(常用外圆车刀安装)项目一评分表

第____组____号机床　填表时间：______年____月____日　星期____

工种	____________系统数控车工	姓名		总分	
加工时间	开始时间：　月　日　时　分，结束时间：　月　日　时　分			实际操作时间	

序号	安装技术要求	配分	精度等级	学生自测评分			老师测评			单项综合得分
				目测尺寸	得分	扣分	目测尺寸	得分	扣分	
1	90°粗偏刀 T01	5	主切削刃与工件右端面夹角 6°～10°，刀尖与轴线等高。							
2	90°精偏刀 T02	5	主切削刃与工件右端面夹角 1°～5°，刀尖与轴线等高							
3	切断刀 T03	15	主切削刃与工件圆柱面全面接触，刀尖与轴线等高。							
4	公制外螺纹刀 T04	20	60°对称轴线与主轴轴线垂直，刀尖与轴线等高。							
5	安全文明生产	5	优秀者 5 分，正常操作 4 分，每受到一次警告扣 2 分。				空格			
6	引导问题	50	空格				空格			
说明	刀具安装的考核与评分标准： 1. 考核评分：考核分为引导问题(理论题)和实操题考核两项，满分为 100 分；其中引导问题和实操题各为 50 分。 2. 实操考核的项目分类： (1)考核标准：主轴转动、平断面和车削外圆，各种刀具的安装角度合格，方向正确(没有偏斜)、切削刀尖对准主轴中心高。 (2)扣分标准：公制外螺纹刀安装不合格扣 25 分，切断刀安装不合格扣 15 分，每把 90°偏刀安装不合格扣 5 分。									

(4)检验刀具安装质量。

(七)刀具安装的练习与辅导

逐机检查、巡回指导、安全第一。

(八)数控车床操作返回参考点注意事项

(1)开机后，首先应进行“机床回参考点”操作，机床坐标系的建立必须通过该操作来完成。

(2)即使机床已经进行了“回参考点”操作，如出现下列三种情况时，必须重新进行“回参考点”操作，否则产生系统误差。

①机床系统断电后重新接通电源；

②机床解除急停状态后；

③机床超程报警解除后。

(3)在返回参考点的过程中，为了刀具和机床的安全，数控车床的返回参考点操作一般应先 X 轴后 Z 轴的顺序进行。

四、引导问题

1. (2分)项目一的学习任务和基本要求是什么?

答:

2. (2分)FANUC(或华中)系统数控车床的开机步骤有哪些?

答:

3. (2分)FANUC(或华中)系统数控车床的关机步骤有哪些?

答:

4. (5分)FANUC(或华中)系统数控车床机械回零注意事项有哪些?什么情况下要重新回零?

答:

5. (2分)FANUC(或华中)系统数控车床退刀到机床尾座注意事项有哪些?

答:

6. (2分)FANUC(或华中)系统数控车床的快进倍率有哪些?

答:

7. (3分)FANUC(或华中)系统数控车床的进给倍率有哪些?

答:

8. (3分)FANUC(或华中)系统数控车床在手动主轴转动前应注意哪些?

答:

9. (3分)FANUC(或华中)系统数控车床主轴正转时,能不能反转,为什么?

答:

10. (2分)经济型FANUC(或华中)系统数控车床主轴正转时能不能指令变速?如何操作?

答:

11. (2分)经济型FANUC(或华中)系统数控车床主轴正转时能不能机械变速?为什么?

答:

12. (3分)经济型FANUC(或华中)系统数控车床主轴正转时手轮倍率×1、×10、×100所表达的含义?

答:

13. (5分)在普通车床中沿直径和轴向方向的对刀操作的步骤有哪几个步骤?在FANUC(或华中)系统数控车床用手动的方式进行和普通车床同样的对刀操作,对刀操作的步骤有哪几个步骤?

答:

14. (3分)圆棒装夹完毕后,如何防止圆棒料端面和径向跳动?

答:

15. (2分)如何检查90°偏刀安装的正确与否?

答:

16. (3分)如何检查切槽刀安装的正确与否?

答:

17. (3分)如何检查公制外螺纹刀安装的正确与否?

答:

18. (2分)分别使用高速钢和硬质合金刀具加工钢材时,如何选用切削液?

答:

19. (1分)你认为在项目一的教学中,老师的教学还有什么要改进的地方?

答:

项目二　车工常见型面和通用指令的练习

（手动和用 G00、G01、G04 指令练习车削端面、圆柱面、台阶圆、槽、切断、倒角等）

一、任务与操作技术要求

在熟练掌握项目一的基础上，进行项目二的学习和练习。

本项目需要了解车削刀具基本知识、数控车削基础工艺、数控车工编程的理论知识，首先进行手动车削练习，验证项目一中数控车床刀具安装的准确性和特点，加工出在普通车床上比较难加工的练习工件图 2-19，手动加工的同时熟悉数控车床的操作面板，为数控车床编程加工的前期工作-对刀、程序录入、程序模拟等操作做好准备，然后进行编程练习，加工出项目二的练习工件，比较一下手动加工和编程加工的特点。

二、信息文

数控车床的刀具安装与普通车床有什么不同？为什么？

对于常用量具-游标卡尺，思考如何检验游标卡尺的精度以及测量技巧和准确度。

手动加工出在普通车床比较难加工的零件，比较一下数控车床和普通车床加工同一个工件的难易程度和劳动强度，体验数控加工的先进性。

手动加工项目二练习工件图 2-19 的目的：为熟悉数控车床的操作面板，为下一步的学习做好准备。

编程加工项目二练习工件图 2-19 的目的：在学会简单件编程加工的同时，体验数控车床自动加工和普通车床的优缺点。

开始操作前，认真想一想手动操作的内容，特别是老师课堂上讲授的，文字没有表达出来的内容。

强调确认在数控车床操作中的安全注意事项有哪些！

三、基础文

(一)手动加工工件图 2-14(演示结构简单、单件加工的工件可用手动操作加工)

(1)以工件图 2-14 为例讲解手动操作车削工件的方法。图 2-14 中的所有倒角尺寸改为 1×60°(以便利用公制外螺纹刀加工倒角)。

(2)传授常用量具游标卡尺的检验方法和测量技巧。

(3)利用数控车床的手轮操作,X 方向和 Z 方向的相对坐标归零,演示加工出工件图 2-14,特别是每次对刀坐标归零的操作步骤。

(4)学生练习加工工件如图 2-19 所示。

(5)学生手动加工的工件图 2-19 后自己检测,然后根据自己的检测结果和评分标准,先给自己评分;再交与老师检测评分,最后和老师共同评出手动加工的得分。

(二)编程加工项目二工件所学习的指令

1. 常用名词解释

指令分组:将系统中不能同时执行的指令分成一组,并以编号区别。

(1)同组指令。同组指令具有相互取代的作用,在一个程序段中同组指令只能有一个生效,当一个程序段中有两个或两个以上的同组指令时,一般以最后一个指令为准或数控机床系统报警。

(2)模态指令(也称为续效指令)。表示该指令一经在一个程序段中指定,在接下来的程序段中一直有效,直到出现同组的另一个指令时,该指令才被取代。非模态指令。该指令只在同一个程序段中有效,离开本程序段则无效。

(3)开机默认指令。数控系统对每一组的指令,都选取其中的一个作为开机默认指令,该指令在开机或系统复位时自动生效,在程序中不再允许编写(不同系统、不同时期出厂的数控机床的默认指令可能不一样)。

(4)小数点编程。数控车床的数控装置输出的是脉冲信号,一个脉冲信号驱动执行组件位移一个单位,一般情况下的位移单位是 0.001mm(1 微米),即一个脉冲当量为 0.001mm。

公制标准下的数字单位分为两种,一种是以毫米(mm)为单位,一种是以脉冲当量微米(μm)为单位;当使用小数点进行编程时,数字确认输入单位为毫米,当不使用小数点编程时,则以机床的最小输入单位。脉冲当量为输入单位。

例如,X30.0 表示直径为 30mm,X30 表示直径为 30μm,两者相差 1000 倍。

小数点编程时,小数点后保留 3 位,第四位四舍五入。

(5)基点和节点的概念。①基点:构成零件轮廓的几何元素的连接点称为基点。②节点:拟合线段的交点或切点称为节点。

(6)刀位点。编制程序和加工时,用于表示刀具特征的点,也是对刀和加工的基准点。

数控车工的刀位点如图 2-1 所示，尖形车刀的刀位点通常是指刀具的刀尖，圆弧形车刀的刀位点是指圆弧刃的圆心，成形车刀的刀位点通常指刀尖。

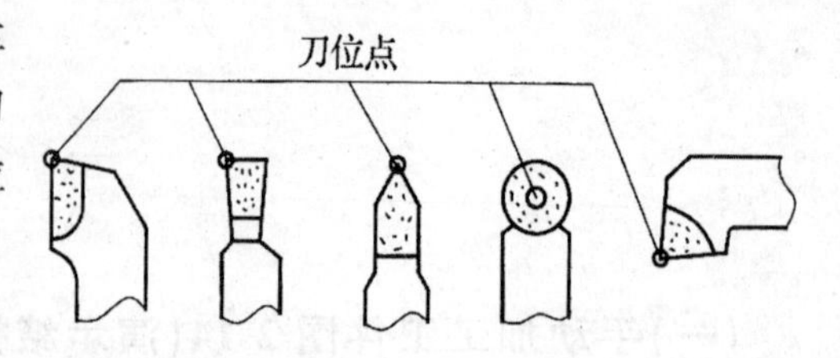

图 2-1　数控车刀的刀位点

(7)数控车床的坐标系统。

①数控车床坐标系，如图 2-2 所示。

机床原点：(也称为机床零点)是机床上设置的一个固定的点，即机床坐标系的原点，一般情况下不允许用户更改。

机床参考点：是机床的一个特殊位置的点，一般位于刀架正向移动的极限点位置。大多数数控机床，开机的第一步是使机床返回参考点(机床回零)。

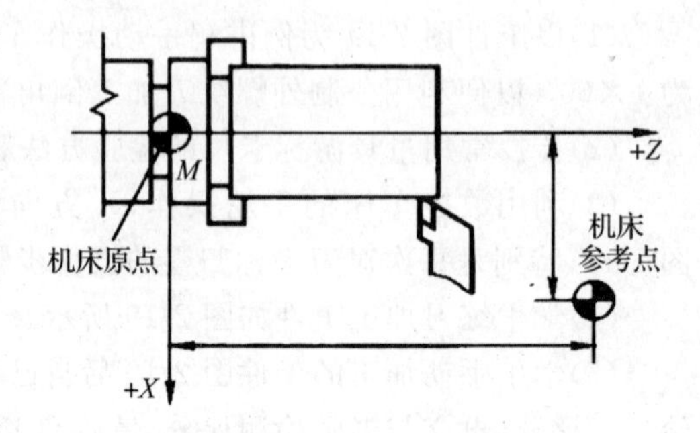

图 2-2　数控车床坐标系(前置刀架)

②工件坐标系，如图 2-3 所示。

工件坐标系：针对某一个工件并根据零件的图样建立的坐标系称为工件坐标系。

工件坐标系原点：工件坐标系原点也称编程原点，是指工件装夹完成后，选择工件上的某一个特殊点作为编程或工件加工的基准点。X 向一般选在工件的回转中心，Z 向一般选在工件的右端面或左端面。

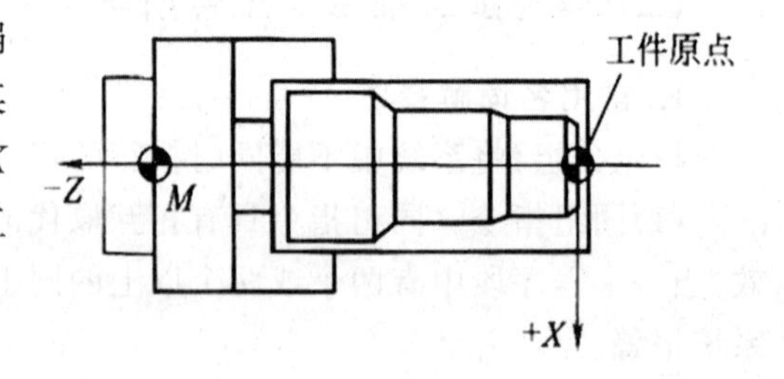

图 2-3　工件坐标系

(8)绝对坐标和增量坐标。

①绝对坐标。直接用地址符 X、Z 组成的坐标功能字表示绝对坐标。绝对坐标地址符 X、Z 后面的数值表示工件原点到该点的矢量值。

②增量坐标。用地址符 U、W 组成的坐标功能字表示增量坐标。增量坐标地址符 U、W 后的数值表示轮廓上前一点到该点的矢量值。

(9)机床标准坐标系。机床坐标系中 X、Y、Z 轴的关系，采用右手笛卡尔坐标系，如图 2-4 所示；用右手的拇指、食指和中指分别代表 X、Y、Z 轴，三个手指互相垂直，所指方向分别为 X、Y、Z 轴的正方向，围绕 X、Y、Z 轴的回转运动分别用 A、B、C 表示，其正方向用右手螺旋定则确定。与 $+X$、$+Y$、$+Z$、$+A$、$+B$、$+C$ 相反的方向分别用 $+X'$、$+Y'$、$+Z'$、$+A'$、$+B'$、$+C'$ 表示。

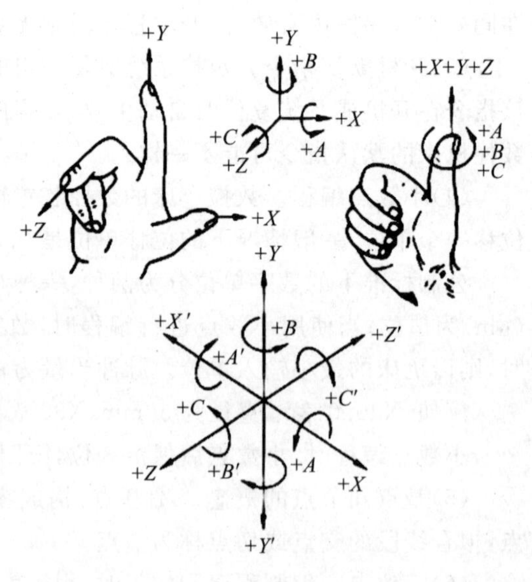

图 2-4　笛卡尔右手坐标系与右手螺旋法则

▲ 华中系统：

①绝对值编程准备功能指令 G90。每个编

程坐标轴上的编程值是相对于程序原点的 X、Z 坐标值，是模态值。

②增量(相对)值编程指令 G91。每个编程坐标轴上的编程值是相对于前一位置的 X、Z 坐标值，是模态值。

说明：G90、G91 可以相互注销，G90 为默认值。

2. 辅助指令

(1)程序段序号功能指令 N 的讲解。

格式 N 4："4"表示 4 位数字，即程序段序号数。

例如：N1000……表示序号为 1000 的指令段。

(2)辅助功能指令 M 的讲解。

M00：程序暂停功能。(非模态值)　M01：程序选择暂停。(非模态值)

M02：程序结束。(非模态值)　M03：主轴正传。(模态值)

M04：主轴反转。(模态值)　M05：主轴停转。(模态值)

M06：换刀指令。(非模态值)　M07：切削液打开。(模态值)

M08：切削液打开。(模态值)　M09：切削液停止。(模态值)(一般为默认值)

M30：程序结束，返回程序起点。(非模态值)

M98：调用子程序。(非模态值)　M99：子程序结束。(非模态值)

(3)刀具功能指令 T 的讲解。

格式 1：T××××

格式符号说明：

前两位××用数字表示，表示刀具号。后两位××用数字表示，表示刀具偏置号。

例如，T0101：表示选用 1 号刀，第一组刀具偏置(或称第一组刀补)。

T0404：表示选用 4 号刀，第四组刀具偏置(或称第四组刀补)。

格式 2：T××

格式符号说明：

前一位×用数字表示，表示刀具号。后一位×用数字表示，表示刀具偏置号。

例如，T11：表示选用 1 号刀，第一组刀具偏置(或称第一组刀补)。

T33：表示选用 3 号刀，第三组刀具偏置(或称第三组刀补)。

(4)进给功能指令 F 的讲解。

数控机床的进给指令 F 是模态值，分为两种规格；即每分钟进给(mm/min)和每转进给(mm/r)，要结合准备功能指令一同应用。

两者的关系：每分钟进给＝每转进给×主轴转速(r/min)

(5)主轴转速功能指令 S 的讲解。

格式 1：S4；

格式符号说明："4"表示 4 位数字，即主轴的转速。

例如，主轴转速为 650r/min，编程时写为 S650。

格式 2：S01(S02)

例如，在同一个齿轮变速机构有两个转速，高转速的是 360r/min 用 01 指令表达，低转速的是 180r/min 用 02 指令表达，编程时选用高速，则编程为 S01；编程时选用低速，则编程为 S02。

格式符号说明:“01”或“02”分别代表主轴的高速或低速转速,一般用于经济型(开环)数控车床(不同系统的数控车床“01”和“02”表示高低速不尽相同,参阅说明书)。

3. 项目二学习的准备功能

(1)米制(公制)准备功能指令 G21 和英制编程准备功能指令 G20。

①米制(公制)准备功能指令 G21(模态功能)。

指令格式:N4　G21;　　(在本段程序后的所有单位均是米制单位)

②英制编程准备功能指令 G20(模态功能)。

指令格式:N4　G20;　　(在本段程序后的所有单位均是英制单位)

说明:G21、G20 是同一组指令,在一个程序段中只能出现一个有效。当同时出现在同一个程序段中时,以后面的一个为准或机床报警。

(2)每分钟进给准备功能指令 G98(模态功能)。

①指令格式:N4　G98　F43;(每分钟进给量 mm/min)

②格式符号说明:

N4:表示程序段序号指令 N 后面有 4 位阿拉伯数字。

43 表示在小数点前有四位阿拉伯数字,小数点后有三位阿拉伯数字。

③举例:N1010　G98　F100;(表示程序段为第 1010 段,刀具每分钟进给量为 100mm/min)

▲华中系统:每分钟进给准备功能指令 G94(模态功能)

格式:N4　G94　F43;　　(每分钟进给量 mm/min)

举例:N1010　G94　F100;(表示程序段为第 1010 段,刀具每分钟进给量为 100mm/min)

(3)每转进给准备功能指令 G99(模态功能)

①格式:N4　G99　F43;　(每转进给量 mm/r)

②格式符号说明:

N4:表示程序段序号指令 N 后面有 4 位阿拉伯数字。

43 表示在小数点前有四位阿拉伯数字,小数点后有三位阿拉伯数字。

③举例:N2110　G98　F0.8;(表示程序 2110 段,刀具每转进给量为 0.8mm/r)

说明:G98、G99 是同一组指令,在一个程序段中只能出现一个有效。当同时出现在同一个程序段中时,以后面的一个为准或机床报警。

▲华中系统:每转进给准备功能指令 G95(模态功能)

格式:N4　G95　F43;　　(每转进给量 mm/r)

举例:N3110　G95　F1.0;(表示程序 3110 段,刀具每转进给量为 1.0mm/r)

说明:华中系统的 G94、G95 是同一组指令,在一个程序段中只能出现一个有效。当同时出现在同一个程序段中时,以后面的一个为准或机床报警。

(4)恒线速准备功能指令 G96(▲华中系统与 FANUC 系统相同)(模态功能)。

格式:N4　G96　S4;

格式说明:S4 为切削的恒定线速度,单位:m/min

举例:N1110　G96　S100;(表示程序 1110 段,切削线速度 100m/min)

(5)取消恒线速准备功能指令 G97(▲华中系统与 FANUC 系统相同)(模态功能)。

格式1：N4　G97；　　　（取消恒线速指令，执行G96前的主轴转速）

格式2：N4　G97　S4；（取消恒线速指令后，指定新的主轴转速，单位r/min）

例如，N1220　G97　S600；（取消恒线速指令后，指主轴转速为600r/min）

说明：华中系统的G96、G97是同一组指令，在一个程序段中只能出现一个有效。当同时出现在同一个程序段中时，以后面的一个为准或机床报警。

(6)准备功能G50指令。

①主轴最高限速功能G50指令。

格式：N4　G50　S4；

例如：N1220　G50　S1800；（在G96状态下，主轴转速最高转速为1800r/min）

②坐标系设定功能G50指令。

格式：N4　G50　X43　Z43；

例如：N1010　G50　X20.0　Z10.0；〔当前的刀位点距离对刀坐标原点为(20.0，10.0)〕

(7)快速插补指令(G00)：〈简写G0〉。

①用途：从刀具所在点快速移动到目标位置。

②指令格式：N4　G00　X(U)±43　Z(W)±43；

③指令格式说明：

X、Z：绝对编程时，目标点在工件坐标系中的直径(X)和轴向(Z)的坐标。

U、W：增量值编程时，目标点在工件坐标系中的刀位点相对于起点在直径(X)和轴向(Z)移动的增加量(或距离)，有±号。

"；"表示一个程序段结束。

④ G00走刀路线图示：如图2-5所示，虚线表示G00快速走刀路线，箭头表示快速走刀方向。

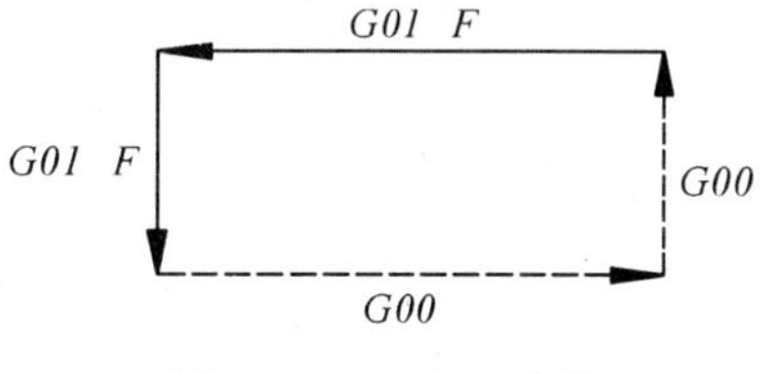

图2-5　G00走刀路线

(8)直线插补指令(G01)：〈简写G1〉

①用途：用于直线或斜线运动。

②指令格式：N4　G01　X(U)±43　Z(W)±43　F43；

③指令格式说明：

X、Z：直径X方向和轴向Z方向的绝对值坐标(X为直径值)。

U、W：直径X方向和轴向Z方向的增量值坐标。

43表示在小数点前有四位阿拉伯数字，小数点后有三位阿拉伯数字。

F：进给指令。

"；"表示一个程序段结束。

④G01走刀路线图示：如图2-6所示，实线表示G01走刀路线，F表示走刀进给速度，箭头表示进给走刀方向。

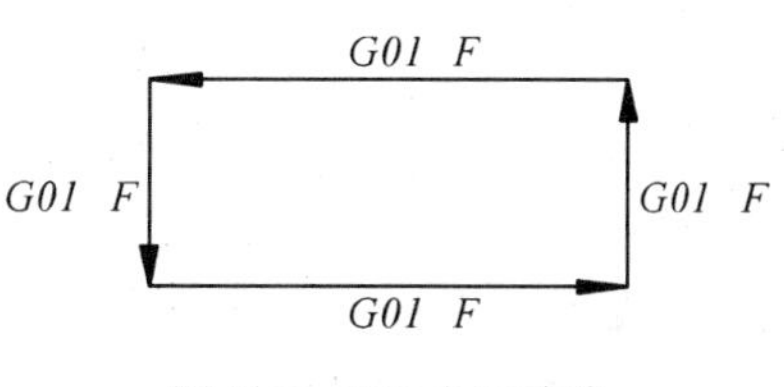

图2-6　G01走刀路线

说明：G00、G01是同一组指令，在一个程序段中只能出现一个有效。当同时出现在同一个程序段中时，以后面的一个为准或机床报警。

⑤直线插补指令 G01 在 FANUC 系统数控车床编程中的特殊用法：

倒直角格式：

N4　G01　Z(X)±43　C±43　F43；

说明：Z 表示沿 Z 方向坐标移动的坐标值。

　　C 表示沿 X 方向倒角的 X 方向半径值(有±号)。

倒圆弧角格式：

N4　G01　　Z(X)±43　R±43　　F±43；

说明：Z 表示沿 Z 向坐标移动的坐标值。

　　R 表示沿 X 方向倒圆弧的圆弧半径值(有±号)。

用于特殊倒角和圆弧指令中±号的判别：

Z 轴运动向 X 轴方向倒角或倒圆角时，直径变大是“+”，直径变小是“-”。

X 轴运动向 Z 轴方向倒角或倒圆角时，向+Z 轴方向运动是“+”，向-Z 轴方向运动是“-”。

(9)暂停指令 G04：〈简写 G4〉。

①用途：在车削时，使刀具暂时停留指定的时间。常在切槽时应用，让刀具在槽底做短暂的停留，使槽底获得较高的几何体形状和表面质量。

②指令格式：

格式一：N4　G04　X43；

格式二：N4　G04　P4；

③指令格式说明：

X：暂停时间，单位秒(s)。

P：暂停时间，单位：毫秒(ms)。

④举例 1：N10　G04　X1.0；(停留 1 秒钟)

如果把程序写为 N10　G04　X1；则变为停留 1 毫秒。

举例 2：N10　G04　P1000；(停留 1000 毫秒)

▲(华中系统)指令格式：N4　G04　P4；

P：暂停时间，单位：秒(s)。

举例：N10　G04　P10；(停留 10 秒)

(三)数控车工加工工艺

1. 定位与夹紧

(1)定位与夹紧的概念。

①定位。一个物体，在空间可以有 6 个方向的自由度，即可以前后运动(±X 轴)、可以上下运动(±Y 轴)、可以左右运动(±Z 轴)、也可以沿着 X 轴顺时针(或逆时针)转动(±A 轴)、沿着 Y 轴顺时针(或逆时针)转动(±B 轴)、沿着 Z 轴顺时针(或逆时针)转动(±C 轴)，限制物体沿着某个方向的自由度，即为物体在某个方向的定位。

②夹紧。用摩擦力将物体固定，即为夹紧。定位是用刚性物质限制物体在某一个自由度的位移方向，但是物体没有固定；夹紧是用摩擦力固定住物体的移动，但是没有用刚性物质限制物体在某一个自由度的位移方向，当物体的位移推力大于摩擦力时，物体仍可以

移动。

定位和夹紧不能取代。定位时，必须使工件的定位基准紧贴在夹具的定位组件上，否则不称其为定位，而夹紧是使工件不离开定位组件。

(2)基准选择的原则。

工件的定位与夹紧方案确定的准确与否，直接影响到工件的加工质量。合理的选择定位基准，应保证以下三个原则：①力求设计基准、工艺基准和编程加工基准的统一。②尽量减少装夹次数，尽可能在一次定位装夹中完成全部或尽可能多的待加工面的加工，以减少装夹误差，提高加工表面之间的相互位置精度，充分发挥数控机床的效率。③避免使用需要占用数控机床时的装夹方案，以便充分发挥数控机床的功效。

2. 车工定位方法的分类

轴类零件，通常以零件自身的外圆柱面做定位基准来定位；套类零件，则以内孔为定位基准。

(1)圆柱心轴上定位。加工套类零件时，常用工件的孔在圆柱心轴上定位，孔与心轴常用的定位配合为 H7/h6 或 H7/g6。

(2)小锥度心轴定位。将圆柱心轴改成锥度很小的椎体(C＝1/1000～1/50000)时，就成了小锥度心轴。工件在小锥度心轴定位，消除了径向间隙，提高了心轴的径向定心精度。定位时，工件楔紧在心轴上，靠楔紧产生的摩擦力带动工件，不需要再夹紧，且定心精度高。缺点是工件在轴向不能定位。

这种方法适用于工件的定位精度要求较高的精加工。

(3)圆锥心轴定位。当工件的内孔为锥孔时，常用于工件内孔锥度相同的锥度心轴定位，为了便于卸下工件，可在心轴大端配上一个旋出工件的紧固螺母。

(4)螺纹心轴定位。当工件内孔是螺纹孔时，可选用螺纹心轴定位。

3. 定位基准的选择

基准：用来确定生产对象上几何要素之间几何关系所依据的点、线、面，基准根据功用不同分为两大类：设计基准和工艺基准。

(1)基准的分类。①设计基准。在设计图上用以确定其他点、线、面位置的基准称为设计基准。如图 2-7 所示，轴心线 *O-O* 为各外圆表面和内孔的设计基准；端面 *A* 为端面 *B*、*C* 的设计基准，Φ30H7 内孔的轴心线是 Φ45h6 外圆表面径向跳动和端面 B 圆跳动的设计基准。②工艺基准：在制定工艺过程中所采用的基准称为工艺基准。工艺基准又分为工序基准、定位基准、测量基准和装配基准。

工序基准：工序图上用来确定本工序所加工表面加工后的尺寸、形状、位置的基准称为工序基准。所标定的被加工点、线、面的位置称为工序尺寸。如图 2-8 所示，分别表示两种不同的工序基准和相应的工序尺寸。

定位基准：加工时，使工件能在机床或夹具中占据一个正确位置时所采用的基准称为定位基准。如图 2-9 所示，加工 *A* 面和 *B* 面时，将底面 *C* 靠在夹具的下支撑面上，侧面 *D* 靠在夹具的侧向支撑面上，*C* 面和 *D* 面就是定位基准。

测量基准：测量时所采用的基准称为测量基准。如图 2-10 所示，以轴上的素线 *B* 作为测量基准来测量平面 *A*。

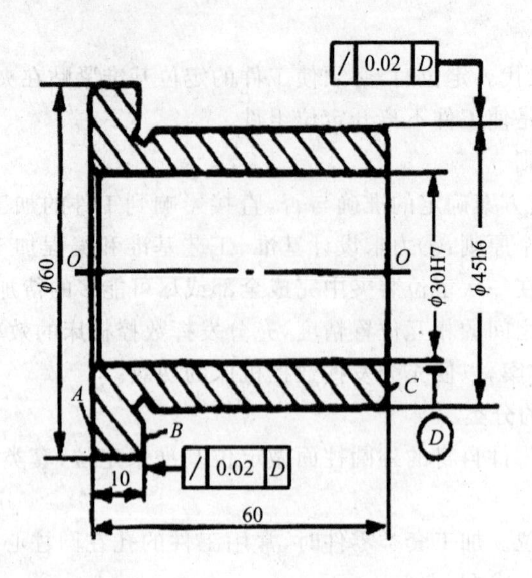

图 2-7　设计基准

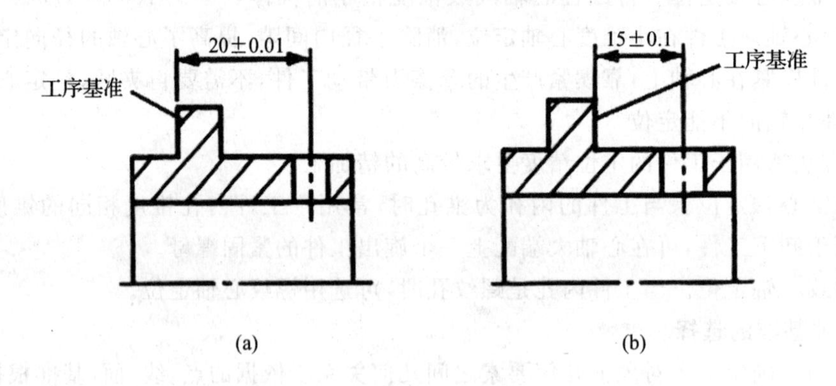

图 2-8　工艺基准

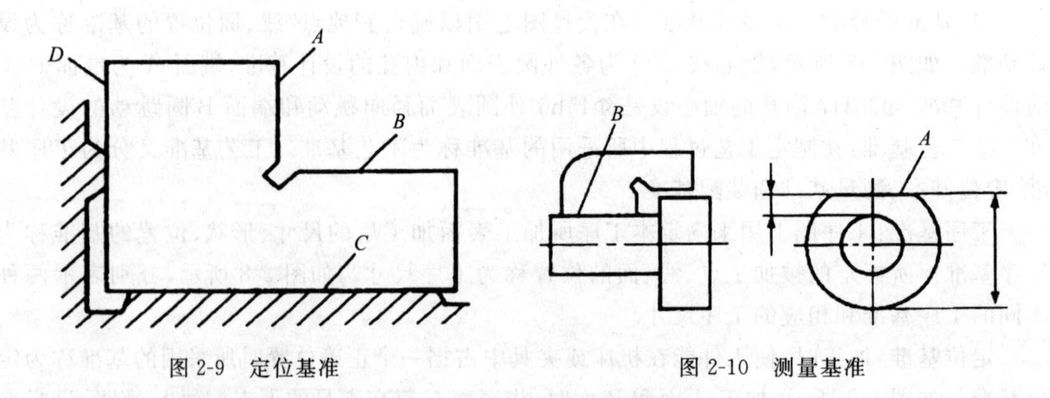

图 2-9　定位基准　　　　图 2-10　测量基准

装配基准：装配时用来确定零件或部件在产品中的相对位置所依据的基准称为装配基准。如图 2-11 所示，底部侧面 A 和底面 B 是装配基准。

(2)定位基准的选择。定位基准分粗基准和精基准两种。用工件毛坯表面作为定位基准称为粗基准；用已经加工过的工件表面作为定位基准的称为精基准。

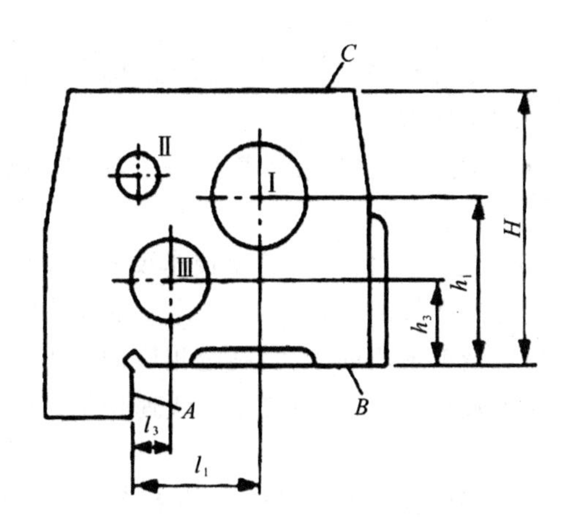

图 2-11　装配基准

①粗基准的选择。当加工表面与不加工表面有位置精度要求时，应选择不加工表面为粗基准。如图 2-12 所示。铸造手轮时有一定的形位误差，在第一次装夹车削时，应选择手轮内缘的不加工表面作为粗基准，加工后就能保证轮缘厚度 a 基本相等。如图 2-12(a)所示。

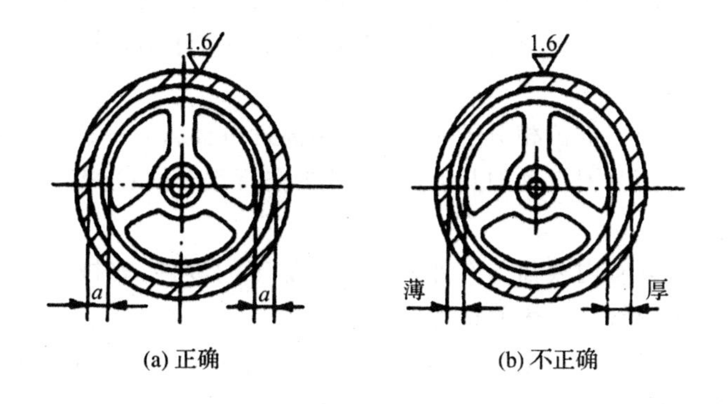

图 2-12　粗基准的选择

对所有表面都需要加工的工件，应该根据加工余量最小的表面找正。如图 2-13 所示台阶轴是锻件毛坯，*A* 段余量较小，*B* 段余量较大，粗车时找正 *A* 段，再适当考虑 *B* 段的加工余量。

应选用工件上强度和刚性好的表面作为粗基准。粗基准应选用平整光滑的表面。粗基准不能重复使用，即只能用一次。

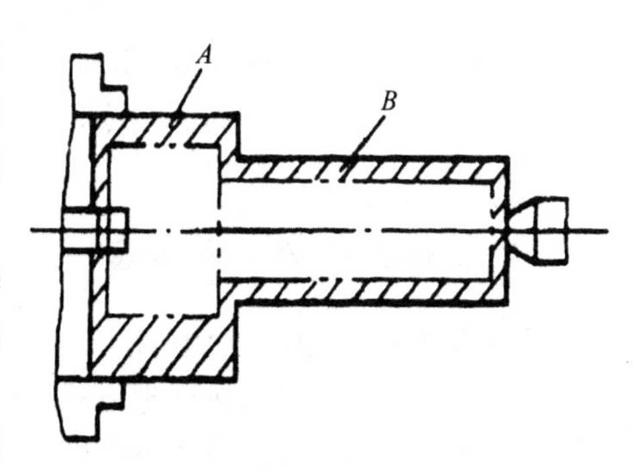

图 2-13　工件的找正

②精基准的选择。尽可能采用设计基准或装配基准作为定位基准。尽可能使基准统一，即使加工表面尽量采用同一个精基准，以减少定位误差。尽可能使定位基准和测量基准重合以减少定位和测量基准之间的间接误差。选择精度较高、形状简单和尺寸较大的表面作为精基准，以减少定位误差和保持定位稳固，减少工件变形。

4. 零件图工艺分析

(1)结构工艺性分析:分析零件对加工方法的适应性,即零件轮廓图样表示是否完整,所设计的零件的结构是否便于加工成型。

(2)轮廓几何要素的分析:手工编程时,要计算出每个基点(节点)的坐标,确定每一个尺寸要素。

(3)精度及技术要求分析。①分析精度及各项技术要求是否齐全合理。②分析本工序的数控车削加工精度是否能达到图样的要求。若达不到,需采用其他弥补措施。③找出图样上尺寸精度、形状精度、位置精度最高的表面,制定相应的加工工艺步骤,争取在一次安装下完成。④对表面粗糙度要求较高的表面,应确定恒线速切削。

5. 工序的确定

(1)按零件加工表面划分:将位置精度要求较高的表面安排在一次装夹下完成,以免多次安装所产生的安装误差影响位置精度。

(2)按粗、精加工划分:对毛坯余量较大和加工精度要求较高的零件,应将粗车和精车分开,分成两道或更多的工序。

6. 加工顺序的确定

(1)先粗后精。按照粗车→半精车→精车的顺序进行逐步提高加工精度。粗车应当在较短的时间内将工件加工余量切掉。一方面提高金属的切除率,另一方面满足精车的余量均匀性的要求。

(2)先近后远。按加工部位相对于对刀点的距离远近而言。一般情况下,先加工离对刀点近的几何体,再加工离对刀点远的几何体,以减少空行程时间;还有利于保持工件的刚性,改善切削条件。

(3)内外交叉。对既有内表面又有外表面需要加工的零件,安排加工顺序时,应先进行内、外表面粗加工,后进行内、外表面精加工。

(4)进给路线最短。确定加工顺序时,优先考虑进给路线的总长度最短。

7. 编程进给路线的确定

将一个比较复杂的工件,在一个总的加工工艺的框架下,按照工件的组成形状,分解成几个由简单几何体组成的部分,依据加工工艺,每一部分确定其基点(节点)、对刀点、参考点(换刀点)、退刀点、需要用到的指令、主轴转速、进刀量(背吃刀量)、进给速度、进刀路线等,然后汇总就是一个工件的程序。

(四)工件编程的工艺步骤

1. 识读图样(如图 2-14 所示)

(1)了解工件的材料、热处理方式、硬度、工件加工件数等,分析图样的各个几何体和组合体的结构、位置大小等,建立空间图像概念。

(2)基准分析

①径向基准分析:工件的所有几何体均是以各自几何体的回转轴线为径向基准。

②轴向基准分析:第一轴向基准是以工件的右端面为基准确定工件的长度尺寸,第二基准是以工件的左端面为基准确定槽的定位基准。

③形状和位置基准:该工件没有标注形状和位置公差,因此视为形状和位置自有公差。

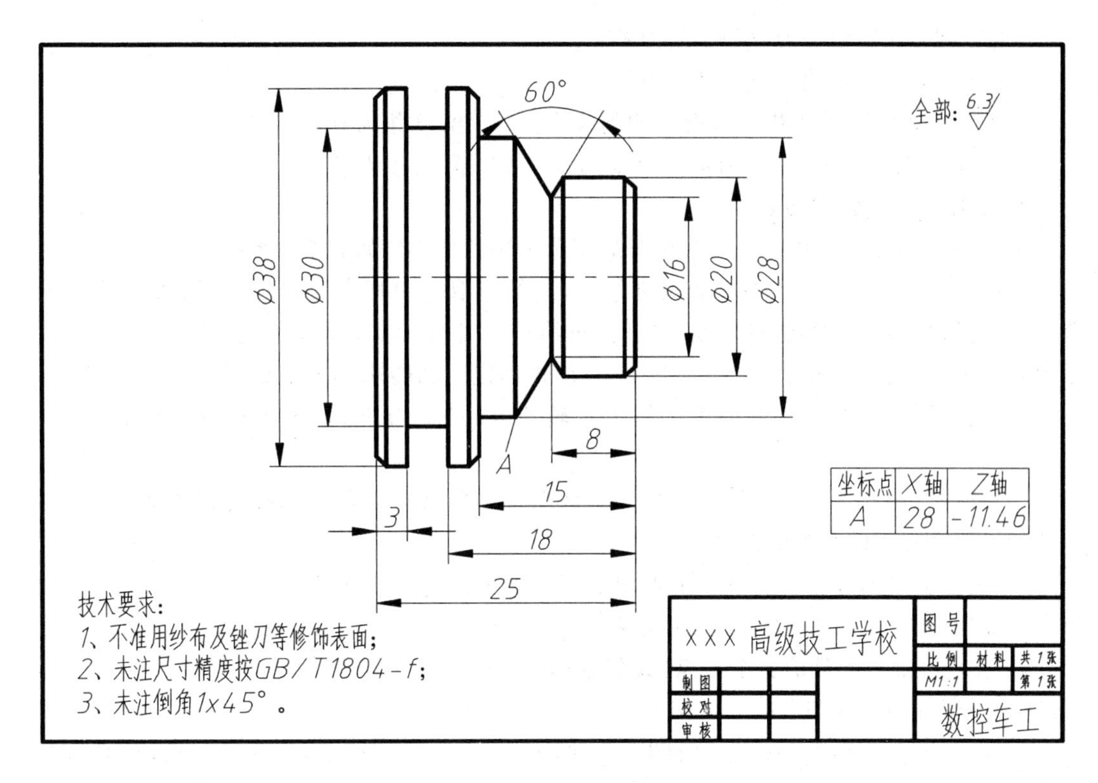

图 2-14　编程图例

设计基准:径向基准是以各个几何体的回转轴线为设计基准。轴向基准是以右端面为第一设计基准,左端面为第二设计基准。

工艺基准:径向基准是以各个几何体的回转轴线为工艺基准,与设计基准重合。轴向基准是以右端面为第一设计基准,与设计基准重合;左端面没有工艺基准,与第二设计基准不重合,需要进行尺寸链换算(矩形槽的宽度应计算出来)。

(3)尺寸分析。轮廓尺寸:最大直径为 Φ38,最长尺寸为 25。各个几何体的尺寸:确定有几个几何体及各个几何体的尺寸。

①尺寸精度分析:根据图纸要求,尺寸精度均为 GB/T1804-f。

②形状精度分析:根据图纸要求,没有形状公差的要求,形状精度靠尺寸精度保证。

③位置精度分析:根据图纸要求,没有位置公差的要求,位置精度靠尺寸精度保证。

④其他精度分析:图纸上显示有 60°V 型槽,精度为 GB/T1804-f,用成型的公制外螺纹刀一次加工成型。倒角在手动加工时为 1×60°,是为了便于使用公制外螺纹刀倒角而定;倒角在编程加工时为 1×45°。

(4)表面粗糙度分析。图纸显示所有表面粗糙度均为 Ra6.3,属于半精车加工范围。

2. 选择切削刀具

(1)刀具材料的选择:因为毛坯材料是 Φ40 的塑料棒,硬度很低,塑性很好,所以对刀具的硬度要求很低,使用高速钢的刀具材料即可,重点考虑毛坯在加工时的刚性。

(2)刀具角度的选择:均按照加工软材料的刀具角度选择。

(3)刀具偏置位置的选择。

1 号车刀:90°右粗偏刀,第 01 组刀补。

2 号车刀:90°右精偏刀,第 02 组刀补。

3 号车刀:切断刀,刀刃宽 4,有效切削长度≥25,第 03 组刀补。

4 号车刀:公制外螺纹刀,刀尖夹角 60°,前角 0°,第 04 组刀补。

3. 选择(计算)加工参数

硬质合金刀或涂层硬质合金刀具切削用量选用的推荐值如表 2-1 所示。

说明:①在表 2-1 中,当进行切深进给时,进给量取表中相应值的一半;例如:粗加工铝合金时,进给量为 0.3,当进行切断加工时,进给量应当取 0.15。②切削速度 U_C 选定后,根据刀具或工件直径(D)按公式 $n=1000U_C/\pi D$ 来确定主轴转速 n(r/min)。

(1)主轴转速的选择。粗加工选择主轴转速 $n=300$r/min,精加工选择主轴转速 $n=600$r/min。

(2)背吃刀量的选择。①每一个被加工面粗加工的背吃刀量的选择:$\alpha_p=3.0$。②每一个被加工面精加工的余量的选择:$\alpha_p=0.5$。

(3)进给速度的选择。①每一个被加工面粗加工的进给速度的选择:$F=0.3$mm/r。②每一个被加工面精加工的进给速度的选择:$F=0.1$mm/r

4. 被编程加工工件的各个基点(或节点)的计算

(1)以工件的轴线和右端面的交点为工件编程原点。

(2)图样上各个基点(或节点)的坐标。图上标出 A(X28.0,Z-11.46)。经过计算,Φ20 圆柱体棱线与 60°V 型槽左侧相交点的坐标为(X20.0,Z-9.155)。

5. 工件的装夹方式

(1)根据图纸的技术要求,确定装夹方式:该工件用三爪卡盘直接装夹。

(2)确定毛坯直径尺寸(图 2-12 的毛坯尺寸为 Φ40)。

(3)确定毛坯从卡盘端面伸出的长度尺寸(图 2-12 伸出的长度尺寸为 50~80):

毛坯伸出长度=工件的总长+切断刀的宽度+刀架的余量+安全距离。

6. 编程(设定:粗加工余量,一次粗车完毕)

(1)确定几何体的切削路径。

①粗车加工刀位点轨迹图,如图 2-15 所示。

快速移动:G00

直线车削:G01

主轴正转:M03

刀具指令:T0101

工件编程原点(对刀点):*O*

参考点(换刀点):*B*

工件切削循环起点:*C*

轴向加工终点:*D*

②精车加工刀位点轨迹图,如图 2-16 所示。

快速移动:G00

直线车削:G01

主轴正转:M03

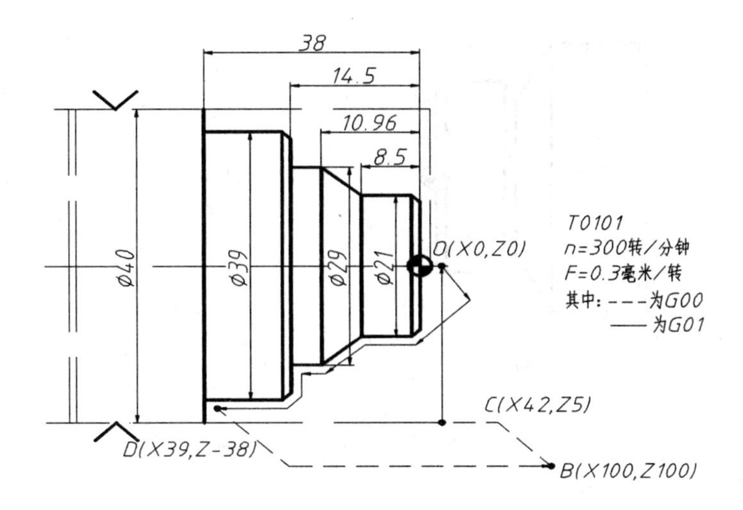

图 2-15　编程图例粗车加工刀位点轨迹图

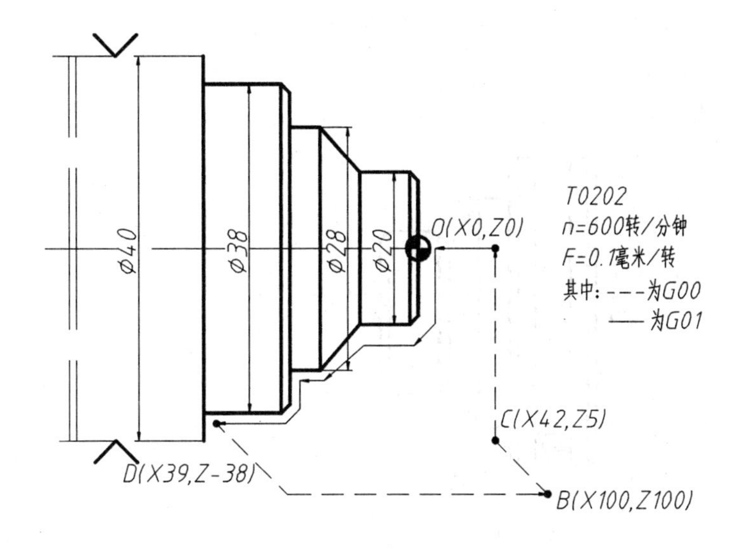

图 2-16　编程图例精车加工刀位点轨迹图

刀具指令：T0202

工件编程原点(对刀点)：*O*

参考点(换刀点)：*B*

工件切削循环起点：*C*

轴向加工终点：*D*

③车削 V 形槽刀位点轨迹图，如图 2-17 所示。

快速移动：G00

直线车削：G01

主轴正转：M03

刀具指令：T0404

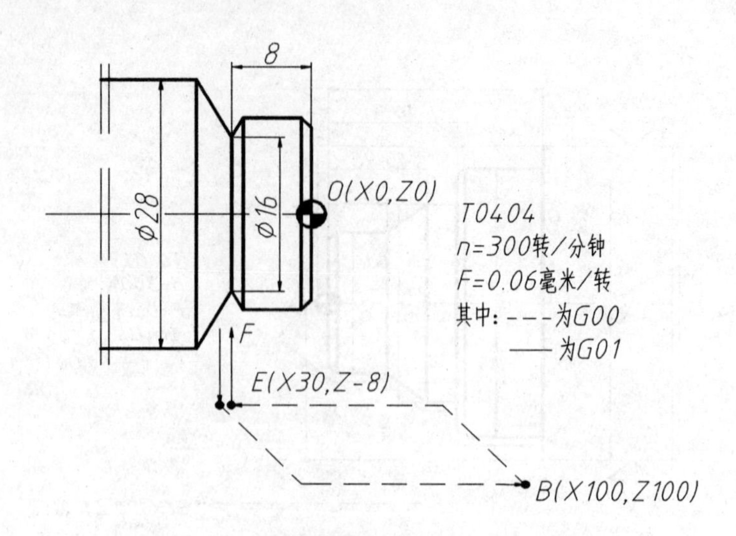

图 2-17　编程图例车削 V 形槽刀位点轨迹图

工件编程原点(对刀点):O

参考点(换刀点):B

工件切削循环起点:E

④车削矩形槽和切断刀位点轨迹图,如图 2-18 所示。

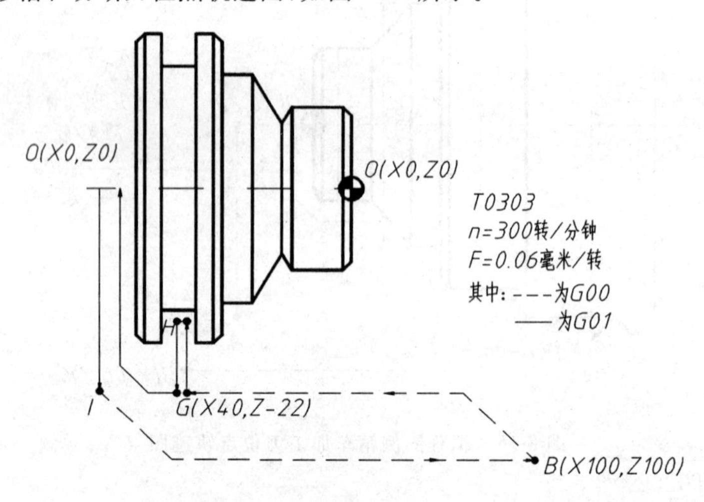

图 2-18　编程图例车削矩形槽和切断刀位点轨迹图

快速移动:G00

直线车削:G01

主轴正传:M03

刀具指令:T0303

工件编程原点(对刀点):O

参考点(换刀点):B

工件切削循环起点:G

工件切断终点:O_1

(2)根据切削路径编制程序

(FANUC 系统编程)

```
O1000；    (设定程序名)
N1010  G99；(确定进给速度为毫米/转)
N1020  M03  S300；               (主轴正转 300 转/分钟)
N1030  T0101；                   (选择 1 号刀，确定其坐标系)
N1040  G00  X42.0  Z5.0；        (快速进刀到切削循环起点)
N1050  G00  X42.0  Z0.5；        (快速进刀，准备平右端面)
N1060  G01  X0     Z0.5  F0.3；  (平右端面，+Z 方向余量 0.5mm)
N1070  G00  X9.0   Z5.0；        (快速退刀，准备右端面切削倒角)
N1080  G01  X21.0  Z-1.0；       (切削倒角，+X 方向余量 1mm，+Z 方向余量
                                  0.5mm)
N1090  G01  X21.0  Z-8.0；       (粗车 Φ20 圆柱体，+X 方向余量 1mm)
N1100  G01  X29.0  Z-10.96；     (粗车 Φ28 圆锥，准备粗车 Φ28 圆柱体，+Z 方向
                                  余量 0.5mm)
N1110  G01  X29.0  Z-14.5；      (粗车 Φ28 圆柱体，+X 方向余量 1mm，+Z 方向
                                  余量 0.5mm)
N1120  G01  X37.0  Z-14.5；      (粗车 Φ38 右端面，+Z 方向余量 0.5mm)
N1130  G01  X39.0  Z-15.5；      (粗车 Φ38 右端面倒角，+X 方向余量 1mm，+Z
                                  方向余量 0.5mm)
N1140  G01  X39.0  Z-38.0；      (粗车 Φ38 圆柱体，+X 方向余量 1mm)
N1150  G00  X100.0  Z100.0；     (快速退刀回到换刀点)
N1160  T0100；                   (取消 1 号刀刀补)
N1170  T0202  S600；             (换 2 号刀，确定其坐标系，主轴转速 600 转/分
                                  钟)
N1180  G00  X42.0  Z5.0；        (快速进刀到切削循环起点)
N1190  G00  X0     Z5.0；        (快速进刀准备精车右端面)
N1200  G01  X0     Z0；          (刀位点接触编程原点，准备平右端面)
N1210  G01  X18.0  Z0  F0.1；    (精车平右端面)
N1220  G01  X20.0  Z-1.0；       (精车右端面的倒角)
N1230  G01  X20.0  Z-8.0；       (精车 Φ20 圆柱体)
N1240  G01  X28.0  Z-8.0；       (精车 Φ28 台阶，准备精车 Φ28 圆柱体)
N1250  G01  X28.0  Z-15.0；      (精车 Φ28 圆柱体)
N1260  G01  X36.0  Z-15.0；      (精车 Φ38 台阶，准备精车 Φ38 圆柱体)
N1270  G01  X38.0  Z-16.0；      (精车 Φ38 右边的倒角)
N1280  G01  X38.0  Z-38.0；      (精车 Φ38 圆柱体，并留下切断的空间)
N1290  G00  X100.0  Z100.0；     (快速退刀回到换刀点)
N1300  T0200；                   (取消 2 号刀刀补)
N1310  T0404  S300；             (换 4 号刀，确定其坐标系，主轴转速 300 转/分
```

```
                                   钟）
N1320  G00  X30.0  Z-8.0;          （快速进刀到切削V型槽的起点）
N1330  G01  X16.0  Z-8.0  F0.06;  （切削V型槽）
N1340  G04  X1.0;                  （刀具停留1秒钟，车光V型槽的两个侧面）
N1350  G00  X30.0  Z-8.0;          （退刀回到切削V型槽起点）
N1360  G00  X100.0  Z100.0;        （快速退刀回到换刀点）
N1370  T0400;                      （取消4号刀刀补）
N1380  T0303;                      （换3号刀，确定其坐标系）
N1390  G00  X40.0  Z-22.0;         （快速进刀到切削槽的起点）
N1400  G01  X30.0  Z-22.0;         （切削槽）
N1410  G04  X1.0;                  （刀具停留1秒钟，车光槽的底面）
N1420  G01  X40.0  Z-22.0;         （退刀回到切削槽起点）
N1430  G00  X40.0  Z-29.0;         （快速移动刀到工件的切断起点）
N1440  G01  X36.0  Z-29.0;         （切削工艺槽，为切削Φ38圆柱体左侧倒角做准备）
N1450  G01  X40.0  Z-29.0  F0.5;  （退出工艺槽）
N1460  G01  X38.0  Z-28.0;         （移动车刀到Φ38圆柱体左侧倒角的切削起点）
N1470  G01  X36.0  Z-29.0;         （切削Φ38圆柱体左侧倒角）
N1480  G01  X0      Z-29.0;        （切断）
N1490  G01  X40.0  Z-29.0  F0.5;  （退刀到切断的起点）
N1500  G00  X100.0  Z100.0;        （快速退刀回到换刀点）
N1510  M05  T0300;                 （主轴停转，取消3号刀的刀补）
N1520  M30;                        （程序结束，系统复位）
```

▲（华中系统编程）华中系统的编程与FANUC系统基本一致，只有在（N1010　G99;）段改为（N1010　G95;）即可。

（五）本项目的操作按钮与操作步骤

编程加工工件（图2-14）在数控车床上演示。

1. FANUC系统对刀步骤

（1）刀补清零。

方法一：启动机床→机械回零→按下【OFS/SET】按键→显示「偏置/磨损」W桌面→按下「偏置」软键→按下「外形」软键→显示「偏置/磨损」G桌面→按下「操作」软键→按下「→」软键→按下「清除」软键→按下「外形」软键→「偏置/磨损」G桌面的数值全部清零。

方法二：启动机床→机械回零→按下【OFS/SET】按键→显示「偏置/磨损」W桌面→按下「偏置」软键→按下「外形」软键→显示「偏置/磨损」G桌面→光标移动到G01的X坐标处→输入“0”→按下「输入」软键或按下【INPUT】按键→G01的X坐标清零→光标移动到G01的Z坐标处→输入“0”→按下「输入」软键或按下【INPUT】按键→G01的Z坐标清零→光标移到G02处，以此类推。

(2)对刀过程。

①基准刀的对刀过程(选用1号刀为基准刀)。

基准刀T01在+Z轴方向的对刀:机械回零→按下【OFS/SET】按键→显示「偏置/磨损」桌面→按「偏置」软键→按「外形」软键→显示「偏置/外形」下的G桌面→移动光标到G01下的Z坐标处→按下【手动方式】按键→按下【手动换刀】按键,选用1号刀在切削位置→主轴正转→手轮方式→切削工件右端面→+X轴方向退出到安全位置→主轴停转→在「偏置/外形」下的G01的Z坐标桌面上用键盘输入Z0→按「测量」按钮→在G01的Z坐标下显示Z轴方向的刀具偏置值。

基准刀在+X轴方向的对刀:在基准刀T01的Z轴方向对刀的基础上→显示「偏置/外形」下的G01桌面→移动光标到G01下的X坐标处→按下【手动方式】按键→主轴正转→手轮方式→切削工件外圆→+Z轴方向退出到安全位置→主轴停转→测量被切削圆柱面的直径ΦX,光标确认在「偏置/外形」下G01的X坐标下,输入ΦX数值→按「测量」按钮→在G01的X坐标下显示出X轴方向的刀具偏置值。

②2号刀的对刀步骤。

2号刀在+Z轴方向的对刀:按下【手动方式】按键→按下【手动换刀】按键,选用2号刀在切削位置→主轴正转→手轮方式→接近工件右端面→选择合适手轮倍率→轻轻接触工件右端面→+X轴方向退出到安全位置→主轴停转→光标确认在「偏置/外形」下G02的Z坐标下→在「偏置/外形」下的G02桌面上用键盘输入Z0→按「测量」按钮→在G02的Z坐标下显示Z轴方向的刀具偏置值。

2号刀在+X轴方向的对刀:显示「偏置/外形」下的G02桌面→移动光标到G02下的X坐标处→按下【手动方式】按键→主轴正转→手轮方式→接近用1号基准刀加工过的基准圆柱面→选择合适手轮倍率→轻轻接触工件基准圆柱面→+Z轴方向退出到安全位置→主轴停转→光标确认在「偏置/外形」下G02的X坐标下,输入ΦX数值→按「测量」按钮→在G02的X坐标下显示出X轴方向的刀具偏置值。

③3号刀的对刀步骤。与2号刀基本相同,只是把3号刀换在切削位置,G02换成G03即可。

④螺纹刀的对刀步骤。与2号刀基本相同,只是Z轴方向由“轻轻接触工件右端面”改为螺纹刀的对称线与工件右端面的延长线重合即可。

(3)MDI方式下检验对刀的准确性。机械回零→按下【MDI方式】按键→按下【PROG】按键→输入一段检验程序→按下【单段】按键→按下【循环启动】按钮→刀架按照程序移动→开始检验。

(4)程序录入。机械回零→按下【编辑方式】按键→按下【PROG】按键→输入新的程序号O1000→按下【INSERT】按键→显示当前程序O1000→输入一行程序段→按下【EOB】按键→按下【INSERT】按键→则该段程序输入到数控机床自动保存;如果输入某个指令错误,可以按下【CAN】按键消除后重新输入;如果指令已经输入,则移动光标在需要修改的指令处,输入新的指令,按下【ALTER】按键,则新指令替代原指令。

(5)模拟。机械回零→光标在程序的起始位置O××××→按下【CSTM/GR】按键→显示X-Z坐标轴→按下【操作】软键→按下【擦除】软键→原加工轨迹图形消失→按下【缩放】软键→调整闪动光标位置→按下【控制】软键→调整X-Z坐标轴原点位置→按下【自动方式】按键→按下【机床锁】按键→按下【单段】按键→每按下【循环启动】按钮→程序走一段→依次每按下【循环启动】按钮一次→程序走一段，检查程序的走向。

模拟过程注意事项的说明：

①在 X－Z 坐标图示中，虚线代表快进(G00)，实线代表切削，当虚线与实线相交，表示刀具与工件发生撞击，应找出原因修正后才能实际切削。

②对刀后的工件编程原点用小方框表示，该小方框应当与 X-Z 坐标轴原点重合，当出现不重合时，表示对刀有误差，应检查更正对刀后，方可进行切削加工。

(6)试切工件。在模拟正常的条件下→机械回零→光标在程序的起始位置 O××××→松开工件毛坯，将工件毛坯伸出比对刀 Z0 面长大约 0.5～1mm，夹紧工件毛坯→按下【自动方式】按键→按下【循环启动】按钮→数控车床开始自动加工工件。

2. 华中系统对刀步骤：选用 1 号刀为基准刀

(1)刀补清零。

1 号基准刀清零：默认【手动】按键→按下【刀具补偿 F4】软键→按下【刀偏表 F1】软键→光标移到＃0001 中的「X 偏置」下→输入 0.0→按下【Enter】按键→1 号刀的 X 轴清零→光标移到＃0001 中的「Z 偏置」下→按下【Enter】按键→输入 0.0→按下【Enter】按键→1 号刀的 Z 轴清零。

2 号刀清零：与 1 号刀近似，只是把光标移到＃0002 的 X、Z 偏置处。

3、4 号刀的清零与 1 号刀近似，只是分别把光标移到＃0003、＃0004 的 X、Z 偏置处。

(2)对刀过程：按下【返回 F10】软键返回主界面。

①1 号基准刀的对刀步骤。1 号基准刀 Z 向对刀：按下【单段】按键→按下【F4】软键→进入 MDI 桌面→输入 M03 S500→按下【循环启动】按键→主轴以 500r/min 正转→输入 T0100→按下【Enter】按键→按下【循环启动】按键→1 号刀转换到切削位置→按下【增量】按钮→在【X、Y、Z 轴】旋钮选择进给的 X、Z 轴方向→选择手轮倍率→手轮方式接近工件端面→用手轮切削工件基准端面→刀具沿＋X 方向退出→按下【返回 F10】软键返回→按下【刀具补偿 F4】软键→按下【刀偏表 F1】软键→光标移到＃0001 中的「试切长度」小方格内→按下【Enter】按键→输入 0.0→按下【Enter】按键→1 号基准刀显示 Z 轴方向的刀具偏置值。

1 号基准刀 X 向对刀：手轮方式切削基准外圆→刀具沿＋X 方向退出到安全位置→按下【主轴停止】按键→测量直径 ΦX→光标移到＃0001 中的「试切直径」小方格内→按下【Enter】按键→输入 ΦX→按下【Enter】按键→1 号基准刀显示 X 轴方向的刀具偏置值。

②2 号刀的对刀步骤。2 号刀 Z 向对刀：按下【返回 F10】软键→按下【MDI F3】软键→按下【单段】按键→输入 T0200→按下【Enter】按键→按下【循环启动】按钮→2 号刀转换到加工位置→按下【增量】按键→在【X、Y、Z 轴】旋钮上调整 X-Z 轴转换旋钮→按下【手动】按键→选择手轮倍率→手轮方式接近工件基准端面→轻轻接触工件基准端面→刀具沿＋X 方向退出→按下【刀具补偿 F4】软键→按下【刀偏表 F1】软键→光标移到＃0002 中的「试切长度」小方格内→按下【Enter】按键→输入 0.0→按下【Enter】按键→2 号刀显示 Z 轴方向的刀具偏置值。

2 号刀 X 向对刀：按下【手动】按键→按下【主轴正转】按键→主轴正转→按下【增量】按键→选择手轮倍率→在【X、Y、Z 轴】旋钮上调整 X-Z 轴转换旋钮→手轮方式接近工件基准外圆→轻轻接触工件基准外圆→光标移到＃0002 中的「试切直径」小方格内→按下【Enter】

按键→输入 ΦX→按下【Enter】按键→2 号刀显示 X 轴方向的刀具偏置值。

③3、4 号刀的对刀步骤。与 2 号刀的对刀步骤基本相同，差别是分别把光标移动到 #0003、#0004 中的「试切长度」和「试切直径」小方格内，其他的操作步骤相同。

(3)MDI 方式下检验对刀的准确性。建立一个新的程序，检查对刀的准确性。

(4)程序录入。(设定新程序名为 O1000)。默认【手动】按键→按下【程序 F1】软键→按下【编辑方式 F2】软键→按下【新建程序 F3】软键→输入新的文件名 O1000(用上档键【Upper】+【N^O】软键输入 O)按下【Enter】按键→进入程序 O1000 编辑界面→按下【%】按键→输入%→输入 1000→按下【Enter】按键→输入一个指令段→按下【Enter】按键→输入下一段指令段→以此类推，输入完毕指令段→按下【保存程序 F4】软键→按下【Enter】按键→显示已经成功保存文件。【BS】是退档键，用于消除输错的指令。【SP】是空格键。

(5)模拟。默认【手动】按键→按下【程序校验 F5】软键→按下【显示切换 F9】软键两次→显示模拟界面→按下【单段】或【自动】按键任意之一→按下【循环启动】按钮→开始模拟加工轨迹(红色线条表示快速移动、黄色线条表示切削进给)→模拟结束→回主菜单。

说明：①按下【单段】按键后，每按下【循环启动】按钮一次→程序加工一段。②按下【自动】按键，按下【循环启动】按钮，程序开始自动加工。

(6)自动加工。按下【选择程序 F1】软键→移动光标到所选程序处→按下【Enter】按键调用程序→按下【自动】或【单段】按键任意之一 →按下【循环启动】按钮→开始自动加工。

(六)项目二练习加工工件如图 2-19 所示

利用数控车床操作面板上的坐标，先手动加工一个工件，手动加工时用 60°公制外螺纹刀倒角，所以所有的倒角改为 1×60°，和普通车床对比一下加工过程的感受，在手动加工评分表中填写测量的尺寸，评出手动加工的成绩，然后再按照数控车工加工工艺和所学的指令，编程加工一个同样的工件，测量尺寸，填入编程加工评分表中。

(七)项目二所需的量具和材料

1. 量具

(1)钢板尺。规格：0-150，数量：一把/台机床。

(2)游标卡尺。规格 0-150×0.02，数量：一把/台机床。

(3)60°量规。规格：60°±1°，数量：一把/台机床。

(4)车工表面粗糙度样板。规格：Ra0.8-12.5，数量：车间一套。

2. 材料：Φ40×500 塑料棒

(八)项目二编程加工工件(图 2-19)的检测、评分，填写项目二的评分表

编程加工的演示，注意每一个指令的具体运用。

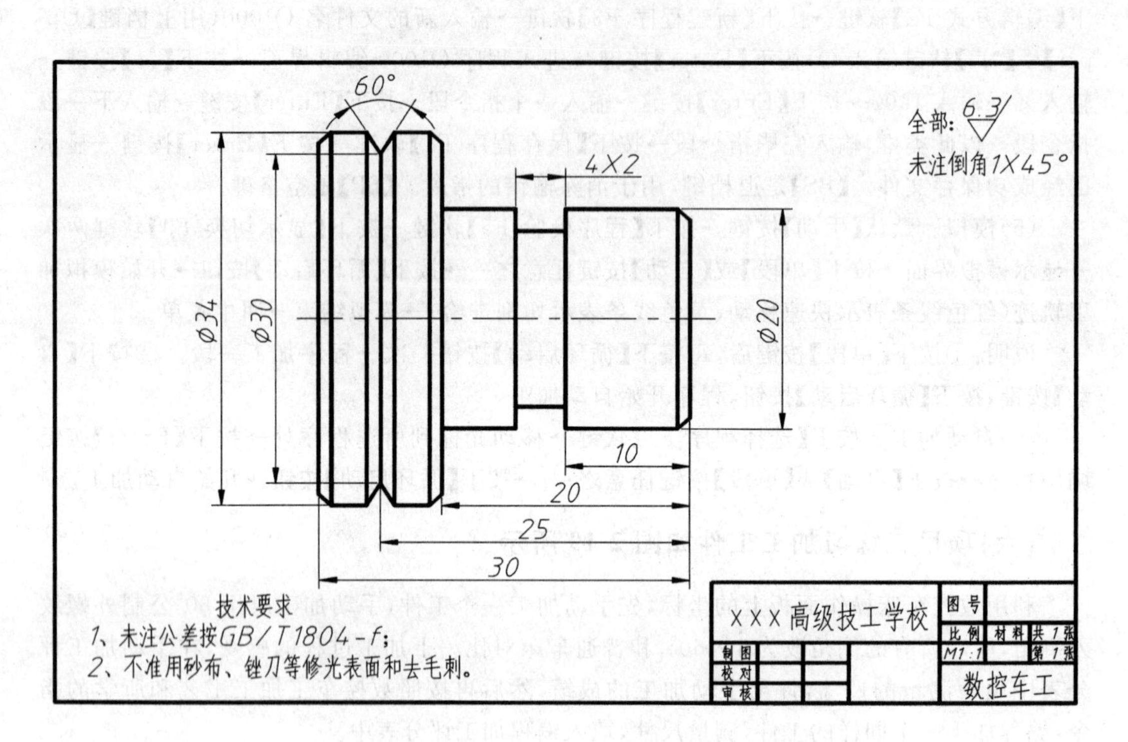

图 2-19 项目二练习加工工件

数控车工第一阶段实习项目二练习加工工件(图 2-19)评分表

第____组____号机床　填表时间：____年____月____日星期____

<table>
<tr><td colspan="5">项目二合计得分(满分 50 分)</td><td colspan="7"></td></tr>
<tr><td colspan="3">图 2-19 手动加工</td><td>工种</td><td colspan="3">________系统数控车工</td><td>姓名</td><td colspan="2"></td><td>单项得分</td><td></td></tr>
<tr><td colspan="2">加工时间</td><td colspan="8">开始时间：　月　日　时　分，结束时间：　月　日　时　分</td><td>实际操作时间</td><td></td></tr>
<tr><td rowspan="2">序号</td><td rowspan="2">工件技术要求</td><td rowspan="2">配分</td><td rowspan="2">精度等级</td><td rowspan="2">量具</td><td colspan="3">学生自测评得分</td><td colspan="3">老师测评得分</td><td rowspan="2">单项综合得分</td></tr>
<tr><td>实测尺寸</td><td>得分</td><td>扣分</td><td>实测尺寸</td><td>得分</td><td>扣分</td></tr>
<tr><td>1</td><td>Φ34 Ra6.3</td><td>3</td><td rowspan="13">按照 GB/T 1804 －m</td><td rowspan="13">0－150 ×0.02 游标卡尺、高度游标卡尺、角度倒角样板、粗糙度样板</td><td></td><td></td><td></td><td></td><td></td><td></td><td></td></tr>
<tr><td>2</td><td>Φ30</td><td>2</td><td></td><td></td><td></td><td></td><td></td><td></td><td></td></tr>
<tr><td>3</td><td>Φ20 Ra6.3</td><td>2</td><td></td><td></td><td></td><td></td><td></td><td></td><td></td></tr>
<tr><td>4</td><td>Φ16 Ra6.3</td><td>2</td><td></td><td></td><td></td><td></td><td></td><td></td><td></td></tr>
<tr><td>5</td><td>10</td><td>2</td><td></td><td></td><td></td><td></td><td></td><td></td><td></td></tr>
<tr><td>6</td><td>4</td><td>2</td><td></td><td></td><td></td><td></td><td></td><td></td><td></td></tr>
<tr><td>7</td><td>20</td><td>2</td><td></td><td></td><td></td><td></td><td></td><td></td><td></td></tr>
<tr><td>8</td><td>25</td><td>1</td><td></td><td></td><td></td><td></td><td></td><td></td><td></td></tr>
<tr><td>9</td><td>30</td><td>2</td><td></td><td></td><td></td><td></td><td></td><td></td><td></td></tr>
<tr><td>10</td><td>60°V 型槽 Ra6.3</td><td>1</td><td></td><td></td><td></td><td></td><td></td><td></td><td></td></tr>
<tr><td>11</td><td>左端面 Ra6.3</td><td>1</td><td></td><td></td><td></td><td></td><td></td><td></td><td></td></tr>
<tr><td>12</td><td>右端面 Ra6.3</td><td>1</td><td></td><td></td><td></td><td></td><td></td><td></td><td></td></tr>
<tr><td>13</td><td>2 个倒角 1×60° Ra6.3</td><td>1</td><td></td><td></td><td></td><td></td><td></td><td></td><td></td></tr>
<tr><td>14</td><td>安全文明生产</td><td>3</td><td colspan="3">优秀者 3 分，正常操作 2 分，每受到一次警告扣 1 分。</td><td></td><td></td><td>空格</td><td></td><td></td><td></td></tr>
</table>

图 2-19 编程加工	工种	______系统数控车工		姓名			单项得分				
加工时间	开始时间： 月 日 时 分，结束时间： 月 日 时 分								实际操作时间		
序号	工件技术要求	配分	精度等级	量具	学生自测评分			老师测评			单项综合得分
					实测尺寸	得分	扣分	实测尺寸	得分	扣分	
1	Φ 34Ra6.3	3	按照 GB/T 1804 —m	0—150 ×0.02 游标卡尺、高度游标卡尺、角度倒角样板、粗糙度样板							
2	Φ30	2									
3	Φ20 Ra6.3	2									
4	Φ16 Ra6.3	2									
5	10	2									
6	4	2									
7	20	2									
8	25	1									
9	30	2									
10	60°V 型槽 Ra6.3	1									
11	左端面 Ra6.3	1									
12	右端面 Ra6.3	1									
13	2 个倒角 1×60° Ra6.3	1									
14	安全文明生产	3	优秀者 3 分，正常操作 2 分，每受到一次警告扣 1 分。					空格			
说明	1. 扣分标准：每超出公差值的四分之一数值段，扣配分的一半分数；超出公差值二分之一数值段，该尺寸的配分为 0 分数。 2. 操作过程中出现违反数控车工操作安全要求的现象，立即取消实习资格，经过安全教育后才能继续实习。有事故苗头者或出现事故者（撞刀、撞机床、物品飞出等）、立即停止操作，查明原因后再决定后续实习。 3. 安全文明生产标准：工、量、刃、洁具摆放整齐，机床卫生保养，礼节礼貌等。 4. 综合得分：剔除偶然因素，一般以老师和学生的测评分数之和的二分之一为综合得分。 5. 项目二得分为手动得分和编程得分两项之和。 6. 总分是 100 分。										

四、引导问题（50 分）

1. （2 分）项目二的学习任务和基本要求是什么？

答：______________________________

____

____

2. (2 分)FANUC(或华中)系统数控车床程序录入时如果需要修改,能不能修改,在什么状态下修改?

答:

3. (2 分)FANUC(或华中)系统数控车床能不能模拟操作? 如何操作(可在机床上演示)?

答:

4. (2 分)数控车床的切断刀和切槽刀各有什么特点,它们的安装有什么要求?

答:

5. (5 分)常用量具游标卡尺的精度分为几种? 机械制造中常用的是哪一种? 精度为 0.02 的游标卡尺如何检验性能好坏? 如何检验精度? 在常用的工件尺寸下,游标卡尺的检验精度一般可达到多少级?

答:

6. (2 分)定位基准如何选择?

答:

7. (2 分)工件图 2-19 中直径的基准和长度的基准是哪一个(点、线、面)?

答:

8. (4 分)手动加工工件图 2-19 过程中,如何确定 X 方向、Z 方向的基准?

答:

9. (3 分)手动加工工件图 2-19 的条件是什么? 手动换刀时注意事项?

答:

10. (2 分)工件图 2-19 中最大直径尺寸是多少? 最长尺寸是多少?

答:

11. (2 分)工件图 2-19 中尺寸的最高精度等级是多少?

答:

12. (2分)工件图 2-19 中的表面粗糙度值是多少?

答:______

13. (2分)工件图 2-19 中的倒角有几个?手动和编程加工中的倒角尺寸分别是多少?

答:______

______

______

14. (3分)工件图 2-19 中 60°V 形角如何加工?60°如何测量?如果角度的两个边长不一样长,应当一那个边为测量基准边?

答:______

______

15. (2分)工件图 2-19 中用游标卡尺如何测量 Φ30 尺寸?

答:______

______

16. (2分)工件图 2-19 中如何测量长度 25 的尺寸?

答:______

______

17. (3分)你自己的测量结果与老师的测量结果有什么差异,为什么会出现此类差异?如何改进?

答:______

______

18. (2分)编程时,G00 指令的使用有什么注意事项?

答:______

______

19. (2分)讲述一下,经过工件图 2-19 的手动和编程自动加工对比,你有什么感性认识。

答:______

______

20. (2分)数控车床的模拟图上如何确认没有相撞的现象?

答:______

______

21. (2分)你认为在项目二的教学中,老师的教学还有什么要改进的地方?

答:______

参考资料:

未注公差的线性和角度尺寸的一般公差(GB/T1804—2000 等效 ISO2768—1:1989)

线性尺寸的极限偏差数值/mm

<table>
<tr><th rowspan="2">公差等级</th><th colspan="5">基本尺寸分段</th></tr>
<tr><th>0.5～3</th><th>>3～6</th><th>>6～30</th><th>>30～120</th><th>>120～400</th></tr>
<tr><td>精密 f</td><td>±0.05</td><td>±0.05</td><td>±0.1</td><td>±0.15</td><td>±0.2</td></tr>
<tr><td>中等 m</td><td>±0.1</td><td>±0.1</td><td>±0.2</td><td>±0.3</td><td>±0.5</td></tr>
<tr><td>粗糙 c</td><td>±0.2</td><td>±0.3</td><td>±0.5</td><td>±0.8</td><td>±1.2</td></tr>
<tr><td>最粗 v</td><td>～</td><td>±0.5</td><td>±1.0</td><td>±1.5</td><td>±2.5</td></tr>
</table>

倒圆半径 R 和倒角高度尺寸 C 的极限偏差数值/mm

<table>
<tr><th rowspan="2">公差等级</th><th colspan="4">基本尺寸分段</th></tr>
<tr><th>0.5～3</th><th>>3～6</th><th>>6～30</th><th>>30</th></tr>
<tr><td>精密 f</td><td rowspan="2">±0.2</td><td rowspan="2">±0.5</td><td rowspan="2">±1.0</td><td rowspan="2">±2</td></tr>
<tr><td>中等 m</td></tr>
<tr><td>粗糙 c</td><td rowspan="2">±0.4</td><td rowspan="2">±1.0</td><td rowspan="2">±2.0</td><td rowspan="2">±4</td></tr>
<tr><td>最粗 v</td></tr>
</table>

角度尺寸的极限偏差数值/mm

<table>
<tr><th rowspan="2">公差等级</th><th colspan="5">长度分段/mm</th></tr>
<tr><th>～10</th><th>>10～50</th><th>>50～120</th><th>>120～400</th><th>>400</th></tr>
<tr><td>精密 f</td><td rowspan="2">±1°</td><td rowspan="2">±30′</td><td rowspan="2">±20′</td><td rowspan="2">±10′</td><td rowspan="2">±5′</td></tr>
<tr><td>中等 m</td></tr>
<tr><td>粗糙 c</td><td>±1°30′</td><td>±1°</td><td>±30′</td><td>±15′</td><td>±10′</td></tr>
<tr><td>最粗 v</td><td>±3°</td><td>±2°</td><td>±1°</td><td>±30′</td><td>±20′</td></tr>
</table>

例如：如果选用中等级时，标注为：GB/T1804-m；选用高等级时，标注为：GB/T1804-f以此类推。

项目三　轴向零件的编程练习

（圆弧指令和 G71 指令练习）

一、任务与操作技术要求

在独立完成项目二的基础上，进行项目三的练习。圆锥加工是机械加工的一个课题，特别是锥度要求精度较高的圆锥，能够顺利地保证锥度精度，在加工中是一个比较难的问题，但是在数控车床上，用一个在项目二中刚刚学过的指令 G01 既可以圆满完成圆锥的加工。

圆弧加工一直是车削加工的难点，控制和保证圆弧的精度更是难题，但是在数控车床上可以圆满的解决这一难题，完成圆弧加工，保质保量的控制圆弧的精度。

在项目二的编程中，用 G00、G01 指令可以完成普通车床较难加工的零件，但是在编程中，仅仅使用 G00、G01 指令编程有些繁琐，在项目三中开始介绍数控编程灵巧的指令-循环指令。

循环指令中的指令的格式、代码、注意事项等有着严格的规定，不容随意变更，必须按照每个循环指令的要求进行编程。

二、信息文

编程加工项目三，在完成圆弧加工的同时，体验数控车床循环编程的优点。开始操作前，在数控车床上进行模拟操作，确认模拟的实线和虚线没有相交，即没有出现撞机的失误，才开始实际加工项目三的练习工件。在开动数控车床前，强调回忆并落实数控车床操作中的安全注意事项有哪些？

三、基础文

（一）复习已学习的指令

（1）快速插补指令（G00）：〈简写 G0〉格式：N4　G00　X(U)±43　Z(W)±43；

（2）直线插补指令（G01）：〈简写 G1〉格式：N4　G01　X(U)±43　Z(W)±43　F43；

(二)学习新的指令

1. 圆弧插补指令 G02、G03

(1)顺时针圆弧插补指令 G02 的格式(▲华中系统的 G02 与 FANUC 系统相同)。

N4　G02　X(U)±43　Z(W)±43　I±43　K±43　F43;

或:N4　G02　X(U)±43　Z(W)±43　R±43　F43;

G02 指令说明:

①X、Z 分别为直径 X 方向和轴向 Z 方向的绝对坐标值。

U、W 分别为直径 X 方向和轴向 Z 方向的增量坐标值。

F:进给速度。

43:表示在小数点前有四位阿拉伯数字,小数点后有三位阿拉伯数字。

②I、K:是从圆弧起点到圆心的 X、Z 轴方向的距离,既圆心的同向坐标减去圆弧起点的同向坐标,在编程中可以加工超过 180°的圆弧。

③R:用半径 R 指定,有±号,在编程中可以加工不大于 180°的圆弧。

④G02 可以简写成 G2。

(2)逆时针圆弧插补指令 G03 的格式(▲华中系统的 G03 与 FANUC 系统相同)

N4　G03　X(U)±43　Z(W)±43　I±43　K±43　F43;

或:N4　G03　X(U)±43　Z(W)±43　R±43　F43;

G03 指令说明:

①X、Z 分别为直径 X 方向和轴向 Z 方向的绝对坐标值。

U、W 分别为直径 X 方向和轴向 Z 方向的增量坐标值。

F:进给速度。

43:表示在小数点前有四位阿拉伯数字,小数点后有三位阿拉伯数字。

②I、K:是从圆弧起点到圆心的 X、Z 轴方向的距离,即:圆心的同向坐标减去圆弧起点的同向坐标,在编程中可以加工超过 180°的圆弧。

③R:用半径 R 指定,有±号,在编程中可以加工不大于 180°的圆弧。

④G03 可以简写成 G3。

(3)圆弧插补指令 G02、G03 插补方向如图 3-1 所示。

(4)举例讲解 G02、G03 的用法:如图 3-2 所示,试编程。(备注:设定加工余量一刀车削完成)

解:(前面工艺步骤省略)

(机械回零);

```
O0001;                              (设定程序第 0001 号)
N0010 G99;                          (确认进给速度为 mm/r)
N0020  M03  S180;                   (主轴正转每分钟 180 转/分钟)
N0030  T0101;                       (选用第 1 号 90°右粗偏刀,第 01 组刀补)
N0040  G00  X32.0 Z4.0;             (快速接近毛坯,切削起点定位)
N0050  G01  X32.0  Z0.3   F1.0;     (准备平右端面)
N0060  G01  X0     Z0.3   F0.5;     (粗平右端面,+Z 方向留精车余量 0.3)
```

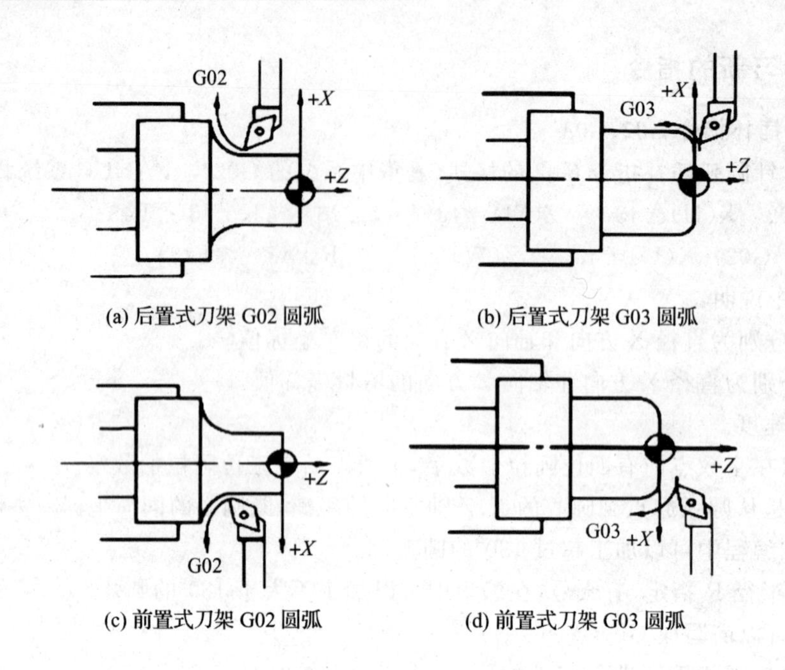

图 3-1 圆弧插补 G02、G03 的方向

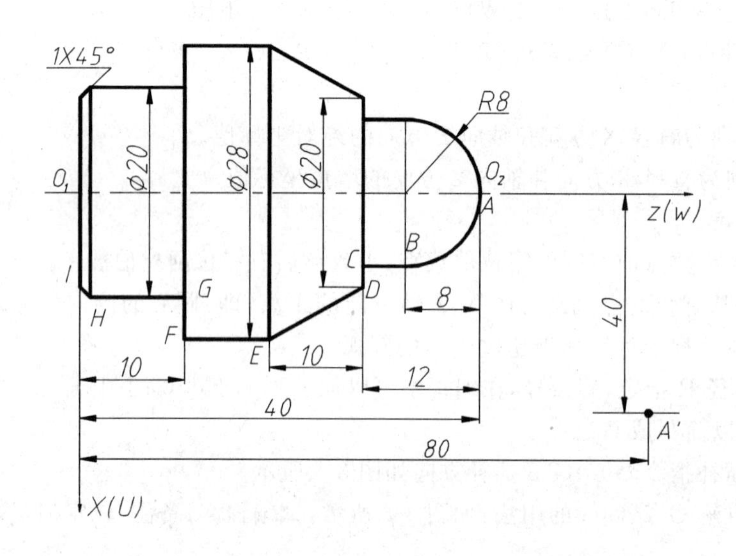

图 3-2 图例

N0070 G03 X16.6 Z-8.3 R8.0；（粗车凸圆弧，＋X 方向留精车余量 0.6）
N0080 G01 X16.6 Z-12.3；（粗车 Φ16 圆柱体，＋X 方向留精车余量 0.6）
N0090 G01 X20.6 W0；（粗平 Φ20 的端面，＋Z 方向留精车余量 0.3）
N0100 G01 X28.6 Z-22.3；（粗车圆锥体，＋Z 方向留精车余量 0.3、＋X 方向留精车余量 0.6）
N0110 G01 X28.6 Z-50.0；（粗车 Φ28 圆柱体，＋X 方向留精车余量 0.6）
N0120 G00 X100.0 Z100.0；（快速退刀回到换刀点）
N0130 T0100；（取消 1 号刀的刀补偏置）

```
N0140  T0202        S360;             (换 2 号 90°右精偏刀,第 02 组刀补,主轴转速 360 转/分钟)
N0150  G00  X32.0   Z0;               (快速定位,准备精车)
N0160  G01  X0      Z0     F0.1;      (精车右端面)
N0170  G03  X16.0   Z0     R8.0;      (精车 R8.0 圆弧面)
N0180  G01  X16.0   Z-12.0;           (精车 Φ16 圆柱体)
N0190  G01  X20.0   Z-12.0;           (精车 Φ20 端面)
N0200  G01  X28.0   Z-22.0;           (精车 Φ20～Φ28 圆锥面)
N0210  G01  X28.0   Z-40.0;           (精车 Φ28 圆柱体)
N0220  G00  X100.0  Z100.0;           (快速退刀,回到换刀点)
N0230  T0200;                         (取消 2 号刀刀补偏置)
N0240  T0303;                         (换 3 号刀切槽刀,刀刃宽 4、第 03 组刀补)
N0250  G00  X32.0   Z-34.3;           (快速移动到切槽定位点,Z 向余量-0.3)
N0260  G01  X20.6   Z-34.3  F0.3;     (粗切槽,X 方向余量 0.6)
N0270  G01  X32.0   Z-34.3;           (退刀,准备切槽第二刀)
N0280  G01  X32.0   Z-37.3;           (移动切槽刀,准备切槽第二刀,Z 向重叠量 1mm)
N0290  G01  X20.6   Z-37.3;           (切槽第二刀,X 方向余量 0.6)
N0300  G01  X32.0   Z-37.3;           (退刀,准备切槽第三刀)
N0310  G01  X32.0   Z-40.3;           (移动切槽刀,准备切槽第三刀,Z 向重叠量 1mm)
N0320  G01  X20.6   Z-40.3;           (切槽第三刀,X 方向余量 0.6)
N0330  G01  X32.0   Z-40.3  F1.0;     (退刀,准备精车槽)
N0340  G01  X32.0   Z-34.0;           (移动到精车槽的起点)
N0350  G01  X20.0   Z-34.0  F0.1;     (精车槽的右端面)
N0360  G01  X20.0   Z-40.0;           (精车槽的 Φ20 圆柱体)
N0370  G00  X32.0   Z-40.0;           (快速退刀,离开槽)
N0380  G00  X100.0  Z100.0;           (快速退回换刀点)
N0390  T0300;                         (取消 3 号刀的偏置)
N0400  T0404;                         (换 4 号切断刀,刀刃宽 3,第 04 组刀补)
N0410  G00  X32.0   Z-43.0;           (快速定位到切断位置)
N0420  G01  X18.0   Z-43.0;           (切一个工艺槽)
N0430  G01  X22.0   Z-43.0;           (退刀,准备切削 Φ20 圆柱体的倒角 1×45°)
N0440  G01  X20.0   Z-42.0;           (进刀,准备切削 Φ20 圆柱体的倒角 1×45°)
N0450  G01  X18.0   Z-43.0  F0.2;     (车削倒角 1×45°)
N0460  G01  X0      Z-43.0;           (切断)
N0470  G00  X32.0   Z-43.0;           (沿+X 方向快速退刀)
N0480  G00  X100.0  Z100.0;           (快速退刀回到换刀点)
N0490  M05  T0400;                    (主轴停转,取消 4 号到的偏置)
```

N0500　M30；　　　　　　　　　　（程序结束，系统复位）

2. 内外径粗车循环指令 G71

(1)G71 的用途：用于粗车轴向零件，以切除多余的加工余量并保留精加工余量。

(2)G71 格式：

N4　G71　U(Δd)R(e)；

N4　G71　P(ns)　Q(nf)　U(Δu)　W(Δw)　F(f)S(s)T(t)；

N(ns) ……；

…… f　s　t；

N(nf)　……；

G71 格式中的符号说明：

Δd：粗加工每次车削深度（半径值，没有符号）。

e：粗加工每次车削循环的 X 向退刀量（半径值）。

ns：精加工路径的第一个程序段的顺序号。

nf：精加工路径的最后一个程序段的顺序号。

Δu：X 轴方向精加工余量的距离与方向（一般默认直径值）。

Δw：Z 轴方向精加工余量的距离与方向。

f：进给速度数值。

s：主轴转速数值。

t：刀具号及刀具偏置号。

说明：f、s、t 粗加工时 G71 编程的有效。

(3)G71 使用过程中的注意点：在 G71 指令加工程序的第一个程序段内，只准出现 X 坐标值，不准出现 Z 坐标值，否则出现停机报警。为了提高工作效率，减少空切削行程，在保证安全的条件下，应选好循环定位点坐标。

(4)内外径粗车循环指令 G71 的循环如图 3-3 所示。

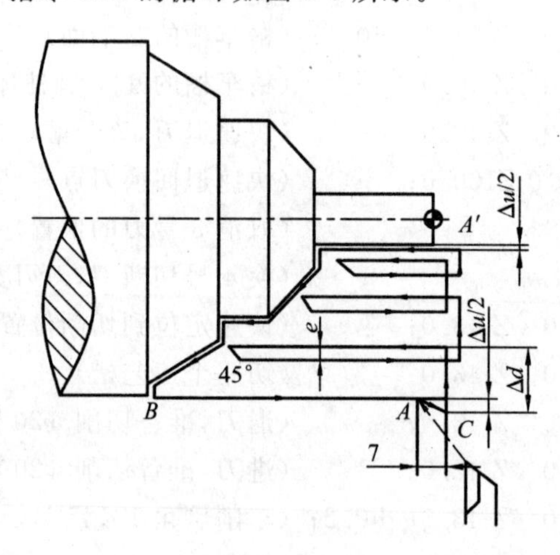

图 3-3　外圆粗车循环 G71

▲3. (华中系统)内外径粗车循环指令 G71

(1)G71 格式有两种。

①G71 格式一：

N4　G71　U(Δd)　R(r) P(ns)　Q(nf)　X(Δx)　Z(Δz) F(f) S(s) T(t)；

N(ns)　……；

…… f　s　t；

N(nf)　……；

G71 格式一中的符号说明：

Δd：粗加工每次车削深度(半径值，没有符号)。

r：粗加工每次车削循环的 X 向退刀量(半径值)。

ns：精加工路径的第一个程序段的顺序号。

nf：精加工路径的最后一个程序段的顺序号。

Δx：X 轴方向精加工余量的距离与方向(一般默认直径值)。

Δz：Z 轴方向精加工余量的距离与方向。

f：进给速度数值。

s：主轴转速数值。

t：刀具号(f、s、t 粗加工时 G71 编程的有效)。

②G71 格式二：有凹槽加工循环时。

N4　G71　U(Δd)　R(r) P(ns)　Q(nf)　E(e) F(f) S(s) T(t)；

N(ns) ……；

…… f　s　t；

N(nf)　……；

G71 格式二中的符号说明：

Δd：粗加工每次车削深度(半径值，没有符号)。

r：粗加工每次车削循环的 X 向退刀量(半径值)。

ns：精加工路径的第一个程序段的顺序号。

nf：精加工路径的最后一个程序段的顺序号。

e：精加工余量，其为 X 方向的等高举例，外径切削时符号为“＋”，内径切削时符号为“—”。

f：进给速度数值。

s：主轴转速数值。

t：刀具号及刀具偏置号。

说明：f、s、t 粗加工时 G71 编程的有效。

内外径粗车循环指令 G71 的循环如图 3-4 所示(图中 1、2、3、……、14、15、16 表示每次走刀轨迹)。

▲(2)(华中系统)举例。如图 3-5 所示，工件毛坯为 Φ40(图中点画线表示)，精加工余量 0.3。

解：(前面工艺步骤省略)

(机械回零)

O0001；　　　　　　　　　　(设定程序号)

N0011 G95；　　　　　　　　(每转进给)

N0021　G00　X80.0 Z100.0；

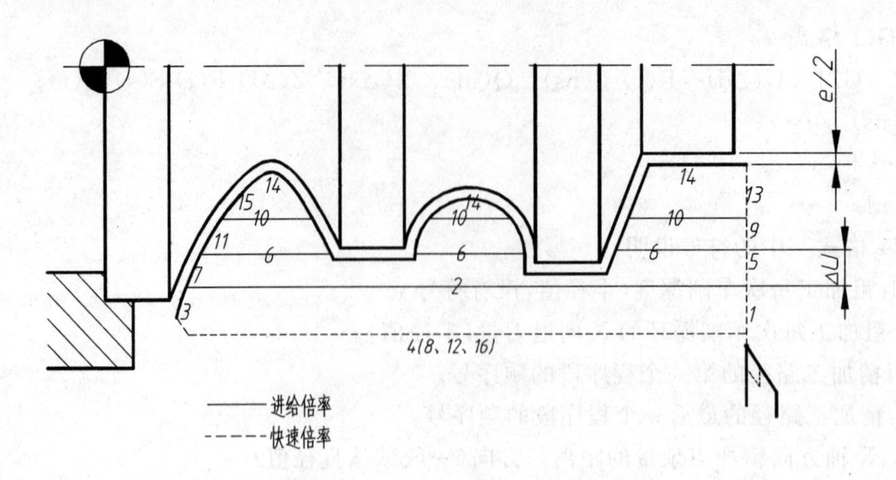

图 3-4　内外径粗车循环指令 G71 的循环

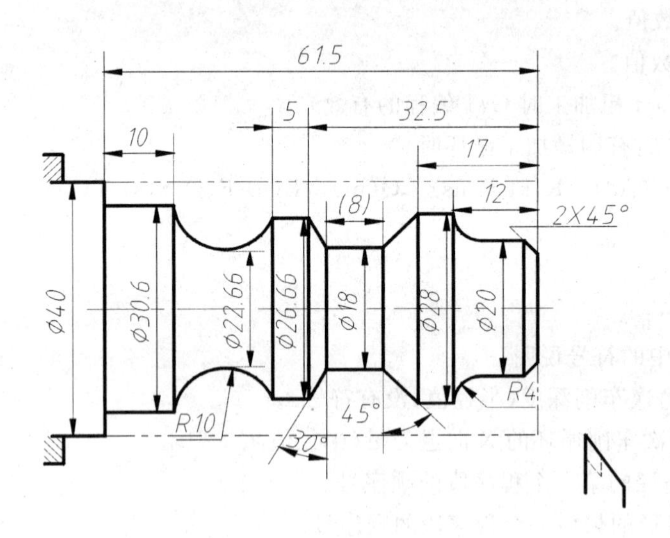

图 3-5　图例

(快速进刀到换刀位置)

N0031　T0101；	(换一号刀，确定其坐标系)
N0041　M03　S600；	(主轴正传 600 转/分钟)
N0051　G00　X42.0　Z0；	(快速进刀，准备平右端面)
N0061　G01　X0　F0.1；	(平右端面)
N0071　G00　X42.0　Z3.0；	(快速退刀到 G71 的切削循环起点位置)
N0081　G71　U1.0　R1.0　P0121　Q0231　E0.3　F0.2；	(有凹槽粗切循环加工)
N0091　G00　X80.0　Z100.0；	(粗加工后，快速退刀返回换刀点位置)
N0101　T0202；	(换二号刀，确定其坐标系)
N0111　G00　G42　X42.0　Z3.0；	(快速进刀到循环起点，二号刀加入刀尖圆弧半径补偿)
N0121　G01　X10.0；	(精加工轮廓开始，到倒角延长线处)

```
N0131  G01  X20.0  Z-2.0   F0.1;     (精加工倒角 2×45°角)
N0141  Z-8.0;                        (精加工 Φ20 外圆)
N0151  G02  X28.0  Z-12.0  R4.0;     (精加工 R4 圆弧)
N0161  G01  Z-17.0;                  (精加工 Φ28 外圆)
N0171  U-10.0      W-5.0;            (精加工倒圆锥)
N0181  W-8.0;                        (精加工 Φ18 外圆)
N0191  U8.66       W-2.5;            (精加工正圆锥)
N0201  Z-37.5;                       (精加工 Φ26.66 外圆)
N0211  G02  X30.6  W-14.0  R10.0;    (精加工 R10 下切圆弧)
N0221  G01  W-10.0;                  (精加工 Φ30.66 外圆)
N0231  X42.0;                        (退出已加工表面,精加工轮廓结束)
N0241  G00  G40  X80.0  Z100.0;      (取消半径补偿,快速退刀返回换刀点位置)
N0251  M05  T0200;                   (主轴停转,取消刀补)
N0261  M30;                          (程序结束,系统复位)
```

4. 精车循环指令 G70(▲华中系统没有 G70 指令)

(1)G70 的用途。在 G71、G72、G73 指令粗加工结束后,可使用 G70 指令重复上述指令的最后轨迹用于精加工,以切除精车预留的加工余量。

(2)G70 格式。

N4　G70　P(ns)　Q(nf);

(3)G70 格式中的符号说明。

ns:精加工路径的第一个程序段的顺序号。

nf:精加工路径的最后一个程序段的顺序号。

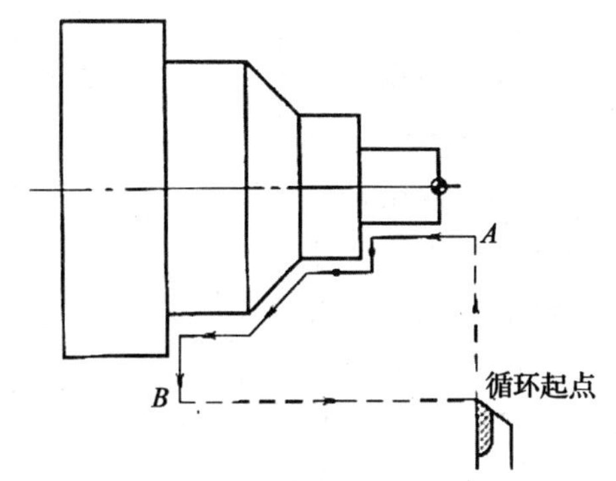

图 3-6　精加工循环 G70

(4)G70 指令使用说明。①在 G71、G72、G73 指令程序段中规定的 F、S、T 功能在 G70 加工的过程中无效,但在执行 G70 指令时顺序号 ns 和 nf 之间的 F、S、T 功能时有效。②当 G70 循环加工结束时,刀具返回到起始点并读下一个程序段。③G70 到 G73 中 ns 和 nf 之间的程序段不能调用子程序。

(5)精车循环指令 G70 的循环如图 3-6 所示。

(三)举例

如图 3-7 所示,工件的右端面已经车削平整,已知背吃刀量为 2mm,每次车削退刀 1mm,直径精车余量 2mm,端面(轴向)精车余量 2mm,不需切断,试用 G71 指令编写加工程序。

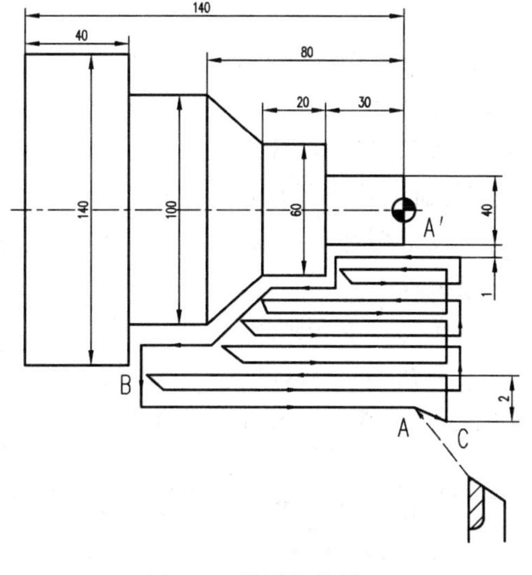

图 3-7　外圆粗车循环

解一(FANUC系统编程):
(前面工艺步骤省略)
①设定循环定位点(X142.0, Z5.0),其他条件已知。
②编程
机械回零;

```
O1000;                                  (设定程序号)
N1010  M03   S300;                      (主轴正传,300转/分钟)
N1020  T0101;                           (选择1号粗车刀,第一组刀补)
N1030  G00   X142.0   Z5.0;             (快速定位到循环起点)
N1040  G71   U2.0     R1.0;             (G71循环,每刀背吃刀量2mm,退刀量1mm)
N1050  G71   P1060  Q1120  U2.0  W2.0  F0.2;(直径精加工余量2mm,轴向精
                                               加工余量2mm)
N1060  G00   X40.0;                     (零件轮廓程序第一段,该段不允许有Z向移
                                         动)
N1070  G01   Z-30.0 F0.1;               (零件轮廓程序第二段,F0.1在ns~nf内无
                                         效,对G70有效)
N1080  X60.0;                           (零件轮廓程序第三段)
N1090  W-30.0;                          (零件轮廓程序第四段)
N1100  X100.0          Z-80.0;          (零件轮廓程序第五段)
N1120  X142.0;                          (零件轮廓程序第六段)
N1130  G00   X200.0   Z100.0;           (退刀,回到换刀点)
N1140  T0100;                           (取消1号刀刀补)
N1150  T0202 S600;                      (换2号精车刀,主轴转速600转/分钟)
N1160  G00   X142.0   Z5.0;             (快速定位到循环起点)
N1170  G70   P1060   Q1120;             (精车轮廓)
N1180  G00   X200.0   Z100.0;           (退刀,回到换刀点)
N1190  M05    T0200;                    (主轴停转,取消2号刀刀补)
N1200  M30;                             (程序结束,系统复位)
```

▲解二(华中系统编程)
(前面工艺步骤省略)
①设定循环定位点(X142.0, Z5.0),其他条件已知。
②编程

```
%1000;(或O1000;)                        (设定程序号)
N1010  G00  G95      X200.0  Z100.0到程序起点位置或回到换刀点)
N1020  M03  S360      T0101;            (主轴以360r/min正转,选用1号90°粗偏刀,
                                         建立其坐标系)
N1030  G00  X142.0  Z5.0;               (快速定位到G71循环起点)
N1040  G71  U2.0   R1.0  P1080  Q1130  X2.0  Z2.0  F0.2;(G71循环,每刀
背吃刀量2mm,退刀量1mm,直径精加工余量2mm,轴向精加工余量2mm)
```

```
N1050  G00  X200.0  Z100.0;     (到程序起点位置或回到换刀点)
N1060  T0202        S600;       (换 2 号 90°精偏刀,主轴转速 600r/min)
N1070  G00  X142.0  Z5.0;       (快速定位到精加工循环起点)
N1080  G00  X40.0   Z5.0;       (零件轮廓程序第一段,该段不允许有 Z 向移动)
N1090  G01  Z-30.0  F0.1;       (零件轮廓程序第二段)
N1100  X60.0;                   (零件轮廓程序第三段)
N1110  W-30.0;                  (零件轮廓程序第四段)
N1120  X100.0  Z-80.0;          (零件轮廓程序第五段)
N1130  X142.0;                  (零件轮廓程序第六段)
N1140  G00  X200.0  Z100.0;     (退刀,回到换刀点)
N1150  M05  T0200;              (主轴停转,取消刀补)
N1160  M30;                     (程序结束,系统复位)
```

(四)项目三的练习工件如图 3-8 所示

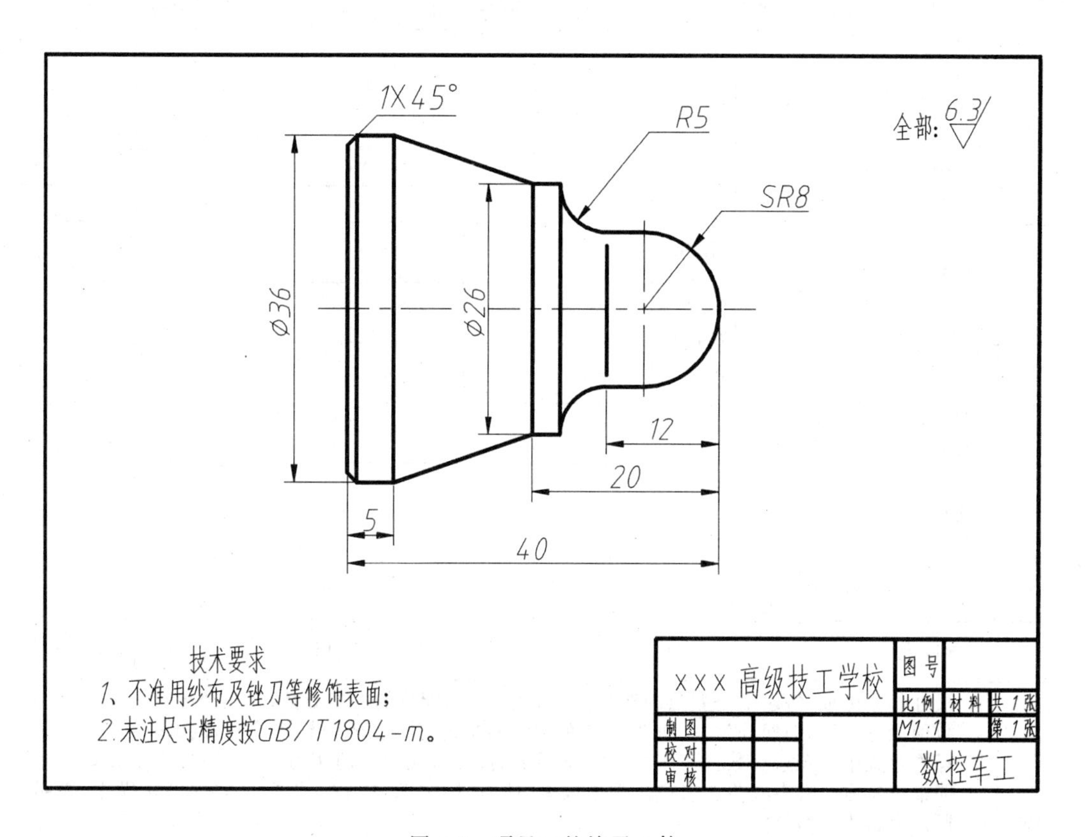

图 3-8　项目三的练习工件

(五)项目三所需要的量具和材料

1. 量具

(1)钢板尺。规格:0-150,数量:一把/台机床。

(2)游标卡尺。规格:0-150×0.02,数量:一把/台机床。

(3)圆弧规。规格:R5凸圆弧规、R8凹圆弧规,数量:各一把/台机床。

(4)车工表面粗糙度样板。规格:Ra1.6-12.5,数量:车间一套。

2. 材料:Φ40×500塑料棒

(六)检测项目三工件图3-8,填写项目三的评分表,评出成绩

数控车工第一阶段实习项目三(图3-8)评分表

第_____组_____号机床　填表时间:_____年_____月_____日星期:_____

工种	______系统数控车工				姓名				总分		
加工时间	开始时间:　月　日　时　分,结束时间:　月　日　时　分								实际操作时间		
序号	工件技术要求	配分	精度等级	量具	学生自测评得分			老师测评得分			单项综合得分
					实测尺寸	得分	扣分	实测尺寸	得分	扣分	
1	Φ36及Ra6.3	12	按照GB/T 1804—m	0—150×0.02游标卡尺、圆弧倒角量规、粗糙度样板							
2	Φ26及Ra6.3	3									
3	20	2									
4	5	2									
5	圆锥Ra6.3	4									
6	40及左端面Ra6.3	12									
7	SR8及Ra6.3	4									
8	R5及Ra6.3	4									
9	1×45°倒角及Ra6.3	2									
10	安全文明生产	5	优秀者5分,正常操作4分,每受到一次警告扣2分。					空格			
11	引导问题	50	空格					空格			

说明

1. 尺寸扣分标准:每超出公差值的四分之一数值段,扣配分的一半分数;超出公差值的二分之一数值段,该尺寸的配分为0。每个表面的表面粗糙度Ra分配1分,不合格即扣1分。
2. 操作过程中出现违反数控车工操作安全要求的现象,立即取消实习资格,经过安全教育后才能继续实习。有事故苗头者或出现事故者(撞刀、撞机床、物品飞出等)、立即停止操作,查明原因后再决定后续实习。
3. 安全文明生产标准:工、量、刃、洁具摆放整齐,机床卫生保养,礼节礼貌等。
4. 综合得分:剔除偶然因素,一般以老师和学生的测评分数之和的二分之一为综合得分。
5. 作业分数,以实际批改为准。综合得分以师生共同得分的评分数为准,如果师生的评分相差太大,应找出正确的一方,以正确一方的评分为主。
6. 总分是100分。

四、引导问题

1. (3 分)学习项目三的目的是什么？在这个项目中，主要学习了哪些准备功能指令，它们有什么用途？

   答：________________________

2. (3 分)圆弧插补指令中的 R 的含义？如何确定？

   答：________________________

4. (3 分)圆弧插补指令中的 I、K 的含义？如何确定？

   答：________________________

5. (3 分)圆弧切削中的 F 值比直线切削中的 F 值的大小有没有变化？

   答：________________________

6. (3 分)内外径粗车循环指令 G71 在循环开始前的定位有什么要求？

   答：________________________

7. (3 分)内外径粗车循环指令格式 G71 中的 F 值和循环内的 F 值有什么不同？

   答：________________________

8. (3 分)内外径粗车循环指令 G71 的循环内的第一段坐标值有什么要求？

   答：________________________

9. (3 分)前刀架和后刀架的 G02、G03 指令的叫法一样吗？用法是否一样？请说明？

   答：________________________

10. (3 分)精车循环指令中的 F 一般在程序的哪一部分确定？

    答：________________________

11. (3 分)精车循环如何定位？

    答：________________________

12. (3分)FANUC(或华中系统)系统数控车床精车循环结束后,刀位点停留在什么地方?

答:

13. (3分)学习了循环程序后,对改善编程的工作量有什么收获?

答:

14. (3分)图3-8中的Φ36、40两个尺寸的偏差值分别是多少?公差是多少?极限尺寸是多少?

答:

15. (3分)图3-8中的尺寸R5、SR8的尺寸如何测量?

答:

16. (3分)在图3-8中,采用什么方法,才能精确测量5、12、20三个尺寸?

答:

17. (3分)你认为在项目三的教学中,老师的教学还有什么要改进的地方?

答:

项目四　盘类零件的编程练习

（巩固圆弧指令和G72指令练习）

一、任务与操作技术要求

在完成项目三的基础上，进行项目四的练习。在项目三的编程中，用G02、G03、G71、G70指令可以轻松完成普通车床较难加工的圆弧零件，并且在外圆粗车、精车的加工过程中，一次完成加工，保证了工件的位置精度。

但是，G71指令可以高效率的加工长径比大于1的轴类零件，如果是加工盘类零件该如何提高效率呢？

循环指令中指令的格式、代码、注意事项等有着严格的规定，必须按照每个循环指令的要求进行编程。

二、信息文

提高效率加工盘类零件的指令之一：G72。编程加工项目四，体验端面粗车循环与内外圆粗车循环的特点。开始操作前，在数控车床上进行模拟操作，确认没有出现撞机失误，才能实际加工项目四的练习工件图4-3。要仔细回忆在数控车床操作中的安全注意事项。怕一万，就怕麻痹。

三、基础文

(一)复习已练习的指令

(1) 快速插补指令(G00)：〈简写G0〉格式：G00　X(U)±43　Z(W)±43；

(2) 直线插补指令(G01)：〈简写G1〉格式：G01　X(U)±43　Z(W)±43　F43；

(3) 圆弧插补指令G02、G03。

①顺时针圆弧插补指令G02的格式：

G02　X(U)±43　Z(W)±43　I±43　K±43　F43；

或；G02　X(U)±43　Z(W)±43　R±43　F±43；

②逆时针圆弧插补指令G03的格式：

G03　X(U) ±43　Z(W) ±43　I±43　K±43　F±43;

或;G03　X(U) ±43　Z(W) ±43　R±43　F±43;

(二)新指令的学习

1. 端面粗车循环指令 G72

(1)G72 用途:用于粗车回转件的端面和盘形零件,以切除多余的加工余量并保留精加工余量。

(2)G72 格式:

G72　W(Δd)　R(e);

G72　P(ns)　Q(nf)　U(Δu)　W(Δw)　F(f)S(s)　T(t);

N(ns)……;

……f　s　t;

N(nf) ……;

(3)G72 格式中的符号说明。

Δd:粗加工每次车削深度(Z 轴方向车削深度值)。

e: 粗加工每次车削循环的 z 轴方向退刀量。

ns:精加工路径的第一个程序段的顺序号。

nf:精加工路径的最后一个程序段的顺序号。

Δu:X 轴方向精加工余量的距离与方向(一般默认直径值)。

Δw:Z 轴方向精加工余量的距离与方向。

f:进给速度数值。

s: 主轴转速数值。

t: 刀具号。

G72 使用过程中的注意点:在 G72 指令加工程序的第一个程序段内,只准出现 Z 坐标值,不准出现 X 坐标值,否则将出现停机报警。为了提高工作效率,注意 G72 指令的循环定位起点与 G71 的区别。

▲2. (华中系统)端面粗车循环指令 G72

(1)G72 格式:

G72　W(Δd)　R(r) P(ns)　Q(nf)　X(Δx)　Z(Δz)　F(f) S(s)　T(t);

N(ns) ……;

…… f　s　t;

N(nf) ……;

(2)G72 格式中的符号说明:

Δd:粗加工每次车削深度(Z 轴方向车削深度值)。

r: 粗加工每次车削循环的 z 轴方向退刀量。

ns:精加工路径的第一个程序段的顺序号。

nf:精加工路径的最后一个程序段的顺序号。

Δx:X 轴方向精加工余量的距离与方向(一般默认直径值)。

Δz:Z 轴方向精加工余量的距离与方向。

f:进给速度数值。

s：主轴转速数值。

t：刀具号及刀具偏置号。

(三)端面粗车循环指令 G72 循环路线如图 4-1 所示

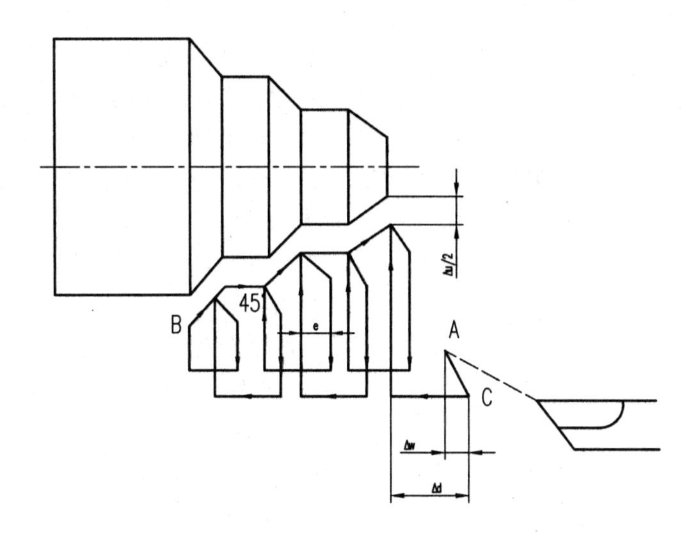

图 4-1　端面粗车循环 G72

(四)举例

如图 4-2 所示，工件毛坯 Φ160，右端面已经车平，试用 G72 编程加工，并精车至符合尺寸。

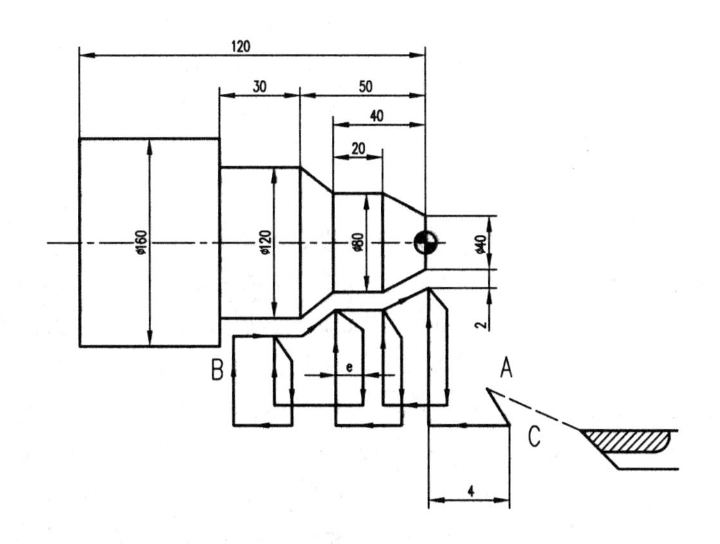

图 4-2　车削端面循环

解一(用 FANUC 系统编程)

```
(前面工艺步骤省略)
机械回零;
O1000;(设定程序号)
N1010   G99;(确认进给速度为 mm/r)
N1020 M03 S400;                          (主轴以 400r/min 正转)
N1030 T0101;                             (选 1 号粗车刀,第一组刀补)
N1040   G00   X170.0   Z2.0;             (快速定位到循环起点)
N1050   G72   W4.0   R1.0;               (G72 循环,每刀吃刀量 4mm,退刀 1mm)
N1060   G72   P1070   Q1120 U2.0 W2.0 F0.2;(+X 方向精加工余量 2mm,+Z 方
                                          向精加工余量 2mm)
N1070   G00   Z-80.0;                    (零件轮廓程序第一段,该段不允许有 X 方
                                          向的移动)
N1080   G01   X120.0   F0.1;             (零件轮廓程序第二段,F、S 对 G72 无效,对
                                          G70 有效)
N1090   W30.0;(或 N1080   Z-50.0;)      (零件轮廓程序第三段)
N1100   X80.0          Z-40.0;           (零件轮廓程序第四段)
N1110   W20.0;                           (零件轮廓程序第五段)
N1120   X40.0          Z0;               (零件轮廓程序第六段)
N1130   G00   X200.0 Z200.0;             (退刀回到换刀点)
N1140   T0100;                           (取消 1 号刀刀补)
N1150   T0202 S600;                      (换 2 号精车刀,主轴以 600r/min 正转)
N1160   G00   X170.0   Z2.0;             (快速定位到循环起点)
N1170   G70   P1060   Q1110;             (G70 精车循环,将粗车循环剩余的余量车掉)
N1180   G00   X200.0   Z200.0;           (退刀回到换刀点)
N1190   M05   T0200;                     (主轴停转,取消刀补)
N1200   M30;                             (程序结束,系统复位)
```

▲**解二**(用华中系统编程)

```
(前面工艺步骤省略)
%1000;(或 O1000);                        (设定程序号)
N1010   T0101;                           (选 1 号粗车刀,第一组刀补)
N1020   G00   G95   X200.0   Z200.0;     (快速到程序起点或换刀点位置)
N1030   M03   S400;                      (主轴以 400r/min 正转)
N1040   X170.0   Z2.0;                   (快速定位到循环起点)
N1050   G72   W4.0   R1.0   P1090   Q1150   U2.0   W2.0   F0.2;(G72 循环,每
                                          刀吃刀量 4mm,退刀 1mm,+X 方向精加工
                                          余量 2mm,+Z 方向精加工余量 2mm)
N1060   G00   X200.0   Z200.0;           (快速到程序起点或换刀点位置)
N1070   T0202   S600;                    (换 2 号精车刀,(主轴以 600r/min 正转)
```

```
N1080  G00  G42  X170.0  Z2.0;          (快速定位到循环起点,加入刀尖半径补偿)
N1090  G00  X170.0  Z-80.0;             (精加工轮廓程序第一段,该段不允许有 X
                                          方向的移动)
N1100  G01  X120.0  F0.1;               (零件轮廓程序第二段)
N1110  W30.0;(或 N1080  Z-50.0;)        (零件轮廓程序第三段)
N1120  X80.0  Z-40.0;                   (零件轮廓程序第四段)
N1130  W20.0;                           (零件轮廓程序第五段)
N1140  X40.0  Z0;                       (零件轮廓程序第六段)
N1150  G00  X200.0;                     (退出已加工表面)
N1160  G00  G40  X200.0  Z200.0;        (取消半径补偿,返回程序起点或换刀点位置)
N1170  M05  T0200;                      (主轴停转,取消刀补)
N1170  M30;                             (程序结束,系统复位)
```

(五)项目四练习工件如图 4-3 所示

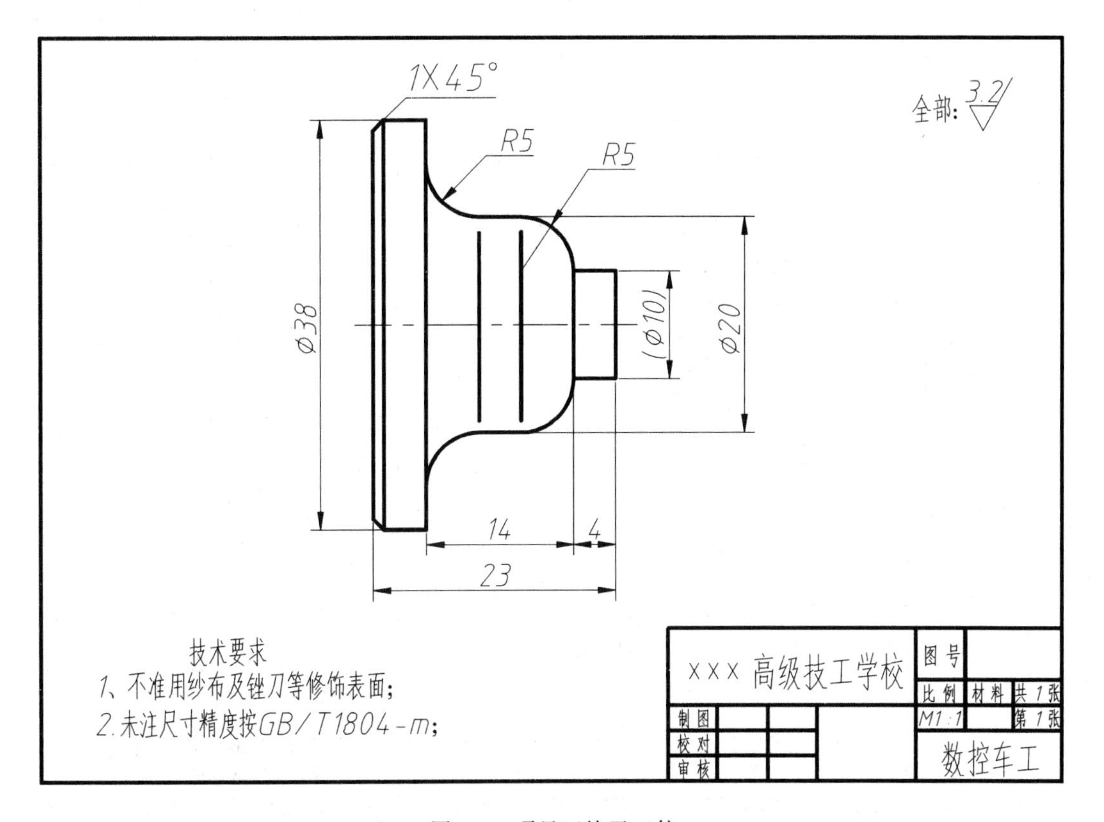

图 4-3　项目四练习工件

(六)项目四所需要的量具和材料

1. 量具

(1)钢板尺。规格:0-150,数量:一把/台机床。

(2)游标卡尺。规格:0-150×0.02,数量:一把/台机床。

(3)圆弧规。规格:R5 凸凹圆弧规,数量:各一把/台机床。

(4)塞规。规格:0.02～1.0、宽 2～3,数量:一套/台机床。

(5)车工表面粗糙度样板。规格:Ra1.6-12.5,数量:车间一套。

2. 材料:Φ40×500 塑料棒

(七)检测项目四编程加工工件、填写项目四的评分表评出成绩

数控车工第一阶段实习项目四(图 4-3)评分表

第_____组____号机床　填表时间:_____年____月____日星期______

工种	________系统数控车工				姓名			总分			
加工时间	开始时间:　月　日　时　分,结束时间:　月　日　时　分							实际操作时间			
序号	工件技术要求	配分	精度等级	量具	学生自测评得分			老师测评得分			单项综合得分
					实测尺寸	得分	扣分	实测尺寸	得分	扣分	
1	Φ38 及 Ra3.2	8	按照 GB/T 1804—m	0—150×0.02 游标卡尺、圆弧倒角量规、粗糙度样板							
2	Φ20 及 Ra3.2	8									
3	Φ10 及 Ra3.2	5									
4	23 及左右端面 Ra3.2	8									
5	14 及左端面 Ra3.2	2									
6	4	2									
7	R5 凸及 Ra3.2	5									
8	R5 凹及 Ra3.2	5									
9	1×45° 倒角及 Ra3.2	2									
10	安全文明生产	5	优秀者 5 分,正常操作 4 分,每受到一次警告扣 2 分。					空格			
11	引导问题	50	空格					空格			
说明	1. 尺寸扣分标准:每超出公差值的四分之一数值段,扣配分的一半分数;超出公差值的二分之一数值段,该尺寸的配分为0。每个表面的表面粗糙度 Ra 分配 1 分,不合格即扣 1 分。 2. 操作过程中出现违反数控车工操作安全要求的现象,立即取消实习资格,经过安全教育后才能继续实习。有事故苗头者或出现事故者(撞刀、撞机床、物品飞出等)、立即停止操作,查明原因后再决定后续实习。 3. 安全文明生产标准:工、量、刃、洁具摆放整齐,机床卫生保养,礼节礼貌等。 4. 综合得分:剔除偶然因素,一般以老师和学生的测评分数之和的二分之一为综合得分。 5. 作业分数,以实际批改的为准。综合得分以师生共同得分的评分数为准,如果师生的评分相差太大,应找出正确的一方,以正确一方的评分为主。 6. 总分是 100 分。										

四、引导问题

1. (4分)在实际生产中,什么情况下选用G72指令编程?

   答:________________

2. (4分)G72指令的走刀路线与G71指令有什么不同?

   答:________________

3. (5分)G72指令在循环指令段中的第一段有什么要求?如果没有按照该指令的要求编程,在实际加工过程中会出现什么现象?

   答:________________

4. (5分)用G72指令循环结束后,刀位点停留在什么地方?

   答:________________

5. (4分)请选择括号内哪些指令可以使用在G71、G72循环指令中(G00、G01、G02、G03、G04)。

   答:________________

6. (4分)工件图4-3的表面粗糙度Ra3.2表达的意思?

   答:________________

7. (4分)你还知道表面粗糙度有什么表达方法?各代表的含义?

   答:________________

8. (4分)工件图4-3直径基准是什么?轴向长度基准是什么?

   答:________________

9. (4分)工件图4-3的圆弧尺寸用什么量具测量?简要说明测量方法?

   答:________________

10. (4分)请叙述用G72指令加工工件时,对刀具的副后角选择有什么要求?

    答:________________

11. (4分)用你已经掌握的机械加工知识,请讲讲用G72指令加工工件时,对切削参数之一的进刀量有什么要求?

答:____

____

12. (4分)你认为在项目四的教学中,老师的教学还有什么需要改进的地方?

答:____

____

项目五　螺纹的基础理论和编程加工

（螺纹知识和螺纹切削指令 G32 的应用）

一、任务与操作技术要求

在完成项目四的基础上，进行项目五的练习。

在项目四的编程中，用 G01 可以轻松完成普通车床上的常见的端面、圆柱面、台阶面、槽和圆锥面，还可以用 G02、G03 指令轻松完成普通车床难加工的圆弧几何体，用 G71、G72、G70 等循环指令轻松编程加工轴类和盘类零件，并且轴类零件和端面零件的粗车和精车在一次编程中一次性加工完成。但是这些都是外圆和端面的加工，还没有进行用车工成型刀具车削加工的练习。

在普通车工中，公制外螺纹的车削效率较低，批量生产中精度难以保证；在数控车床加工中，效率又如何呢？可以比较一下两者的生产效率和对精度的保证程度。

螺纹切削指令中指令的格式、代码、注意事项等有着严格的规定，必须按照规定的要求进行编程。

二、信息文

大多数数控车工加工螺纹的指令是 G32。回忆在普通车床上学习过的螺纹切削的过程，在项目五的练习过程中比较一下数控车床和普通车床加工螺纹的差别。根据螺纹的牙型而确定的螺纹的种类有哪些？根据螺纹的直径变化螺纹的种类有哪些？

在上述的螺纹中，根据下面的讲解，比较一下普通车床上只能加工哪些螺纹？这些螺纹在数控车床上能不能加工？在两者都能加工的螺纹中，加工的难易程度和精度保障程度如何？

根据螺纹螺旋线数量的变化，螺纹的种类有：单头螺纹（或称单线螺纹）、多头螺纹（或称多线螺纹）。

根据螺纹直径的变化，螺纹的种类有：圆柱螺纹、圆锥螺纹、端面螺纹。

下面介绍根据螺纹的牙型分类的螺纹种类（代号）及用途。

（1）公制螺纹：牙型角 60°，用 M 表示；例如：M10-5g6g-s。大径 d 为公称直径（基本尺寸）。同一公称直径可以有多种螺距的螺纹，其中螺距最大的称为粗牙螺纹，不用标注出其螺距，其余都称为细牙螺纹（见表 5-1）。粗牙螺纹应用最广，细牙螺纹的小径大、升角小，因而自锁性能好、强度高，但不耐磨、易滑扣，适用于薄壁零件、受动载荷的联接和微调机构的调整。

(2)英制螺纹:牙型角55°,用每英寸的牙数表示。以英寸为单位,螺距以每英寸的牙数表示(见表5-7),也有粗牙、细牙之分。主要是英、美等国使用,国内一般仅在修配中使用。

(3)梯形螺纹:牙型角30°,用Tr表示;例如:Tr40×14(P7)LH、Tr40×7。梯形螺纹截面为等腰梯形,与矩形螺纹相比,传动效率略低,但工艺性好,牙根强度高,对中精度较高,多用于传动。

(4)锯齿形螺纹:用B表示,例如B40×7、B40×14(P7)。非对称牙型的螺纹,目前使用的牙型角主要有:3°/30°、3°/45°两种,另外也有7°/45°、0°/45°等数种不同牙型角的锯齿形螺纹。锯齿形螺纹摩擦系数较小,效率较高,牙根强度较高,对中精度较高,多用于传动。

(5)米制锥螺纹:用ZM表示,例如ZM14－5。密封性能好,多用于高压管道密封。

(6)60°圆锥管螺纹:用NPT表示。密封性能好,多用于中、高压管道密封。

(7)非螺纹密封管螺纹:用G表示。①非螺纹密封圆柱内管螺纹:G1/2(1/2:公称直径)。②非螺纹密封圆柱外管螺纹:G1/2A(A:公差等级)。它们多用于管道连接。

(8)螺纹密封管螺纹。①圆锥外螺纹R:例如$R1^1/_2$②圆锥内螺纹Rc:例如$Rc1^1/_2$③圆柱内螺纹Rp:例如$Rp1^1/_2$

牙型角$\alpha=55°$,牙顶呈圆弧形,旋合螺纹间无径向间隙,紧密性好,公称直径为管子的公称通径,广泛用于水、煤气、润滑等管路系统联接中。

(9)矩形螺纹:牙型为正方形,牙型角$\alpha=0°$。截面呈现为矩形,牙厚为螺距的一半,当量摩擦系数较小,效率较高,多用于传动,但牙根强度较低,螺纹磨损后造成的轴向间隙难以补偿,内外螺纹旋合定心较难,对中精度低,因不易磨制,精加工较困难,因此,这种螺纹已较少采用。

(10)圆弧螺纹:常用的牙型角为30°或45°。截面为半圆形,主要用于传动,目前应用最广的是在滚动丝杠上,与矩形螺纹相比,工艺性好,螺纹效率更高,对中性好,目前很多地方都取代了矩形螺纹和梯形螺纹,但因其配件加工复杂,成本较高,所以对传动要求不高的地方应用很少。

(11)非标准螺纹:例如M320×6－d_2 316.583/316.103 d 319.92/318.97。编程加工项目五,再一次体验前面所学过的端面粗车循环与外圆粗车循环的特点,为螺纹的切削加工做准备。

开始操作前,在数控车床上进行模拟操作,确认没有出现撞机失误,才能开始实际加工项目五的练习。

要强调仔细回忆在数控车床操作中的安全注意事项有哪些?不怕一万,就怕麻痹。

三、基础文

以公制外螺纹为例,讲授切削螺纹的数值计算和编程方法。

(一)公制外螺纹尺寸的计算

1. 外螺纹及配合螺纹的标记方式

(1)螺纹标记(GB/T197—2003)。普通螺纹的完整标记由螺纹代号、螺纹公差带代号和螺纹旋合长度代号所组成。螺纹公差代号是由表示其大小的公差等级数字和表示其基本偏差位置的字母所组成。例如,6H、6g 等。

公差代号标注在螺纹代号之后,其间用“－”分开。如果螺纹的中径公差带与顶径公差带代号不同,则应分别注出。前者表示中径公差带,后者表示顶径公差带。如果两者公差带代号相同,则只标注一个代号。

说明:外螺纹的大径是顶径,内螺纹的小径是顶径。

例如,M10－5g6g　(外螺纹的标注)

符号说明:

M:公制三角形螺纹;10:公称直径 10mm;

5g:中径公差带代号,g 表示中径公差带基本偏差为 g,5 表示 5 级尺寸精度;

6g:表示顶径公差代号、g 表示顶径公差带基本偏差为 g,6 表示 6 级尺寸精度。

又例如 M12－6H　　　(内螺纹的标注)

符号说明:

M:公制三角形螺纹;12:公称直径 12mm;

6H:中径和顶径公差带代号(相同)。H 表示中径、顶径公差带基本偏差为 H,6 表示 6 级尺寸精度。

(2)当内外螺纹旋合在一起时,其公差代号用斜线分开,左边表示内螺纹公差代号,右边表示外螺纹公差代号。

例如,M20×2－6H/5g6g－LH　(内外螺纹配合的标注)

符号说明:

M:公制三角形螺纹;20:公称直径 20mm;2 :细牙螺距(粗牙不标);

6H:内螺纹中径和顶径公差代号、H 表示基本偏差为 H、6 表示 6 级尺寸精度、;

5g:外螺纹中径公差带代号、g 表示中径公差带基本偏差为 g、5 表示 5 级尺寸精度;

6g:表示外螺纹顶径公差代号、g 表示顶径公差带基本偏差为 g、6 表示 6 级尺寸精度。

LH:左旋(右旋不标)。

(3)一般情况下,不标注螺纹旋合长度,必要时在螺纹公差代号之后加注旋合长度代号 S 或 L,中间用“－”分开(中等旋合长度用“N”表示,可以不标注,短旋合长度用“S”表示,长旋合长度用“L”表示)。

例如,M10－5g6g－S

(4)常用螺纹螺距见表 5-1 所示。

表 5-1　常用螺纹螺距

公称直径	粗牙	细牙	公称直径	粗牙	细牙	公称直径	粗牙	细牙
6	1	0.75、0.5	16	2	1.5、1	36	4	3、2、1.5
8	1.25	1、0.75、0.5、	20	2.5	2、1.5、1	42	4.5	4、3、2、1.5
10	1.5	1.25、1、0.75、	24	3	2、1.5、1	48	5	4、3、2、1.5
12	1.75	1.5、1.25、1	30	3.5	3、2、1.5、1	56	5.5	4、3、2、1.5

(5)内外螺纹精度和公差带的选用如表 5-2 所示。

表 5-2　内外螺纹精度和公差带

外螺纹选用公差带												
精度	公差带位置 e			公差带位置 f			公差带位置 g			公差带位置 h		
	S	N	L	S	N	L	S	N	L	S	N	L
精密								(4g)	(5g4g)	(3h4h)	4h	(5h4h)
中等		6e	(7e6e)		6f		(5g6g)	6g	(7g6g)	(5h6h)	6h	(7h6h)
粗糙		(8e)	(9e8e)					8g	(9g8g)			

内螺纹选用公差带						
精度	公差带位置 G			公差带位置 H		
	S	N	L	S	N	L
精密				4H	5H	6H
中等	(5G)	(6G)	(7G)	5H	6H	7H
粗糙		(7G)	(8G)		7H	8H

说明:①大量生产的精制紧固件螺纹,推荐采用带方框的公差带。

②括号内的公差带尽可能不用。

③精密:用于精密螺纹,当要求配合变动较小时采用。

④中等精度:一般用途。

⑤粗糙精度:对精度要求不高时采用。

(6)内、外螺纹中径和小径的基本偏差如表 5-3 所示。

表 5-3　内、外螺纹中径和小径的基本偏差　μm

螺纹及基本偏差 / 螺距 P	内螺纹 D_2(中径)、D_1(小径)		外螺纹 d_2(中径)、d(大径)			
	G	H	e	f	g	h
	EI(下偏差)		Es(上偏差)			
0.75	+22	0	−56	−38	−22	0
0.8	+24		−60	−38	−24	
1.0	+26		−60	−40	−26	
1.25	+28		−63	−42	−28	
1.5	+32		−67	−45	−32	
1.75	+34		−71	−48	−34	
2	+38		−71	−52	−42	
2.5	+42		−80	−58	−42	
3	+48		−85	−63	−48	
3.5	+53		−90	−70	−53	
4	+60		−95	−75	−60	
4.5	+63		−100	−80	−63	
5	+71		−106	−85	−71	
5.5	+75		−112	−90	−75	

(7)内、外螺纹顶径(大径)公差 T_{D1}、T_d 如表 5-4 所示。

表 5-4　内、外螺纹顶径(大径)公差 T_{D1}、T_d　μm

公差项目	内螺纹顶径(小径)公差 T_{D1}				外螺纹顶径(大径)公差 T_d			
公差项目 / 螺距 P	4	5	6	7	8	4	6	8
0.75	118	150	190	236	—	90	140	—
0.8	125	160	200	250	315	95	150	236
1.0	150	190	236	300	375	112	180	280
1.25	170	212	265	335	425	132	212	335
1.5	190	236	300	375	475	150	236	375
1.75	212	265	335	425	530	170	265	425
2	236	300	375	475	600	180	280	450
2.5	280	355	450	560	710	212	335	530
3	315	400	500	630	800	236	375	600
3.5	355	450	560	710	900	265	425	670
4	375	475	600	750	950	300	475	750
4.5	425	530	670	850	1060	315	500	800
5	450	560	710	900	1120	335	530	850
5.5	475	600	750	950	1180	355	560	900

(8)公制螺纹中径公差如表 5-5 所示,用于检验螺纹。

2. 普通公制螺纹

基本尺寸(GB/T196－2003)和螺纹各个参数如图 5-1 所示。

(1)牙形角:$\alpha=60°$

表 5-5　内、外公制螺纹中径公差　μm

公称直径 D(mm)	螺距 *P* (mm)	内螺纹中径公差(TD2)					外螺纹中径公差(Td2)						
		4 级精度	5 级精度	6 级精度	7 级精度	8 级精度	3 级精度	4 级精度	5 级精度	6 级精度	7 级精度	8 级精度	9 级精度
>5.6～11.2	0.5	71	90	112	140	—	42	53	67	85	106	—	—
	0.75	85	106	132	170	—	50	63	80	100	125	—	—
	1	95	118	150	190	236	56	71	90	112	140	180	224
	1.25	100	125	160	200	250	60	75	95	118	150	190	236
	1.5	112	140	180	224	280	67	85	106	132	170	212	265
>11.2～22.4	0.5	75	95	118	150	—	45	56	71	90	112	—	—
	0.75	90	112	140	180	—	53	67	85	106	132	—	—
	1	100	125	160	200	250	60	75	95	118	150	190	236
	1.25	112	140	180	224	280	67	85	106	132	170	212	265
	1.5	118	150	190	236	300	71	90	112	140	180	224	280
	1.75	125	160	200	250	315	75	95	118	150	190	236	300
	2	132	170	212	265	335	80	100	125	160	200	250	315
	2.5	140	180	224	280	355	85	106	132	170	212	265	335

续表

公称直径 D(mm)	螺距 P (mm)	内螺纹中径公差(TD2)					外螺纹中径公差(Td2)						
		4 级精度	5 级精度	6 级精度	7 级精度	8 级精度	3 级精度	4 级精度	5 级精度	6 级精度	7 级精度	8 级精度	9 级精度
>22.4~45	0.75	95	118	150	190	—	56	71	90	112	140	—	—
	1	106	132	170	212	—	63	80	100	125	160	200	250
	1.5	125	160	200	250	315	75	95	118	150	190	236	300
	2	140	180	224	280	355	85	106	132	170	212	265	335
	3	170	212	265	300	425	100	125	160	200	250	315	400
	3.5	180	224	280	335	450	106	132	170	212	265	335	425
	4	190	236	300	375	475	112	140	180	224	280	355	450
	4.5	200	250	315	400	500	118	150	190	236	300	375	475
>45~90	1	118	150	180	236	—	71	90	112	140	180	224	—
	1.5	132	170	212	265	335	80	100	125	160	200	250	315
	2	150	190	236	300	375	90	112	140	180	224	280	335
	3	180	224	280	355	450	106	132	170	212	265	335	425
	4	200	250	315	400	500	118	150	190	236	300	375	475
	5	212	265	335	425	530	125	160	200	250	315	400	500
	5.5	224	280	355	450	560	132	170	212	265	335	425	530
	6	236	300	375	475	600	140	180	224	280	355	450	560

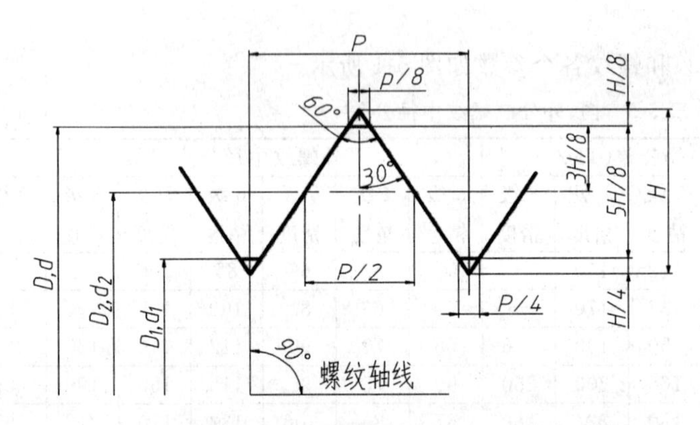

D-内螺纹大径；d-外螺纹大径(顶径)；D_2-内螺纹中径；
d_2-外螺纹中径；D_1-内螺纹小径(顶径)；d_1-外螺纹小径；
P-螺距；H-原始三角形高度；

图 5-1　螺纹的参数尺寸(GB/T196－2003)

(2)螺纹牙形高度尺寸。

螺纹牙型理论高度：$H=0.866\ P$

螺纹牙型实际工作高度：$H_{实}=0.5413\ P$

螺纹牙型实际最大高度：$h_{1大}=0.6495\ P$

螺纹牙型实际最小高度：$h_{1小}=0.6134\ P$

(3)螺纹大径的尺寸。大径是指和外螺纹的牙顶、内螺纹的牙底相重合的假想圆柱面或锥面的直径，外螺纹的大径（顶径）用 d 表示，内螺纹的大径用 D 表示。

外螺纹 大径（顶径）d 的最小尺寸 d ＝公称直径－$2H\times1/8$

＝公称直径－0.866P/4

＝公称直径－0.2165 P

即：外螺纹大径（顶径）d 的最大尺寸 $d_{大}$＝公称尺寸

外螺纹大径（顶径）d 的最小尺寸 $d_{小}$＝公称尺寸－0.2165 P

(4)螺纹小径的尺寸。小径是指和外螺纹的牙底、内螺纹的牙顶相重合的假想柱面或锥面的直径，外螺纹的小径用 d_1 表示，内螺纹的小径（顶径）用 D_1 表示。

外螺纹小径最大尺寸：$d_{1大}$＝公称直径－2 $h_{1小}$＝公称直径－1.2268 P

外螺纹小径的最小尺寸 $d_{1小}$＝公称直径－2[illegible]8 ＝公称直径－1.299 P

(5)螺纹中径。在大径和小径之间，设想有一柱[illegible]或锥面），在其轴剖面内，素线上的牙宽和槽宽相等，则该假想柱面的直径称为中径，外螺纹用 d_2 表示，内螺纹用 D_2 表示。

外螺纹中径：d_2＝公称直径－0.6495 P

(6)牙顶宽 f ＝ 0.125 P。

(7)牙底槽宽。最大 $W_{大}$＝ 0.1666 P；最小 $W_{小}$＝ 0.125 P

(8)圆角半径。上差 $r_{大}$＝ 0.1443 P 下差 $r_{小}$＝0.1082 P

例如，求螺纹 $M16\times2$ 的各部分尺寸。

解：牙形角 $\alpha=60^\circ$

螺纹高度：

螺纹牙型理论高度 $H= 0.866\ P= 0.866\times2 = 1.73$ mm

螺纹牙型实际最大高度 $h_{1大}= 0.6495\ P = 0.6495\times2 \approx1.3$ mm

螺纹牙型实际最小高度 $h_{1小}= 0.6134\ P = 0.6134\times2 \approx1.23$ mm

牙型高的尺寸为 $h=1.3^{0}_{-0.07}$　，编程时取牙型高 $h=1.27$

螺纹牙形实际工作高度 $h = 0.5413\ P = 0.5413\times2 \approx1.08$ mm

大径 d：

大径最大尺寸 $d_{大}$＝公称尺寸＝16 mm

大径最小尺寸 $d_{小}$＝公称直径－0.2165 P＝15.567 mm

螺纹大径尺寸分布范围在大径最小尺寸 15.567 到最大尺寸 16.000 之间。

加工时取 $d = 15.7\pm0.1$，编程时取 $X= 15.7$

小径 d_1：

螺纹小径最大尺寸：$d_{1大}=d-2\ h_{1小}=d-1.2268\ P=16-1.2268\times2 \approx13.55$ mm

螺纹小径最小尺寸：$d_{1小}=d-2\ h_{1大}=d-1.299\ P =16-1.299\times2 \approx 13.4$ mm

螺纹小径的尺寸分布范围在最小尺寸 13.4 到最大尺寸 13.55 之间。

加工时取 $d_1=13.45_{-0.05}$，编程时取 X＝13.45。

中径 $d_2=d-0.6495\ P =16-0.6495\times2 \approx 14.7$ mm

牙顶宽 $f =0.125\ P=0.125 \times2 =0.25$ mm

牙底槽宽：

最大 $W_{大}= 0.1666\ P = 0.1666 \times2 \approx0.33$ mm

最小 $W_{小}= 0.125\ P = 0.125 \times2 = 0.25$ mm

圆角半径：

上差 $r_{大} = 0.1443\ P = 0.1443 \times 2 \approx 0.29$ mm

下差 $r_{小} = H/8 = 0.1082\ P = 0.1082 \times 2 \approx 0.22$ mm

修螺纹车刀时，圆角半径 $r=0.25$ mm。

3. 外螺纹切削的进刀背吃刀量 a_p 参数

（1）标准的公制螺纹进给次数和背吃刀量如表 5-6 所示。

表 5-6　常用公制螺纹切削的进给次数和背吃刀量

螺距/mm		1.0	1.5	2.0	2.5	3.0	3.5	4.0
牙深(半径值)		0.649	0.974	1.299	1.624	1.949	2.273	2.598
切削次数及背吃刀量 a_p（直径值）	1 次	0.7	0.8	0.9	1.0	1.2	1.5	1.5
	2 次	0.4	0.6	0.6	0.7	0.7	0.7	0.8
	3 次	0.2	0.4	0.6	0.6	0.6	0.6	0.6
	4 次		0.16	0.4	0.4	0.4	0.6	0.6
	5 次			0.1	0.4	0.4	0.4	0.4
	6 次				0.15	0.4	0.4	0.4
	7 次					0.2	0.2	0.4
	8 次						0.15	0.3
	9 次							0.2

（2）经验法。

进刀第一刀 $a_{p1}=(1/3 \sim 1/2)P$ （根据被加工材料的软硬程度选取系数，材料较软取大值，材料较硬取小值）

进刀第二刀 $a_{p2}=(0.6 \sim 0.8)\ a_{p1}$

进刀第三刀 $a_{p3}=(0.6 \sim 0.8)\ a_{p2}$

以此类推，最后一刀的进刀量保持为 0.1。

（3）常用英制螺纹切削的进给次数和背吃刀量如表 5-7 所示。

表 5-7　常用英制螺纹切削的进给次数和背吃刀量　　mm

螺距(牙/mm)		24	18	16	14	12	10	8
牙深(半径值)		0.678	0.904	1.016	1.162	1.355	3.626	2.033
切削次数及背吃刀量 a_p（直径值）	1 次	0.8	0.8	0.8	0.8	0.9	1.0	1.2
	2 次	0.4	0.6	0.6	0.6	0.6	0.7	0.7
	3 次	0.16	0.3	0.5	0.5	0.6	0.6	0.6
	4 次		0.11	0.14	0.3	0.4	0.4	0.5
	5 次				0.13	0.21	0.4	0.5
	6 次						0.16	0.4
	7 次							0.17

说明：1 英寸(in)＝ 25.4 毫米(mm)，英制螺距表示每英寸长度上有多少个牙。

4. 车削螺纹的进刀方式

（1）直进式进刀法：如图 5-2 所示，用于车削中小螺距螺纹。

（2）斜进式进刀法：如图 5-3 所示，用于车削大螺距螺纹或特型螺纹。

（3）左右交替式进刀法：如图 5-4 所示，用于车削大螺距螺纹。

图 5-2

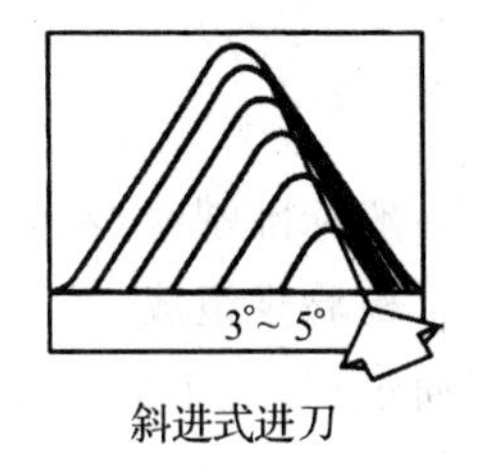

图 5-3

图 5-4

5. 公制螺纹牙型设计

如图 5-5 所示，为了提高疲劳强度和与螺纹孔旋合时避免过盈导致无法旋入，牙底有一个圆弧，公制外螺纹最小牙底圆弧半径见表 5-8 所示，选用螺纹刀进行车削加工时应做相应的刀尖修正。

表 5-8 公制外螺纹最小牙底圆弧半径 Rmin μm

螺距 P/mm	R_{min}/μm	螺距 P/mm	R_{min}/μm	螺距 P/mm	R_{min}/μm	螺距 P/mm	R_{min}/μm
0.5	63	0.8	100	2	250	4	500
0.6	75	1	125	2.5	313	4.5	563
0.7	88	1.25	156	3	375	5	625
0.75	94	1.5	188	3.5	438	5.5	688

6. 公制螺纹参数的测量

(1)单项测量。

①螺纹夹角的测量。螺纹夹角也叫牙型角。螺纹夹角的测量可通过测量侧面角来实现，螺纹侧面角是螺纹侧面与螺纹轴线的垂直面之间的夹角。螺纹牙的近似轮廓在螺纹两侧直线段采样，对采样点进行直线最小二乘拟合。

②螺距的测量。螺距是指螺纹上某一点至相邻螺纹牙上对应点之间的距离。测量时必须平行于螺纹轴线。

③螺纹中径的测量。螺纹中径是中径线沿垂直于轴线距离，中径线是一个假想的线。是检验螺纹合格的重要指标。

螺纹千分尺是用来测量螺纹中径的。

用量针测量螺纹中径的方法称三针量法，如图5-6所示。

将三根直径 d_D 相等的量针放在螺纹相对应的螺旋槽内，用千分尺测出两边量针顶点之间的距离 M，按下列公式计算可得出螺纹中径值。

$M=d_2+3d_D-0.866P$

符号说明：M：三针测量时千分尺测量的数值，单位：mm。

d_2：螺纹中径，单位：mm。

d_D：量针直径，单位：mm，量针直径选择与螺距的

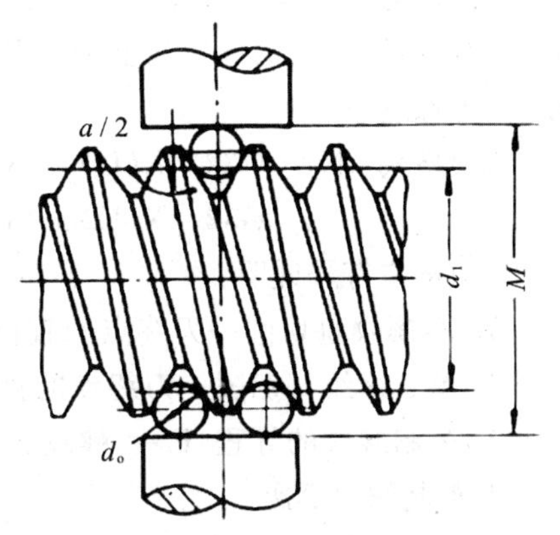

图 5-6 三针量法

关系 $d_D=0.577P$。

P:螺纹量具,单位:mm。

(2)综合检测(螺纹量规)。对于一般标准螺纹,都采用螺纹环规或塞规来测量。

螺纹环规用于检测外螺纹,有两个检验规组成,一个为通规,用符号"T"表示,被检测的螺纹用通规旋入,必须无阻碍的全部通过;另一个为止规,用符号"Z"表示,被检测的螺纹用止规旋入不能超过2扣。

螺纹塞规用于检测内螺纹,一端为通规,上面标注符号"T",能顺利旋入被检测的内螺纹,另一端为止规,上面标注"Z",旋入被检测的内螺纹不超过2扣。

(二)复习以前所学过的指令

快速插补指令(G00):〈简写G0〉指令格式:G00 X(U)±43 Z(W)±43;

直线插补指令(G01):〈简写G1〉指令格式:G01 X(U)±43 Z(W)±43 F±43;

圆弧插补指令G02、G03:

(1)顺时针圆弧插补指令G02的格式:

G02 X(U)±43 Z(W)±43 I±43 K±43 F43;

或:G02 X(U)±43 Z(W)±43 R ±43 F43;

(2)逆时针圆弧插补指令G03的格式:

G03 X(U)±43 Z(W)±43 I±43 K±43 F43;

或;G03 X(U)±43 Z(W)±43 R ±43 F43;

(3)内外径粗车循环指令G71:

格式:G71 U(Δd) R(e);

G71 P(ns) Q(nf) U(Δu) W(Δw) F(f)S(s) T(t);

N(ns) …… ;

…… f s t ;

N(nf) …… ;

(三)新指令的学习

1. 螺纹切削指令G32

G32指令可以执行切削单头或多头圆柱螺纹、单头或多头圆锥螺纹,单头或多头端面螺纹(涡形螺纹)。

(1)格式:N4 G32 X(U)±43 Z(W)±43 F43;(加工公制螺纹)

N4 G32 X(U)±43 Z(W)±43 I43;(加工英制螺纹)

(2)格式符号说明:

X、Z:螺纹每切削一刀终点的直径方向和轴向方向的绝对坐标。

U、W:螺纹每切削一刀终点的直径方向和轴向方向的增量坐标。

F:公制螺纹的导程:F = 螺纹头数 n × 螺距 P

I:英制螺纹螺距。

(3)使用螺纹切削指令G32注意事项:

①螺纹粗加工到精加工,主轴的转速必须保持恒定,也不能使用恒定线速度控制功能。

②螺纹切削时进给保持功能无效，如果按下进给保持功能按键，刀具在加工完螺纹后停止运动。

③G32 指令可用绝对坐标或增量(相对)坐标。

④螺纹切削加速距离和减速距离。

螺纹切削前，螺纹车刀从静止到正常速度有一个加速的过程，因此螺纹刀位点距切削开始点有一个经验增速距离 $\delta_1=2\sim5$ mm(一般取螺距的整数倍)。当螺纹刀位点距离切削开始点的距离小于此距离时，可能导致螺纹是一个不完全的螺纹，如图 5-7 所示。

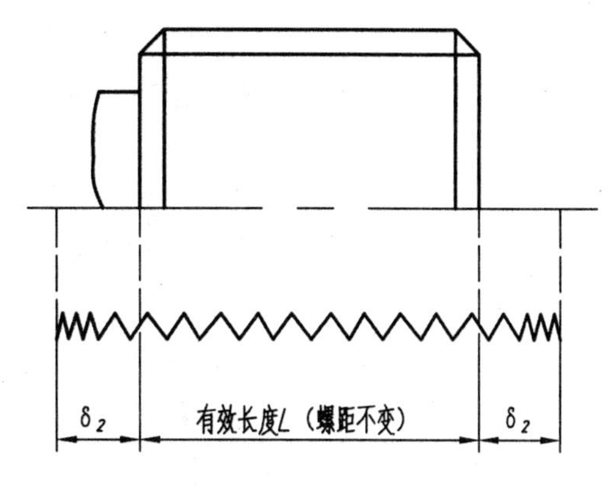

图 5-7　螺纹的进刀和退刀距离

螺纹切削后，螺纹车刀从正常速度到静止有一个减速过程，因此螺纹刀位点应超过切削终点有一段距离，这一经验距离为 $\delta_2=1\sim3$ mm，如图 5-7 所示。

⑤螺纹切削指令 G32 走到路线如图 5-8 所示，A 点是切削螺纹的定位点，沿 $A\to B\to C\to D$ 的路径走刀，其中 AB 是进刀、BC 是切削螺纹、CD 和 DA 是退刀。

⑥为避免乱牙，螺纹刀位点走过的总长度(有效长度$+\delta_1+\delta_2$)最好能被螺距整除，如图 5-8 中 BC 的长度应当是螺距的整数倍。

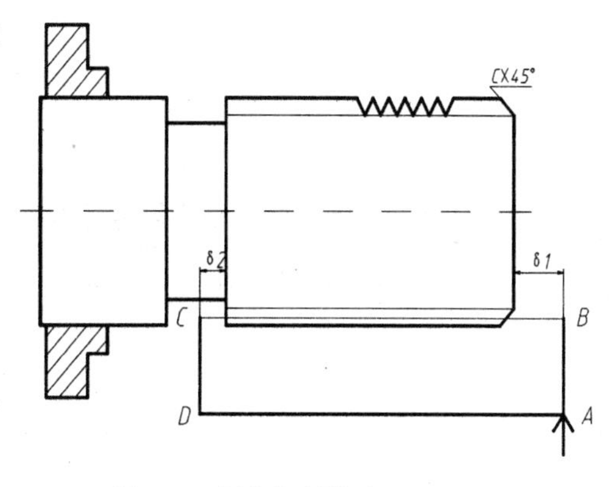

图 5-8　螺纹切削指令 G32 图示

(4)切削螺纹时，为避免加工的牙型变形，主轴最大转速为：$n_{\max}=1200/F-80$。F 为螺纹导程。

注意点：用 G32 指令加工螺纹时，必须有螺纹退刀槽。

▲2.（华中系统）螺纹切削指令 G32

(1)格式：

N4　G32　X(U)±43　Z(W)±43　R±43　E±43　P43　F43；

(2)格式符号说明：

X、Z：螺纹每切削一刀终点的直径方向和轴向方向的绝对坐标。

U、W：螺纹每切削一刀终点的直径方向和轴向方向的增量坐标。

R：螺纹切削终点 Z 方向的退尾量，以增量方式指定，有“±”号，一般螺纹标准 R 取 2 倍的螺距，省略时，表示不用回退功能。

E：螺纹切削终点 X 方向的退尾量，以增量方式指定，有“±”号，一般螺纹注意点：

①用 G32 指令加工螺纹时，可以没有退刀槽。

②标准 E 取螺纹的牙型高，省略时，表示不用回退功能。

P：主轴基准脉冲处距离螺纹起点的主轴转角。

F：螺纹的导程：

F = 螺纹头数 n × 螺距 P

(3)使用螺纹切削指令 G32 注意事项(同 FANUC 系统)。

(4)螺纹切削指令 G32 走刀路线如图 5-9 所示(锥螺纹图示)。

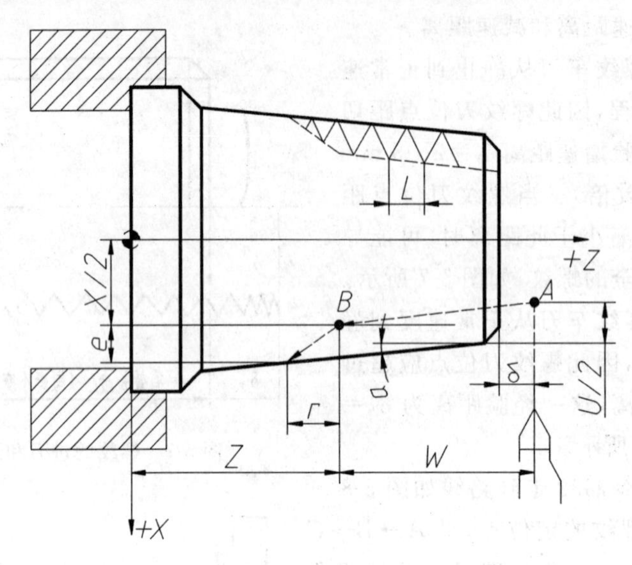

图 5-9　G32 切削参数和切削图示

(四)用 G32 指令车削螺纹举例

1. 用 G32 车削圆柱螺纹

如图 5-10 所示,(该图标注改为 M30×1.5－8g,前刀架)已知:螺纹的毛坯已经加工完毕,螺纹有效长度 80mm,退刀槽宽 5mm,螺纹右端倒角 1×45°,试编程。

(1)编程一(用 FANUC 系统编程):

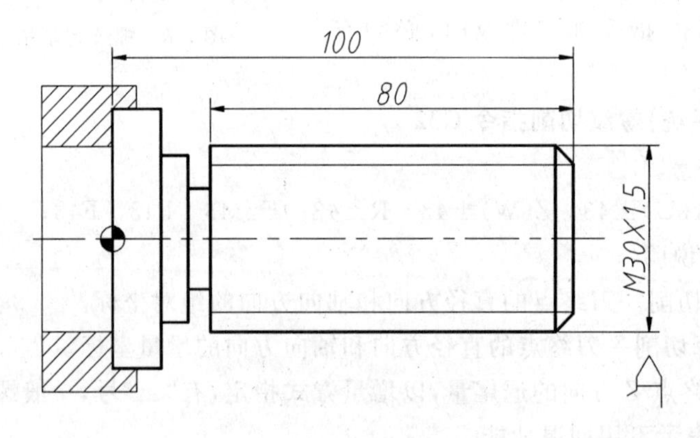

图 5-10　圆柱螺纹编程举例

(前面工艺步骤省略)

确认参数

车削螺纹最大主轴转速:n_{max}＝1200÷1.5－80＝720r/min,取 n＝500 r/min。

螺纹切削循环起点坐标(X32.0,Z4.5),螺纹切削终点坐标(X32.0,Z－82.5),螺纹总行程＝ Z4.5－(Z－82.5)＝87(整数)，不会乱牙。

螺纹大径和小径尺寸的确定：

方法一：用国家标准的表格确定螺纹的大径(顶径)、中径和小径尺寸。

已知公称尺寸 Φ30，螺距 P＝1.5，中径和大径基本偏差为 g、查表 5-3，螺距 1.5 的基本偏差尺寸为上偏差 ES，其值为－32μm，则该螺纹中径和大径的上偏差值均为－32 μm。

确定大径(顶径)的数值：尺寸精度为 8 级，查表 5-4，螺距 1.5 的大径(顶径)公差值为 375 um，则螺纹大径的下偏差 EI＝上偏差－公差值＝(－32 μum)－375 μm＝－407 μm，故：螺纹大径(顶径)的尺寸标注为 $\Phi30^{-0.032}_{-0.407}$，该尺寸的中间值为 Φ29.781，一般加工时取中间值偏下，则编程时取大径(顶径)尺寸为 Φ29.750。

确定中径和小径的数值：查表 5-5，公称直径＞22.4～45、螺距 1.5、尺寸精度为 8 级的中径公差值为 236 μm，则螺纹中径的下偏差 EI＝上偏差－公差值＝(－32 μm)－236 μm＝－268 μm，故：螺纹中径的基本尺寸为 d_2 ＝公称直径－0.6495 P ＝29.026，标注为 $\Phi29.026^{-0.032}_{-0.268}$，圆整为 $\Phi29^{-0.006}_{-0.242}$。在车工切削螺纹加工中，中径是无法直接加工出来的，一般是加工小径来间接地保障中径的尺寸，故：将中径的极限偏差用在小径上，小径基本尺寸 d_1＝公称直径－1.299P ＝ 28.051mm，则螺纹小径的标注为 $\Phi28.051^{-0.032}_{-0.268}$，圆整为 $\Phi28^{-0.019}_{-0.217}$，该尺寸中间尺寸为 Φ27.842，编程时取小径尺寸的中间尺寸偏上，取小径尺寸编程尺寸 Φ 27.900。

方法二：用公式计算确定螺纹大径(顶径)的尺寸。

外螺纹大径 (顶径)d 的最小尺寸 $d_{小}$＝公称尺寸－0.2165 P＝30－0.2165×1.5＝19.675，其最大尺寸为 30，一般加工时取中间值偏下，则编程时取大径(顶径)尺寸为 Φ29.750。

查表 5-6，M30×1.5 牙型高：0.974，每次吃刀量分别为(0.8、0.6、0.4、0.16)，则相应的 X 坐标分别为(X29.2. X28.6、X28.2、X28.04)。

方法一和方法二最终的螺纹小径的加工坐标值分别为 X 27.900 和 X28.04，两者不尽相同，方法一严谨，方法二简洁直观，因为方法二是经验数值，一般要修正一下。

本例中采用方法二的数值编程，仅仅是为了讲解应用螺纹指令 G32 的编程方法和步骤。

```
机械回零；
O1000；                                 (设定程序号)
N1010  G99；                            (确认进给速度为 mm/r)
N1020  M03  S500；                      (主轴以 500r/min 正转)
N1030  T0303；                          (选用 3 号公制外螺纹刀，第 3 组刀补)
N1040  G00  X32.0  Z4.5；               (快速进刀到螺纹切削循环起始点)
N1050  G00  X29.2  Z4.5；               (进第一刀，准备切削螺纹)
N1060  G32  X29.2  Z－82.5  F1.5；      (车削螺纹第一刀)
N1070  G00  X32.0  Z－82.5；            (沿＋X 方向快速退刀到 X 方向循环起点坐标)
N1080  G00  X32.0  Z4.5；               (沿＋Z 方向快速退刀到 Z 方向循环起点坐标)
N1090  G00  X28.6  Z4.5；               (进第二刀)
N1100  G32  X28.6  Z－82.5  F1.5；      (车削螺纹第二刀)
```

```
N1110  G00  X32.0  Z-82.5;          (沿+X方向快速退刀到X方向循环起点坐标)
N1120  G00  X32.0  Z4.5;            (沿+Z方向快速退刀到Z方向循环起点坐标)
N1130  G00  X28.2  Z4.5;            (进第三刀)
N1140  G32  X28.2  Z-82.5  F1.5;(车削螺纹第三刀)
N1150  G00  X32.0  Z-82.5;          (沿+X方向快速退刀到X方向循环起点坐标)
N1160  G00  X32.0  Z4.5;            (沿+Z方向快速退刀到Z方向循环起点坐标)
N1170  G00  X28.04  Z4.5;           (进第四刀)
N1180  G32  X28.04  Z-82.5  F1.5;(车削螺纹第四刀)
N1190  G00  X32.0  Z-82.5;          (沿+X方向快速退刀到X方向循环起点坐标)
N1200  G00  X100.0  Z100.0;         (快速退刀,回到换刀点)
N1210  M05  T0300;                  (主轴停转,取消刀补)
N1220  M30;                         (程序结束,系统复位)
```

▲(2)编程二(用华中系统编程)

(前面工艺步骤省略)

确认参数:(同FANUC系统)

```
%1000;(或O1000;)                    (设定程序号)
N1010  G00  G95  X100.0  Z100.0;(快速回到换刀点)
N1020  M03  S500;                   (主轴以500r/min正转)
N1030  G00  X32.0  Z4.5;            (快速进刀到螺纹切削循环起始点)
N1040  G00  X29.2  Z4.5;            (进第一刀,准备切削螺纹)
N1050  G32  X29.2  Z-82.5  R-3.0  E0.974  F1.5;(车削螺纹第一刀,轴向
                                    退尾R向-Z方向退刀3.0mm,径向退尾E
                                    向+X方向退刀0.974mm,主轴转角P为
                                    零)
N1060  G00  X32.0  Z-82.5;          (沿+X方向快速退刀到X方向循环起点坐标)
N1070  G00  X32.0  Z4.5;            (沿+Z方向快速退刀到Z方向循环起点坐标)
N1080  G00  X28.6  Z4.5;            (进第二刀)
N1090  G32  X28.6  Z-82.5  R-3.0  E0.974  F1.5;(车削螺纹第二刀)
N1100  G00  X32.0  Z-82.5;          (沿+X方向快速退刀到X方向循环起点坐标)
N1110  G00  X32.0  Z4.5;            (沿+Z方向快速退刀到Z方向循环起点坐标)
N1120  G00  X28.2  Z4.5;            (进第三刀)
N1130  G32  X28.2  Z-82.5  R-3.0  E0.974  F1.5;(车削螺纹第三刀)
N1140  G00  X32.0  Z-82.5;          (沿+X方向快速退刀到X方向循环起点坐标)
N1150  G00  X32.0  Z4.5;            (沿+Z方向快速退刀到Z方向循环起点坐标)
N1160  G00  X28.04  Z4.5;           (进第四刀)
N1170  G32  X28.04  Z-82.5  R-3.0  E0.974  F1.5;(车削螺纹第四刀)
N1180  G00  X32.0  Z-82.5;          (沿+X方向快速退刀到X方向循环起点坐标)
N1190  G00  X100.0  Z100.0;         (快速退刀,回到换刀点)
N1200  M05  T0300;                  (主轴停转,取消刀补)
```

N1210　M30；　　　　　　　　　　　　　　(程序结束，系统复位)

2. 用 G32 车削圆锥螺纹

如图 5-11 所示，已知：圆棒料毛坯尺寸 Φ70，加工螺纹的毛坯部分已经加工完毕，螺纹小端的倒角为 2×45°，用 FANUC 系统编程时螺纹的大端退刀槽为 4×2(图中没有画出)试编程。

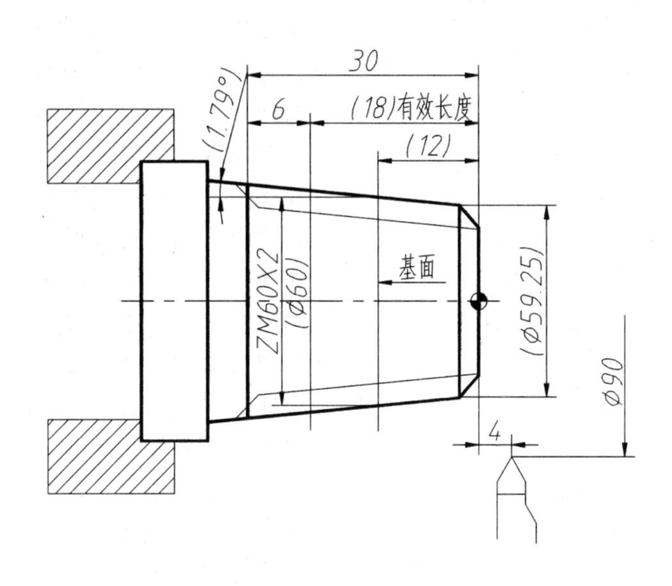

图 5-11　圆锥螺纹编程举例

(1)编程一(用 FANUC 系统编程)

确认参数。如图 5-11 所示参数如下：

60°圆锥管螺纹 ZM60×2 的公称直径是指管子的孔径，螺纹的大径比公称直径大，在基面上测量，基面上螺纹直径为：大径 d=60.000，小径 d_1=57.402，中径 d_2=58.701，螺纹工作高度 h=1.299。

60°圆锥管螺纹 ZM60×2 的螺距 P=2、螺纹头数为 1、则导程=2、牙型角 60°，在内外螺纹配合时没有间隙。管子的螺纹部分有 1∶16 的锥度，即 φ=1.79°=1°47′24″，锥度值 tan1°47′24″≈0.031，斜度值 tan(φ/2)≈0.016。

车削螺纹的循环起点坐标为(X90.0，Z4.0)，共分成 5 次进刀，每次进刀量分别为 0.8、0.6、0.6、0.458、0.14，则螺纹小端的进刀尺寸分别为(X59.058，Z4.0)、(X58.258，Z4.0)、(X57.658，Z4.0)、(X57.058，Z4.0)、(X56.600，Z4.0)、(X56.460，Z4.0)(其中 X59.058 是螺纹小端起刀点的大径)。

车削螺纹的循环终点坐标为(X60.384，Z24.0)、与小端一样，共分成 5 次进刀，每次进刀量分别为 0.8、0.6、0.6、0.458、0.14，则螺纹大端的进刀尺寸分别为(X60.384，Z−24.0)、(X59.584，Z−24.0)、(X58.984，Z−24.0)、(X58.384，Z−24.0)、(X57.926，Z−24.0)、(X57.786，Z−24.0)。

车削螺纹最大主轴转速：n_{max}=1200÷2−80=520 r/min，取 n=400 r/min。

Z 向退尾量为 2×P=4，X 向退尾量为 1.299。

```
(前面工艺步骤省略);
机械回零;
O0001;                                        (设定程序号)
N0010  G99;                                   (确定进给速度为mm/r)
N0020  T0202;                                 (换2号刀,建立起坐标系)
N0030  M03   S400;                            (主轴以400r/min正转)
N0040  G00   X90.0      Z4.0;                 (快速进刀到螺纹切削循环起点)
N0050  G00   X59.058    Z4.0;                 (快速进刀到螺纹小端第一个切削起点)
N0060  G32   X60.384    Z-24.0   F2.0;        (圆锥螺纹切削第一刀)
N0070  G00   X90.0      Z-24.0;               (在螺纹大端快速退刀)
N0080  G00   X90.0      Z4.0;                 (快速退刀回到螺纹切削循环起点)
N0090  G00   X58.258    Z4.0;                 (快速进刀到螺纹小端第二个切削起点)
N0100  G32   X58.258    Z-24.0   F2.0;        (圆锥螺纹切削第二刀)
N0110  G00   X90.0      Z-24.0;               (在螺纹大端快速退刀)
N0120  G00   X90.0      Z4.0;                 (快速退刀回到螺纹切削循环起点)
N0130  G00   X57.658    Z4.0;                 (快速进刀到螺纹小端第三个切削起点)
N0140  G32   X57.658    Z-24.0   F2.0;        (圆锥螺纹切削第三刀)
N0150  G00   X90.0      Z-24.0;               (在螺纹大端快速退刀)
N0160  G00   X90.0      Z4.0;                 (快速退刀回到螺纹切削循环起点)
N0170  G00   X57.058    Z4.0;                 (快速进刀到螺纹小端第四个切削起点)
N0180  G32   X57.058    Z-24.0   F2.0;        (圆锥螺纹切削第四刀)
N0190  G00   X90.0      Z-24.0;               (在螺纹大端快速退刀)
N0200  G00   X90.0      Z4.0;                 (快速退刀回到螺纹切削循环起点)
N0210  G00   X56.600    Z4.0;                 (快速进刀到螺纹小端第五个切削起点)
N0220  G32   X56.600    Z-24.0 F2.0;          (圆锥螺纹切削第五刀)
N0230  G00   X90.0      Z-24.0;               (在螺纹大端快速退刀)
N0240  G00   X90.0      Z4.0;                 (快速退刀回到螺纹切削循环起点)
N0250  G00   X56.460    Z4.0;                 (快速进刀到螺纹小端第六个切削起点)
N0260  G32   X56.460    Z-24.0   F2.0;        (圆锥螺纹切削第六刀)
N0270  G00   X90.0      Z-24.0;               (在螺纹大端快速退刀)
N0280  G00   X100.0     Z100.0;               (快速移动到换刀点)
N0290  M05   T0200;                           (主轴停转,取消刀补)
N0300  M30;                                   (程序结束,系统复位)
```

(2)编程二(用华中系统编程)

确认参数:同FANUC系统相同(前面工艺步骤省略)

```
%0001;(或O0001;)                              (设定程序号)
N0010  G00   G95   X100.0   Z100.0;           (快速移动到换刀点)
N0020  T0202;                                 (换2号刀,建立起坐标系)
N0030  M03   S400;                            (主轴以400r/min正转)
```

```
N0040  G00  X90.0  Z4.0;                         (快速进刀到螺纹切削循环起点)
N0050  G00  X59.058  Z4.0;                       (快速进刀到螺纹小端第一个切削起点)
N0060  G32  X60.384  Z-24.0  R-4.0  E1.299  F2.0;(圆锥螺纹切削第一刀)
N0070  G00  X90.0  Z-24.0;                       (在螺纹大端快速退刀)
N0080  G00  X90.0  Z4.0;                         (快速退刀回到螺纹切削循环起点)
N0090  G00  X58.258  Z4.0;                       (快速进刀到螺纹小端第二个切削起点)
N0100  G32  X58.258  Z-24.0  R-4.0  E1.299  F2.0;(圆锥螺纹切削第二刀)
N0110  G00  X90.0  Z-24.0;                       (在螺纹大端快速退刀)
N0120  G00  X90.0  Z4.0;                         (快速退刀回到螺纹切削循环起点)
N0130  G00  X57.658  Z4.0;                       (快速进刀到螺纹小端第三个切削起点)
N0140  G32  X57.658  Z-24.0  R-4.0  E1.299  F2.0;(圆锥螺纹切削第三刀)
N0150  G00  X90.0  Z-24.0;                       (在螺纹大端快速退刀)
N0160  G00  X90.0  Z4.0;                         (快速退刀回到螺纹切削循环起点)
N0170  G00  X57.058  Z4.0;                       (快速进刀到螺纹小端第四个切削起点)
N0180  G32  X57.058  Z-24.0  R-4.0  E1.299  F2.0;(圆锥螺纹切削第四刀)
N0190  G00  X90.0  Z-24.0;                       (在螺纹大端快速退刀)
N0200  G00  X90.0  Z4.0;                         (快速退刀回到螺纹切削循环起点)
N0210  G00  X56.600  Z4.0;                       (快速进刀到螺纹小端第五个切削起点)
N0220  G32  X56.600  Z-24.0  R-4.0  E1.299  F2.0;(圆锥螺纹切削第五刀)
N0230  G00  X90.0  Z-24.0;                       (在螺纹大端快速退刀)
N0240  G00  X90.0  Z4.0;                         (快速退刀回到螺纹切削循环起点)
N0250  G00  X56.460  Z4.0;                       (快速进刀到螺纹小端第六个切削起点)
N0260  G32  X56.460  Z-24.0  R-4.0  E1.299  F2.0;(圆锥螺纹切削第六刀)
N0270  G00  X90.0  Z-24.0;                       (在螺纹大端快速退刀)
N0280  G00  X100.0  Z100.0;                      (快速移动到换刀点)
N0290  M05  T0200;                               (主轴停转,取消刀补)
N0300  M30;                                      (程序结束,系统复位)
```

3. 用 G32 车削端面矩形螺纹

如图 5-12 所示。已知:螺距 P＝8,单头,螺纹工作高度为 3,螺纹的毛坯已经加工完毕,试编程矩形螺纹的加工程序。

端面螺纹的走刀方式有两种,一种是从中心往外走刀加工,另一种是从外面往中心走刀加工。本例选用从中心往外走刀加工方式。

以图样的轴线和右端面的交点为编程原点。选用刃宽 4mm 的切槽刀,确认为 2 号刀,第 2 组刀补。

螺纹切削循环起点坐标为(X22.0,Z3.0),分 4 次进刀,每次进刀的吃刀量分别为:1.3、0.9、0.6、0.1,则在工件中心相应的每次进刀的坐标为(X22.0,Z－1.3)、(X22.0,Z－2.2)、(X22.0,Z－2.8)、(X22.0,Z－3.0)。

在工件外端相应的每次进刀的坐标为(X102.0,Z－1.3)、(X102.0,Z－2.2)、(X102.0,Z－2.8)、(X102.0,Z－3.0)。

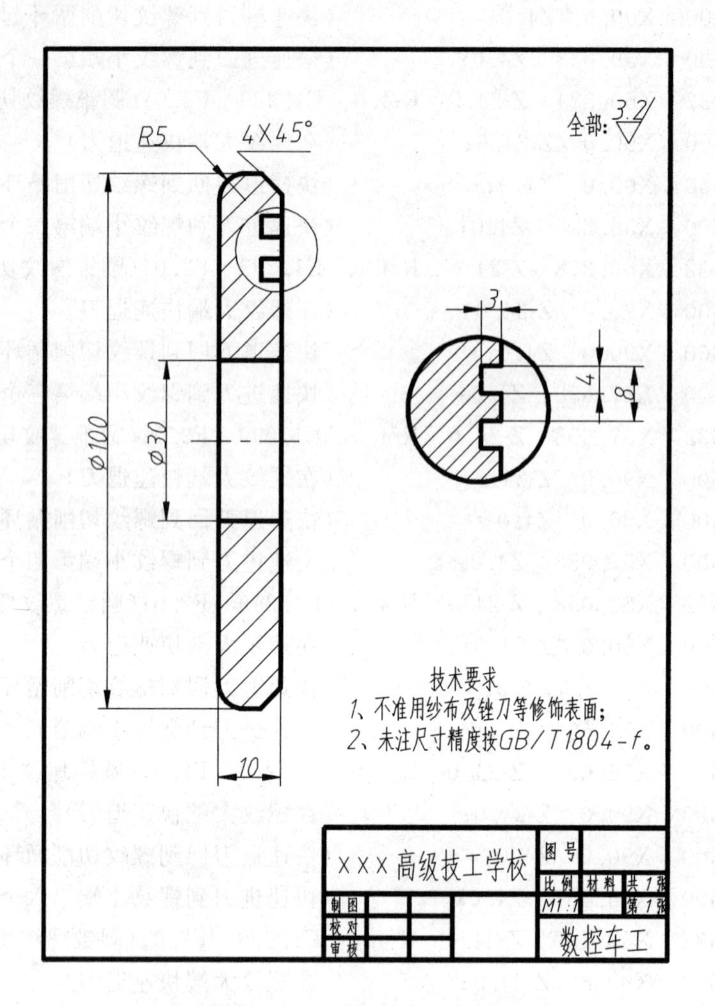

图 5-12 端面(阿基米德螺旋线)螺纹编程举例

主轴转速 $n=1200/4-80=220$ r/min,选用 $n=180$ r/min。

(1)编程一(用 FANUC 系统编程)

(前面工艺步骤省略);

机械回零;

O0001;	(设定程序号)
N0010 G99;	(确定进给速度为 mm/r)
N0020 T0202;	(换 2 号刀,建立起坐标系)
N0030 M03 S180;	(主轴以 400r/min 正转)
N0040 G00 X22.0 Z3.0;	(快速进刀到螺纹切削循环起点)
N0050 G01 X22.0 Z-1.3 F0.5;	(进刀到工件中心螺纹第一个切削起点)
N0060 G32 X102.0 Z-1.3 F4.0;	(端面螺纹切削第一刀)
N0070 G00 X102.0 Z3.0;	(在螺纹外面快速退刀)
N0080 G00 X22.0 Z3.0;	(快速进刀回到螺纹切削循环起点)
N0090 G01 X22.0 Z-2.2;	(进刀到工件中心螺纹第二个切削起点)

```
N0100   G32   X102.0   Z-2.2   F4.0;        (端面螺纹切削第二刀)
N0110   G00   X102.0   Z3.0;                (在螺纹外面快速退刀)
N0120   G00   X22.0   Z3.0;                 (快速进刀回到螺纹切削循环起点)
N0130   G01   X22.0   Z-2.8;                (进刀到工件中心螺纹第三个切削起点)
N0140   G32   X102.0   Z-2.8   F4.0;        (端面螺纹切削第三刀)
N0150   G00   X102.0   Z3.0;                (在螺纹外面快速退刀)
N0160   G00   X22.0   Z3.0;                 (快速进刀回到螺纹切削循环起点)
N0170   G01   X22.0   Z-3.0;                (进刀到工件中心螺纹第四个切削起点)
N0180   G32   X102.0   Z-3.0   F4.0;        (端面螺纹切削第四刀)
N0190   G00   X150.0   Z100.0;              (快速移动到换刀点)
N0200   M05   T0200;                        (主轴停转,取消刀补)
N0210   M30;                                (程序结束,系统复位)
```

▲(2)编程二(用华中系统编程)

(前面工艺步骤省略);

```
%0001;(或 O0001;)                           (设定程序号)
N0010   G95   G00   X150.0   Z100.0;        (确定进给速度为 mm/r)
N0020   T0202;                              (换 2 号刀,建立起坐标系)
N0030   M03   S180;                         (主轴以 400r/min 正转)
N0040   G00   X22.0   Z3.0;                 (快速进刀到螺纹切削循环起点)
N0050   G01   X22.0   Z-1.3   F0.5;         (进刀到工件中心螺纹第一个切削起点)
N0060   G32   X106.0   Z-1.3   R3.0   E4.0   F4.0;(端面螺纹切削第一刀)
N0070   G00   X106.0   Z3.0;                (在螺纹外面快速退刀)
N0080   G00   X22.0   Z3.0;                 (快速进刀回到螺纹切削循环起点)
N0090   G01   X22.0   Z-2.2;                (进刀到工件中心螺纹第二个切削起点)
N0100   G32   X106.0   Z-2.2   R3.0   E4.0   F4.0;(端面螺纹切削第二刀)
N0110   G00   X106.0   Z3.0;                (在螺纹外面快速退刀)
N0120   G00   X22.0   Z3.0;                 (快速进刀回到螺纹切削循环起点)
N0130   G01   X22.0   Z-2.8;                (进刀到工件中心螺纹第三个切削起点)
N0140   G32   X102.0   Z-2.8   R3.0   E4.0   F4.0;(端面螺纹切削第三刀)
N0150   G00   X106.0   Z3.0;                (在螺纹外面快速退刀)
N0160   G00   X22.0   Z3.0;                 (快速进刀回到螺纹切削循环起点)
N0170   G01   X22.0   Z-3.0;                (进刀到工件中心螺纹第四个切削起点)
N0180   G32   X106.0   Z-3.0   R3.0   E4.0   F4.0;(端面螺纹切削第四刀)
N0190   G00   X150.0   Z100.0;              (快速移动到换刀点)
N0200   M05   T0200;                        (主轴停转,取消刀补)
N0210   M30;                                (程序结束,系统复位)
```

(五)多头螺纹的切削讲解

(以双头螺纹为例介绍,不要求加工练习)

用 G32 加工多头螺纹的指令格式有两种。

1. 格式一

指令格式：N4　G32　X(U)±43　Z(W) ±43　F43；

在用 G32 加工好一个头的螺纹线后，在原来的螺纹进刀定位的基础上，向进刀的反方向后退一个螺距重新定位即可，其他的参数相同。

2. 格式二

指令格式：N4　G32　X(U)±43　Z(W) ±43　F43　Q6　；

格式符号说明：

X、Z：螺纹每切削一刀终点的直径方向和轴向方向的绝对坐标。

U、W：螺纹每切削一刀终点的直径方向和增量坐标。

F：螺纹的导程。

Q6：Q：螺纹的起始角，该值为不带小数点的非模态值，单位为 0.001°；6：6 位数字。

例如(1)当加工单头螺纹时，Q 的值为零，编程为：

G32　X(U)±43　Z(W) ±43　F43　Q0；(此处的 Q0 可省略不写)

例如(2)当加工双头螺纹时，第一个头的螺纹的 Q 的值为零，第二个头的螺纹的起点与第一个头的螺纹起点相隔 180°，则第二个头的螺纹的 Q 的值为 180000。

编程为：O1000；

N10　……；

……；

G32　X　　Z　　F　　Q0　；(加工第一个头的螺纹，Q0 可省略)

……；

G32　X　　Z　　F　　Q180000；(加工第二个头的螺纹)

……；

3. 多头螺纹标注方法

(1)方法一：公称直径×导程(P 螺距)，例如：M30×3(P1.5)

(2)方法二：公称直径×螺距(n 头螺纹)，例如：M30×1.5(双头)

(3)方法三：公称直径×导程/螺纹头数，例如：M30×3/2

(4)方法四：公称直径×Ph 导程 P 螺距，例如：M30×Ph3P1.5

4. 举例

如图 5-13 所示双头螺纹〔M24×6(P2)〕，螺纹的毛坯已经加工完毕，材料是尼龙，试用 G32 指令编程加工双头螺纹。

解：从图中可知，牙型角为 60°，螺纹螺距 P=3.0，导程 F=6.0。

相关尺寸计算：

大径：

最小尺寸 $d_{小}=24-0.2165P=23.35$(mm)

最大尺寸 $d_{大}=24$

则大径尺寸为 $23.35_{0}^{+0.65}$，编程时取值 23.45 mm。

小径：

最大尺寸 $d_{1大}=24-1.2268\ P=20.32$(mm)。

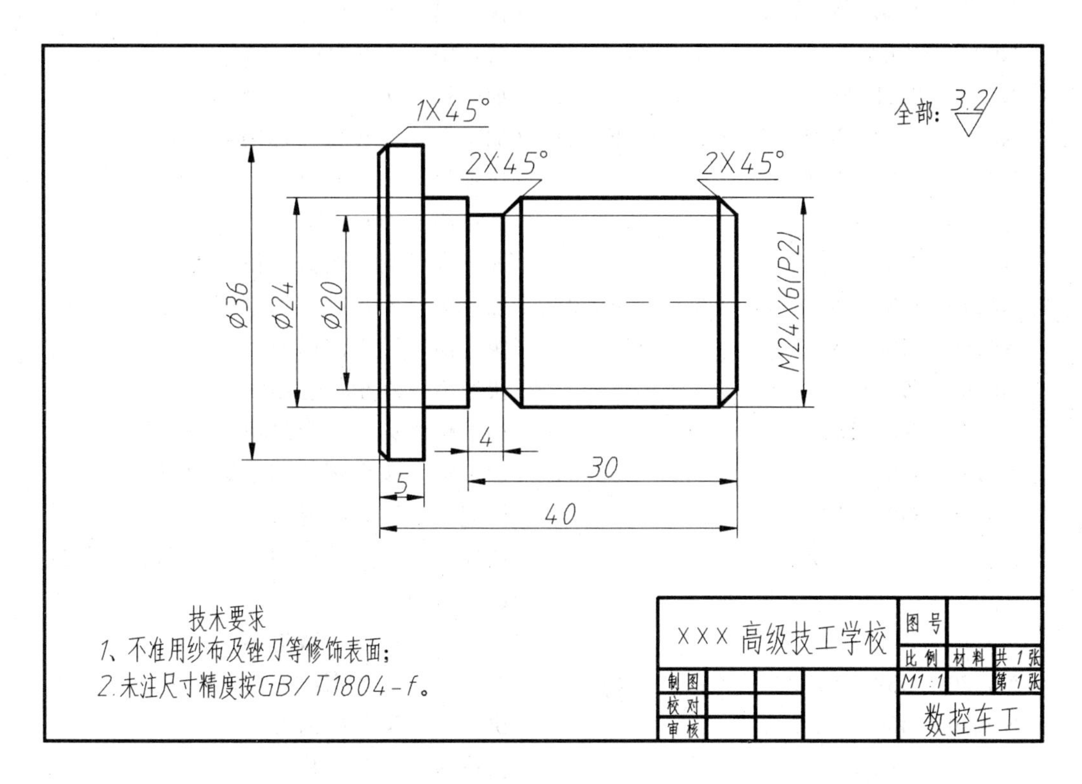

图 5-13　双头螺纹编程示例

最小尺寸 $d_{1小}$ = 24－1.299 P=20.103(mm)。

则小径尺寸为 $20.1_{0}^{+0.22}$，编程取值为 20.15 mm。

螺纹牙型高 $h_{1大}$ = 0.6495 P=1.94(mm)。

第一刀进刀 1.2，则编程直径 X_1=23.45－1.2=22.25(mm)。

第二刀进刀 1.0，则编程直径 X_2=22.25－1.0=21.25(mm)。

第三刀进刀 0.8，则编程直径 X_3=21.25－0.8=20.45(mm)

第四刀进刀 0.3，则编程直径 X_4=20.45－0.3=20.15(mm)(加工到尺寸值)

主轴最大转速 n=1200/6 －80=120(r/min)，取 n=80(r/min)。

螺纹开始切削的定位点坐标为(X26.0，Z6.0)，切削终点的定位点坐标为(X20.15，Z-27.0)。

(1)用 FANUC 系统编程。

机械回零；

```
O0001;                              (设定程序号)
N0010  G99;                         (设定进给速度 mm/r)
N0020  M03  S80;                    (主轴以 80r/min 正转)
N0030  T0303;                       (3 号公制外螺纹刀，第三组刀补)
N0040  G00  X26.0  Z6.0;            (快速定位到螺纹加工起点)
N0050  G00  X22.25;                 (加工螺纹第一头数进第一刀)
N0060  G32  X22.25  Z-27.0  F6.0;   (加工第一头数螺纹切削第一刀)
```

```
N0070  G00  X26.0;                       (快速沿+X 方向退刀)
N0080  Z6.0;                             (快速沿+Z 方向退刀)
N0090  X21.25;                           (加工螺纹第一头数进第二刀)
N0100  G32  X21.25  Z-27.0  F6.0;       (加工第一头数螺纹切削第二刀)
N0110  G00  X26.0;                       (快速沿+X 方向退刀)
N0120  Z6.0;                             (快速沿+Z 方向退刀)
N0130  X20.45;                           (加工螺纹第一头数进第三刀)
N0140  G32  X20.45  Z-27.0  F6.0;       (加工第一头数螺纹切削第三刀)
N0150  G00  X26.0;                       (快速沿+X 方向退刀)
N0160  Z6.0;                             (快速沿+Z 方向退刀)
N0170  X20.15;                           (加工螺纹第一头数进第四刀)
N0180  G32  X20.15  Z-27.0  F6.0;       (加工第一头数螺纹切削第四刀)
N0190  G00  X26.0;                       (快速沿+X 方向退刀)
N0200  X26.0  Z9.0;                      (快速沿+Z 方向退刀到加工第二个螺纹头
                                          数的定位点)
N0210  X22.25;                           (加工螺纹第二头数进第一刀)
N0220  G32  X22.25  Z-27.0  F6.0;       (加工第二头数螺纹切削第一刀)
N0230  G00  X26.0;                       (快速沿+X 方向退刀)
N0240  Z9.0;                             (快速沿+Z 方向退刀)
N0250  X21.25;                           (加工螺纹第二头数进第二刀)
N0260  G32  X21.25  Z-27.0  F6.0;       (加工第二头数螺纹切削第二刀)
N0270  G00  X26.0;                       (快速沿+X 方向退刀)
N0280  Z9.0;                             (快速沿+Z 方向退刀)
N0290  X20.45;                           (加工螺纹第二头数进第三刀)
N0300  G32  X20.45  Z-27.0  F6.0;       (加工第二头数螺纹切削第三刀)
N0310  G00  X26.0;                       (快速沿+X 方向退刀)
N0320  Z9.0;                             (快速沿+Z 方向退刀)
N0330  X20.15;                           (加工螺纹第二头数进第四刀)
N0340  G32  X20.15  Z-27.0  F6.0;       (加工第二头数螺纹切削第四刀)
N0350  G00  X26.0;                       (快速沿+X 方向退刀)
N0370  X100.0  Z100.0;                   (快速退刀到换刀点)
N0380  M05  T0300;                       (主轴停转,取消刀补)
N0390  M30;                              (程序结束,系统复位)
```

(2)用华中系统编程(各种参数与 FANUC 系统的相同)。

```
%0001;(或 O0001;)                       (设定程序号)
N0010  G95  G00  X100.0  Z100.0;(设定进给速度 mm/r,刀具快速移动到换刀点)
N0020  M03  S80;                         (主轴以 80r/min 正转)
N0030  T0303;                            (3 号公制外螺纹刀,第三组刀补)
N0040  G00  X26.0  Z6.0;                 (快速定位到螺纹加工起点)
```

```
N0050  G00  X22.25;                              (加工螺纹第一头数进第一刀)
N0060  G32  X22.25  Z-27.0  R1.0  E1.94  F6.0;(加工第一头数螺纹切削第一刀)
N0070  G00  X26.0;                               (快速沿+X方向退刀)
N0080  Z6.0;                                     (快速沿+Z方向退刀)
N0090  X21.25;                                   (加工螺纹第一头数进第二刀)
N0100  G32  X21.25  Z-27.0  R1.0  E1.94 F6.0;(加工第一头数螺纹切削第二刀)
N0110  G00  X26.0;                               (快速沿+X方向退刀)
N0120  Z6.0;                                     (快速沿+Z方向退刀)
N0130  X20.45;                                   (加工螺纹第一头数进第三刀)
N0140  G32  X20.45  Z-27.0  R1.0  E1.94  F6.0;(加工第一头数螺纹切削第三刀)
N0150  G00  X26.0;                               (快速沿+X方向退刀)
N0160  Z6.0;                                     (快速沿+Z方向退刀)
N0170  X20.15;                                   (加工螺纹第一头数进第四刀)
N0180  G32  X20.15  Z-27.0  R1.0  E1.94 F6.0;(加工第一头数螺纹切削第四刀)
N0190  G00  X26.0;                               (快速沿+X方向退刀)
N0200  X26.0  Z9.0;                              (快速沿+Z方向退刀到加工第二个螺纹头
                                                 数的定位点)
N0210  X22.25;                                   (加工螺纹第二头数进第一刀)
N0220  G32  X22.25  Z-27.0  R1.0  E1.94 F6.0;(加工第二头数螺纹切削第一刀)
N0230  G00  X26.0;                               (快速沿+X方向退刀)
N0240  Z9.0;                                     (快速沿+Z方向退刀)
N0250  X21.25;                                   (加工螺纹第二头数进第二刀)
N0260  G32  X21.25  Z-27.0  R1.0  E1.94  F6.0;(加工第二头数螺纹切削第二刀)
N0270  G00  X26.0;                               (快速沿+X方向退刀)
N0280  Z9.0;                                     (快速沿+Z方向退刀)
N0290  X20.45;                                   (加工螺纹第二头数进第三刀)
N0300  G32  X20.45  Z-27.0  R1.0  E1.94  F6.0;(加工第二头数螺纹切削第三刀)
N0310  G00  X26.0;                               (快速沿+X方向退刀)
N0320  Z9.0;                                     (快速沿+Z方向退刀)
N0330  X20.15;                                   (加工螺纹第二头数进第四刀)
N0330  X20.15;                                   (加工螺纹第二头数进第四刀)
N0340  G32  X20.15  Z-27.0  R1.0  E1.94  F6.0;(加工第二头数螺纹切削第四刀)
N0350  G00  X26.0;                               (快速沿+X方向退刀)
N0370  X100.0  Z100.0;                           (快速退刀到换刀点)
N0380  M05  T0300;                               (主轴停转,取消刀补)
N0390  M30;                                      (程序结束,系统复位)
```

(六)变螺距螺纹切削指令 G34

(1)功用:该指令可以加工变螺距圆柱螺纹和变螺距圆锥螺纹。

(2)指令格式：

N4　G34　X(U)±43　Z(W)±43　F43　K±43;

(3)格式指令说明：

①N、X(U)、Z(W)、F 的含义同 G32 指令中的相同。

②K：主轴每转螺距的增量(正值)或减量(负值)

例如：N100　G34　W－30.0　F4.0　K0.1；(主轴每转一个螺距，螺距增加 0.1mm)

(七)使用螺纹切削指令 G32、G34 时的注意事项

(1)在螺纹切削过程中，进给速度倍率无效。

(2)在螺纹切削过程中，进给暂停功能无效(如果在螺纹切削过程中按下进给暂停按键，刀具将在执行了非螺纹切削的程序段后停止)。

(3)在螺纹切削过程中，主轴速度倍率功能失效。

(4)在螺纹切削过程中，不能使用恒线速控制功能，而采用恒转速控制功能。

(八)项目五的练习工件如图 5-14 所示

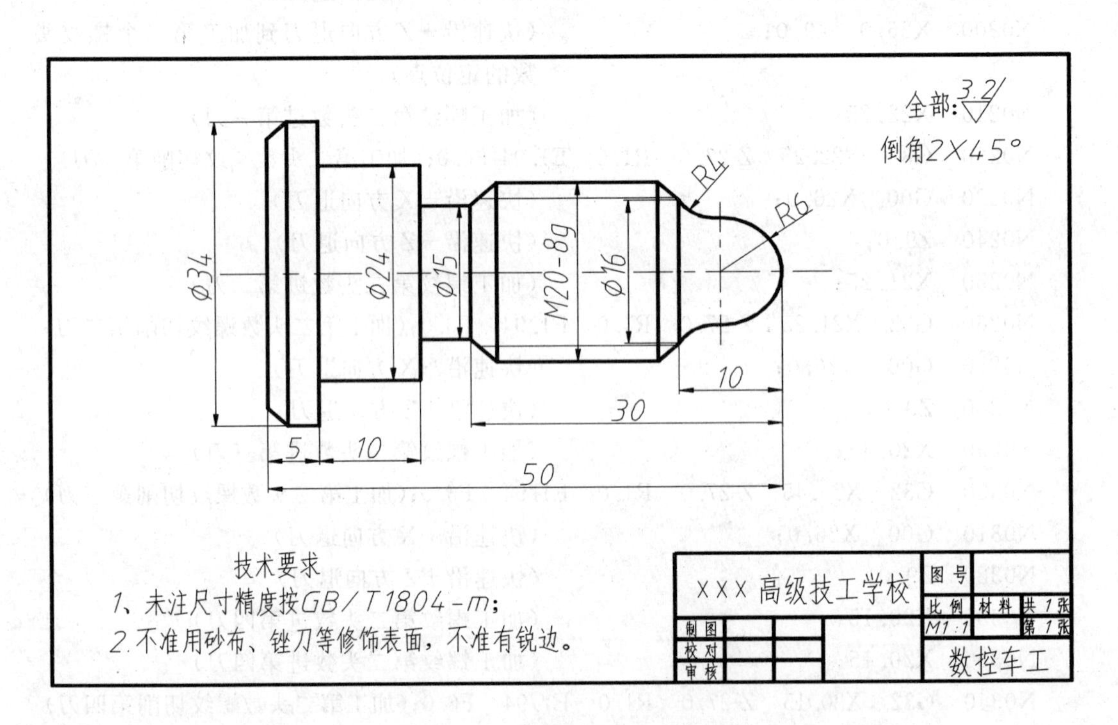

图 5-14　项目五的练习工件

(九)项目五选修内容

G32 指令可以执行切削单头或多头圆柱螺纹、单头或多头圆锥螺纹，端面螺纹(涡形螺纹或阿基米德螺旋线)。

(1)圆锥螺纹的加工练习。如图 5-15(选修 1)所示，圆锥螺纹在内外螺纹配合时没有间

隙，螺纹部分有 1∶16 的斜度。

牙型角 60°、螺距 $P=2.5$、斜度 1∶16 即 $\varphi=1.79°=1°47'24''$、斜度值 $\tan 1°47'24''\approx 0.031$。

(2)端面公制螺纹的加工练习。端面螺纹一般有矩形螺纹和梯形螺纹，但是编程方法相同，均是仿型加工，现以公制三角螺纹为例练习，如图 5-16(选修 2)所示。

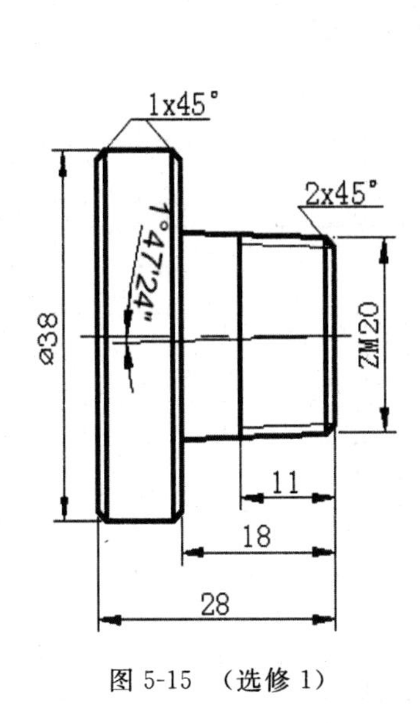

图 5-15　(选修 1)

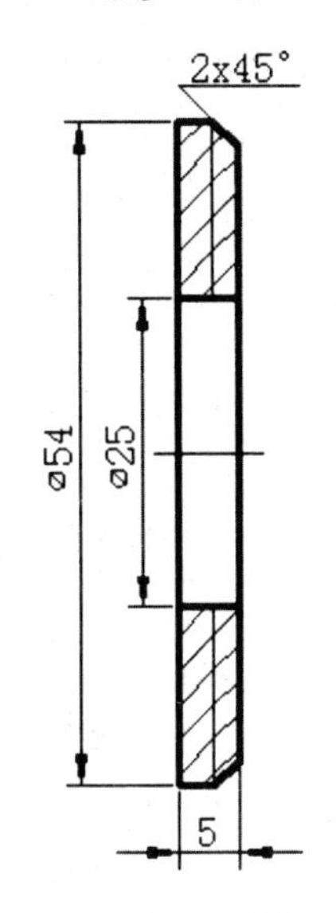

图 5-16　(选修 2)螺距 p=2.5

(十)项目五所需要的量具和材料

1. 量具

(1)钢板尺。规格:0-150，数量:一把/台机床。

(2)游标卡尺。规格:0-150×0.02，数量:一把/台机床。

(3)圆弧规。规格:R4 凸圆弧规，R6 凹圆弧规，数量:各一把/台机床。

(4)塞规。规格:0.02～1.0、宽 2～3，数量:一套/台机床。

(5)螺纹环规。规格:M20－8g，数量:一套/台机床

(6)车工表面粗糙度样板。规格:Ra1.6～12.5，数量:车间一套。

2. 材料:Φ40×500 塑料棒、Φ60(外径)×Φ25(内孔)×500 塑料管

数控车工第一阶段实习项目五(图 5-14)评分表

第____组____号机床　填表时间:____年____月____日星期____

工种	________系统数控车工	姓名		总分	
加工时间	开始时间:　月　日　时　分,结束时间:　月　日　时　分			实际操作时间	

序号	工件技术要求	配分	精度等级	量具	学生自测评得分			老师测评得分			单项综合得分
					实测尺寸	得分	扣分	实测尺寸	得分	扣分	
1	Φ34 及 Ra3.2	5	按照 GB/T 1804 －m	0－150 ×0.02 游标卡尺、圆弧量规、倒角量规、粗糙度样板							
2	Φ24 及 Ra3.2	5									
3	Φ15 及 Ra3.2	5									
4	50 及左端面 Ra3.2	5									
5	30	1									
6	10(Φ24 圆柱体)	5									
7	5	2									
8	R6 凸及 Ra3.2	2									
9	R4 凹及 Ra3.2	2									
10	3 个倒角 2×45° 及 Ra3.2	3									
11	M20－8g 及 Ra3.2	10	8g	螺纹环规							
12	安全文明生产	5	优秀者 5 分,正常操作 4 分,每受到一次警告扣 2 分。					空格			
13	引导问题	50	空格					空格			

说明:

1. 尺寸扣分标准:每超出公差值的四分之一数值段,扣配分的一半分数;超出公差值的二分之一数值段,该尺寸的配分为 0。每个表面的表面粗糙度 Ra 分配 1 分,不合格即扣 1 分(每个倒角配 1 分)。
2. 操作过程中出现违反数控车工操作安全要求的现象,立即取消实习资格,经过安全教育后才能继续实习。有事故苗头者或出现事故者(撞刀、撞机床、物品飞出等)、立即停止操作,查明原因后再决定后续实习。
3. 安全文明生产标准:工、量、刃、洁具摆放整齐,机床卫生保养,礼节礼貌等。
4. 综合得分:剔除偶然因素,一般以老师和学生的测评分数之和的二分之一为综合得分。
5. 作业分数,以实际批改的为准。综合得分以师生共同得分的评分数为准,如果师生的评分相差太大,应找出正确的一方,以正确一方的评分为主。
6. 总分是 100 分。

数控车工第一阶段实习项目五(图 5-15)登记表

______号机床　填表时间：____年____月____日星期____

工种	系统数控车工		姓名		加分	
加工时间	开始时间：　月　日　时　分，结束时间：　月　日　时　分				实际操作时间	
工件是否完整	完整(10 分)		局部完整(酌情加分<10 分)		不完整(0 分)	

数控车工第一阶段实习项目五(图 5-16)登记表

__号机床　填表时间：____年____月____日星期______

工种	系统数控车工		姓名		加分	
加工时间	开始时间：　月　日　时　分，结束时间：　月　日　时　分				实际操作时间	
工件是否完整	完整(10 分)		局部完整(酌情加分<10 分)		不完整(0 分)	

四、引导问题

1. (2 分)根据螺纹螺旋线数量的变化，螺纹的种类有哪几种？试说明？

答：____

2. (2 分)根据螺纹直径的变化，螺纹的种类有哪几种？试说明？

答：____

3. (2 分)根据螺纹的牙型螺纹的变化，螺纹的种类有哪几种？试说明？

答：____

4. (3 分)解释非标准螺纹：M320×6－d_2 316.583/316.103 d 319.92/318.97 所表达的含义？

答：____

5. (4 分)分别解释 M10-6g8g 和 M20×5(P2.5)-5h6g 所表达的含义？

答：____

6. (2 分)解释 M20×5(P2.5)-8H/6g8g-LH 所表达的含义?

答:

7. (3 分)以螺距 P=2 为例,说明用经验法和查表法对比外螺纹切削的进刀背吃刀量 a_p 的差异有多少?

答:

8. (2 分)数控车床车削螺纹时,主轴最大转速如何确定,为什么要确定主轴最大转速?

答:

9. (2 分)数控车床车削螺纹时,车削开始点距离车削起点的经验距离在什么范围内,为什么要有这个距离?在这个距离内最好能满足什么要求?

答:

10. (2 分)数控车床车削螺纹时,车刀车削的终点距离被加工工件的终点的经验距离在什么范围内,为什么要有这个距离?

答:

11. (2 分)数控车床车削螺纹时,车刀的总行程与螺纹的导程有什么经验关系?为什么要有这个关系?

答:

12. (2 分)用经验公式计算出来的螺纹大径,一般在螺纹大径的公差中处于的什么位置?

答:

13. (2 分)用经验公式计算出来的螺纹小径,一般在螺纹小径的公差中处于的什么位置?

答:

14. (2 分)车削中等螺距的螺纹时($P=1.5\sim3$),螺纹车刀的后角、副后角有什么特点?

答:

15. (2分)粗加工和精加工车削螺纹时，螺纹车刀的前角有什么特点？螺纹断屑槽有什么变化？公制螺纹车刀的刀尖为什么不能是尖的？

答：________________

16. (2分)分别解释车削中等精度和高精度螺纹时，对螺纹刀的安装有什么要求？请简单解释安装步骤？

答：________________

17. (2分)在螺纹切削G32指令中，解释F的含义。

答：________________

18. (2分)车削公制外螺纹时，主轴转速和进给速度能不能调整？为什么？

答：________________

19. (2分)车削多头螺纹时，切削开始的定位点与单头螺纹有什么差异？

答：________________

20. (2分)判断螺纹合格的主要标准是哪一条？其他的标准有哪些？

答：________________

21. (2分)检测螺纹的方法有哪些？如何综合性的检测M20－8g螺纹？你还知道哪些检测方法？

答：________________

22. (2分)项目五工件的长度方向的基准有哪几个？哪一个是第一基准？

答：________________

23. (2分)你认为在项目五的教学中,老师的教学还有什么需要改进的地方?

答:______

(以下为选做题,可以加分)

24. (2分)车削端面螺纹时,说明螺纹刀应当如何安装?试说明?

答:______

25. (4分)车削端面螺纹时,如何计算每次的进刀量(或背吃刀量)?

答:______

26. (4分)车削端面螺纹时,进刀方向和出刀方向有哪几种?各有什么特点?

答:______

项目六　G73 指令的应用及练习

（仿形加工）

一、任务与操作技术要求

到目前为止，已经完成了五个项目的练习，可以独立操作数控车床进行一般的加工了。

但是在形态各异的回转体工件中，还有没有一些更简单方便的指令应用于不同类型的工件呢？答案是肯定的，从本项目开始，将学习一些灵活应用。

在回转体的加工中，有一些简单的几何体存在于工件的局部位置，如果按照以前的编程方法，必将大幅度增加程序的计算量和编程量，同时造成加工效率低下。

项目六是在前面已经学习过的数控车床准备功能循环指令的基础上，学习新的循环指令。在循环指令中的格式、代码、注意事项等有着严格的规定，必须按照规定的要求进行编程，才能降低工作量，提高生产效率。

每个程序在运转前，必须进行模拟演示，在模拟图上确认没有出现撞击失误，才能进行实操练习。

二、信息文

工件图 6-4 的局部固定形状切削复合循环指令如 G73。回忆以前学过加工内外圆弧的指令有哪些？

本练习重点学习用 G73 指令对 R15 圆弧的加工，你可以想想用你已经学过的指令和加工工艺，有没有什么办法实现对 R15 圆弧的最优化加工。

编程加工项目六，可以再体验前面所学过的快速插补指令 G01、直线插补指令 G01 的特点，为完成本项目的加工练习作准备。当然，如果你不怕麻烦，也可以用内外径粗车循环指令 G71 或端面粗车循环指令 G72 进行编程加工练习。

开始操作前，一定在数控车床上进行模拟操作，确认没有出现撞机失误，才开始实际加工项目六的练习。

强调仔细回忆在数控车床操作中的安全注意事项有哪些？不怕一万，就怕麻痹。

三、基础文

(一)复习以前可能用上的指令:加工项目六可选择使用指令格式

(1)快速插补指令(G00):〈简写 G0〉格式:G00　X(U)±43　Z(W)±43;

(2)直线插补指令(G01):〈简写 G1〉格式:G01　X(U)±43　Z(W)±43　F43;

(3)圆弧插补指令 G02、G03:

①顺时针圆弧插补指令 G02 的格式:

G02　X(U)±43　Z(W)±43　R±43　F±43;

或:G02　X(U)±43　Z(W)±43　I±43　K±43　F±43;

②圆弧插补指令 G03 的格式:

G03　X(U)±43　Z(W)±43　R±43　F±43;

或:G03　X(U)±43　Z(W)±43　I±43　K±43　F±43;

(4)内外径粗车循环指令 G71:

```
G71 格式: G71  U(Δd)  R(e);
          G71  P(ns)  Q(nf)  U(Δu)  W(Δw)  F(f) S(s)  T(t);
          N(ns) ……;
                ……f s t;
          N(nf) ……;
```

(5)端面粗车循环指令 G72:

```
G72 格式: G72  W(Δd)  R(e);
          G72  P(ns)  Q(nf)  U(Δu)  W(Δw)  F(f) S(s)  T(t);
          N(ns) ……;
                ……f  s  t;
          N(nf) ……;
```

(二)学习新的指令

(1)固定形状切削复合循环指令 G73。

①G73 用途:该指令用于粗车旋转件的某一局部轮廓,以切除多余的加工余量。

②G73 格式:

```
G73  U(Δi)  W(Δk)  R(d);
G73  P(ns)  Q(nf)  U(Δu)  W(Δw)  F(f)S(s)  T(t);
N(ns) ……;
      …… f  s  t;
N(nf) ……;
```

③G73 格式中的符号说明:

Δi:X 轴方向退刀量的距离和方向(半径值指定),该值是模态值。

Δk：Z 轴方向退刀量的距离和方向，该值是模态值。

d：切削分割次数，此值与粗切重复次数相同，该值是模态值。

ns：精加工路径的第一个程序段的顺序号。

nf：精加工路径的最后一个程序段的顺序号。

Δu：X 方向的精加工余量(直径值)。

Δw：Z 方向的精加工余量。

f：进给速度数值。

s：主轴转速数值。

t：刀具号及刀具偏置号。

(2)固定形状切削复合循环指令 G73 循环如图 6-1 所示，Δu、Δw 正负号的判断如图 6-2 所示。

(3)使用固定形状切削复合循环指令 G73 注意事项：

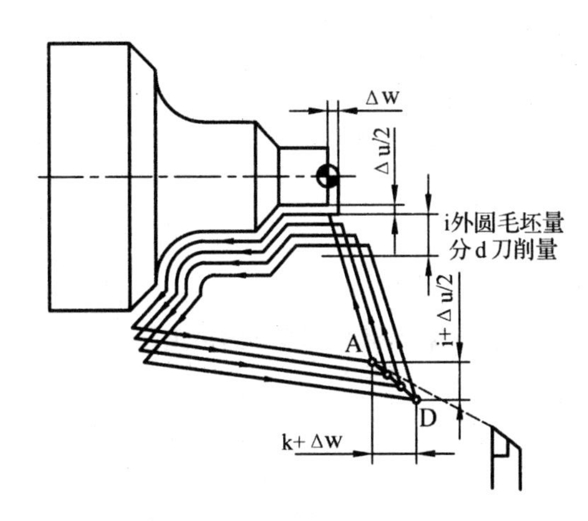

图 6-1　仿形切削循环 G73

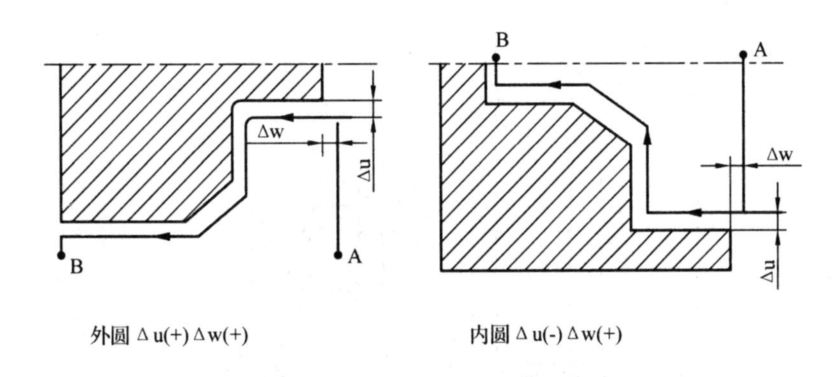

图 6-2　Δu、Δw 精加工余量的正负判断

①在其 ns～nf 之间的程序段中，不能有以下指令：

固定循环指令；参考点返回指令；螺纹切削指令。宏程序调用或子程序调用指令。

②该指令适用于毛坯轮廓形状与零件轮廓形状基本接近的铸、锻毛坯件，或已经粗车成

形的工件，否则，空行程较多，加工效率较低。

③该指令加工曲面时，应注意刀具的副偏角角度，以防止发生干涉。

▲(4)(华中系统)封闭车削复合循环 G73

①G73 格式：

N4 G73　U(ΔI)　W(ΔK)　R(r)P(ns)　Q(nf)　X(Δx)　Z(Δz)　F(f) S(s)　T(t)；

N(ns) ……；

…… f　s　t　；

N(nf) ……；

②G73 格式中的符号说明：

ΔI：X 轴方向的粗加工总余量(半径值指定)，该值是模态值。

ΔK：Z 轴方向粗加工总余量，该值是模态值。

r：粗切削分割次数，此值与粗切重复次数相同，该值是模态值。

ns：精加工路径的第一个程序段的顺序号。

nf：精加工路径的最后一个程序段的顺序号。

Δx：X 方向的精加工余量(直径值)。

Δz：Z 方向的精加工余量。

f：进给速度数值。

s：主轴转速数值。

t：刀具号及刀具偏置号。

华中系统固定形状切削复合循环指令 G73 循环如图 6-1 所示，Δu、Δw 正负号的判断如图 6-2 所示。

(四)举例讲解

如图 6-3 所示，已知毛坯 Φ200，加工直径方向余量为 14，工件已经车削平整了右端面，试用 G73 指令编程。

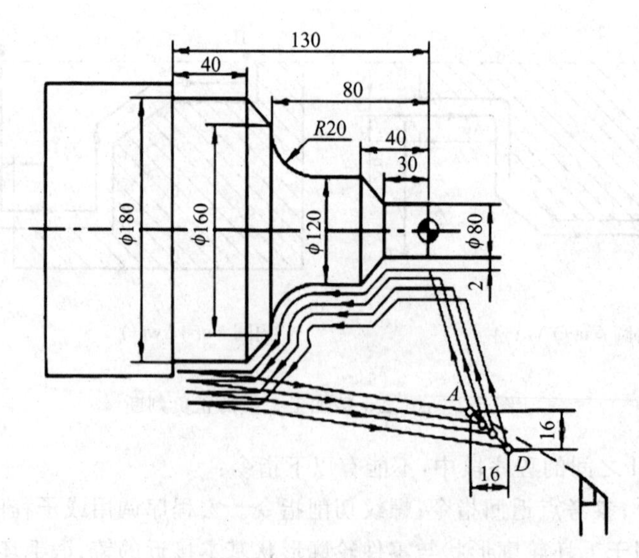

图 6-3　仿形切削循环

设定循环定位点(X220.0，Z40.0)，已知直径余量14.0mm，设轴向＋Z方向退刀14.0mm，直径＋X方向精加工余量4mm，轴向＋Z方向精加工余量2mm。每次背吃刀量为2.8mm，用5次循环加工完毕。

1. 用FANUC系统编程

解：(前面工艺省略)

机械回零；

```
O1000;                              (设定程序号)
N1010  M03  S300;                   (主轴以300转/分钟正转)
N1020  T0101;                       (选定1号刀，第一组刀补)
N1030  G00  X220.0  Z40.0;          (快速定位到循环起点A)
N1040  G73  U14.0  W14.0  R5;(＋X方向退刀14mm，＋Z方向退刀14mm，分
                                     5次进刀车削)
N1050  G73  P1060  Q1140  U4.0  W2.0  F0.3;(＋X方向精加工余量4mm，
                                     ＋Z方向精加工余量2mm，粗车进给速度0.3毫
                                     米/转)
N1060  G00  X80.0  Z2.0;            (零件轮廓程序第一段，快速进刀接近加工位置)
N1070  G01  Z-30.0  F0.1;           (零件轮廓程序第二段，车削Φ80圆柱体。F0.1对
                                     G73无效，对G70有效)
N1080  X120  Z-40.0;                (零件轮廓程序第三段，车削Φ80—Φ120圆锥体)
N1090  Z-60.0;                      (零件轮廓程序第四段，车削Φ120圆柱体)
N1100  G02  X160.0  Z-80.0  R20.0;(零件轮廓程序第五段，车削R20凹圆弧)
N1110  G01  X180.0  Z-90.0;         (零件轮廓程序第六段，车削Φ160—Φ180圆锥体)
N1120  Z-130.0;                     (零件轮廓程序第七段，车削Φ180圆柱体)
N1130  X220.0;                      (零件轮廓程序第八段，车削毛坯Φ200端面，即最
                                     后一段)
N1140  G00  X250.0  Z200.0;         (快速退刀到换刀点)
N1150  T0100;                       (取消1号刀刀补)
N1160  T0202  S600;                 (换2号精车刀，主轴转速600转/分钟)
N1170  G00  X220.0  Z40.0;          (快速定位，准备精车)
N1180  G70  P1060  Q1140;           (精车循环，将粗车循环的余量车削掉)
N1190  G00  X250.0  Z200.0;         (退刀到换刀点)
N1200  M05  T0200;                  (主轴停转，取消2号刀刀补)
N1210  M30;                         (程序结束，系统复位)
```

▲2. 用华中系统编程

解：(前面工艺省略)

```
%1000;(或O0001;)                    (设定程序号)
N1010  G00  X250.0  Z200.0;         (快速移动刀具到换刀点)
N1020  M03  S300  T0101;            (主轴以300转/分钟正转，选定1号刀，第一组刀补)
N1030  G00  X220.0  Z40.0;          (快速定位到循环起点A)
```

N1040 G73 U14.0 W14.0 R5 P1080 Q1160 X4.0 Z2.0 F0.3;
(+X 方向退刀 14mm,+Z 方向退刀 14mm,分 5 次进刀车削完毕,+X 方向精加工余量 4mm,+Z 方向精加工余量 2mm,粗车进给速度 0.3 毫米/转)

N1050 G00 X250.0 Z200.0; (快速退刀到换刀点)

N1060 T0202 S600; (换 2 号精车刀,主轴转速 600 转/分钟)

N1070 G00 X220.0 Z40.0; (快速定位到循环起点 A)

N1080 G00 X80.0 Z2.0; (零件轮廓程序第一段,快速进刀接近加工位置)

N1090 G01 Z-30.0 F0.1; (零件轮廓程序第二段,车削 Φ80 圆柱体。F0.1 对 G73 无效,对 G70 有效)

N1100 X120 Z-40.0; (零件轮廓程序第三段,车削 Φ80—Φ120 圆锥体)

N1120 Z-60.0; (零件轮廓程序第四段,车削 Φ120 圆柱体)

N1130 G02 X160.0 Z-80.0 R20.0;(零件轮廓程序第五段,车削 R20 凹圆弧)

N1140 G01 X180.0 Z-90.0; (零件轮廓程序第六段,车削 Φ160—Φ180 圆锥体)

N1150 Z-130.0; (零件轮廓程序第七段,车削 Φ180 圆柱体)

N1160 X220.0; (零件轮廓程序第八段,车削毛坯 Φ200 端面,即最后一段)

N1170 G00 X250.0 Z200.0; (快速退刀到换刀点)

N1180 M05 T0200; (主轴停转,取消 2 号刀刀补)

N1190 M30; (程序结束,系统复位)

(五)项目六练习工件如图 6-4 所示

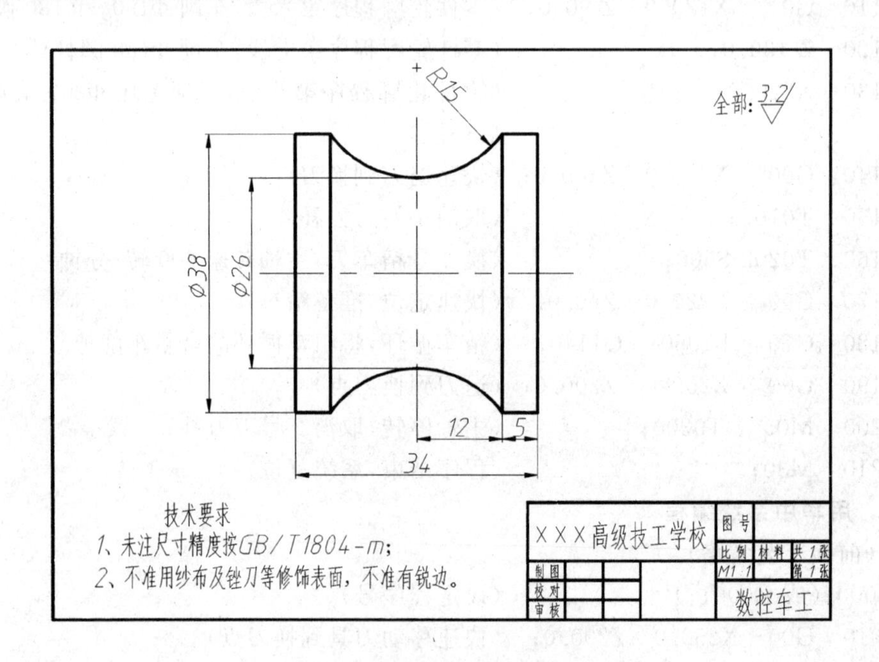

图 6-4 项目六练习工件

(六)项目六所需要的量具和材料

1. 量具

(1)钢板尺。规格:0-150;数量:一把/台机床。

(2)游标卡尺。规格:0-150×0.02;数量:一把/台机床。

(3)圆弧规。规格:R15 凸圆弧规;数量:一把/台机床。

(4)塞规。规格:0.02～1.0;数量:一套/台机床。

2. 材料:Φ40×500 塑料棒

数控车工第一阶段实习项目六(图 6-4)评分表

第____组____号机床　填表时间:____年____月____日星期____

<table>
<tr><td>工种</td><td colspan="6">____________系统数控车工</td><td>姓名</td><td colspan="2"></td><td>总分</td><td></td></tr>
<tr><td>加工时间</td><td colspan="8">开始时间:　月　日　时　分,结束时间:　月　日　时　分</td><td colspan="2">实际操作时间</td><td></td></tr>
<tr><td rowspan="2">序号</td><td rowspan="2">工件技术要求</td><td rowspan="2">配分</td><td rowspan="2">精度等级</td><td rowspan="2">量具</td><td colspan="3">学生自测评得分</td><td colspan="3">老师测评得分</td><td rowspan="2">单项综合得分</td></tr>
<tr><td>实测尺寸</td><td>得分</td><td>扣分</td><td>实测尺寸</td><td>得分</td><td>扣分</td></tr>
<tr><td>1</td><td>Φ38</td><td>10</td><td rowspan="5">按照 GB/T 1804 —f。</td><td rowspan="4">0—150 ×0.02 游标卡尺</td><td></td><td></td><td></td><td></td><td></td><td></td><td></td></tr>
<tr><td>2</td><td>Φ26</td><td>5</td><td></td><td></td><td></td><td></td><td></td><td></td><td></td></tr>
<tr><td>3</td><td>34</td><td>10</td><td></td><td></td><td></td><td></td><td></td><td></td><td></td></tr>
<tr><td>4</td><td>5(两个)</td><td>10</td><td></td><td></td><td></td><td></td><td></td><td></td><td></td></tr>
<tr><td>5</td><td>R15 凹</td><td>10</td><td>圆弧量规塞规</td><td></td><td></td><td></td><td></td><td></td><td></td><td></td></tr>
<tr><td>6</td><td>安全文明生产</td><td>5</td><td colspan="3">优秀者 5 分,正常操作 4 分,每受到一次警告扣 2 分。</td><td></td><td></td><td>空格</td><td></td><td></td><td></td></tr>
<tr><td>7</td><td>引导问题</td><td>50</td><td colspan="3">按题上标出</td><td></td><td></td><td>空格</td><td></td><td></td><td></td></tr>
<tr><td>说明</td><td colspan="11">1. 尺寸扣分标准:尺寸超差每超出公差值的四分之一数值段,扣配分的一半分数;达到和超出公差值的二分之一数值段,该尺寸的得分为 0。
2. 操作过程中出现违反数控车工操作安全要求的现象,立即取消实习资格,经过安全教育后才能继续实习。有事故苗头者或出现事故者(撞刀、撞机床、物品飞出等)、立即停止操作,查明原因后再决定是否后续实习。
3. 安全文明生产标准:工、量、刃、洁具摆放整齐,机床卫生保养,礼节礼貌等。
4. 综合得分:剔除偶然因素,一般以老师和学生的测评分数之和的二分之一为综合得分。
5. 作业分数,以实际批改的为准。综合得分以师生共同得分的评分数为准,如果师生的评分相差太大,应找出正确的一方,以正确一方的评分为主。
6. 总分是 100 分。</td></tr>
</table>

四、引导问题

1. (4 分)解释项目六检测工件中的尺寸精度 GB/T1804—f 的含义?解释尺寸 Φ26 所包含的全部含义?

答:____

____

2. (4 分)项目六的最大直径和最长尺寸是多少?车削准备时,应准备最小棒料的尺寸是多少？从三爪卡盘上伸出的最短长度是多少？

答：

3. (4 分)你有什么方法可以提高两个 5 的尺寸的测量准确性？

答：

4. (4 分)如何测量 R15 圆弧的尺寸？如果用圆弧规透光测量，如何鉴定圆弧间隙误差值？

答：

5. (4 分)在准备功能指令 G73 的循环切削前，如何定位才能保证顺利切削？

答：

6. (4 分)项目六的工件能不能全部用 G73 指令切削加工呢？请解释为什么？

答：

7. (5 分)切削圆弧 R15，选用什么形状的车刀最好，可否在方框内画个刀具图样表达？如果没有类似的车刀，可用什么形状的车刀代替，但是表面质量会出现什么差异？

答：

8. (5 分)尺寸精度按 GB/T1804—f 所表达的是什么意思？查表找出 Φ38、Φ26、34、5. R15 五个尺寸的偏差，并计算出公差值和确定每个尺寸的极限尺寸、中间尺寸。

答：

9. (4 分)对于 R15,用你学过的指令,有几种加工方法,哪一种的加工方法比较好?
答:

10. (4 分)项目六的图样练习中,用循环指令 G71(或 G72)加工除了 R15 以外的外形编程方便还是用 G00、G01 编程方便?由此练习你得出什么样的启发?
答:

11. (4 分)你在操作机床时,是否养成了良好的操作习惯?还有那些不良的操作习惯?如何改正?
答:

12. (4 分)你认为在项目六的教学中,老师的教学还有什么需要改进的地方?
答:

项目七　G75 指令的应用及练习

（内外切槽的练习）

一、任务与操作技术要求

经过前面六个项目的练习，已经可以加工数控车工中级工要求的零件形状了（内孔、IT12 级精度以上的图样除外）。

有一些工件的局部，有比较宽的槽，如图 7-1 所示，用切槽刀不能一刀加工完成，需要若干刀的反复加工，虽然编程简单，但是用前面所学过的编程方法加工，必将大幅度增加基点的计算量，编程因需要多次的重复而变得很长，有没有更简单方便的方法编程呢？

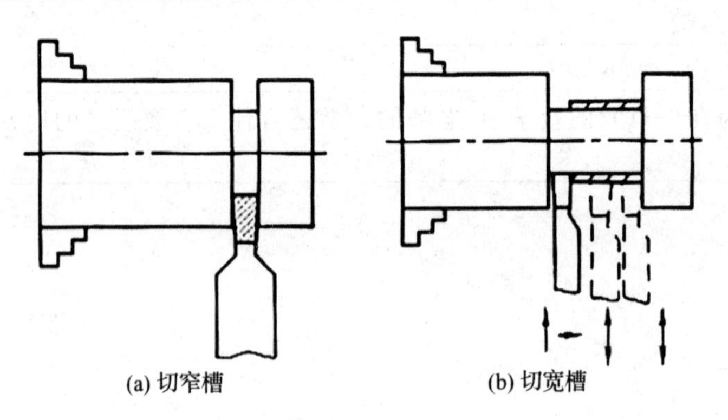

(a) 切窄槽　　(b) 切宽槽

图 7-1　车工切槽的方法

在前面学习过的项目一中，对切槽刀的安装有什么要求？

每个程序在运转前，必须进行模拟演示，一定确认没有出现撞机失误才可以进行实操练习。

二、信息文

工件 6 的内外径切槽循环指令如 G75。回忆以前学过加工内外圆的指令有哪些？

编程加工如图 7-4 所示，再一次比较前面所学过的外圆粗车循环指令 G71 与端面粗车循环指令 G72 的特点，为灵活选择加工指令作准备。

强调仔细回忆在数控车床操作中的安全注意事项有哪些？良好的车间操作习惯是安全的保障。

三、基础文

(一)复习以前可能用上的指令

加工项目六可选择使用指令格式。

(1)快速插补指令(G00):〈简写 G0〉格式:G00　X(U)____　Z(W)____;

(2)直线插补指令(G01):〈简写 G1〉格式:G01　X(U)____　Z(W)____　F____;

(3)圆弧插补指令 G02、G03:

①顺时针圆弧插补指令 G02 的格式:

G02　X(U)__ Z(W)__　R__　F__;

或;G02　X(U)__ Z(W)__　I__　K__　F__;

②圆弧插补指令 G03 的格式:

G03　X(U)__ Z(W)__　R__　F__;

或;G03　X(U)__ Z(W)__　I__　K__　F__;

(4)内外径粗车循环指令 G71:

G71 格式:G71　U(Δd)　R(e);

G71　P(ns)　Q(nf)　U(Δu) W(Δw)　F__　S__　T__;

N(ns) ……;

…… F　S　T;

N(nf) ……;

(二)学习新的指令

1. 内外径切槽循环指令 G75 的讲解

(1)G75 用途:该指令用于粗车旋转件的槽,以切除多余的加工余量。

(2)G75 格式:

G75　R(e);

G75　X(U) Z(W) P(Δi)　Q(Δk)　R(Δd) F(f);

(3)G75 格式中的符号说明:

e:每次循环沿 X 轴方向切削 Δi 后的退刀量(即:回退量,半径值),是模态值。

X:直径方向切削终点的坐标。

Z:轴向(Z 轴)方向切削终点的坐标。

U:X 轴方向切削量(直径值),有±号。

W:Z 轴方向切削量,有±号。

Δi:X 轴方向每次循环的切深量(不带符号,半径值,单位:微米)。

Δk:刀具完成一次径向切削后,Z 轴方向的偏移量(不带符号,单位:微米)。

Δd:刀具在切削底部的 Z 向退刀量,通常不指定,则视为 0。Δd 的符号总是"+"。

F:径向切削时的进给速度。

2. 内外径切槽循环指令 G75 循环如图 7-2 所示

▲备注:华中系统没有内外径切槽循环指令 G75。

3. 使用切槽复合固定循环指令 G75(包含 G74,在后面的项目中)时的注意事项

(1)X(U)或 Z(W)指定,而 Δi 或 Δk 值未指定或指定为零,将会出现程序报警。

(2)Δk 值大于 Z 轴的移动量(W)或 Δk 值设定为负值,将会出现程序报警。

(3)Δi 值大于 U/2 或 Δi 值设定为负值,将会出现程序报警。

(4)退刀量大于进刀量,即 e 值大于每次切深量 Δi 或 Δk,将会出现程序报警。

(5)由于 Δi 或 Δk 为无符号数值,所以,刀具切深完成后的偏移方向根据起刀点(循环定位点)及切槽终点的坐标自动判断。

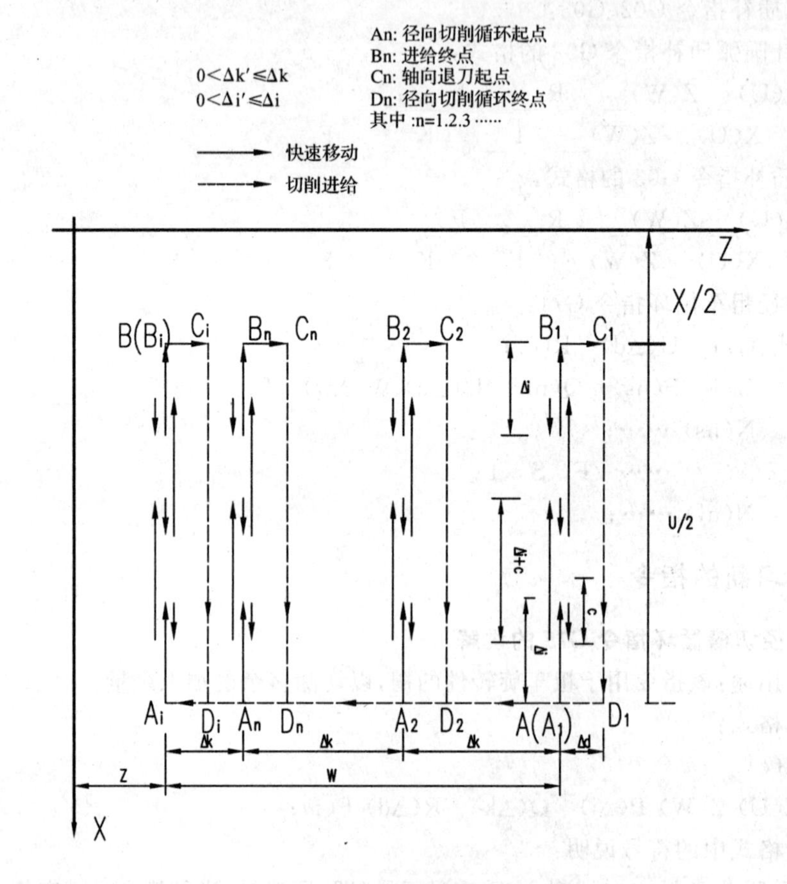

图 7-2　G75 循环图示

4. G75 指令举例讲解

如图 7-3 所示,已知:毛坯 Φ122,1 号刀是 90°偏刀(第一组刀补,即 T0101);2 号刀是切槽刀,刀刃宽 5.0mm(第二组刀补,即 T0202);3 号刀是切断刀,刀刃宽 5.0mm(第三组刀补,即 T0303);只要求粗加工。切槽是 X 方向每次进刀 6mm,退刀量 0.5mm,Z 方形移动量 3mm。

解:(前面工艺步骤省略)

O0002;　　　　　　　　　　　　　(设定程序号)

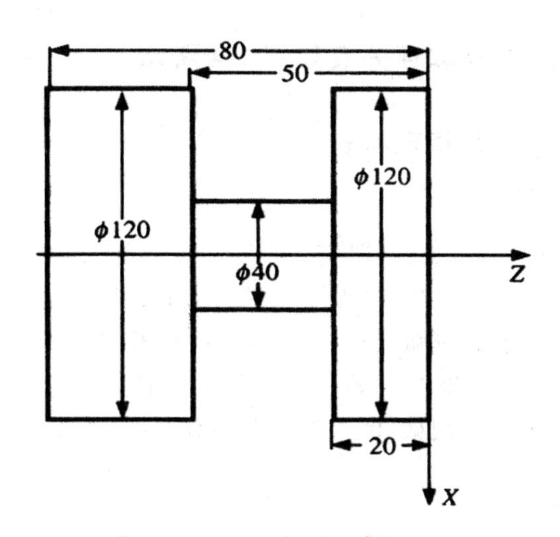

图 7-3 G75 举例(内外径切槽循环指令)

```
N0012  G99;                              (确定进给速度)
N0022  M03  S600;                        (主轴正转,600 转/分钟)
N0032  T0101;                            (调用 1 号刀)
N0042  G00  X130.0  Z0;                  (快速定位,准备平右端面)
N0052  G01  X0      F0.3;                (平右端面)
N0062  G00  X120.0  Z3.0;                (快速退刀,准备车削外圆)
N0072  G01  Z-100.0;                     (车削 Φ120 外圆)
N0082  G00  X200.0  Z200.0;              (快速退刀到换刀点,准备换切槽刀)
N0092  T0100;                            (取消 1 号刀刀补)
N0102  T0202 S360;                       (换 2 号刀,主轴转速 360 转/分钟)
N0112  G00  X122.0  Z-25.0;              (快速进刀到 G75 循环起点)
N0122  G75  R0.5;                        (G75 循环确定直径方向的退刀量)
N0132  G75  X40.0  Z-50.0  P60 00  Q3000  R0  F0.15;(确定加工终点,+X
                                          方向每次进刀 6mm,+Z 方形移动量 3mm)
N0143  G00  X200.0  Z200.0;              (快速退刀到换刀点,准备换切断刀)
N0152  T0200;                            (取消 2 号刀刀补)
N0162  T0303;                            (换 2 号刀,主轴转速还是 360 转/分钟)
N0172  G00  X122.0  Z-85.0;              (快速进刀到切断循环起点)
N0182  G01  X0      F0.1;                (切断工件)
N0192  X122.0       F1.0;                (+X 方向退刀)
N0202  G00  X200.0  Z200.0;              (快速退刀到换刀点)
N0212  M05  T0300;                       (主轴停转,取消 3 号刀刀补)
N0222  M30;                              (程序结束,系统复位)
```

(三)项目七的练习工件和评分表如图 7-4 所示

(四)项目七所需要的量具和材料

1. 量具

(1)钢板尺。规格:0-150;数量:一把/台机床。

(2)游标卡尺。规格:0-150×0.02;数量:一把/台机床。

(3)圆弧规。规格:R8 凸凹圆弧规;数量:一套/台机床。

(4)塞尺。规格:0.02-1.0、宽 2～4;数量:一套/台机床。

(5)车工表面粗糙度样板。规格:Ra1.6～12.5;数量:车间一套。

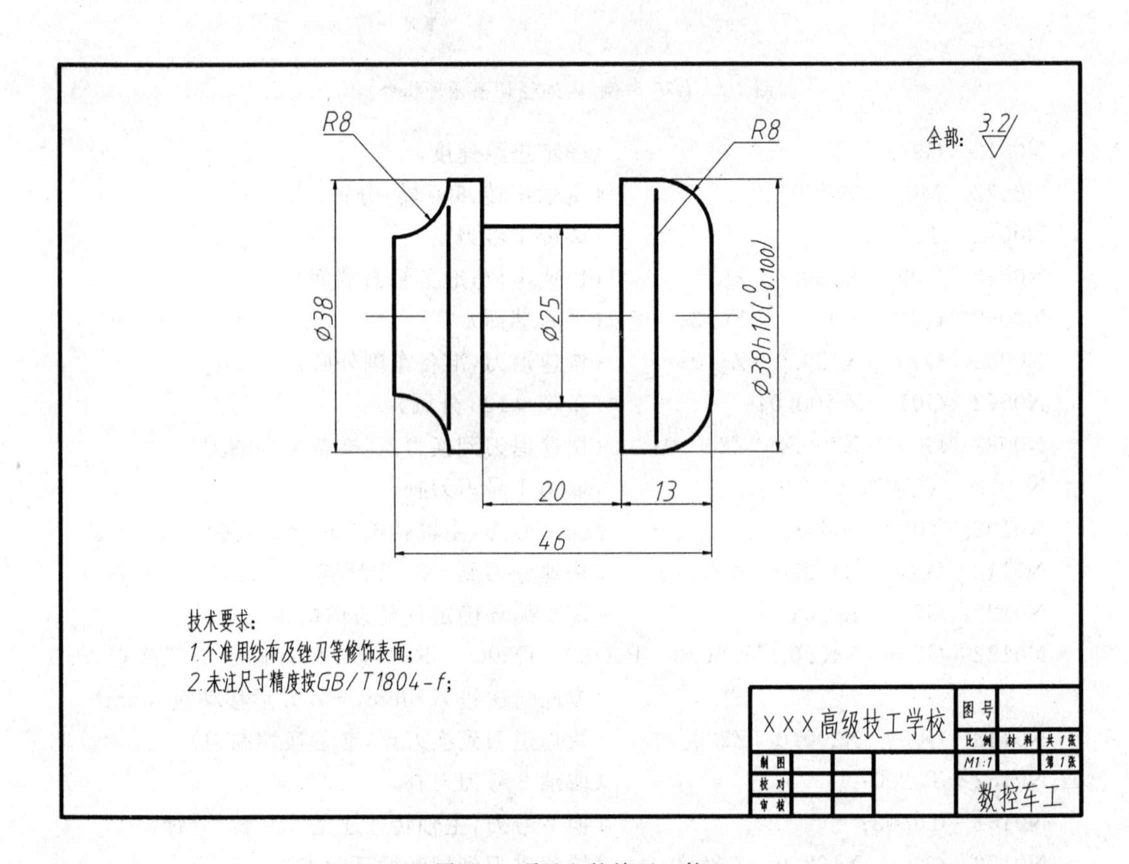

图 7-4　项目七的练习工件

2. 材料:Φ40 塑料棒

数控车工第一阶段实习项目七(图 7-4)评分表

第____组____号机床　填表时间:____年____月____日星期____

工种	______系统数控车工	姓名		总分	
加工时间	开始时间:　月　日　时　分,结束时间:　月　日　时　分			实际操作时间	

序号	工件技术要求	配分	精度等级	量具	学生自测评得分			老师测评得分			单项综合得分
					实测尺寸	得分	扣分	实测尺寸	得分	扣分	
1	Φ38Ra3.2	10		IT10 0—150×0.02游标卡尺、圆弧量规、粗糙度样板							
2	Φ38Ra3.2	4	按照GB/T 1804—f。								
3	Φ25Ra3.2	4									
4	R8 凹 Ra3.2	3									
5	R8 凸 Ra3.2	3									
6	46	4									
7	20	10									
8	13	3									
9	4 个端面 Ra3.2	4									
10	安全文明生产	5	优秀者 5 分,正常操作 4 分,每受到一次警告扣 2 分。					空格			
13	引导问题	50	按题上标出					空格			
说明	1. 尺寸扣分标准:每超出公差值的四分之一数值段,扣配分的一半分数;超出公差值的二分之一数值段,该尺寸的配分为 0 分数。每个表面的表面粗糙度 Ra 分配 1 分,不合格即扣 1 分。 2. 操作过程中出现违反数控车工操作安全要求的现象,立即取消实习资格,经过安全教育后才能继续实习。有事故苗头者或出现事故者(撞刀、撞机床、物品飞出等),立即停止操作,查明原因后再决定是否后续实习。 3. 安全文明生产标准:工、量、刃、洁具摆放整齐,机床卫生保养,礼节礼貌等。 4. 综合得分:剔除偶然因素,一般以老师和学生的测评分数之和的二分之一为综合得分。 5. 作业分数,以实际批改的为准。综合得分以师生共同得分的评分数为准,如果师生的评分相差太大,应找出正确的一方,以正确一方的评分为主。 6. 总分是 100 分。										

四、引导问题

1. (4 分)项目七任务与操作技术有什么要求?

答:____

____

2. (4 分)项目七的最大直径和最长尺寸是多少?

答:____

____

3. (4 分)你有什么方法可以计算出左右两个端面的直径并测量之?

答:____

____

4. (4分)如何测量R8圆弧间隙误差值?
答:

5. (4分)在准备功能指令G75的循环前,如何定位才能顺利的切削?
答:

6. (4分)G75指令中R(Δd)的含义,如何确定Δd的数值和正负号?
答:

7. (5分)切削宽槽时,切削刃同样宽的切槽刀和切断刀有什么差别?可否在下边空白处画个简图表达?如果没有合适的切槽车刀,可用什么形状的车刀代替,但是有哪些注意?
答:

8. (5分)查表找出Φ40、Φ25、58、20、R8五个尺寸的偏差值,并计算出公差值和每个尺寸的极限尺寸。
答:

9. (4分)对于图7-4所示的宽槽,用你学过的指令,还有没有加工方法,试比较哪一种的加工方法比较好?由此练习你得出什么样的启发?
答:

10. (4分)项目七中,在你已经学过的准备功能指令中,除了 Φ25 宽槽外,其他尺寸最好用什么循环指令编程较好?(是用 G71、G72、G73 等?)

答:______________________________

____

____

11. (4分)在项目七中的宽槽加工练习中,对于项目一中的切断车刀刀具的安装练习有什么感想?

答:______________________________

____

12. (4分)你认为在项目七的教学中,老师的教学还有什么需要改进的地方?

答:______________________________

项目八　G90 指令的应用及练习

（轴向铸造或锻造件的加工）

一、任务与操作技术要求

经过前面七个项目的练习，已经有了一定的编程基础。但是大家在学习《金属材料》课程时和前面机床操作时遇到过铸铁件或锻造件，这类毛坯件的表皮特别粗糙，并且有一层很硬的黑皮，对车刀的刀尖损伤很快，严重影响了刀具的使用寿命，导致工件还没有加工结束，刀具就已经报废，这个问题该如何解决呢？

项目八的学习将提供一种编程方法解决这一问题。

每个程序在运转前，必须进行模拟演示，特别是刚刚学习过的新指令，一定确认没有相撞的可能才可以进行实操练习。

二、信息文

工件图 8-6 的单一轴向切削循环指令为 G90 回忆以前学过加工内外圆的指令有哪些？

编程加工项目八，再一次体验前面所学过的外圆粗车循环指令 G71 的特点，将 G71 指令和 G90 指令互相对比，为将来灵活选择加工指令作基础性的准备。

强调仔细回忆在数控车床操作中的安全注意事项有哪些？良好的车间操作习惯是安全的保障。

三、基础文

（一）复习以前可能用上的指令

加工项目八可选择使用指令格式：

(1)快速插补指令(G00)：〈简写 G0〉　格式：G00　X(U)_　　Z(W)___；

(2)直线插补指令(G01)：〈简写 G1〉　格式：G01　X(U)___　　Z(W)___　　F ___；

(3)内外径粗车循环指令 G71：

G71 格式：

G71　U(Δd)　R(e)；

G71　P(ns)　Q(nf)　U(Δu)　W(Δw)　F(f)　S(s)T(t);

N(ns)……;

……f　s　t;

N(nf) ……;

(二)学习新的指令

1. 单一轴向切削循环指令 G90

(1)G90 用途:主要应用于铸造、锻造工件及轧制圆棒轴类零件的外圆、锥面的粗加工。

(2)G90 的格式分为单一轴向车削台阶圆柱体和单一轴向车削圆锥体两种。

2. 单一轴向车削台阶圆柱体 G90

(1)格式一:

N4　G90　X(U)±43　Z(W)±43　F43;

格式一的说明:

X、Z 取值为圆柱面切削终点的坐标值。

U、W 取值为圆柱面切削终点相对循环起点的坐标分量(X、Z 增量坐标)。

F:进给速度

(2)单一端面车削台阶圆柱体 G90 格式一的循环轨迹如图 8-1 所示。

(3)举例(如图 8-2 所示)

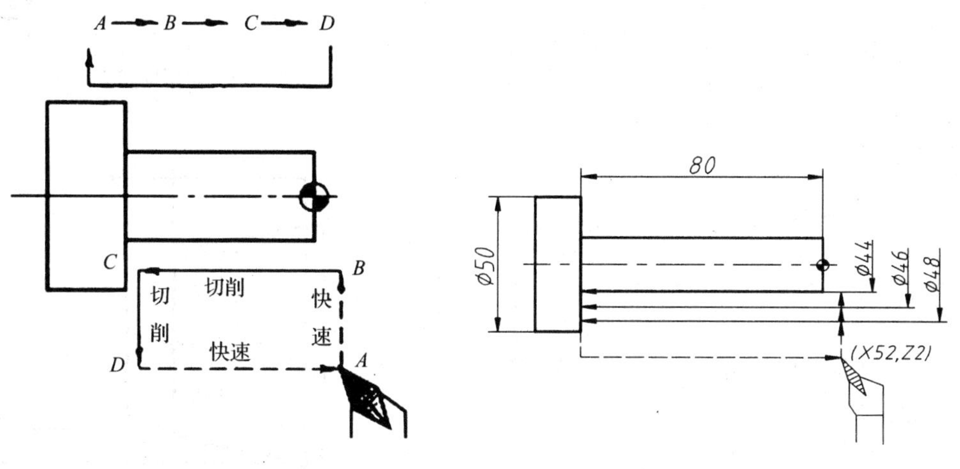

图 8-1　外圆固定循环 G90　　图 8-2　外圆固定循环

毛坯直径为 Φ50,车削直径为 Φ44、长 80 的外圆。已知:背吃刀量 1mm,直径余量 1mm,轴向余量 0.5mm。

解:(前面工艺省略)

O1000;	(设定程序号)
N1010 M03 S500;	(主轴正转,500 转/分钟)
N1020　T0101;	(选用 1 号刀,第一组刀补)
N1030　G00　X60.0　Z5.0;	(快速定位到循环起点)
N1040　G90　X48.0　Z-79.5;	(固定循环 G90 切削第一刀)

N1050　X46.0；　　　　　　　　（固定循环 G90 切削第二刀）
N1060　X45.0；　　　　　　　　（固定循环 G90 切削第三刀）
N1070　G00　X100.0　Z100.0；　（退刀）
N1080　M05　T0100；　　　　　（主轴停转，取消刀补）
N1090　M30；　　　　　　　　　（程序结束，系统复位）

3. 单一轴向车削圆锥体 G90

(1)格式二：

N4　G90　X(U)±43　Z(W)±43　R±43　F43；

格式二的说明：

X、Z：为圆柱面切削终点的坐标值。

U、W：为圆柱面切削终点相对循环起点的坐标分量(X、Z 增量坐标)。

F：进给速度。

R：为圆锥面切削起始点与圆锥切削终点的半径差，有正负号(即圆锥面切削起始点的半径减去圆锥切削终点的半径)。

(2)车削圆锥体 G90 格式二的循环轨迹如图8-3所示，单一轴向圆锥切削固定循环中 R 值的确定如图 8-4 所示。

(3)举例。如图 8-5 所示，毛坯直径 Φ60，车削圆锥，背吃刀量为 1，试编程。

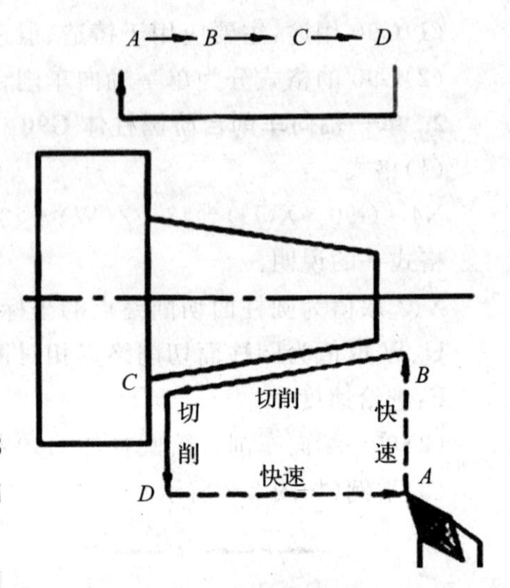

图 8-3　圆锥切削固定循环 G90

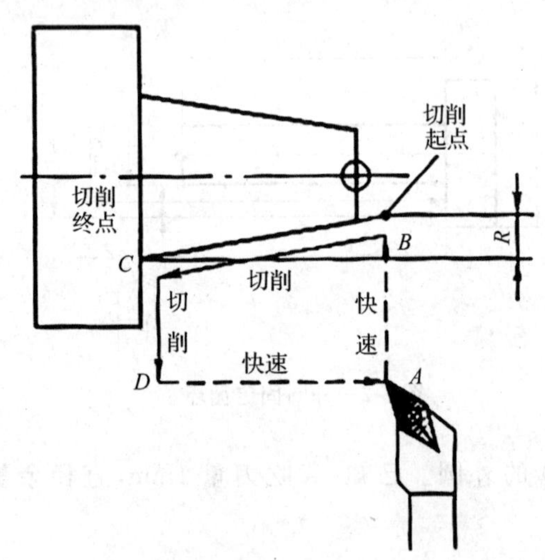

图 8-4　圆锥切削固定循环 G90 中的 R 值

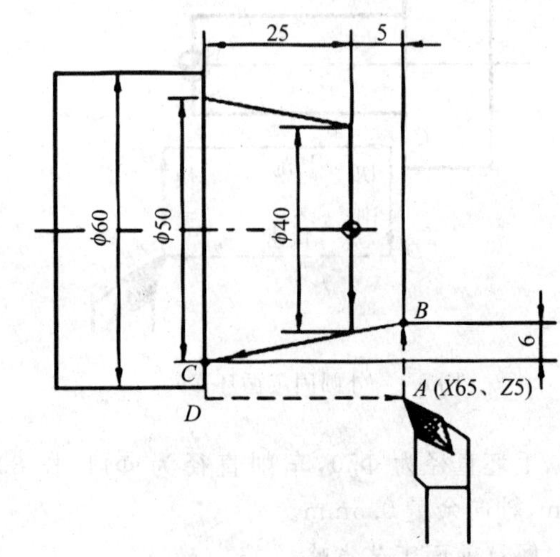

图 8-5　车削圆锥举例

解：(前面工艺省略)

①R 值的计算：

循环定位点坐标(X65.0，Z5.0)，B 点坐标为(X38.0，Z5.0)，已知 C 点坐标(X50.0，Z-

25.0)则 R=(38−50)/2=−6.0。

②编程

O1000;　　　　(设定程序号)

N1010　M03 S500;(主轴以 500 转/分钟正转)

N1020　T0101;　(选择 1 号刀,第一组刀补)

N1030　G00 X65.0 Z5.0;(快速定位到循环起点)

N1040　G90　X65.0　Z-25.0 R-6.0 F0.2;(固定循环 G90 切削圆锥第一刀,背吃刀量 1mm)

N1050　X60.0;　(切削圆锥第二刀)

N1060　X55.0;　(切削圆锥第三刀)

N1070　X50.0;　(切削圆锥第四刀)

N1080　G00　X100.0　Z100.0;(退刀)

N1090　M05　T0100;(主轴停转,取消刀补)

N1100　M30;　　　(程序结束,系统复位)

▲4. 华中系统内(外)径切削循环指令 G80

(1)圆柱面内(外)径切削循环指令 G80 格式一:

N4　G80　X(U)±43　Z(W)±43　F43;

格式一的说明:与 FANUC 系统 G90 格式一的一致。

(2)圆锥面内(外)径切削循环指令 G80 格式二:

N4　G80　X(U)±43　Z(W)±43　I±43　F43;

格式二的说明:

I:等同于 FANUC 系统 G90 格式二指令中的 R。

其他的与 FANUC 系统 G90 指令中相同。

(三)项目八练习工件如图 8-6(必修)、图 8-7(选修)所示

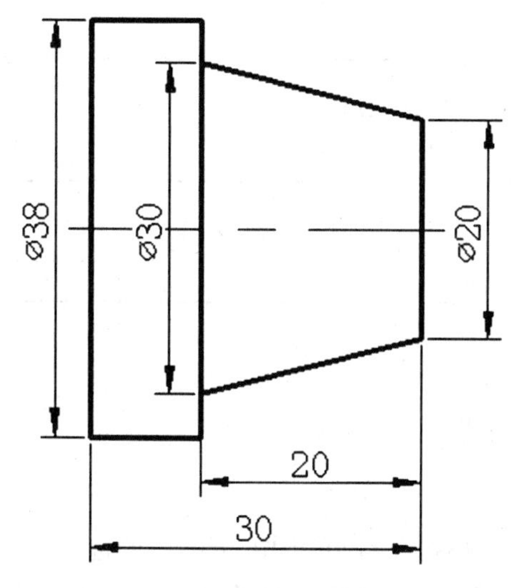

图 8-6　(必修)尺寸精度 GB/T1804—f

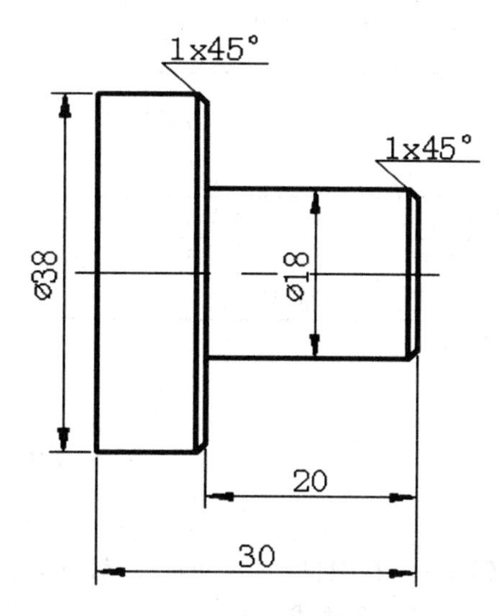

图 8-7　(选修)尺寸精度 GB/T1804—f

(四)项目八所需要的量具和材料

1. 量具

(1)钢板尺。规格:0-150;数量:一把/台机床。

(2)游标卡尺。规格:0-150×0.02;数量:一把/台机床。

2. 材料:Φ40×500 塑料棒

数控车工第一阶段实习项目八(图 8-6)评分表

第____组____号机床 填表时间:____年____月____日星期____

工种	____系统数控车工				姓名				总分		
加工时间	开始时间: 月 日 时 分,结束时间: 月 日 时 分								实际操作时间		
序号	工件技术要求	配分	精度等级	量具	学生自测评得分			老师测评得分			单项综合得分
					实测尺寸	得分	扣分	实测尺寸	得分	扣分	
1	Φ38	10	按照GB/T 1804—f。	0—150×0.02游标卡尺							
2	Φ30	10									
3	Φ20	5									
4	20	10									
5	30	10									
6	安全文明生产	5	优秀者5分,正常操作4分,每受到一次警告扣2分。					空格			
7	作业分数	50	按题上标出					空格			
说明	1. 扣分标准:每超出公差值的四分之一数值段,扣配分的一半分数;达到或超出公差值的二分之一数值段,该尺寸的得分为0。 2. 操作过程中出现违反数控车工操作安全要求的现象,立即取消实习资格,经过安全教育后才能继续实习。有事故苗头者或出现事故者(撞刀、撞机床、物品飞出等)、立即停止操作,查明原因后再决定后续实习。 3. 安全文明生产标准:工、量、刃、洁具摆放整齐,机床卫生保养,礼节礼貌等。 4. 综合得分:剔除偶然因素,一般以老师和学生的测评分数之和的二分之一为综合得分。 5. 作业分数,以实际批改的为准。综合得分以师生共同得分的评分数为准,如果师生的评分相差太大,应找出正确的一方,以正确一方的评分为主。 6. 总分是100分。										

数控车工第一阶段实习项目八(图 8-7)登记表

____号机床 填表时间:____年____月____日星期____

工种	系统数控车工		姓名		加分	
加工时间	开始时间: 月 日 时 分,结束时间: 月 日 时 分				实际操作时间	
工件是否完整	完整(10分)		局部完整(酌情加分<10分)		不完整(0分)	

四、引导问题

1. (5分)解释项目八学习的单一轴向切削圆锥体循环指令G90(华中G80)中的进刀中的第一刀有什么要求?R如何确定?R值如果计算错误,会带来什么样的后果?试举例说明?

答：

2. (5 分)项目八的最大直径和最长尺寸是多少？车削准备时，应准备最小尺寸的棒料是多少？从三爪卡盘上伸出的最短长度是多少？

答：

3. (5 分)你有什么方法可以提高 20 的尺寸的测量准确性？试举例说明？

答：

4. (5 分)你测量的尺寸和老师测量的尺寸差异大吗？是什么原因？

答：

5. (4 分)在准备功能指令 G90(华中 G80)的循环前，如何定位才能顺利的切削？(不走空刀)

答：

6. (4 分)项目八的工件如果用 G71 循环切削，和 G90 有什么差异？通过两个指令的对比，你有什么收获？

答：

7. (5 分)用 G90(华中 G80)指令切削，你知道对粗车刀的各个切削角度有什么要求吗？在简要说明后可否画个粗车刀简图表达？

答：

8. (5 分)查表找出 Φ38、Φ30、Φ20、20、30 五个尺寸的公差值,并确定每个尺寸的极限尺寸和中间尺寸。

答:______

9. (4 分)用 G90(华中 G80)指令粗加工铸造件或锻造件,对背吃刀量和主轴转速有什么要求?

答:______

10. (4 分)经过项目八的图样练习,你有什么收获?

答:______

11. (5 分)你认为在项目八的教学中,老师的教学还有什么需要改进的地方?

答:______

项目九　G94 指令的应用及练习

（径向铸造或锻造件的加工）

一、任务与操作技术要求

经过前面八个项目的练习，大家对于实际生产中常见到的包括铸造件和锻造件等回转几何体零件的编程切削有了一定的了解。但是前面的练习只是加工了轴向零件，车工加工中常见到的盘类零件中的铸造件和锻造件应如何粗车呢？盘类铸造或锻造毛坯件的表皮特别粗糙，并且有一层很硬的黑皮，对车刀的刀尖损伤很快，严重地影响了刀具的寿命，导致工件还没有完成加工，刀具就已经报废，又应如何克服这一困难呢？

项目九的学习将提供一种编程方法解决这一问题。

通过项目九的学习，和项目八进行对比，了解两个项目中进刀方式和车削刀具的异同。

每个程序在运转前，必须进行模拟演示，一定确认没有相撞的可能才可以进行实操练习。

二、信息文

工件图 9-6 的单一径向切削循环指令 G94。回忆以前学过加工内外圆的指令有哪些？

编程加工项目九，再一次体验前面所学过的端面粗车循环指令 G72 的特点，将 G72 指令和 G94 指令互相对比，为灵活选择加工指令作准备。

开始操作前，在数控车床上进行模拟操作，确认没有出现撞机失误，才开始实际加工项目九的练习。

强调仔细回忆在数控车床操作中的安全注意事项有哪些？是否养成了良好的车间操作习惯。

三、基础文

（一）复习以前可能用上的指令：加工项目九可选择使用指令格式

快速插补指令（G00）：〈简写 G0〉格式：G00　X(U)__　Z(W)____；

直线插补指令（G01）：〈简写 G1〉格式：G01　X(U)__　Z(W)____　F____；

端面粗车循环指令 G72：

G72 格式：

G72　W(Δd)　R(e)；

G72　P(ns)　Q(nf)　U(Δu) W(Δw)　F(f) S(s)T(t)；

　　N(ns)……；

　　　　……f　s　t；

　　N(nf)……；

(二)学习新的指令

1. 单一径向切削循环指令 G94

(1)G94 用途：主要应用于铸造、锻造工件及轧制直径较大的盘类零件的内外圆、内外圆锥面的粗加工。

(2)G94 格式分为单一端面车削台阶圆柱体和单一端面车削圆锥体两种。

2. 单一端面车削台阶圆柱体准备功能指令 G94

(1)格式：N4　G94　X(U)±43　Z(W)±43　F43；

格式的符号说明：

X、Z 取值为圆柱面切削终点的坐标值。

U、W 取值为圆柱面切削终点相对循环起点的坐标分量(X、Z 增量坐标)。

F:进给速度

(2)单一端面车削台阶圆柱体 G94 循环如图 9-1 所示。

(3)举例。用单一端面固定循环指令 G94 车削如图 9-2 所示零件。台阶圆柱体 Φ30，材料为塑料，轴向每次进刀量 5mm，径向余量 1mm，轴向余量 0.5mm。

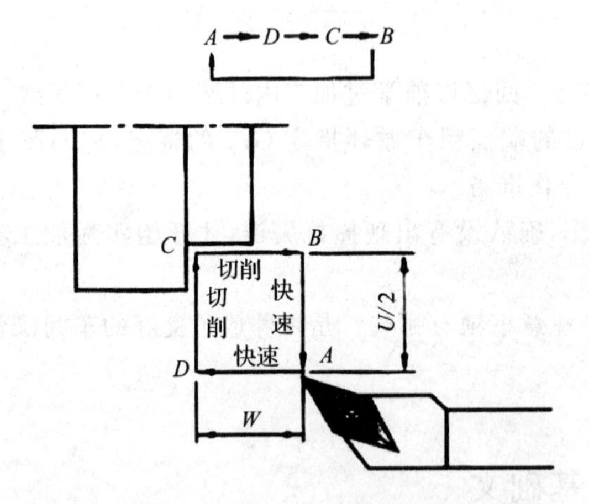

图 9-1　单一端面车削台阶圆柱体 G94 循环

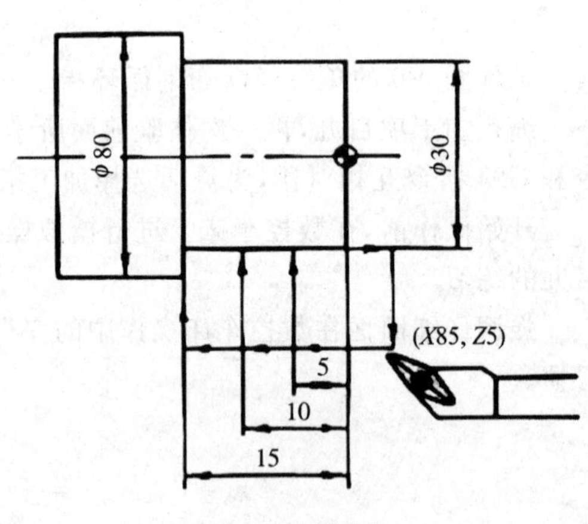

图 9-2　车端面

解：(前面工艺省略)

程序：

O1000；　　　　　　　　(设定程序名称)

N1010　M03　S500；　　　(主轴正转，500 转/分钟)

```
N1020  T0404;                      (选用 4 号刀,第 4 组刀补)
N1030  G00   X90.0   Z10.0;        (快速定位到循环起点)
N1040  G94   X31.0   Z-5.0   F0.2; (G94 循环,每次吃刀 5mm)
N1050  Z-10.0;                     (第二刀,每次吃刀 5mm)
N1060  Z-14.5;                     (第三刀,每次吃刀 4.5mm)
N1070  G00   X100.0 Z100.0;        (退刀,回到换刀点)
N1080  M05   T0400;                (主轴停转,取消刀补)
N1090  M30;                        (程序结束,系统复位)
```

3. 单一端面车削圆锥体准备功能指令 G94

A→*D*→*C*→*B*

(1)格式:N4　G94　X(U)±43　Z(W)±43　R±43　F43;

格式的符号说明:

X、Z 取值为圆柱面切削终点的坐标值。

U、W 取值为圆柱面切削终点相对循环起点的坐标分量(X、Z 增量坐标)。

F:进给速度

R:取值为圆锥面切削起始点与圆锥切削终点在 Z 轴方向的坐标增量,有正负号。(即圆锥面切削起始点的 Z 轴坐标减去圆锥切削终点的 Z 轴坐标)。

(2)单一车削。圆锥体循环指令 G94 循环如图 9-3 所示,R 值的计算与走刀路径如图 9-4 所示。

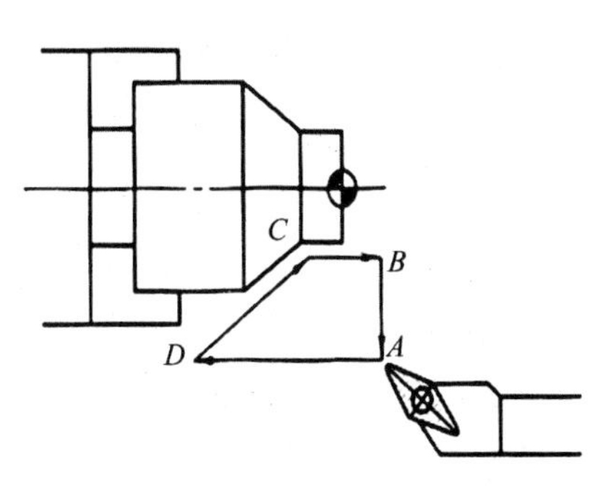

图 9-3　锥端面固定循环 G94

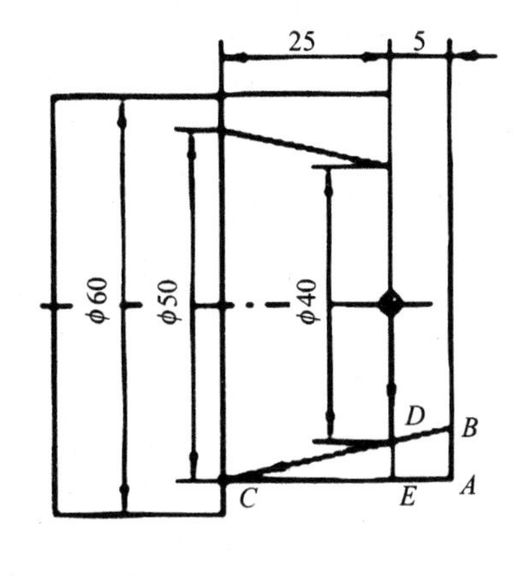

(a) *R* 值的计算

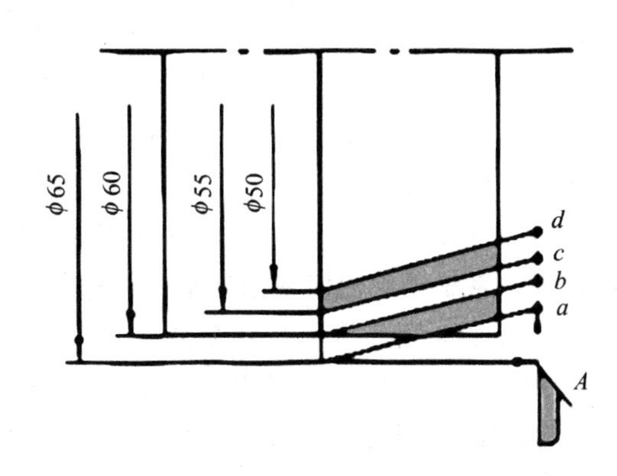

(b) 走刀路径

图 9-4　R 值的计算与走刀路径

(3)举例。用单一车削圆锥体循环指令 G94 车削如图 9-5 所示零件,材料为塑料,轴向每次进刀量 5mm。

解:①(前面工艺省略)

②R 值得计算：

程序的循环起点坐标为(X75.0,Z5.0)，轴向切削起点坐标为(X75.0,Z－20.0)，轴向切削终点坐标为(X75.0,Z－5.0)，则 R＝(-20.0)－(－5.0)＝－15.0。

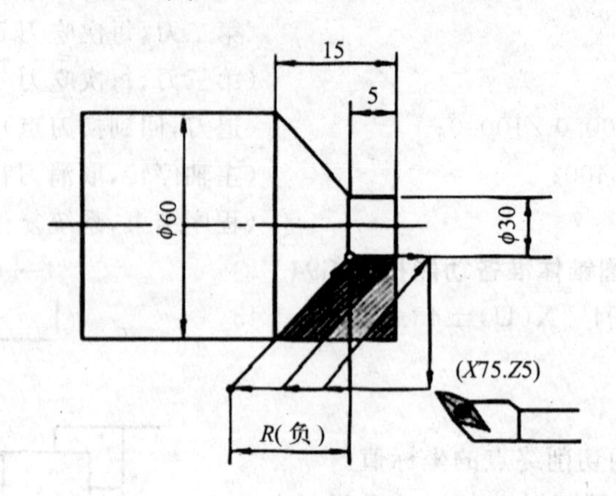

图 9-5　车锥端面

③程序：

```
O1000;                              (设定程序名称)
N1010  M03  S500;                   (主轴正转,500 转/分钟)
N1020  T0404;                       (选用 4 号刀,第 4 组刀补)
N1030  G00  X75.0  Z5.0;            (快速定位到循环起点)
N1040  G94  X3.0  Z5.0  R－15.0  F0.2;(G94 循环,切削圆锥第一刀,每次吃刀 5mm)
N1050  Z0;                          (切削圆锥第二刀)
N1060  Z-5.0;                       (切削圆锥第三刀)
N1070 G00 X100.0 Z100.0;            (退刀,回到换刀点)
N1080  M05  T0400;                  (主轴停转,取消刀补)
N1090  M30;                         (程序结束,系统复位)
```

▲2. 华中系统端平面切削循环指令 G81

(1)端平面切削循环指令 G81 格式一：

N4　G81　X(U)±43　Z(W)±43　F43;

格式一的符号说明：与 FANUC 系统的一致。

(2)圆锥面切削循环指令 G81 格式二：

N4　G81　X(U)±43　Z(W)±43　K±43　F43;

格式二的符号说明：

K：等同于 FANUC 系统 G94 中的 R。其他的与 FANUC 系统 G94 指令中的相同。

(三)项目九练习工件如图 9-6(必修)、图 9-7(选修)所示

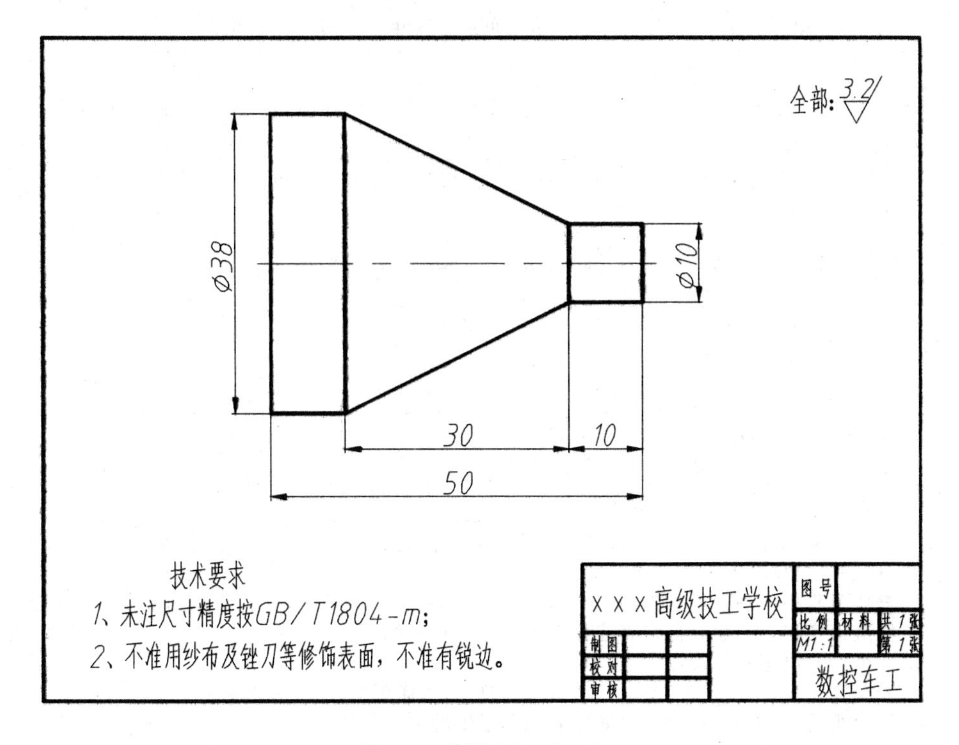

图 9-6　项目九练习工件

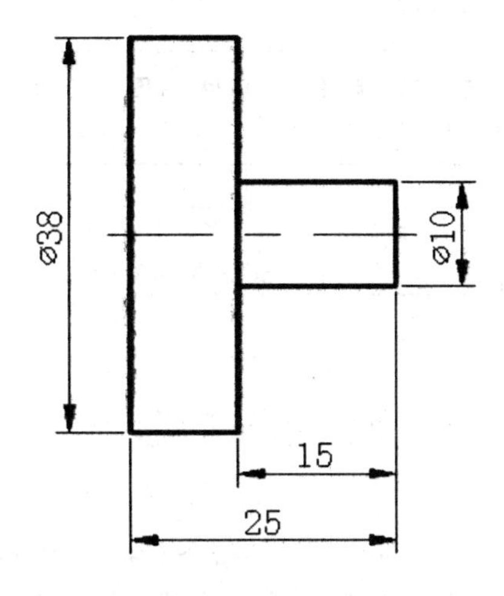

图 9-7　(选修)尺寸精度 GB/T1804—f

(四)项目九所需要的量具和材料

1. 量具

(1)钢板尺。规格:0-150;数量:一把/台机床。

(2)游标卡尺。规格:0-150×0.02;数量:一把/台机床。

2. 材料:Φ40×500 塑料棒

数控车工第一阶段实习项目九(图 9-6)评分表

第____组____号机床　填表时间:____年____月____日星期____

工种	____________系统数控车工	姓名		总分	
加工时间	开始时间:　月　日　时　分,结束时间:　月　日　时　分			实际操作时间	

序号	工件技术要求	配分	精度等级	量具	学生自测评得分			老师测评得分			单项综合得分
					实测尺寸	得分	扣分	实测尺寸	得分	扣分	
1	Φ38	10	按照GB/T 1804—f。	0—150×0.02游标卡尺							
2	Φ10	5									
3	10	10									
4	30	10									
5	50	10		圆弧量规							
6	安全文明生产	5	优秀者5分,正常操作4分,每受到一次警告扣2分。					空格			
7	作业分数	50	按题上标出					空格			
说明	1. 尺寸扣分标准:每超出公差值的四分之一数值段,扣配分的一半分数;达到或超出公差值的二分之一数值段,该尺寸的得分为0。 2. 操作过程中出现违反数控车工操作安全要求的现象,立即取消实习资格,经过安全教育后才能继续实习。有事故苗头者或出现事故者(撞刀、撞机床、物品飞出等)、立即停止操作,查明原因后再决定后续实习。 3. 安全文明生产标准:工、量、刃、洁具摆放整齐,机床卫生保养,礼节礼貌等。 4. 综合得分:剔除偶然因素,一般以老师和学生的测评分数之和的二分之一为综合得分。 5. 作业分数,以实际批改的为准。综合得分以师生共同得分的评分数为准,如果师生的评分相差太大,应找出正确的一方,以正确一方的评分为主。 6. 总分是100分。										

数控车工第一阶段实习项目九(图 9-7)登记表

号机床　填表时间:____年____月____日星期____

工种	系统数控车工	姓名		加分	
加工时间	开始时间:　月　日　时　分,结束时间:　月　日　时　分			实际操作时间	
工件是否完整	完整(10分)		局部完整(酌情加分<10分)		不完整(0分)

四、引导问题

1. (5分)解释项目九学习的单一径向切削循环指令G94(华中G81)进刀中的第一刀有什么要求?R如何确定?R值如果计算错误,会带来什么样的后果?试举例说明?

答:____

2. (5 分)项目九的最大直径和最长尺寸是多少？车削准备时，应准备最小尺寸的棒料是多少？从三爪卡盘上伸出的最短长度是多少？

答：

3. (5 分)你有什么方法可以提高图 9-6 中尺寸 30 的测量准确性？

答：

4. (5 分)你测量的尺寸和老师测量的尺寸差异还大吗？到底是什么原因？

答：

5. (4 分)在准备功能指令 G94(华中 G81)的循环前，如何定位才能顺利的切削？(不走空刀)

答：

6. (4 分)项目九的工件如果用 G72 循环切削，和 G94(华中 G81)有什么差异？通过两个指令的对比，你有什么收获？

答：

7. (5 分)用 G94(华中 G81)指令切削，你知道对粗车刀的各个切削角度有什么要求吗？在简要说明后可否画个粗车刀简图表达？

答：

8. (5 分)查表找出 Φ38、Φ10、10、30、50 五个尺寸的偏差值，并计算出每个尺寸的公差值和极限尺寸。

答：

9. (4 分)用 G94(华中 G81)指令粗加工铸造件或锻造件，对背吃刀量和主轴转速有什么要求？

答：

10. （4 分）经过项目九的图样练习，你对铸造件或锻造件的加工编程什么收获？

答：

11. （5 分）你认为在项目九的教学中，老师的教学还有什么需要改进的地方？

答：

项目十 G92 指令的应用及练习

（螺纹固定循环）

一、任务与操作技术要求

经过前面九个项目的练习，大家对于实际生产中常见到的各种各样外圆的回转体工件的粗加工已经能顺利的编程加工生产了，公制外螺纹的编程加工也可以进行了，并且了解了轴向螺纹、圆锥螺纹、端面螺纹甚至是多头螺纹的编程加工。但是在编制公制外螺纹的车削加工程序过程中是不是有些重复，程序显得有点冗长，特别是加工多头螺纹，有没有办法让螺纹车削的程序编制简便一些呢？

项目十将提供一种螺纹的编程方法来解决这一问题，以简化螺纹加工的程序编制。

回忆已经学过的螺纹指令 G32，其格式、代码、注意事项等有着严格的规定，必须按照规定的要求进行编程，不能有一点一丝的粗心。

每个程序在运转前，必须进行模拟演示，一定要确认没有相撞的可能才可以进行实操练习。

二、信息文

工件图 10-3 的螺纹固定循环指令 G92。回忆学过的螺纹编程加工前，对于螺纹各种加工参数的计算方法，是否还记忆犹新。

编程加工项目十，再一次体验前面所学过的内外圆粗车循环指令 G71 或 G73 的特点，为灵活选择加工指令作准备。

开始操作前，在数控车床上进行模拟操作，确认没有出现撞机失误，才开始实际加工项目十的练习。

强调仔细回忆在数控车床操作中的安全注意事项有哪些？良好的车间操作习惯是安全的保障。

三、基础文

（一）复习以前可能用上的指令

加工项目十可选择使用指令格式。

(1)快速插补指令(G00):〈简写 G0〉格式:G00　X(U)_　Z(W)____;

(2)直线插补指令(G01):〈简写 G1〉格式:G01　X(U)_　Z(W)____　F ____;

(3)内外径粗车循环指令 G71:

G71 格式:

G71　U(Δd)　R(e);

G71　P(ns)　Q(nf)　U(Δu)　W(Δw)　F(f)　S(s)T(t);

　　N(ns) ……;

　　　　…… f　s　t;

　　N(nf) ……;

(4)固定形状切削复合循环指令 G73。

G73 格式:

G73　U(Δi)　W(Δk)　R(d);

G73　P(ns)　Q(nf)　U(Δu)　W(Δw)　F(f) S(s)　T(t);

N(ns)……;

……f　s　t;

N(nf) ……;

(二)学习新的指令

1. 螺纹固定循环指令 G92

(1)用途:该指令可以切削圆柱螺纹和圆锥螺纹。

(2)G92 加工直螺纹。

①格式一:

N4　G92　X(U)±43　Z(W)±43　F43;

格式一的符号说明:

X、Z:为螺纹每次循环切削终点的坐标值。

U、W:为螺纹每次循环切削终点相对循环起点的坐标分量(X、Z 增量坐标)。

F:螺纹长轴方向的导程。

②G92 加工直螺纹循环如图 10-1 所示。

③举例:(单头螺纹编程)

如图 10-2 所示,工件毛坯为 Φ40,已加工完螺纹的毛坯尺寸,螺纹 M30×2,螺纹小径 D_1=27.84,分 3 刀车完,试用 G92 指令编写加工程序。

解:(前面工艺省略)

```
编程:O0005;                              (设定程序号)
N10    G99;                               (确定进给速度参数)
N20    M03    S01;                        (主轴正转)
N30    T0303;                             (公制外螺纹刀,第 3 组刀补)
N40    G00    X32.0   Z5.0;               (G92 指令循环定位)
N50    G92    X29.0    Z-50.0    F2.0;(车削第一刀)
N60    X28.0;                             (车削第二刀)
```

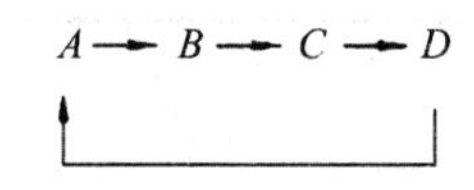

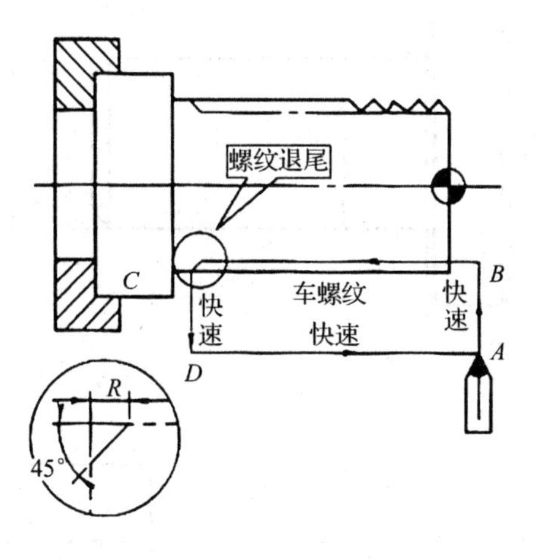

图 10-1　G92 加工直螺纹循环图示

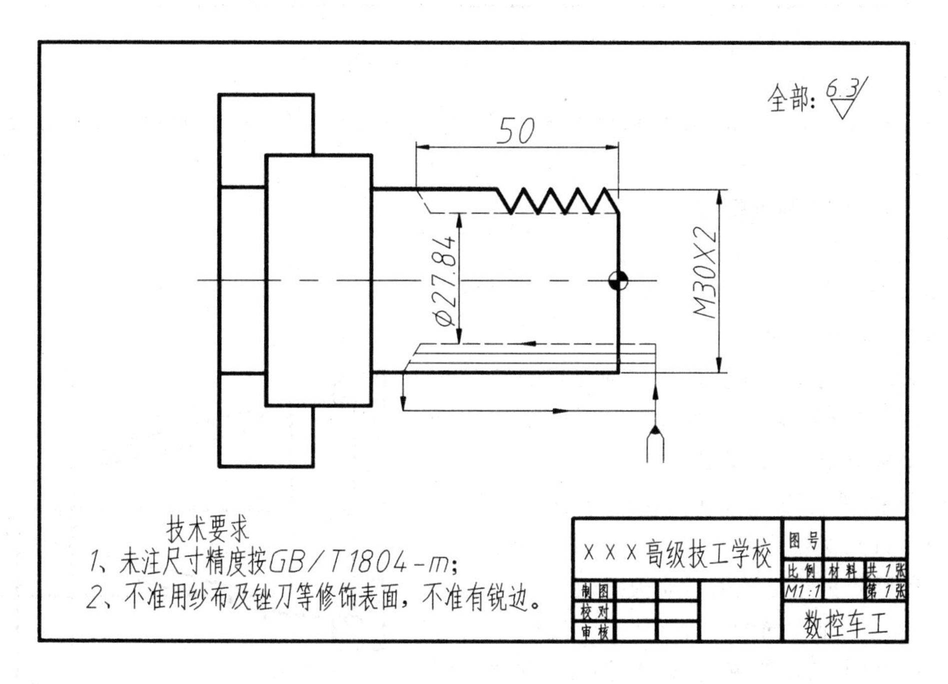

图 10-2　单头螺纹编程举例

N70　X27.84;　　　　　　　　（车削第三刀）

N80　G00　X100.0　Z100.0;　　（退回换刀点）

N90　T0300　M05;　　　　　　（取消刀补，主轴停转）

N100　M30;　　　　　　　　　（加工结束、系统复位）

④编程加工练习：如图 10-3（必修）所示。

单头螺纹加工结束后，仍旧用上图加工双头螺纹，标注改为：

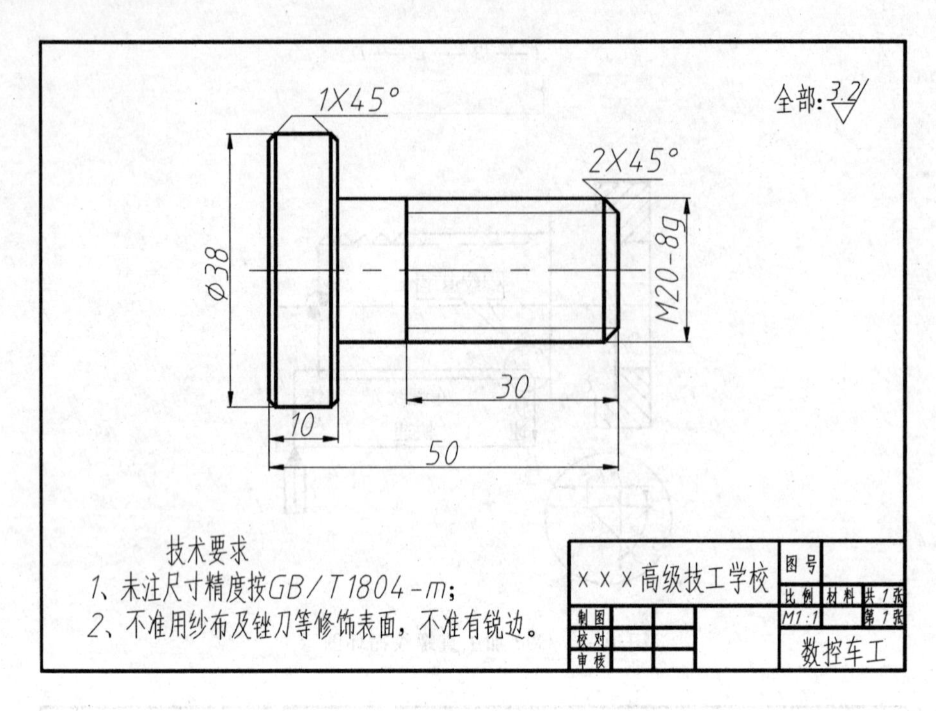

图 10-3 (必修)、G92 格式一练习图

M20×5(P2.5)－8g(双头螺纹螺距 P＝2.5,导程 F＝5.0),编程时注意循环定位点处的位置改变。

(2)G92 加工圆锥螺纹。

①格式二：

N4 G92 X(U)±43 Z(W)±43 R±43 F43;

格式二的符号说明：

X、Z 取值为螺纹每次循环切削终点的坐标值。

U、W 取值为螺纹每次循环切削终点相对循环起点的坐标分量(X、Z 增量坐标)。

R:圆锥螺纹切削起点和切削终点的半径差,有正负号(即:圆锥螺纹切削起点的半径减去圆锥螺纹切削终点的半径差值),非模态值。

F:螺纹长轴方向的导程。

②G92 加工圆锥螺纹循环图示:如图 10-4 所示。

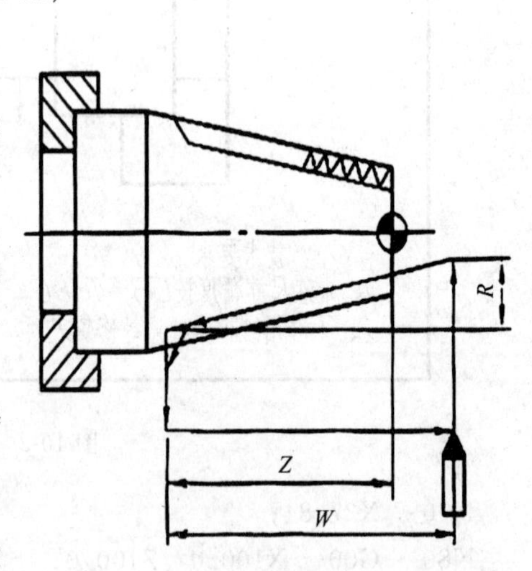

图 10-4 G92 加工圆锥螺纹循环图示

③举例:(单头圆锥螺纹编程)

如图 10-5 所示,工件毛坯 Φ40,已加工完圆锥螺纹的毛坯尺寸,已知米制锥螺纹 ZM30×2,大径 D＝30,小径 D_1＝27.835,基准距离 L_1＝11,有效螺纹长度 L_2＝16,螺纹总长度 L＝30,试编写锥螺纹加工程序。

解:(前面工艺省略)

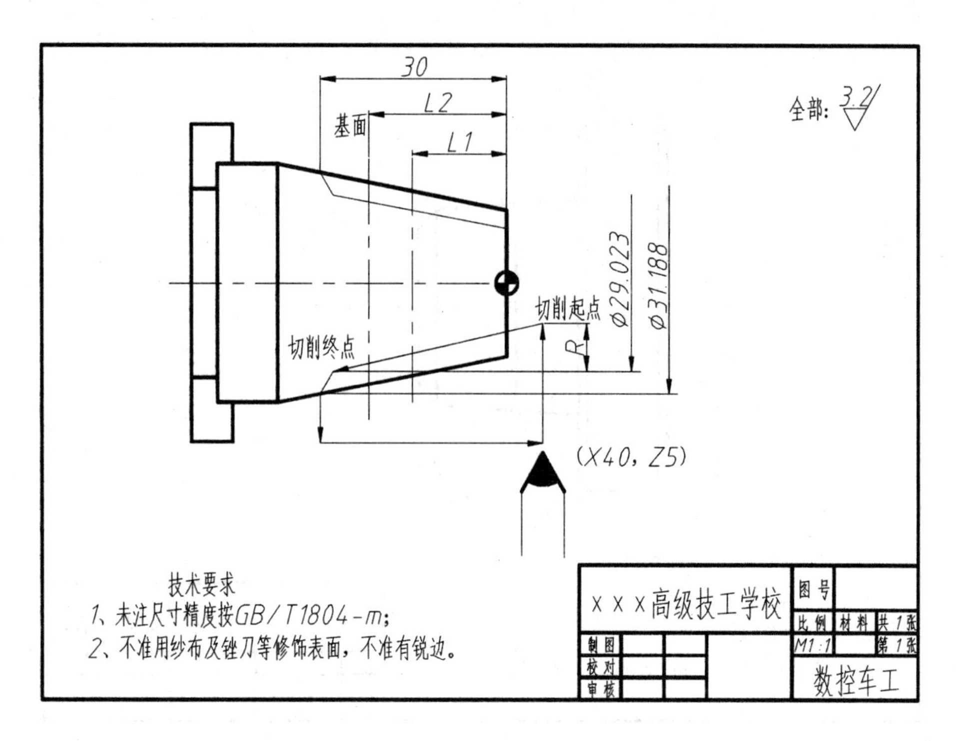

图 10-5　单头圆锥螺纹编程举例

编程：O0005；	（设定程序号）
N10　G99；	（确定进给速度参数）
N20　M03　S01；	（主轴正转）
N30　T0303；	（公制外螺纹刀，第 3 组刀补）
N40　G00　X45.0　Z5.0；	（G92 指令循环定位）
N50　G92　X30.188　Z-30.0　R-1.094 F2.0；	（车削第一刀）
N60　X29.788　R-1.094；	（车削第二刀）
N70　X29.023　R-1.094；	（车削第三刀）
N80　G00　X100.0 Z150.0；	（退回换刀点）
N90　T0300　M05；	（取消刀补，主轴停转）
N100　M30；	（加工结束、系统复位）

④编程加工练习：如图 10-6（选修）所示。

ZM20 螺纹参数：牙型角 $a=60°$、螺距 $P=1.5$. 大径 $d=20_{-0.096}$、小径 $d_1=18.376^{+0.130}_{+0.040}$、锥度 $2\tan\Phi=1:16$、斜角 $\Phi=1.79°=1°47'24''$（$\tan 1°47'24''=0.031$）。

▲2. 华中系统螺纹切削循环指令 G82

（1）直螺纹切削循环指令。

①格式：

N4　G82　X(U)±43　Z(W)±43　R±43　E±43　C2　P43　F43；

②格式说明：

X(U)：X 为绝对值编程时，为螺纹每次循环终点在工件坐标系的绝对坐标，U 为增量

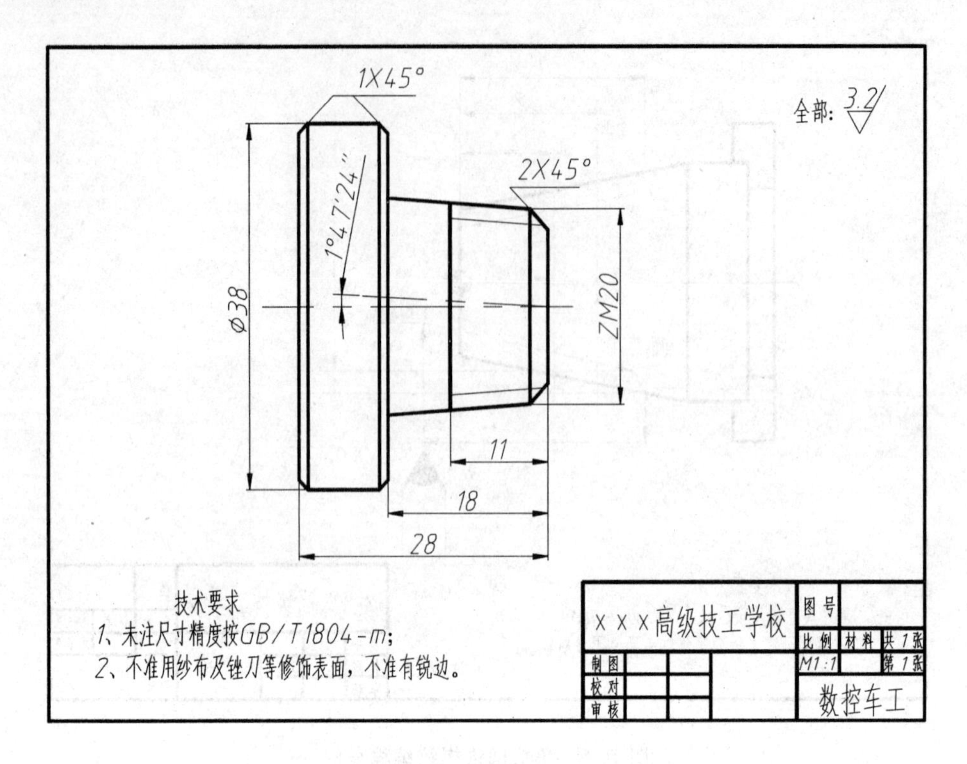

图 10-6 (选修)、G92 格式二练习图

值编程时,为螺纹每次循环终点相距起点的 X 方向的增量坐标。

Z(W):Z 为绝对值编程时,为螺纹每次循环终点在工件坐标系的绝对坐标,W 为增量值编程时,为螺纹每次循环终点相距起点的 Z 方向的增量坐标。

R:螺纹切削 Z 方向的退尾量,如果省略,表示不用 Z 方向回退功能。

E:螺纹切削 X 方向的退尾量,如果省略,表示不用 X 方向回退功能。

C:螺纹头数,为 0 或 1 时切削单头螺纹。头数为 0～99。

P:单头螺纹切削时,为主轴基准脉冲处距离切削起始点的主轴转角(一般为缺省值 0),多头螺纹切削时,为相邻螺纹头数的切削起始点之间对应的主轴转角。

F:螺纹导程。

(2)圆锥螺纹切削循环指令

①格式:

N4　G82　X(U)±43　Z(W)±43　I±43　R±43　E±43　C2　P43　F43;

②格式说明:

I:螺纹起点与螺纹终点的半径差,有"±"号(即:圆锥螺纹切削起点的半径减去圆锥螺纹切削终点的半径差值),非模态值。

其他的指令与 G82 直螺纹的相同。

(三)项目十所需要的量具和材料

1. 量具

(1)钢板尺。规格:0-150;数量:一把/台机床。

(2)游标卡尺。规格:0-150×0.02;数量:一把/台机床。

(3)螺纹量规。规格:M20—8g;数量:一套/台机床。

(4)螺纹中径千分尺。规格:M20—8g;数量:一套/台机床。

(5)车工表面粗糙度样板。规格:Ra1.6-12.5;数量:车间一套。

2. 材料:Φ40×500 塑料棒

数控车工第一阶段实习项目十(图 10-3)评分表

第____组____号机床　填表时间:____年____月____日星期____

工种	____系统数控车工				姓名			总分			
加工时间	开始时间:　月　日　时　分,结束时间:　月　日　时　分							实际操作时间			
序号	工件技术要求	配分	精度等级	量具	学生自测评得分			老师测评得分			综合得分
					实测尺寸	得分	扣分	实测尺寸	得分	扣分	
1	M20—8g	20	8级	螺纹量规							
2	Φ38	5	按照GB/T 1804—f。	0—150×0.02游标卡尺							
3	Φ20—0.4	2									
4	50	5									
5	10	2									
6	30	5									
7	1×45°(2个)	4	按照GB/T 1804—m。	倒角量规							
8	2×45°	2									
9	安全文明生产	5	优秀者5分,正常操作4分,每受到一次警告扣2分。					空格			
10	作业分数	50	按题上标出					空格			
说明	1. 螺纹评分标准: ①通规能顺利通过,止规旋入螺纹不超过2.5扣,即为合格。 ②通规能顺利通过,止规也能全部旋入通过,即为不合格。 ③通规能旋入螺纹长度的一半,止规不能过2.5扣,得一半分。 2. 其他尺寸扣分标准:每超出公差值的四分之一数值段,扣配分的一半分数;达到或超出公差值的二分之一数值段,该尺寸的得分为0。 3. 操作过程中出现违反数控车工操作安全要求的现象,立即取消实习资格,经过安全教育后视情节决定能否继续实习。有事故苗头者或出现事故者(撞刀、撞机床、物品飞出等)、立即停止操作,查明原因后再决定后续实习。 4. 安全文明生产标准:工、量、刃、洁具摆放整齐,机床卫生保养,礼节礼貌等。 5. 综合得分:剔除偶然因素,一般以老师和学生的测评分数之和的二分之一为综合得分。 6. 作业分数,以实际批改的为准。综合得分以师生共同得分的评分数为准,如果师生的评分相差太大,应找出正确的一方,以正确一方的评分为主。 6. 总分是100分。										

数控车工第一阶段实习项目十(图 10-6)登记表

______号机床　填表时间:____年____月____日星期______

工种	系统数控车工		姓名		加分	
加工时间	开始时间:　月　日　时　分,结束时间:　月　日　时　分				实际操作时间	
工件是否完整	完整(10分)		局部完整(酌情加分＜10分)		不完整(0分)	

四、引导问题

1. (5分)解释项目十学习的螺纹固定循环指令G92中,公制外螺纹刀进刀过程中的第一刀有什么要求?R如何确定?R值如果计算错误,会带来什么样的后果?(选做)每一段指令中是否应当写出R的指令和参数,为什么?

答:

2. (5分)项目十的最大直径和最长尺寸是多少?车削准备时,应准备最小尺寸的棒料是多少?从三爪卡盘上伸出的最短长度应当比对刀点多出多少?

答:

3. (5分)如何确定螺纹切削的开始定位点?螺纹固定循环指令G92循环结束后,刀位点停留在什么地方?

答:

4. (5分)螺纹固定循环指令G92正在循环加工中,如果按下停机按钮,刀位点停留在什么地方?螺纹固定循环指令G92正在循环加工中,能不能改变进给速度F和主轴转速S?

答:

5. (4分)解释M20-8g的含义?并计算M20-8g的大径、小径、中径的基本尺寸和公差

答:

6. (4分)在本次教学中如何检测螺纹加工是否合格?你知道有几种检测螺纹的方法?

答:

7. (5 分)比较一下用螺纹切削指令 G32 和螺纹固定循环指令 G92 切削螺纹在编程过程中的难易程度,两个指令各有什么特点? 在螺纹加工中,G92 与 G32 相比,G92 有哪些不足?

答:____

____

____

____

8. (5 分)切削螺纹时,主轴最大转速如何确定? 试计算一下导程 F = 5 时的主轴最大转速。

(选做)你会计算圆锥螺纹的相关参数吗? 试计算一下工件图 10-6(选修)螺纹切削起点的直径坐标。

答:____

____

____

____

____

9. (4 分)用硬质合金刀具对螺纹固定循环指令 G92 指令加工螺纹时,对第一次背吃刀量和最后一次的背吃刀量有什么要求? 为什么?

答:____

____

____

____

10. (4 分)公制外螺纹的大径尺寸、小径尺寸、中径尺寸如何计算? 如果不查加工手册,其大概的公差取值范围如何确定? 如何确认每一次进刀的背吃刀量?

答:____

____

____

____

____

____

11. (4 分)你认为在项目十的教学中,老师的教学还有什么需要改进的地方?

答:____

____

项目十一　G76 指令的应用及练习

（较大螺距螺纹固定循环）

一、任务与操作技术要求

经过前面十个项目的练习，在实际生产中常见到的各种各样外圆回转体工件的加工，特别是公制螺纹的编程和车削加工已经能顺利地完成了。但是，前面所学的螺纹加工方法是针对中小螺距的螺纹编程加工的，对于大螺距螺纹和特型螺纹的编程加工又有什么特别之处呢？

在项目五中学过的车削螺纹的进刀方法有三种，仔细想一想是哪三种？

用螺纹车削指令 G32 和 G92 车削螺纹时，采用的是直进式进刀法，这在螺纹车削中、小螺距螺纹时是常采用的方法，但是在车削大螺距螺纹或特型螺纹时，因为是双面切削，刀尖的负荷较大容易出现“啃刀现象”，容易导致螺纹报废。

项目十一的学习将提供一种编程方法解决这一问题。

项目十一所学的螺纹车削指令，其格式、代码、注意事项等有着严格的规定，必须按照规定的要求进行编程，不能有一点一丝的粗心。并且在螺纹车削程序在运转前，必须进行模拟演示，一定确认没有干涉的可能才可以进行实操练习。

二、信息文

工件图 11-4 所示螺纹固定循环指令 G76 回忆已经学过加工螺纹的指令 G32、G92 的编程格式和编程方法？在螺纹编程加工前，新的指令 G76 对于螺纹加工参数的计算方法与 G32、G92 完全一样，只是更加简洁了，而且对加工大螺距或特型螺纹的螺纹的成功率更高了。

学习螺纹固定循环指令 G76 的目的是为了提高加工效率和零件的合格率，为以后的生产服务。

开始操作前，在数控车床上进行模拟操作，确认没有出现干涉和撞机，才开始进行项目十一的练习。

强调仔细回忆在数控车床操作中的安全注意事项有哪些？良好的车间操作习惯是安全的保障。

三、基础文

(一)复合型螺纹切削循环指令 G76

(1)用途:该指令比 G92 指令简洁,可节省程序编制与计算时间,只需一次设定有关参数,则螺纹加工过程自动进行。

(2)G76 指令格式:

N4　G76　P(m)(r)(α) Q(Δdmin) R(d);

N4　G76　X(u)±43　Z(W)±43　R(i)P(k) Q(Δd)　F(L);

G76 格式的符号说明:

m:精车重复次数,从 01～99 次,用两位数表示,该参数为模态值。

r:螺纹尾端倒角值(Z 向),该值的大小可设置在 0.0～9.9L 之间,系数应为 0.1 的整数倍,用 00～99 之间的两位数来表示,其中 L 为螺纹导程,该参数为模态值。

α:刀尖角度,可从 80°、60°、55°、30°、29°、0°六个角度中选择,用两位数来表示,该参数为模态值。

(m)(r)(α)用地址 P 同时指定,例如 m=2、r=1.2、α=60°,表示为 P021260;

Δdmin:最小车削深度,用半径值指定,单位:微米。

d:精车余量,用半径值编程指定,单位:毫米(操作说明书上单位是微米,但是在实际操作中是毫米),该参数为模态值。

X(u)、Z(W):螺纹切削终点的绝对坐标和增量坐标。

i:螺纹的锥度值,用半径值编程指定,即螺纹起点的半径值减去螺纹终点的半径值。如果 i=0 则为直螺纹,可省略 i。

k:螺纹高度,用半径值编程指定,单位:微米。

Δd:第一次车削深度,用半径值编程指定,单位:微米。

L:螺纹长轴方向的导程。

(3)复合型螺纹切削循环指令 G76 走刀路线如图 11-1 所示。

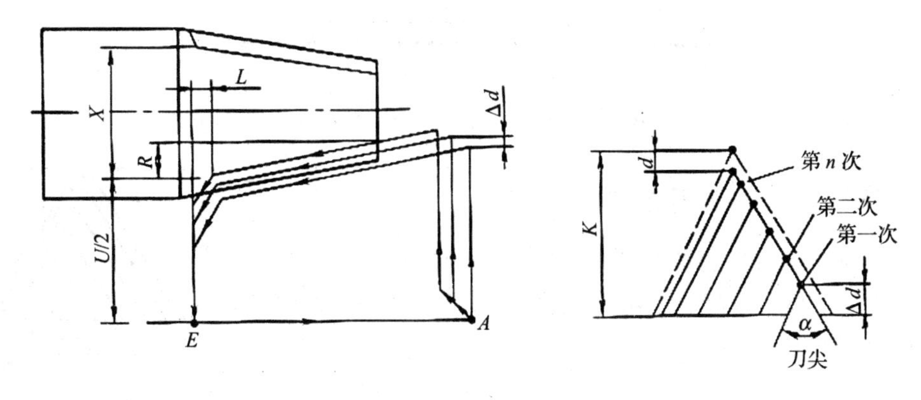

图 11-1　螺纹切削循环 G76

▲(二)华中系统螺纹切削复合循环指令 G76

(1)指令格式:

N4 G76 C(c)R(r)E(e) A(a) X(u)Z(W)I(i) K(k) U(d) V(Δdmin) Q(Δd) P(p) F(L);

(2)G76 格式的符号说明。

c:精车重复次数,从 01~99 次,用两位数表示,该参数为模态值。

r:螺纹 Z 向退尾长度(00~99),用两位数表示,该参数为模态值。

e:螺纹 X 向退尾长度(00~99),用两位数表示(半径值),该参数为模态值。

a:刀尖角度,用两位数表示,该参数为模态值,在 80°、60°、55°、30°、29°和 0°六个角度中选择一个。

X(u)、Z(W):螺纹切削终点的绝对坐标和增量坐标。

i:螺纹两端的半径差,即:螺纹的锥度值,用半径值编程指定,即螺纹起点的半径值减去螺纹终点的半径值。如果 i = 0 则为直螺纹,可省略 i。

k:螺纹高度,用半径值编程指定,单位:毫米。

d:精加工余量(半径值),单位:毫米。

Δdmin:螺纹最小切削深度(半径值),单位:毫米。

Δd:第一次切削深度(半径值),单位:毫米。

p:主轴基准脉冲处距离切削起点的主轴转角。

L:螺纹导程。

(3)华中系统螺纹切削复合循环指令 G76 如图 11-2 所示。

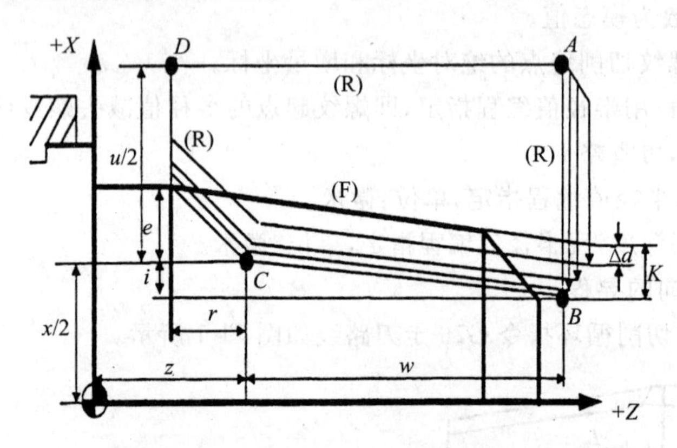

图 11-2　G76 车削螺纹的进刀方式

(三)车削螺纹的进刀方式

用 G76 加工螺纹采用的是斜进式进刀法,因为是单刃切削,从而使刀尖的负荷减轻,避免了“啃刀现象”的发生。如图 11-3 所示,适用于车削较大螺距螺纹。

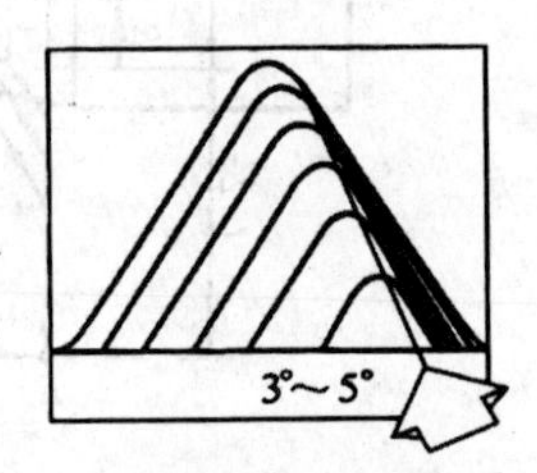

图 11-3　斜进式进刀

(四)举例

例 1:如图 11-4 所示,圆柱螺纹 M68×6,已知螺纹小径 D_1=61.505、牙型高 3.894,第一次切屑深度为 1.8(如图 11-4 所示),加工螺纹的毛坯已经加工完成。

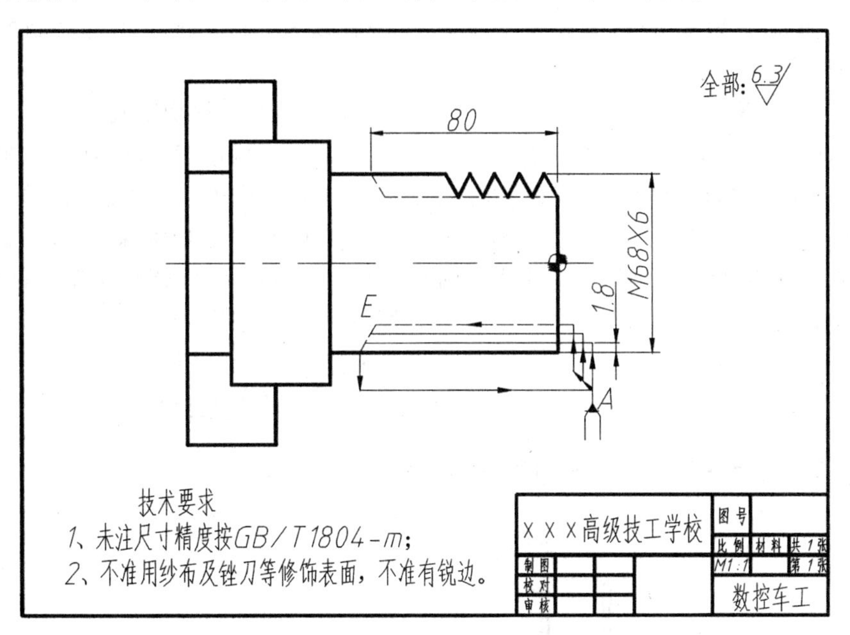

图 11-4　G76 指令切削螺纹

1. 用 FANUC 系统编程

解:(前面工艺步骤省略)

机械回零;

O0001;　　(设定程序号)

G99;　　(设定进给速度 r/min 指令)

N10　M03　S80;　　(设定主轴每分钟 80 正转)

N20　T0303;　　(3 号公制外螺纹刀,第 3 组刀补)

N30　G00 X80.0 Z18.0;　　(快速进刀,到螺纹切削起点)

N40　G76　P021060 Q100

R0.2;(重复精车 2 次,螺纹尾端倒角呈 45°退刀,牙型角 60°,螺纹最小切削深度(半径值)100 微米,精车余量 0.2 毫米)

N50　G76　X61.505　Z−80.0　R0　P3894　Q1800　F6.0;(螺纹加工终点绝对坐标 X61.505、Z−80.0,螺纹的锥度值为 0,螺纹高度 3894(半径值)微米,螺纹第一次车削深度 1800(半径值)微米,导程 6mm)

N60　G00　X100.0　Z100.0;　　(退刀回换刀点)

N70　M05　T0300;　　(主轴停转,取消刀补)

N80　M30;　　(程序结束,系统复位)

▲2. 用华中系统编程

解:(前面工艺步骤省略)

%1000;(O0001;)　　　　　　　　　　(设定程序号)

N10　G00　G95　　X100.0　　Z100.0;(移动刀具回换刀点,设定进给速度 r/min)

N20　M03　S80　　T0303;　　　　　　(主轴以 80r/min 正转,3 号公制外螺纹刀,第 3 组刀补)

N30　G00　X80.0　Z18.0;　　　　　　(快速进刀,到螺纹切削起点)

N40 G76 P02 R-3 E3 A60 X61.505 Z−80.0 I0 K3.894 U0.1 V0.1 Q1.8　P0　F6.0;

(重复精车 2 次,螺纹尾端退尾量 Z 向-3.0、X 向 3.0,牙型角 60°,螺纹加工终点绝对坐标 X61.505、Z−80.0,螺纹高度 3.25,螺纹精加工余量 0.1,最小切削深度(半径值)0.1 第一次切削深度 1.8,螺纹基准脉冲处距离切削起始点的主轴转角 0°,螺纹导程 6mm)

N50 G00　X100.0 Z100.0;　　　　　　(快速退刀回换刀点)

N60　M05　T0300;　　　　　　　　　(主轴停转,取消刀补)

N70　M30;　　　　　　　　　　　　　(程序结束,系统复位)

(五)项目十一编程加工练习如图 11-5 所示(必做)

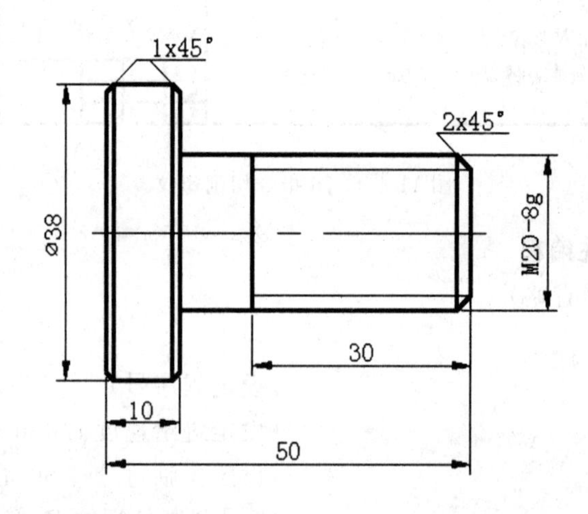

图 11-5　项目十一编程加工练习(必修)

(六)圆锥和双头螺纹编程加工练习

可选择加工图 11-6(选做)圆锥螺纹或图 11-7(选做)双头螺纹。

圆锥螺纹 ZM20 的参数:P=1.5、大径 $d=20_{-0.096}$、小径 $d_1=18.376^{+0.130}_{+0.040}$、斜角 $\Phi=1°47'24''$、锥度 $2\tan\Phi=1:16$、牙型角 $a=60°$。

双头螺纹的参数:M20×5(P2.5)−8g,双头螺纹螺距 P=2.5、导程 F=5.0。

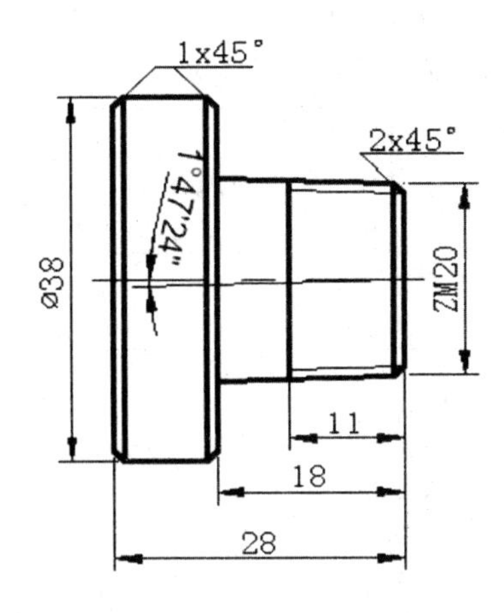

图 11-6　(选修 1)、尺寸精度 GB/T1804—f

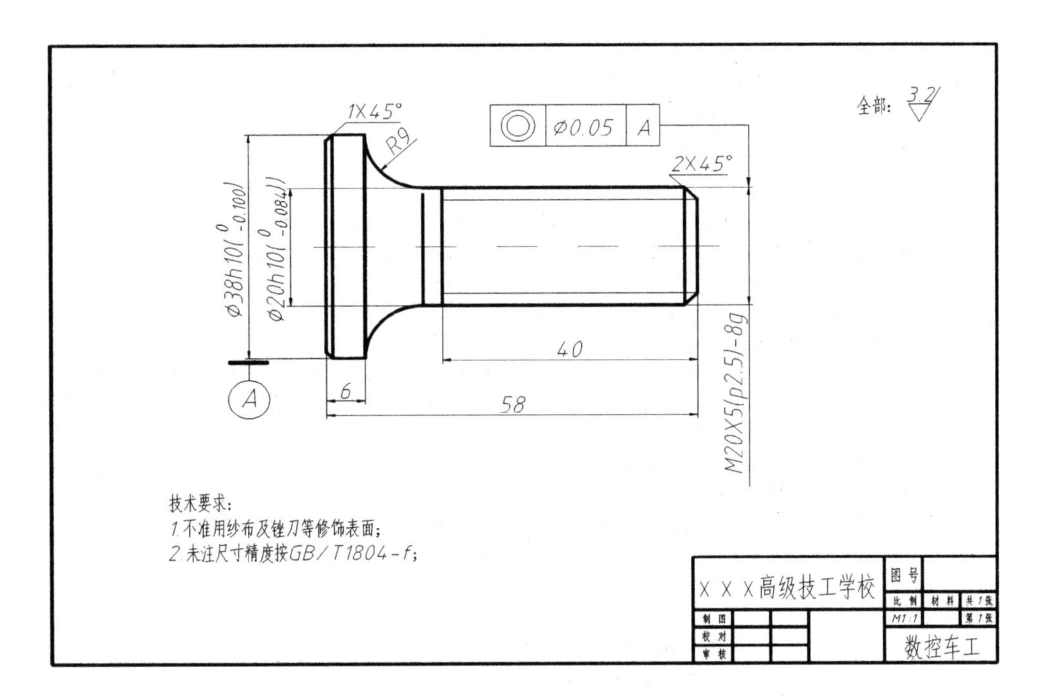

图 11-7　(选修 2)、双头螺纹练习图

数控车工第一阶段实习项目十一(图 11-5)评分表

第___组___号机床　填表时间：___年___月___日星期___

工种	________系统数控车工	姓名		总分	
加工时间	开始时间：　月　日　时　分，结束时间：　月　日　时　分			实际操作时间	

序号	工件技术要求	配分	精度等级	量具	学生自测评分			老师测评			单项综合得分
					实测尺寸	得分	扣分	实测尺寸	得分	扣分	
1	M20－8g	20		螺纹量规							
2	Φ38	5	按照GB/T 1804－f。	0－150×0.02游标卡尺							
3	$\Phi20_{-0.4}$	2									
4	50	5									
5	10	2									
6	30	5									
7	1×45°(2个)	4	按照GB/T 1804－m。	倒角量规							
8	2×45°	2									
9	安全文明生产	5	优秀者5分，正常操作4分，每受到一次警告扣2分。					空格			
10	引导问题	50	按题上标出					空格			

说明

1. 螺纹评分标准：
   ①通规能顺利通过，止规旋入螺纹不超过2.5扣，即为合格。
   ②通规能顺利通过，止规也能全部旋入通过，即为不合格。
   ③通规能旋入螺纹长度的一半，止规不能过2.5扣，得一半分。
2. 其他尺寸扣分标准：每超出公差值的四分之一数值段，扣配分的一半分数；达到或超出公差值的二分之一数值段，该尺寸的得分为0。
3. 操作过程中出现违反数控车工操作安全要求的现象，立即取消实习资格，经过安全教育后视情节决定能否继续实习。有事故苗头者或出现事故者(撞刀、撞机床、物品飞出等)、立即停止操作，查明原因后再决定后续实习。
4. 安全文明生产标准：工、量、刃、洁具摆放整齐，机床卫生保养，礼节礼貌等。
5. 综合得分：剔除偶然因素，一般以老师和学生的测评分数之和的二分之一为综合得分。
6. 作业分数，以实际批改的为准。综合得分以师生共同得分的评分数为准，如果师生的评分相差太大，应找出正确的一方，以正确一方的评分为主。
7. 总分是100分。

数控车工第一阶段实习项目十一(图 11-6)登记表

______号机床　填表时间：___年___月___日星期___

工种	系统数控车工		姓名		加分		
加工时间	开始时间：　月　日　时　分，结束时间：　月　日　时　分				实际操作时间		
工件是否完整	完整(10分)		局部完整(酌情加分<10分)			不完整(0分)	

数控车工第一阶段实习项目十一(图 11-7)登记表

______号机床　填表时间：___年___月___日星期___

工种	系统数控车工		姓名		加分		
加工时间	开始时间：　月　日　时　分，结束时间：　月　日　时　分				实际操作时间		
工件是否完整	完整(10分)		局部完整(酌情加分<10分)			不完整(0分)	

四、引导问题

1. (8 分)解释项目十一学习的螺纹固定循环指令 G76 中，P(m)(r)(α)如何选择？试举例说明。

   答：________________

2. (7 分)螺纹固定循环 G76 指令中的 R(i)如何确定？i 值如果计算错误，会带来什么样的后果？

   答：________________

3. (5 分)较大螺距的螺纹编程如何确定螺纹切削的开始定位点？螺纹固定循环指令 G76 循环结束后，刀位点停留在什么地方？

   答：________________

4. (5 分)螺纹固定循环指令 G76 正在循环加工中，如果按下停机按钮，刀位点停留在什么地方？螺纹固定循环指令 G76 正在循环加工中，能不能改变进给速度 F 和主轴转速 S？

   答：________________

5. (5 分)用螺纹固定循环指令 G76 指令编程时，螺纹的牙型高度指令 P(k)中的 k 值如何计算？

   答：________________

6. (5 分)螺纹固定循环指令 G76 编程的各个参数中，哪些是半径编程、哪些是直径编程？哪些参数用毫米？哪些参数用微米？

   答：________________

7. (5 分)为什么用螺纹固定循环指令 G76 可以车削较大螺距的螺纹？在较大螺距的车削加工中，如果不用 G76 指令而用别的指令，可能会出现什么不良现象？

   答：________________

8. (5 分)到目前为止，你的测量结果与老师的测量结果还有误差吗？

   答：________________

9. (5 分)你认为在项目十一的教学中，老师的教学还有什么需要改进的地方？

答：

10. (加分 5)项目十一的练习工件中，需要用到哪些量具和毛坯尺寸，请详细列出其名称、规格等内容。

答：

项目十二　子程序的应用及练习

一、任务与操作技术要求

经过前面十一个项目的练习，已经能顺利的对回转体进行车削加工生产了，但是在实际的生产中，经常会遇到在一个回转体工件上有多个几何形状和尺寸完全相同的几何体，这些几何形状和尺寸完全相同的几何体虽然能用已经学习过的指令编程加工出来，但是会重复使用一些指令和程序段，造成程序段的冗长，工作量加大，容易出现错误。

如何解决这一问题呢？有没有一种简练的编程方法可以避免程序段的冗长现象呢？

使用子程序的编程方法可以解决程序段的冗长问题，使程序简洁。

子程序本身没有很多新的指令。项目十二子程序的学习，是对以前学习指令的综合应用，因此，必须对以前所学过的内容进行回顾，才能熟练的应用子程序。

二、信息文

子程序既有固定的格式，也有灵活的应用。在熟记子程序格式的基础上，灵活应用是目的。

子程序将采用增量值坐标编程，因此，熟练掌握增量值坐标的概念，是学习子程序的基础。

开始操作前，在数控车床上进行模拟操作，确认没有出现干涉和撞击，再开始实际加工项目十二的练习。

到目前为止，检查一下自己是否养成了良好的车间安全操作习惯。

三、基础文

(一)增量值坐标的复习

(1)增量值坐标定义：增量值又称为相对值，它是相对于前一位置实际移动的距离，方向与机械坐标系相同。

(2)增量值的方向：X 方向的增量用 U 表示，Z 方向的增量用 W 表示。

如图 12-1 所示，以 A 点为工件编程原点，则各个基点的绝对坐标值为 A(X0，Z0)、B

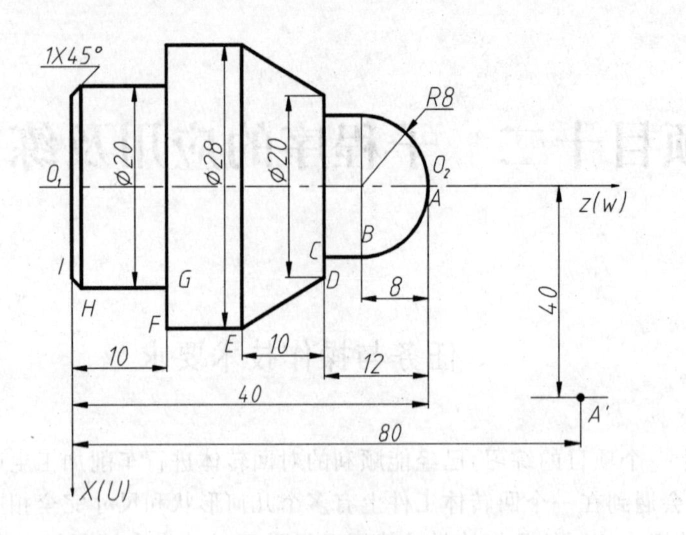

图 12-1　增量值坐标

(X16.0,Z−8.0)、C(X16.0,Z−12.0)、D(X20.0,Z−12.0)、E(X28.0, Z−22.0)。

以 A 点为工件编程原点,则各个基点的增量坐标值为 A(X0,Z0)、B(U16.0,W−8.0)(相对于 A 点)、C(U 0,W−4.0)(相对于 B 点),D(U 4.0, W−0)(相对于 C 点)、E(U 8.0, Z−10.0)(相对于 D 点)。

从上述例子中可以看出,所谓增量值坐标,就是在一段实际轨迹中,用终点的同向坐标减去起点的同向坐标。

(二)子程序

1. 子程序的定义

数控机床的加工程序可以分成主程序和子程序两种,主程序是一个完整的零件加工程序,或是零件加工程序的主体部分。但是在编制加工程序中,有时会遇到一组程序段在一个程序中多次出现,或者几个程序中都要使用它,这个典型的加工程序可以做成固定程序,并单独命名,这组程序段就称为子程序。

2. 子程序的建立

(1)子程序的结构:子程序与主程序相似,由子程序名、子程序内容和子程序结束指令组成,例如:

O××××;　　　子程序名
……;　　　　子程序内容
M99;　　　　子程序结束并返回主程序。

(2)子程序的用途:将子程序储存于数控系统中,主程序在执行过程中,如果需要某一子程序,可以通过一定指令调用。一个子程序还可以调用下一级的子程序,如此循环可以调用四级。子程序必须在主程序结束指令后建立,其作用相当于一个固定程序。

3. 子程序的结构

一个子程序的构成如下:

O××××;　　　子程序序号

……;　　　　　　　子程序内容

……;　　　　　　　子程序内容

M99;　　(子程序结束,返回主程序)

4. 子程序的调用

在主程序中,调用子程序的指令是一个程序段,其格式为:

M98　P△△△××××;

格式中符号的说明:

(1)M98:调用子程序指令。

(2)P:子程序符号。

(3)△△△:子程序重复调用次数,可以从0～999。当不指定重复次数时,子程序只调用一次。

(4)××××:子程序序号。

例1:M98　P51002;表示连续调用子程序"O1002"共5次。

例2:G00　X100.0　M98　P1200;表示在X坐标方向快速运动到坐标(X100.0,W0)后调用子程序"O1200"一次。

(5)子程序返回主程序M99:子程序结束,执行M99使控制程序返回到主程序。

(6)说明:

①子程序执行完请求的次数后用M99返回到主程序M98的下一句继续执行。

②默认循环次数为1次。

▲5. 华中系统子程序格式

(1)M98:调用子程序指令。

(2)M99:子程序结束,执行M99使控制程序返回到主程序。

(3)调用子程序格式:

M98　P4　L4;

指令说明:

P4:被调用的子程序号,"4"表示4位数字。

L4:被调用的子程序重复调用次数,"4"表示4位数字。

(4)子程序的格式:

O0001;子程序序号,华中系统还有用"%"符号表示程序号指令

……;子程序内容

M99;子程序结束,返回主程序

6. 子程序的嵌套

子程序可以嵌套四级,如图12-2所示。

(三)子程序练习举例

如图12-3所示:车削不等距槽,已知:毛坯Φ32mm,01号车刀为90°偏刀,第01组刀补,02号车刀为切槽刀,刀刃宽度为4mm,第02组刀补,不切断。试编程。

解:(前面工艺步骤省略)

主程序:

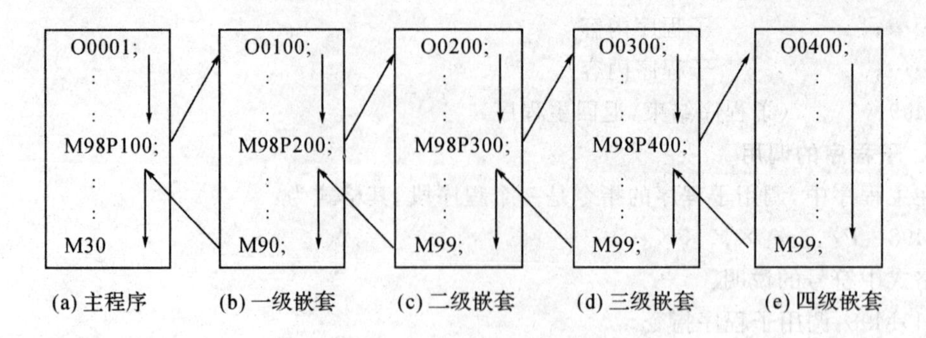

图 12-2　子程序的嵌套

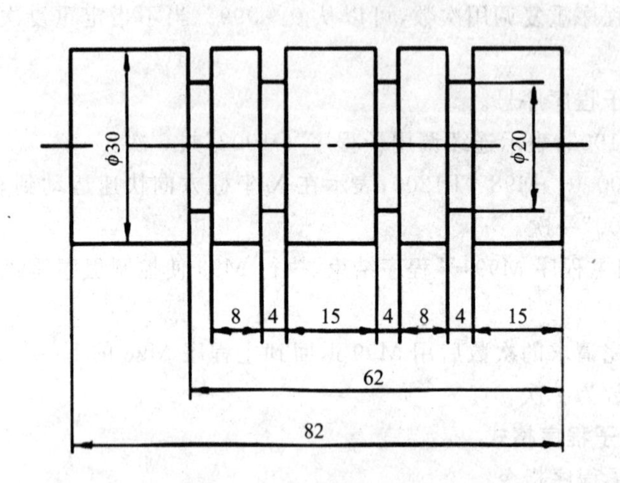

图 12-3　子程序的应用

机械回零；

O0123;(设定主程序号)

N10　G99　G21　G40;	(设定进给速度 mm/r、公制单位、取消刀尖半径补偿)
N20　M03　S360；	(主轴正转 360mm/r)
N30　T0101；	(换 1 号刀,第一组刀补)
N40　G00　X35.0　Z4.0；	(快速定位,准备平右端面和切削 Φ30 外圆)
N50　G01　Z0　F0.3；	(准备右平端面)
N60　X0；	(平右平端面)
N70　G00　X30.0　Z4.0；	(快速退刀到 Φ30)
N80　G01　Z－90.0；	(切削 Φ30 外圆)
N90　G00　X100.0 Z100.0；	(退刀回到换刀点,准备换 2 号切槽刀)
N100　T0202；	(换 2 号刀,第二组刀补)
N110　G00　X35.0　Z－15.0；	(快速定位)
N120　M98　P20002；	(调用子程序 O 0002 二次)
N130　G00　X50.0；	(X 方向退刀)
N140　Z150；	(Z 方向退刀)
N150　M05　T0200；	(主轴停转,取消刀补)

N160　M30；　　　　　　　　　（程序结束，系统复位）
子程序：
O0002；　　　　　　　　　　　（设定子程序 0002 号）
N10　G00　W－4.0；　　　　　（Z 轴方向负向移动到 4mm 处，至第一个槽处）
N20　G01　X20.0　F0.1；（或 N20 G01 U－15.0 F0.1；）（切第一槽至尺寸）
N30　G04　X2.0；　　　　　　（槽底停留 2 秒）
N40　G01　X35.0；（或 N40　G01　U15.0；）（X 方向退出）
N50　G00　W－12.0；　　　　（Z 方向快速定位至第二槽处）
N60　G01　X20.0　F0.1；（或 N60 G01 U－15.0 F0.1；）（切第二槽至尺寸）
N70　G04　X2.0；　　　　　　（槽底停留 2 秒）
N80　G01　X35.0；（或 N80　G01　U15.0；）（X 方向退出）
N90　G00　W-15.0；　　　　　（Z 轴方向负向移动 15mm）
N100　M99；　　　　　　　　　（子程序结束并返回主程序）
▲华中系统编程：如图 12-3 所示。
主程序：
O0123；　　　　　　　　　　　（设定主程序号，或%0123）
N10　G94　G21　G40；　　　（设定进给速度 mm/min、公制单位、取消刀尖半径补偿）
N20　M03　S360；　　　　　　（主轴正转 360mm/r）
N30　T0101；　　　　　　　　（换 1 号刀，第一组刀补）
N40　G00　X35.0　Z4.0；　　（快速定位，准备平右端面和切削 Φ30 外圆）
N50　G01　Z0　F100；　　　　（准备右平端面）
N60　X0；　　　　　　　　　　（平右平端面）
N70　G00　X30.0　Z4.0；　　（快速退刀到 Φ30）
N80　G01　Z－90.0；　　　　（切削 Φ30 外圆）
N90　G00　X100.0 Z100.0；　（退刀回到换刀点，准备换 2 号切槽刀）
N100　T0202；　　　　　　　（换 2 号刀，第二组刀补）
N110　G00　X35.0　Z－15.0；（快速定位）
N120　M98　P0002L2；　　　（调用子程序 O 0002 二次）
N130　G00　X50.0；　　　　（X 方向退刀）
N140　Z150；　　　　　　　　（Z 方向退刀）
N150　M05　T0200；　　　　（主轴停转，取消刀补）
N160　M30；　　　　　　　　（程序结束，系统复位）
（▲华中系统）
子程序：
O0002；　　　　　　　　　　（子程序 0002 号或% 0002）
N10　G91；　　　　　　　　　（设定为增量值坐标）
N20　G00　Z－4.0；　　　　（Z 轴方向负向移动到 4mm 处，至第一个槽处）
N30　G01　X－15.0　F50；　（切第一槽至尺寸）

```
N40   G04   P2.0；              （槽底停留 2 秒）
N50   G01   X15.0；             （X 方向退出）
N60   G00   Z－12.0；           （Z 方向快速定位至第二槽处）
N70   G01   X－15.0   F50；     （切第二槽至尺寸）
N80   G04   P2.0；              （槽底停留 2 秒）
N90   G01   X35.0；             （X 方向退出）
N100   G00   Z-15.0；           （Z 轴方向负向移动 15mm）
N110 M99；                      （子程序结束并返回主程序）
```

（四）项目十二练习工件如图 12-4（必修）所示

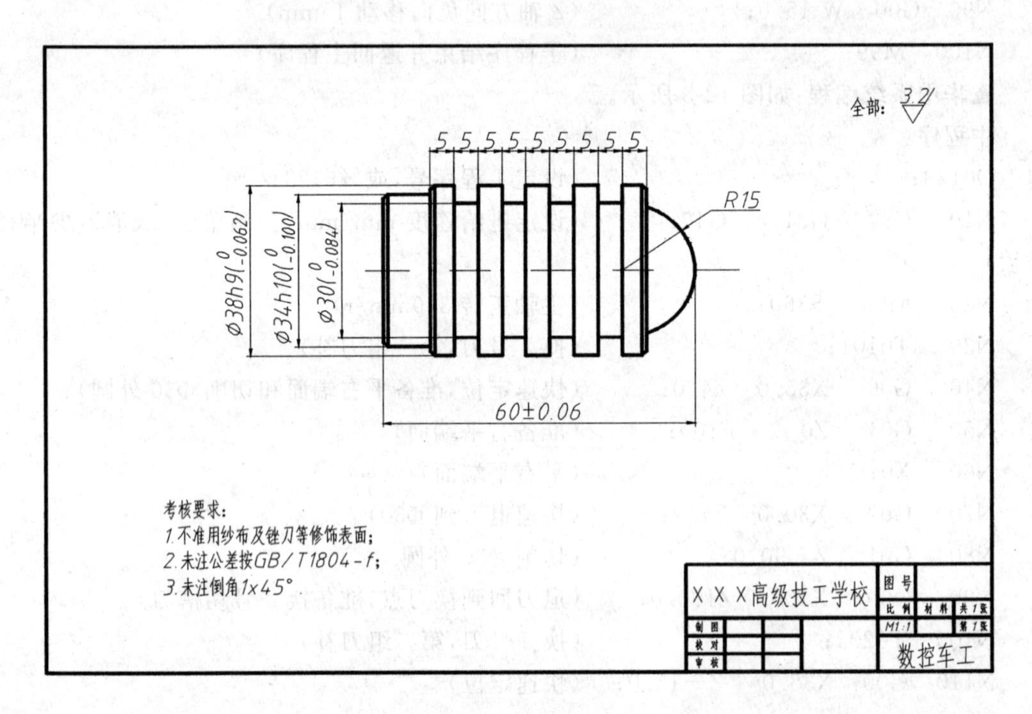

图 12-4 （必修）

数控车工第一阶段实习项目十二(图 12-4)评分表

第____组____号机床　填表时间：____年____月____日星期____

工种	____________系统数控车工	姓名		总分	
加工时间	开始时间：　月　日　时　分，结束时间：　月　日　时　分			实际操作时间	

序号	工件技术要求	配分	精度等级	量具	学生自测评得分			老师测评得分			单项综合得分
					实测尺寸	得分	扣分	实测尺寸	得分	扣分	
1	Φ38	6	IT9	0—150×0.02游标卡尺							
2	Φ34	6	IT10								
3	Φ30	5									
4	60	5									
5	R15	2	按照GB/T 1804—f								
6	5(9 个)	18									
7	1×45°(3 个)	3									
8	安全文明生产	5	优秀者 5 分，正常操作 4 分，每受到一次警告扣 2 分。					空格			
9	引导问题	50	按题上标出					空格			

说明：

1. 尺寸扣分标准：每超出公差值的四分之一数值段，扣配分的一半分数；超出公差值的二分之一数值段，该尺寸的得分为 0 分。
2. 操作过程中出现违反数控车工操作安全要求的现象，立即取消实习资格，经过安全教育后才能继续实习。发现事故苗头(撞刀、撞机床、物品飞出等)应立即停止操作，查明原因后再决定是否进行后续实习。
3. 安全文明生产标准：工、量、刃、洁具摆放整齐，机床卫生保养，礼节礼貌等。
4. 综合得分：剔除偶然因素，一般以老师和学生的测评分数之和的二分之一为综合得分。
5. 作业分数，以实际批改的为准。综合得分以师生共同得分的评分数为准，如果师生的评分相差太大，应找出正确的一方，以正确一方的评分为主。
6. 总分是 100 分。

(五)项目十二选修练习工件如图 12-5(选修)所示

(可分别用两个子程序串联和两个子程序嵌套(并联)的方式编程)

数控车工第一阶段实习项目十二(图 11-5)登记表

______号机床　填表时间：____年____月____日星期______

工种	系统数控车工		姓名		加分	
加工时间	开始时间：　月　日　时　分，结束时间：　月　日　时　分				实际操作时间	
工件是否完整	完整(10 分)		局部完整(酌情加分<10 分)		不完整(0 分)	

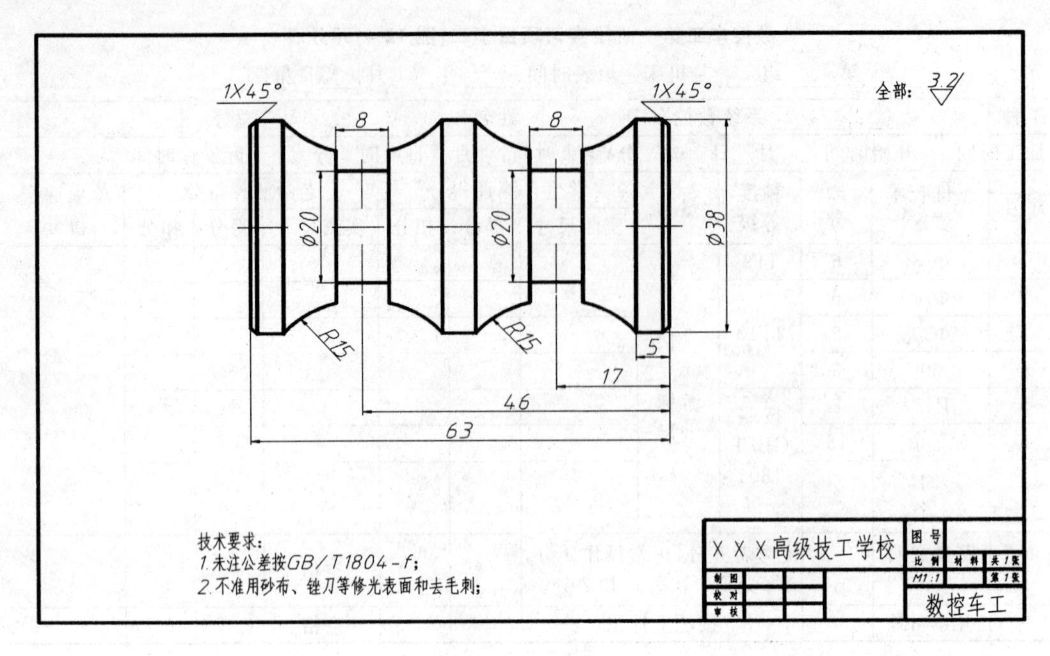

图 12-5 （选修）

四、引导问题

1. (4 分)解释学习项目十二的目的是什么？要解决什么问题？

答：____

____

____

2. (5 分)解释一下什么是增量值坐标。

答：____

____

____

3. (5 分)写出调用子程序格式和子程序的格式。

答：____

____

____

____

4. (4 分)子程序的嵌套可以有多少级？你认为能不能再多嵌套一些级？说出你的理由。

答：____

____

5. (4 分)子程序的编程为什么要用增量值编程,用绝对值编程行不行？你试一下。

答：____

6. (5分)解释Φ38h9、Φ34h10所表达的含义?

答:

7. (5分)一般情况下,精度为0.02的游标卡尺测量的尺寸精度为多少级?特殊情况下可测量多少级尺寸精度?

答:

8. (5分)解释60±0.06所代表的全部含义,并说明用什么量具可以测得该尺寸?

答:

9. (5分)图样上标注的九个5的尺寸中,有几个槽、几个台阶?它们的精度等级是多少?公差值是多少?上下偏差是多少?极限尺寸是多少?中间尺寸是多少?

答:

10. (4分)解释图样上表面粗糙度3.2所表达的含义。

答:

11. (4分)你认为在项目十二中,老师的教学还有什么要改进的地方?

答:

项目十三　端面深孔切削复合循环指令 G74 的应用及练习

一、任务与操作技术要求

车工车削加工的内容有三大类:轴类、盘类和孔类。

经过前面十二个项目的练习,除了孔类工件以外,各种轴向基本几何体都进行了练习,并且已经了解所学的准备功能指令也能应用到孔类工件的车削加工中去,并对数控车床的每个准备功能指令已经熟练掌握了。在循环指令学习中,也体验到了循环指令的优越性。那么在孔类零件的车削加工中,能不能也可以用专用的孔类零件的循环指令呢?

孔类零件的车削加工,是车工练习的一个难点。大家想一想到底难点在哪里呢?

项目十三的学习,不仅学习新的准备功能指令,更是对以前各种指令的综合应用和车工车刀一种新的安装、应用方法等更深一层的探索,为此要求对以前所学过的各种指令熟记于心。

二、信息文

项目十三将学习数控车床孔类几何体加工的专用循环准备功能指令 G74,以解决孔类几何体的加工问题,同时将前面所学过的内容融合一下,在一个工件上自我选择练习多种指令。

项目十三将学习三爪卡盘的卡爪反装。在学习孔类加工的过程中,练习盘类工件的装夹、刀具安装、调头车削加工盘类工件时如何重新对正尺寸(或重新对刀),同时进行半精加工的练习,这需要将以前所学习过的良好的车工工艺知识展示出来。

因为有综合练习的因素,项目十三是一个新的阶段,为数控车工的第二阶段综合练习做好准备。开始操作前,一定要在数控车床上进行模拟操作,确认没有出现干涉和撞击,才开始实际加工项目十三的练习。

因为工件离卡盘更近了,刀具在直径方向上的行程更大了,一定确认一下自己是否养成了良好的车间安全操作习惯。

三、基础文

(一)项目十三所用准备指令的复习

(1)螺纹切削准备功能指令 G32。

格式:N4　G32　X(U)±43　Z(W)±43　F43;

注意点:　F:螺纹导程

(2)端面粗车循环指令 G72。

G72 格式:G72　W(Δd)　R(e);

G72　P(ns)　Q(nf)　U(Δu)　W(Δw)　F(f) S(s)　T(t);

N(ns)……;

……f　s　t;

N(nf)……;

G72 格式中的符号说明:

Δd:粗加工每次车削深度(Z 轴方向车削深度值)。

e:粗加工每次车削循环的 z 轴向退刀量。

ns:精加工程序得第一个程序段的顺序号。

nf:精加工程序的最后一个程序段的顺序号。

Δu:X 轴方向精加工余量的距离与方向(一般默认直径值)。

Δw:z 轴方向精加工余量的距离与方向。

(二)学习新的准备功能指令 G74

端面深孔切削复合循环准备功能指令为 G74。

(1)G74 用途:指令用于粗车旋转件的深孔车削和断屑切屑,以切除多余的加工余量。

(2)G74 格式:

G74　R(e);

G74　X(U) Z(W)P(Δi)　Q(Δk)　R(Δd) F(f);

(3)G74 格式中的符号说明:

e:每次循环沿 Z 轴方向切削 Δk 后的退刀量(即:回退量),是模态值。

X:直径方向切削终点的坐标。

Z:轴向(Z 轴)方向切削终点的坐标。

U:X 轴方向切削量(直径值),有±号。

W:Z 轴方向切削量,有±号。

Δi:刀具完成一次轴向切削后,在 X 轴方向的偏移量(不带符号,半径值,单位:微米)。

Δk:Z 轴方向的每次切削深度(不带符号,单位:微米)。

Δd:刀具在切削底部的退刀量,通常不指定,则视为 0。Δd 的符号总是"+"。但是,如果地址 X(U)和 Δi 被忽略,退刀方向可以指定为希望的方向。

F:进给速度。

备注:▲华中系统没有端面深孔切削复合循环准备功能指令 G74 指令,但是可以用其他的指令加工内孔和端面。

4. 注意

①G74 程序段中的 X(U)值可以省略或设为 0,循环执行时刀具仅作 Z 向进给而不做 X 向进给。

②当 X(U)或 Z(W)已经指定,而相应的 Δi 或 Δk 没有指定或指定为零时,则出现程序报警。

③Δk 值大于 Z 轴的移动量(W)或 Δk 值设定为负值,则出现程序报警。

④退刀量大于进刀量,即 e 值大于每次切深量 Δk 时,则出现程序报警。

⑤由于 Δi 或 Δk 为无符号数值,所以,刀具切深完成后的偏移方向根据起刀点(循环定位点)及切槽终点的坐标自动判断。

(三)G74 循环如图 13-1 所示

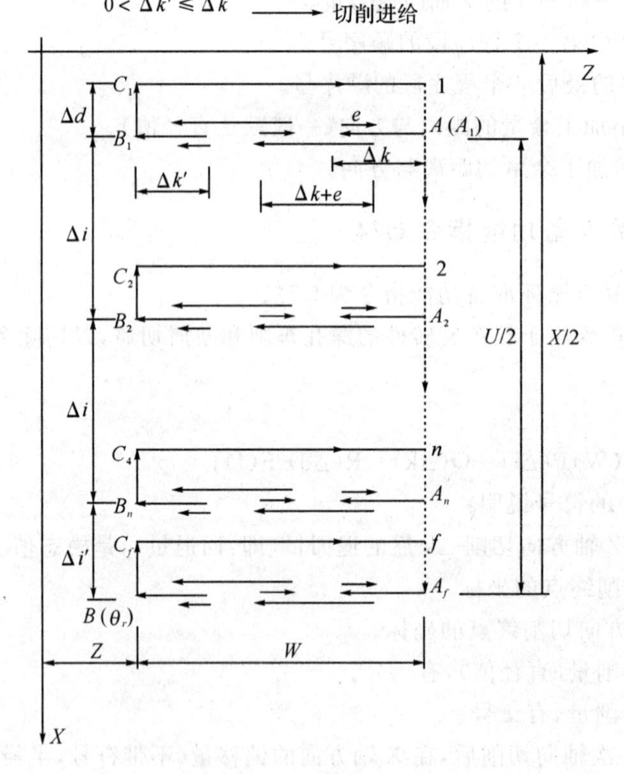

图 13-1　G74 循环图示

(四)加工盘类零件的装夹方式

1. 三爪卡盘装夹工件

三爪卡盘是车床上应用最广的通用夹具,适用于安装短圆棒料或盘类零件。直径较大的盘类工件,可用反三爪夹持工件;三爪卡盘定心准确度不高,约为 0.05～0.15mm。所以工件上同轴度要求较高的表面应当在一次装夹中车出。

2. 心轴安装工件

盘类或套类零件其外圆、内孔往往有同轴度或与端面有垂直度要求,因此加工时要求在一次加工中全部完成,但是在实际生产中往往无法做到。如果把零件装夹再加工,则无法保证其位置精度的要求,此时可利用心轴安装进行加工。

心轴装夹加工时,先加工孔,然后以孔定位,安装在心轴上,再把心轴安装在前后顶尖之间来加工外圆和端面。

(1)锥度心轴:其锥度一般为 1∶2000～1∶5000,工件压入后,靠摩擦力与心轴紧固。

锥度心轴对中心准确,装夹方便,但不能承受较大的切削力,多用于盘类零件的外圆成形和端面的精车。

(2)圆柱心轴:工件装入圆柱心轴后需要加上垫圈,用螺母锁紧。其夹紧力较大,可用于较大直径盘类零件外圆的半精车和精车。

圆柱心轴外圆与孔配合有一定的间隙,对中性较锥度心轴的差。使用圆柱心轴对中,为保证内外圆同轴度的要求,空余心轴之间的配合间隙应尽可能小。

(五)加工内孔和端面所用刀具的选择和安装

1. 常用的加工内孔的车刀

(1)内孔镗刀。

①通孔镗刀:如图 13-2 所示。

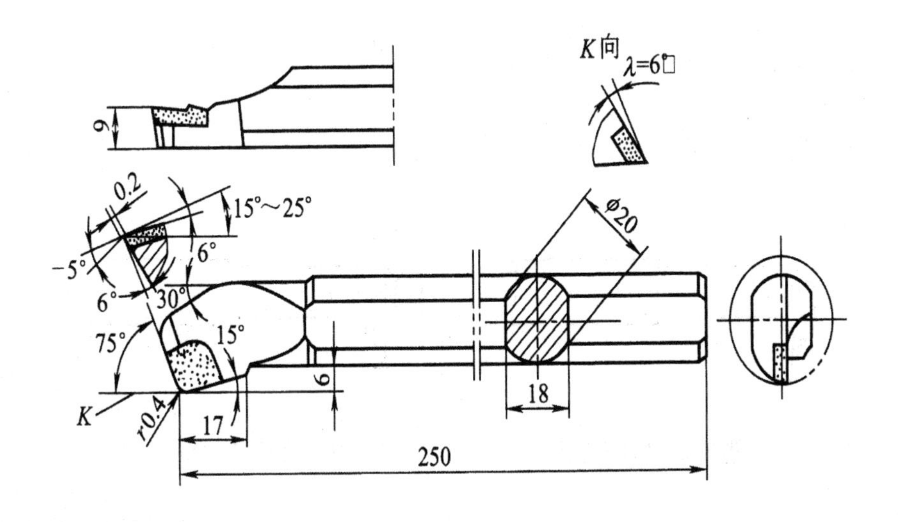

图 13-2　前排屑通孔车刀

②盲孔镗刀:如图 13-3 所示。

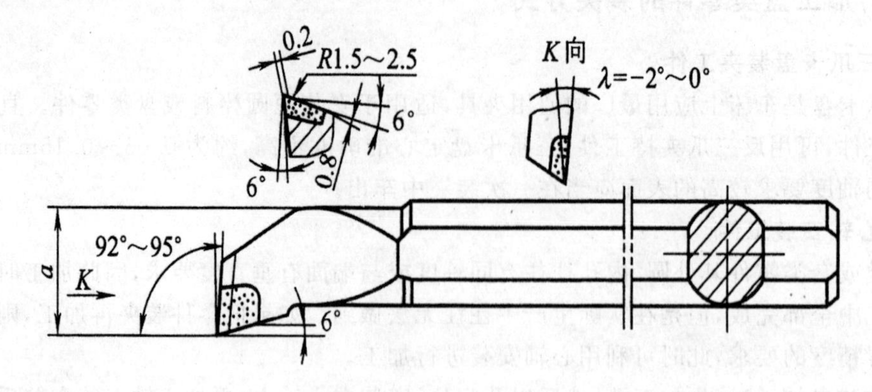

图 13-3　后排屑不通孔车刀

③内孔镗刀的种类和应用如图 13-4 所示。

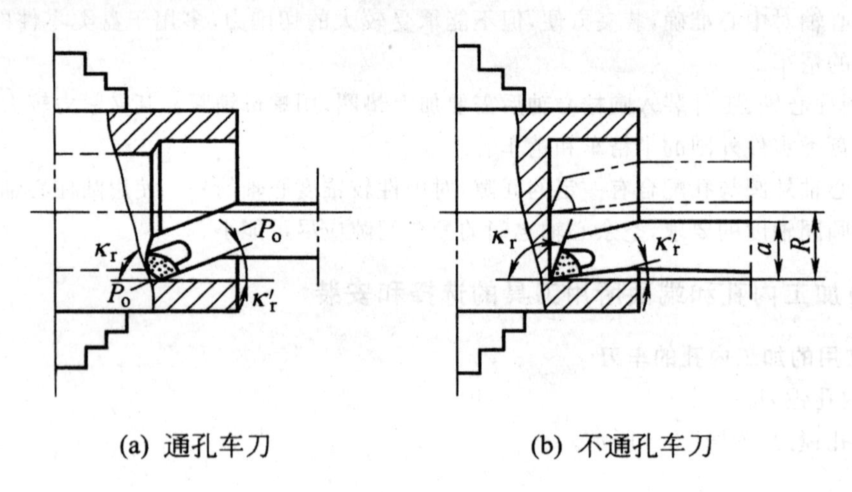

(a) 通孔车刀　　(b) 不通孔车刀

图 13-4　内孔车刀车削示意图

(2)内孔切槽刀。

①内孔切槽刀形式如图 13-5 所示。

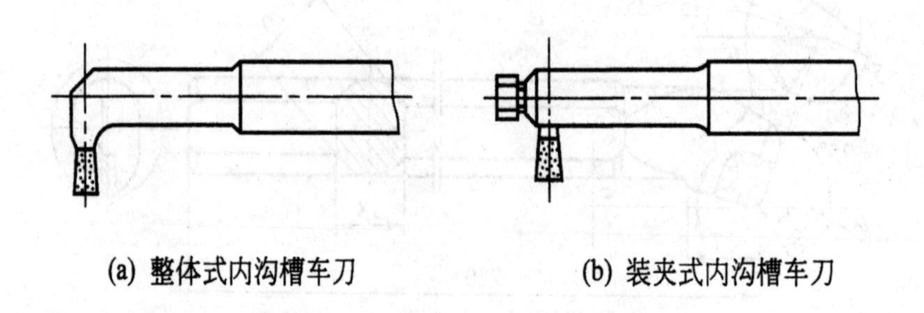

(a) 整体式内沟槽车刀　　(b) 装夹式内沟槽车刀

图 13-5　内沟槽车刀

②内沟槽刀的种类和应用示意图如图 13-6 所示。

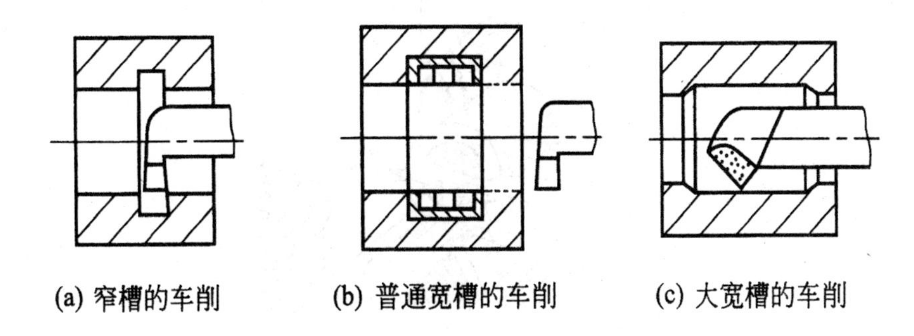

图 13-6　内沟槽刀的种类和应用示意图

(3)内孔螺纹刀。

①内孔螺纹刀形式如图 13-7、图 13-8 所示。

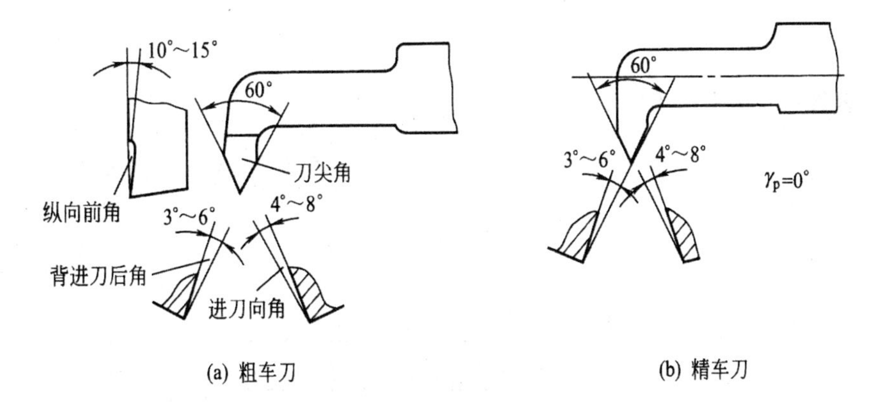

图 13-7　高速钢内螺纹刀

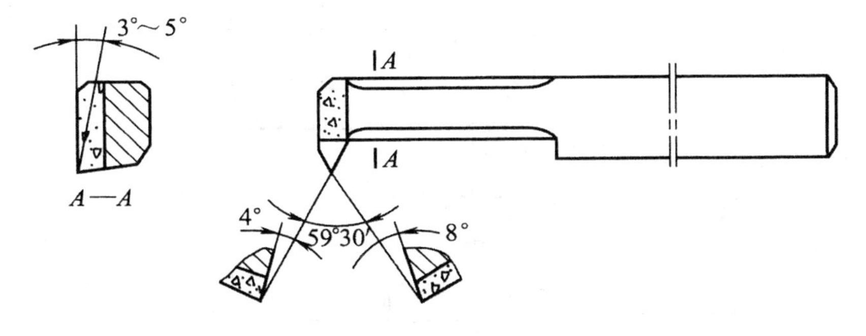

图 13-8　硬质合金内螺纹刀

②内孔螺纹刀安装如图 13-9 所示。

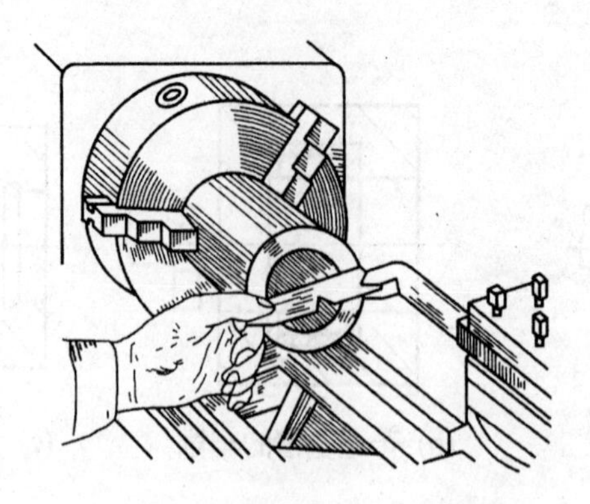

图 13-9 用螺纹样板安装内螺纹刀

(五)举例

如图 13-10 所示毛坯为 Φ45×Φ20×45 的管材，材料为尼龙，加工数量为 1。试编程加工出该毛坯。

解:

1. 识读图样(如图 13-10 所示)

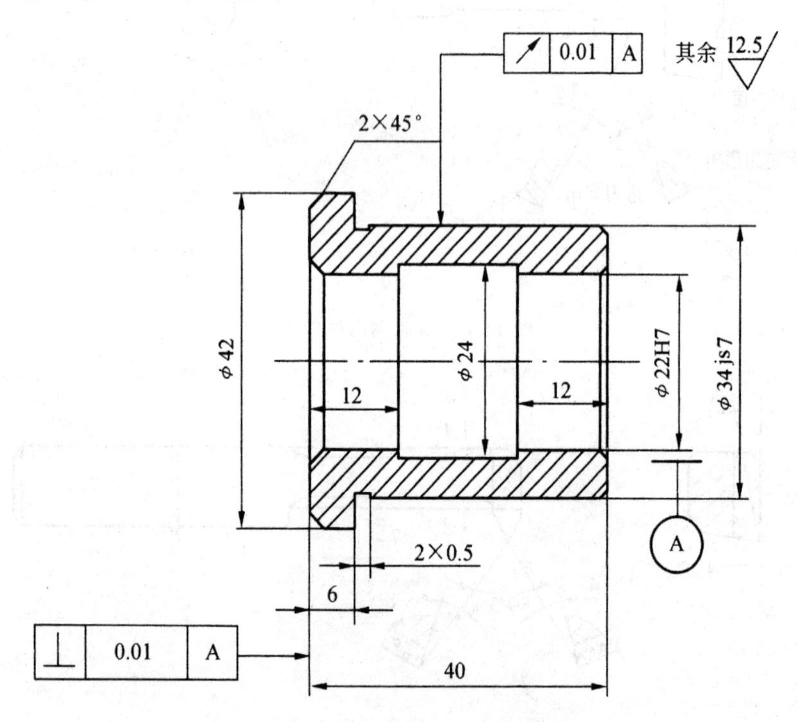

图 13-10 未注倒角 1×45°，未注尺寸按 GB/T1804-m

(1)了解工件的材料、热处理方式、硬度、工件加工件数等。

(2)基准分析。

①径向基准分析：以轴线为直径方向的基准。

②轴向基准分析:以左端面为轴向第一基准,右端面为第二基准。

③形状和位置基准。Φ22H7圆孔的轴线分别是外圆Φ34js7径向圆跳动的基准和左端面垂直度的基准,而且精度都比较高(5～6级),按照传统的加工工艺,需要专用夹具,以保证形位公差的要求。但是在数控车床上可以一次装夹,全部完成或绝大部分完成,保证了形位公差的要求。

(3)尺寸分析。

①尺寸精度分析。工件最大直径为Φ42,有台阶圆、槽和倒角,最小内径为Φ22,内孔有通孔、宽槽和倒角,几何复杂形状一般。

直径方向的有两个尺寸最高尺寸精度等级为7级,要求对刀误差精确,选用千分尺测量,其他尺寸精度是自由公差的中等级,用游标卡尺测量。

长度方向的尺寸精度是自由公差的中等级,用游标卡尺测量。

③形状精度分析。外圆Φ34js7径向圆跳动误差要求为5～6级之间,车床可满足其精度要求,用一次粗基准装夹同时加工加工基准内孔Φ22H7和外圆Φ34js7,以减少装夹误差。

④位置精度分析。左端面相对于基准孔Φ22H7垂直度要求4～5级之间,车床勉强满足其要求,为此,必须用一次装夹加工完基准孔Φ22H7和左端面,以减少装夹误差,保证垂直度的要求。

(4)表面粗糙度分析。所有表面的粗糙度均为Ra12.5,属于半精加工,一般刀具均能满足。

2. 选择切削刀具

(1)刀具材料的选择:因为加工材料为尼龙,工件的表面粗糙度要求一般,加工件数少。刀具材料选用高速钢。

(2)刀具角度的选择:见刀具工艺图纸(省略)。

(3)刀具偏置位置的选择:1号刀:90°右精偏刀,第01组刀补。

2号刀:通孔精镗刀,第02组刀补,主偏角>45°。

3号刀,内孔切槽刀,刀刃宽4mm,切削半径≥3mm,左刀尖为刀位点,第03组刀补。

4号刀,切断刀(代替切槽刀)刀刃宽2mm,切削半径≥10mm,左刀尖为刀位点,第04组刀补。

3. 选择(计算)加工参数

(1)主轴转速的选择:粗车选用400r/min,精车选用800r/min。

(2)背吃刀量的选择:一般的表面选用粗车$\alpha_p=2.0$、精车$\alpha_p=0.3$,内孔槽表面选用粗车$\alpha_p=0.5$,精车$\alpha_p=0.1$。

(3)进给速度的选择:一般的表面选用粗车$f=0.5$ mm/r、精车$f=0.1$ mm/r,内孔槽表面选用粗车$\alpha_p=0.2$,精车$\alpha_p=0.08$。

4. 被编程加工工件的各个基点(或节点)的计算

(1)以工件的轴线和右端面的交点为编程原点。

(2)图样上各个基点的坐标明确,省略标出。

查表得:Φ22H7的偏差值为$\Phi22^{+0.021}$,编程是取中间值为Φ22.01,

Φ34js7的偏差值为Φ34±0.012,编程是取中间值为Φ34.0。

5. 工件的装夹方式

(1)根据图纸的技术要求，确定装夹方式。该工件用三爪卡盘直接装夹，一次装夹完成工件的加工。

(2)确定毛坯直径尺寸。毛坯是管材，最大直径为 Φ45，加工后最大直径为 Φ42，符合加工余量的要求。

毛坯内径 Φ20，加工后最小内径为 Φ22，符合加工余量的要求。

(3)确定毛坯从卡盘端面伸出的长度尺寸：工件从三爪卡盘伸出的长度尺寸为 70mm，比对刀点(工件编程原点)长 1mm。

6. 编程

(1)用 FANUC 系统编程

```
机械回零；
O0001；                                  (设定程序号)
N0010  G99；                             (确认进给速度为 mm/min)
N0020  M03    S400；                     (主轴以 400r/min 正转)
N0030  T0101；                           (选用 1 号刀 90°右精偏刀，第 01 组刀补)
N0040  G00    X47.0  Z4.0；              (快速进刀到粗车外圆循环起点)
N0050  G71    U2.0   R1.0；              (设定 G71 参数，直径方向背吃刀量 2.0，退刀量 1.0)
N0060  G71    P0070  Q0130  U0.6  W0.3  F0.5；(+X 方向精车余量 0.6，+Z
                                          向精车余量 0.3)
N0070  G00    X18.0；                    (快速进刀，准备平右端面)
N0080  G01    Z0；                       (接触右端面，准备平右端面)
N0090  X32.0  F0.1；                     (平右端面，确定精车的进给速度)
N0100  X34.0  Z-1.0；                    (车削右端面倒角 1×45°)
N0110  Z-34.0；                          (粗车 Φ34 圆柱体)
N0120  X42.0；                           (粗车 Φ42 右端面)
N0130  Z-46.0；                          (粗车 Φ42 圆柱体，并预留出车断工件的轴向空间)
N0140  G70    P0070  Q0130  S800；(精车外表面，主轴以 800r/min 正转)
N0150  G00    X100.0 Z100.0；(快速退刀到换刀点)
N0160  T0100；                           (取消 1 号刀刀补)
N0170  T0202  S400；                     (换 2 号通孔精镗刀，第 02 组刀补，主轴以 400r/
                                          min 正转)
N0180  G00    X18.0  Z4.0；              (快速进刀到粗车内圆循环起点)
N0190  G71    U2.0   R1.0；              (设定 G71 参数，直径方向背吃刀量 2.0，退刀量 1.0)
N0200  G71    P0210  Q0240  U-0.6  W0  F0.5；(-X 方向精车余量 0.6，Z 向
                                          精车余量 0)
N0210  G00    X22.01；                   (快速进刀，准备粗车 Φ22 圆柱孔)
N0220  G01    Z-39.0 F0.1；              (粗车 Φ22 圆柱孔，确定精车的进给速度)
N0230  X24.0  Z-40.0；                   (粗车 Φ22 圆柱孔的右倒角 1×45°)
N0240  Z-46.0；                          (粗车 Φ24 圆柱孔，并预留出车断工件的轴向空间，
```

粗车循环结束,返回 G71 循环起点)
N0250　G00　X32.01;　(内孔精车之前,准备车削内孔右端面的倒角 1×45°)
N0260　G01　X22.01　Z-1.0 F0.1 S800;(车削内孔右端面的倒角 1×45°,主轴以 800r/min 正转)
N0270　G00　X18.0　Z4.0;　(退刀到精车循环起点,准备精车内孔)
N0280　G70　P0210　Q0240;　(精车内孔达到内孔的尺寸)
N0290　G00　X100.0　Z100.0;(快速退刀回换刀点,准备切削内孔槽)
N0300　T0200;　(取消 2 号刀的刀补)
N0310　T0303 S400;　(换 3 号内孔切槽刀,第 03 组刀补,主轴以 400r/min 正转)
N0320　G00　X18.0　Z4.0;　(准备切削内孔槽,快速进刀到内孔的入口)
N0330　G01　Z-16.1;　(准备粗车内孔槽,定位切削循环起点)
N0340　G75　R0.5;　(确定 G75 参数,每次循环退刀 0.5mm)
N0350　G75　X23.8　Z-27.9　P5 00　Q3500　R0　F0.2;(直径方向留余量 0.2,轴向方向余量 0.1,每次循环向+X 方向进刀 500 微米,向-Z 方向移动刀具 3500 微米)
N0360　G01　X18.0　Z-16.0;　(准备精车内孔槽,重新定位切削起点)
N0370　X24.0 F0.08;　(精车内孔槽,径向进刀)
N0380　Z-28.0;　(精车内孔槽,轴向进刀)
N0390　X18.0;　(精车内孔槽,径向退刀)
N0400　G00　Z4.0;　(精车内孔槽结束,轴向快速退刀退到孔外面)
N0410　X100.0　Z100.0;　(快速退刀回换刀点,准备切削槽 2×0.5 和切断)
N0420　T0300;　(取消 3 号刀的刀补)
N0430　T0404;　(4 号切断刀,第 04 组刀补)
N0440　G00　X44.0　Z-34.0;　(快速进刀到槽 2×0.5 的切削起点)
N0450　G01　X33.0　F0.1;　(切削槽 2×0.5)
N0460　G04　X1.0;　(在槽 2×0.5 的槽底停留 1 秒,车光槽底面)
N0470　G01　X44.0;　(退刀回到槽的切削起点)
N0480　Z-41.0;　(移动刀具,准备切削左端面的倒角 1×45°)
N0490　X38.0 Z-42.0 F0.08;　(切削左端面的倒角 1×45°)
N0500　X18.0;　(切断工件)
N0510　G00　X100.0 Z100.0;　(快速退刀回到换刀点)
N0520　M05　T0400;　(主轴停转,取消 4 号刀的刀补)
N0530　M30;　(程序结束,系统复位)

▲(2)用华中系统编程

%0001;(或 O0001;)　(设定程序号)
N0010　G95　G00　X100.0　Z 100.0;(确认进给速度为 mm/min,快速移动刀具到换刀点)

N0020 M03 S400; (主轴以400r/min正转)
N0030 T0101; (选用1号刀90°右精偏刀,第01组刀补)
N0040 G00 X47.0 Z4.0; (快速进刀到粗车外圆循环起点)
N0050 G71 U2.0 R1.0 P00 70 Q0130 X0.6 Z0.3 F0.5;(设定G71参数,直径方向背吃刀量2.0,退刀量1.0,+X方向精车余量0.6,+Z向精车余量0.3)
N0060 G00 X47.0 Z4.0 S800;(精车外圆循环起点,主轴以800r/min正转)
N0070 G00 X18.0; (快速进刀,准备平右端面)
N0080 G01 Z0; (接触右端面,准备平右端面)
N0090 X32.0 F0.1; (平右端面,确定精车的进给速度)
N0100 X34.0 Z-1.0; (车削右端面倒角1×45°)
N0110 Z-34.0; (粗车Φ34圆柱体)
N0120 X42.0; (粗车Φ42右端面)
N0130 Z-46.0; (粗车Φ42圆柱体,并预留出车断工件的轴向空间)
N0140 G00 X100.0 Z100.0; (快速退刀到换刀点)
N0150 T0202 S400; (换2号通孔精镗刀,第02组刀补,主轴以400r/min正转)
N0160 G00 X18.0 Z4.0; (快速进刀到粗车内圆循环起点)
N0170 G71 U2.0 R1.0 P0210 Q0240 X-0.6 Z0 F0.5;(设定G71参数,直径方向背吃刀量2.0,退刀量1.0,-X方向精车余量0.6,Z向精车余量0)
N0180 G00 X32.01; (内孔精车之前,准备车削内孔右端面的倒角1×45°)
N0190 G01 X22.01 Z-1.0 F0.1 S800;(车削内孔右端面的倒角1×45°,主轴以800r/min正转)
N0200 G00 X18.0 Z4.0; (退刀到精车循环起点,准备精车内孔X22.01)
N0210 G00 X22.01; (快速进刀,准备粗车Φ22圆柱孔)
N0220 G01 Z-39.0 F0.1; (粗车Φ22圆柱孔,确定精车的进给速度)
N0230 X24.0 Z-40.0; (粗车Φ22圆柱孔的右倒角1×45°)
N0240 Z-46.0; (粗车Φ24圆柱孔,并预留出车断工件的轴向空间,粗车循环结束,返回G71循环起点)
N0250 G00 X100.0 Z100.0; (快速退刀回换刀点,准备切削内孔槽)
N0260 T0303 S400; (换3号内孔切槽刀,第03组刀补,主轴以400r/min正转)
N0270 G00 X18.0 Z4.0; (准备切削内孔槽,快速进刀到内孔的入口)
N0280 G01 Z-16.1; (准备粗车内孔槽,定位切削循环起点)
N0290 X23.0; (粗车内孔槽+X方向进刀1mm)
N0300 X23.0 Z-27.9 F0.2; (粗车内孔槽第一刀)
N0310 X23.8; (粗车内孔槽+X方向第二次进刀0.8mm)
N0320 Z-16.1; (粗车内孔槽第二刀)

```
N0330  X18.0；                      （退刀到精车内孔槽的起刀点）
N0340  Z-16.0；                     （退刀到精车内孔槽的起刀点）
N0350  X24.0  F0.08；               （精车内孔槽第一刀）
N0360  Z-28.0；                     （精车内孔槽第二刀）
N0370  X18.0；                      （精车内孔槽第三刀）
N0380  G00    Z4.0；                （精车内孔槽结束，轴向快速退刀退到孔外面）
N0390  X100.0 Z100.0；              （快速退刀回换刀点，准备切削槽 2×0.5 和切断）
N0400  T0404；                      （4 号切断刀，第 04 组刀补）
N0410  G00    X44.0   Z-34.0；      （快速进刀到槽 2×0.5 的切削起点）
N0420  G01    X33.0   F0.1；        （切削槽 2×0.5）
N0430  G04    P1.0；                （在槽 2×0.5 的槽底停留 1 秒，车光槽底面）
N0440  G01    X44.0；               （退刀回到槽的切削起点）
N0450  Z-41.0；                     （移动刀具，准备切削左端面的倒角 1×45°）
N0460  X38.0  Z-42.0 F0.08；        （切削左端面的倒角 1×45°）
N0470  X18.0；                      （切断工件）
N0480  G00    X100.0 Z100.0；       （快速退刀回到换刀点）
N0490  M05    T0400；               （主轴停转，取消 4 号刀的刀补）
N0500  M30；                        （程序结束，系统复位）
```

（五）项目十三练习工件

（1）项目十三练习工件如图 13-11（必修）所示。

（2）项目十三选择练习工件如图 13-12（选修 1）、图 13-13（选修 2）所示。

在加工完成和测量图 13-11 以后，以图 13-11 为毛坯，选择继续编程加工图 13-12，练习盘类零件的加工工艺和内孔编程方法；再以图 13-12 为毛坯，选择继续编程加工图 13-13，练习端面大圆弧的加工工艺和编程方法。

说明：因为工件毛坯比较大，导热不良，刀尖易过热导致早期磨损，因此刀具材料要选用 P 类硬质合金，例如 YT5（P30）。

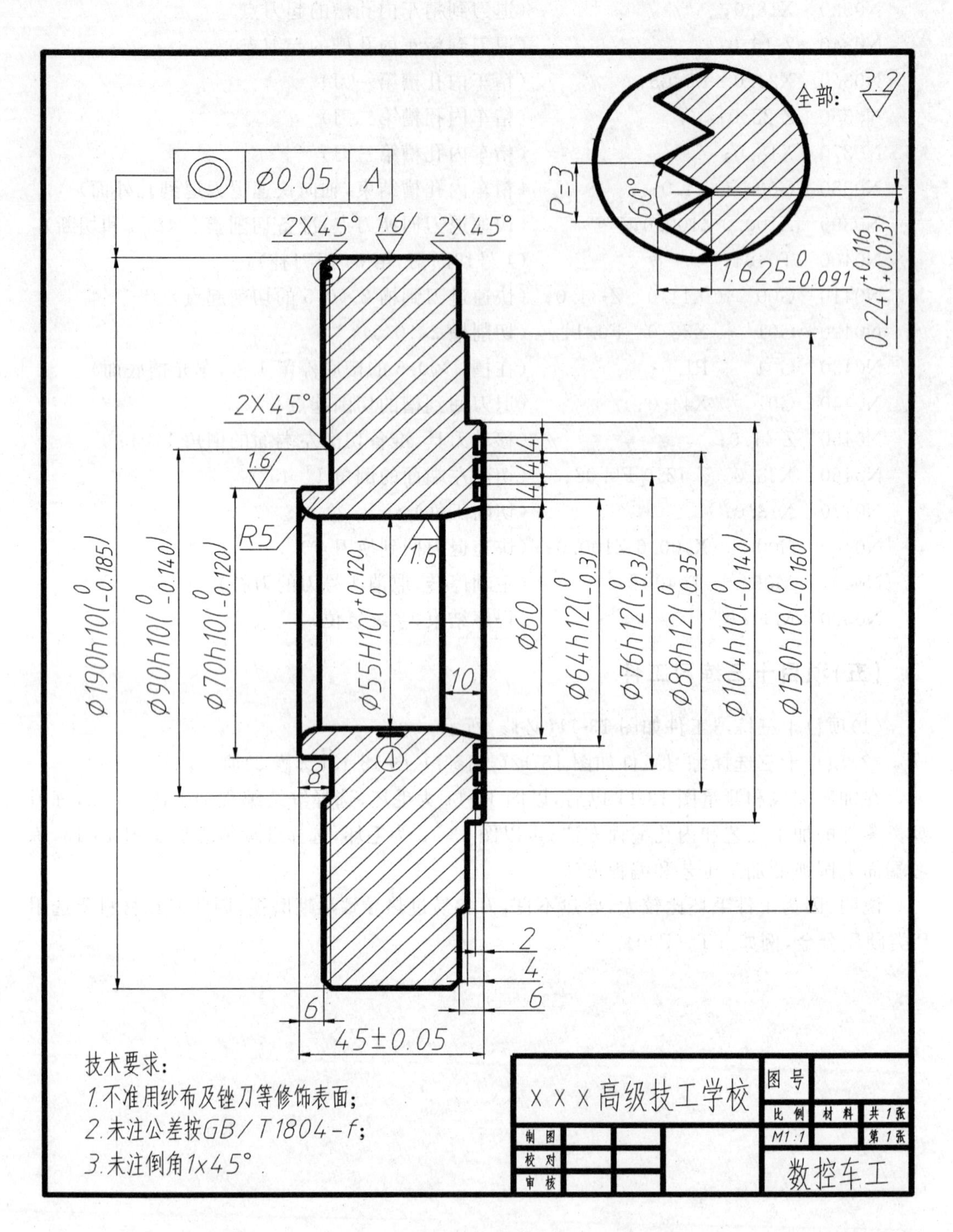
全部: 3.2
Ø0.05 A
2X45°
1.6
2X45°
P=3
60°
1.625 0 -0.091
0.24(+0.116 +0.013)
2X45°
1.6
R5
1.6
4
4
4
Ø190h10(0 -0.185)
Ø90h10(0 -0.140)
Ø70h10(0 -0.120)
Ø55H10(+0.120 0)
Ø60
Ø64h12(0 -0.3)
Ø76h12(0 -0.3)
Ø88h12(0 -0.35)
Ø104h10(0 -0.140)
Ø150h10(0 -0.160)
10
A
8
2
4
6
6
45±0.05
技术要求:
1.不准用纱布及锉刀等修饰表面;
2.未注公差按GB/T1804-f;
3.未注倒角1x45°
XXX高级技工学校
图号
比例
材料
共1张
M1:1
第1张
制图
校对
审核
数控车工

图 13-11(必修)

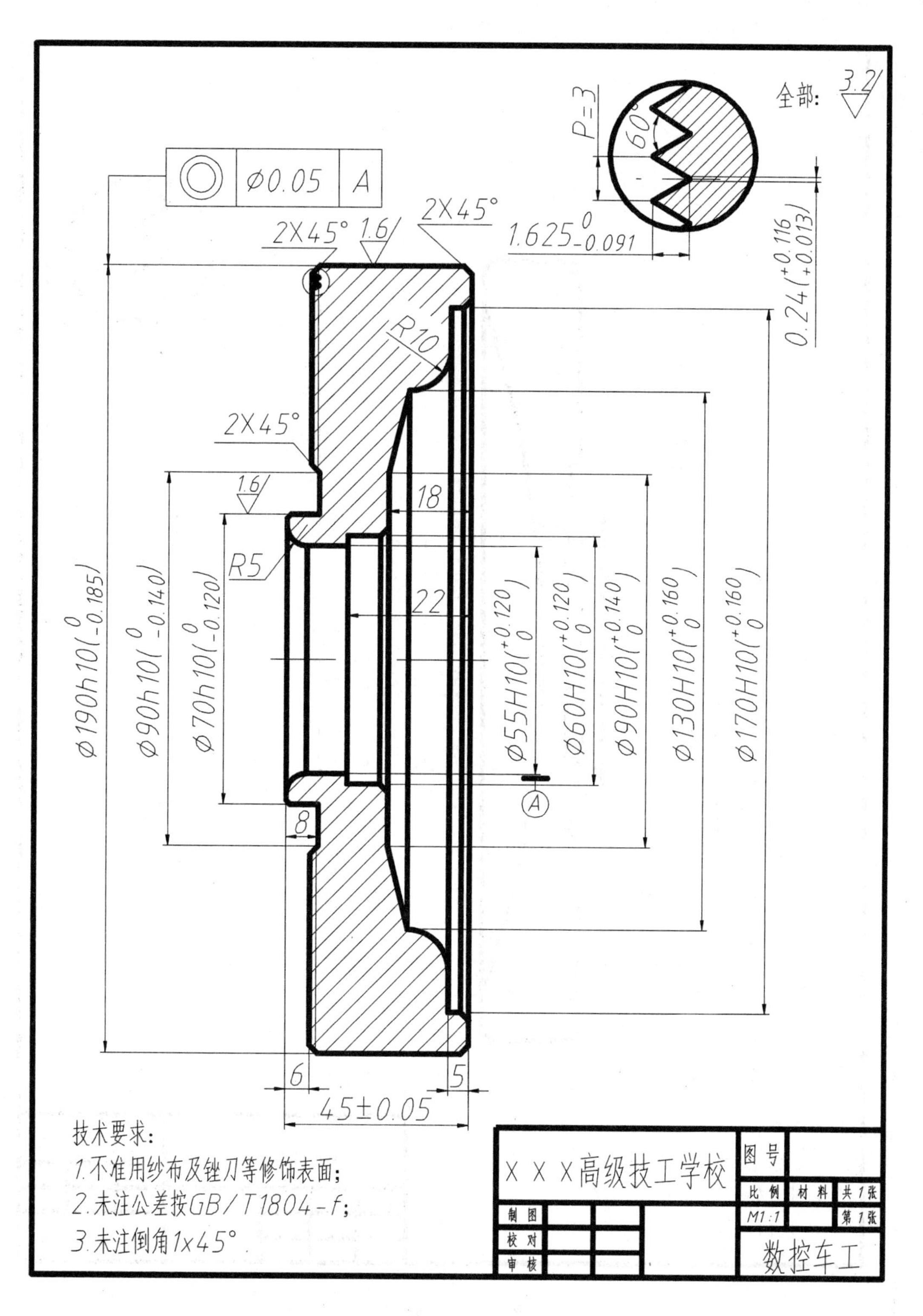

全部: 3.2
P=3
60°
1.625 0 -0.091
0.24(+0.116 +0.013)
Ø0.05 A
2X45°
1.6
2X45°
R10
2X45°
1.6
18
R5
22
Ø190h10(0 -0.185)
Ø90h10(0 -0.140)
Ø70h10(0 -0.120)
Ø55H10(+0.120 0)
Ø60H10(+0.120 0)
Ø90H10(+0.140 0)
Ø130H10(+0.160 0)
Ø170H10(+0.160 0)
A
8
6
5
45±0.05
技术要求:
1.不准用纱布及锉刀等修饰表面;
2.未注公差按GB/T1804-f;
3.未注倒角1x45°
X X X高级技工学校
图号
比例
材料
共1张
M1:1
第1张
制图
校对
审核
数控车工

图 13-12(选修 1)

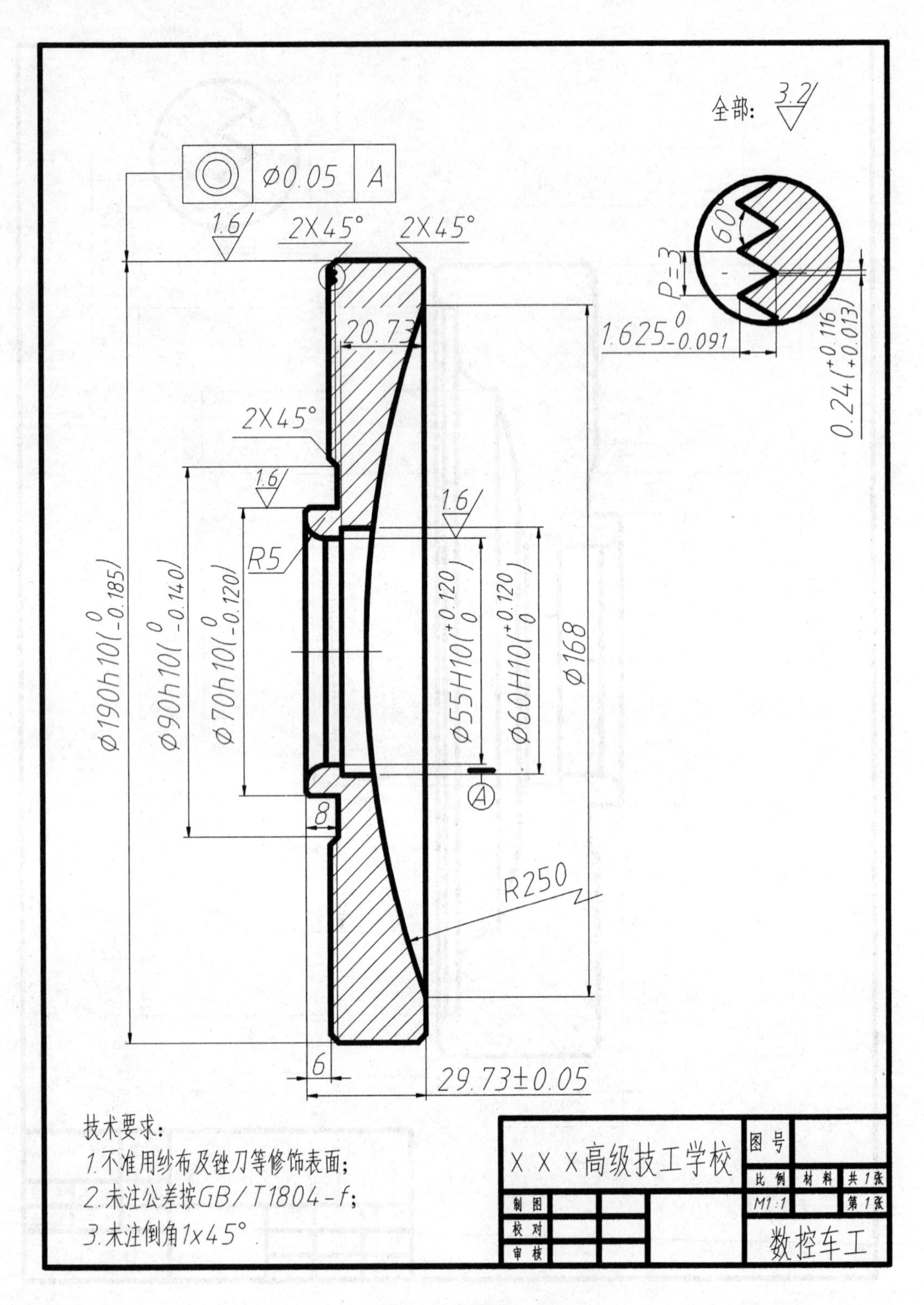

全部: 3.2
Ø0.05 A
1.6
2X45°
2X45°
20.73
P=3
60°
$1.625^{0}_{-0.091}$
$0.24(^{+0.116}_{+0.013})$
2X45°
1.6
1.6
R5
$Ø190h10(^{0}_{-0.185})$
$Ø90h10(^{0}_{-0.140})$
$Ø70h10(^{0}_{-0.120})$
$Ø55H10(^{+0.120}_{0})$
$Ø60H10(^{+0.120}_{0})$
Ø168
A
8
R250
6
29.73±0.05
技术要求:
1.不准用纱布及锉刀等修饰表面;
2.未注公差按GB/T1804-f;
3.未注倒角1x45°
XXX高级技工学校
图号
比例
材料
共1张
M1:1
第1张
制图
校对
审核
数控车工

图 13-13(选修 2)

（六）项目十三练习工件的检测、评分、填写评分表

数控车工第一阶段项目十三（图 13-11）评分表

第____组____号机床　填表时间：____年____月____日星期____

工种	__________系统数控车工	姓名		总分	
加工时间	开始时间：　月　日　时　分，结束时间：　月　日　时　分			实际操作时间	

序号	工件技术要求	配分	精度等级	量具	学生自测评分			老师测评			单项综合得分
					实测尺寸	得分	扣分	实测尺寸	得分	扣分	
1	$\Phi190_{(-0.185)}$ Ra1.6	3	IT10	0—250×0.02游标、尺车、工表面粗糙度样块、圆弧规塞尺、倒角量规							
2	$\Phi150_{(-0.160)}$ Ra3.2	3									
3	$\Phi90_{(-0.140)}$	3									
4	$\Phi70_{(-0.120)}$ Ra1.6	3									
5	$\Phi104_{(-0.140)}$ Ra3.2	3									
6	$\Phi55_{(+0.120)}$ Ra1.6	3									
7	$\Phi88_{(-0.350)}$ 和端面槽内 Ra3.2	3	TI12								
8	$\Phi76_{(-0.300)}$ 端面槽内 Ra3.2	3									
9	$\Phi64_{(-0.300)}$ 端面槽内 Ra3.2	3									
10	Φ60 和内锥面 Ra3.2	3	按照 GB/T 1804—f								
11	径向槽宽 4	1									
12	径向槽宽 4	1									
13	径向槽宽 4	1									
14	10	1									
15	2	1									
16	4 和端面 Ra3.2	1									
17	6 和右端面 Ra3.2	1									
18	6 和左螺纹面 Ra3.2	1									
19	8 和端面 Ra3.2	1									
20	45±0.05 和左右两个端面 Ra3.2	2	IT10								
21	R5 圆弧面 Ra3.2	1	按照 GB/T 1804—f								
22	3 个 2×45° 倒角和 Ra3.2	1									

续表

工种	____系统数控车工				姓名				总分		
加工时间	开始时间: 月 日 时 分,结束时间: 月 日 时 分								实际操作时间		
序号	工件技术要求	配分	精度等级	量具	学生自测评分			老师测评			单项综合得分
					实测尺寸	得分	扣分	实测尺寸	得分	扣分	
23	端面螺纹牙型尺寸和Ra3.2	1									
24	同轴度Φ0.05	1									
25	安全文明生产	5	优秀者5分,正常操作4分,每受到一次警告扣2分。					空格			
26	引导问题	50	按题上标出					空格			
说明	1. 尺寸扣分标准:每超出公差值的四分之一数值段,扣配分的一半分数;达到或超出公差值的二分之一数值段,该尺寸的得分为0分。 2. 操作过程中出现违反数控车工操作安全要求的现象,立即取消实习资格,经过安全教育后视情节决定是否继续实习。有事故苗头者或出现事故者(撞刀、撞机床、物品飞出等)、立即停止操作,查明原因后再决定后续实习。 3. 安全文明生产标准:工、量、刃、洁具摆放整齐,机床卫生保养,礼节礼貌等。 4. 综合得分:剔除偶然因素,一般以老师和学生的测评分数之和的二分之一为综合得分。 5. 作业分数,以实际批改的为准。综合得分以师生共同得分的评分数为准,如果师生的评分相差太大,应找出正确的一方,以正确一方的评分为主。 6. 总分是100分。										

数控车工第一阶段实习项目十三(图13-12)登分表

第____组____号机床　填表时间:____年____月____日星期____

工种	系统数控车工		姓名		加分	
加工时间	开始时间: 月 日 时 分,结束时间: 月 日 时 分				实际操作时间	
工件是否完整	完整(10分)		局部完整(酌情加分<10分)		不完整(0分)	

数控车工第一阶段实习项目十三(图13-13)登分表

第____组____号机床　填表时间:____年____月____日星期____

工种	系统数控车工		姓名		加分	
加工时间	开始时间: 月 日 时 分,结束时间: 月 日 时 分				实际操作时间	
工件是否完整	完整(10分)		局部完整(酌情加分<10分)		不完整(0分)	

四、引导问题

1. (4分)项目十三中主要提出了什么问题,如何解决的?

答:____

____

____

2. (4 分)端面槽和端面螺纹的加工中，刀具如何安装？

答：____

____

____

3. (5 分)图 13-11 的工件如何安装才能保证同轴度的加工精度要求？如何检测该图上的同轴度？

答：____

____

____

____

4. (6 分)根据你所掌握的专业知识，在项目十三的练习工件中选择哪些量具对自己选定的(最少 3 个不同性质的)尺寸进行有效的测量？简述如何测量？

答：____

____

____

____

____

____

____

5. (30 分)在编程加工图 13-11 工件中，为了保证同轴度的精度要求，加工工艺该如何合理的安排？把编程加工和选用的刀具步骤写出来，填入下面表中。

数控车床工艺简卡

工种	系统数控车床	图号		班级		姓名	
机床编号		加工时间	时 分开始，时 分结束，共 分钟			得分	

序号	工序名称及加工程序号	工艺简图 (标明定位、装夹位置、程序原点、对刀点位置、主轴转速、背吃刀量、进给速度和编程加工路线简图)	工步序号及内容	选用刀具	备注
			1.		
			2.		
			3.		
			4.		
			5.		
			6.		
			7.		

续表

编程员		检验员		审核人		考评人	

数控车床刀具卡片

零件图号		数控车床刀具卡片		使用设备			
刀具名称	________车刀			设备刀架规格			
刀具编号		车刀参数				冷却液	备注
	序号	刀具补偿号	车刀种类	刀具主要角度	刀杆规格		
刀具组成							

续表

一号刀图样（草图）		二号刀图样（草图）		
三号刀图样（草图）		四号刀图样（草图）		

编制		审核		批准		共　页	第　页

6. （2分）你认为在项目十三中，老师的教学还有什么要改进的地方？

答：____

____

____

第二阶段　进阶篇

项目一　外圆车削综合练习

一、任务与操作技术要求

从本项目开始，进入第二阶段的学习。第二阶段主要是以数控车工中级工为目标，适当予以提高，以满足工作中的适用性。

项目一的练习图样见图 1-12。项目一的练习是在第一阶段数控车工一体化实习的基础上进行的练习，要求在完整的学习了中级数控车工操作工所要求的机械制造相关理论和前期实践课程后。项目一的练习是对理论知识和前期实践课程的一次具体综合实践练习。

第二阶段在熟悉第一阶段各种理论知识和基本的数控车床操作的基础上，以控制零件的各种精度为目的，达到数控车工中级工的要求。

二、信息文

经过第一阶段数控车工的学习，对数控车床编程的编程工艺、各种编程指令、数控车床的操作有了一个充分的了解。但是在数控车工编程加工中，往往会遇到加工出来的工件尺寸不准确的现象，即无论采用了多么细心准确的数控车床对刀操作和计算方法，实际加工出来的尺寸比编程尺寸有所变化，会出现各种各样的加工尺寸精度误差，导致无法满足尺寸精度的要求。为什么会出现这种现象？这是因为存在对刀误差和刀尖半径误差，前面所学的内容无法消除这些误差。本项目在基础文中将会介绍消除这些误差的办法。

图 1-12 的加工工艺编制与普通车工和以前数控车工实习的工艺编制有所不同。图 1-12 可以用一次装夹，一次完成的方式，也可以采用掉头二次装夹，加工另一圆柱面和端面的方式。如何选择加工工艺，以便缩短工艺流程，简化加工工序，减少材料浪费，节省加工操作时间，提高加工效率，是大家将要讨论的问题。

实操前，按照大家在学校所学过的知识分步骤分析研究零件图的特点，最终编制出加工顺序和程序。从哪个几何体开始加工，如何合理选择各种参数和走刀方式，用哪些工艺步骤和编程指令？加工顺序和程序不同，最终的结果是不同的。

开始操作前，强调仔细想想数控车工的安全注意事项有哪些。

三、基础文

(一)车削过程中工件的刚性

在数控编程精密加工中,往往会出现尺寸不准确的现象,其中一个重要原因是被加工工件的刚度不足,在加工中出现让刀的问题,导致工件尺寸变化。

所谓刚性是指物体抵抗变形的能力,具体指标用刚度表示。

(1)轴类工件刚度的大小以从夹持工件的夹具中伸出的长度 L 与工件毛坯直径 D 的比值来表示。

(2)轴类工件刚度的分类。

①刚性轴类:长径比 $L/D<5$。

②中等刚性轴类:长径比 $5\leqslant L/D<10$。

③挠性轴类:长径比 $L/D\geqslant 10$,即细长轴。

(3)根据轴类工件刚度的变化采用的夹持方法。

①刚性轴类。一般精度的工件只用卡盘夹持紧固即可,形状精度要求较高的工件可用后顶尖形成一夹一顶装夹或用专用夹具装夹。

②中等刚性轴类。工件精度要求不高的,可以用卡盘夹持紧固即可。工件精度要求中等的,可用一夹一顶装夹或用夹具装夹。工件精度要求较高的必须用一夹一顶装夹或专用夹具装夹。

③挠性轴类。必须用一夹一顶的装夹或专用夹具装夹,必要时要用中心架或跟刀架。

采用合理的装夹方法,可以提高工件的加工刚度,减小工件加工中变形而造成的车削加工误差。

编制加工工艺中,优先考虑工件的刚性,避免出现削弱工件刚性的工艺过程。

(二)刀尖半径补偿的指令

1. 为什么要刀尖半径补偿

如图 1-1 所示,在实际加工生产中,为了提高刀具的耐用度以满足一定长度的车削量(即刀具满足一定的使用时间),所有刀具的尖角都被加工成为一个圆弧,实际的刀位点 A 在刀具圆弧的外部。但是,编程一般是假设刀具刀尖中心(刀位点 A)的运动轨迹是沿着工件轮廓运动的,而实际的刀具运动轨迹与工件轮廓有一个偏移量,这个偏移量就是刀尖半径,这样在数控车床对刀操作完成以后,加工工件时容易出现过切和少切现象。

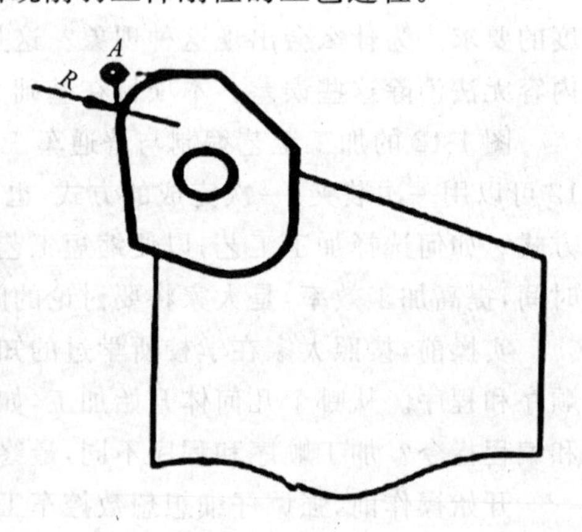

图 1-1 刀尖圆弧角

图 1-2　所示是加工圆锥时出现的少切现象。

图 1-3 所示是加工圆弧时出现的过切和少切现象。

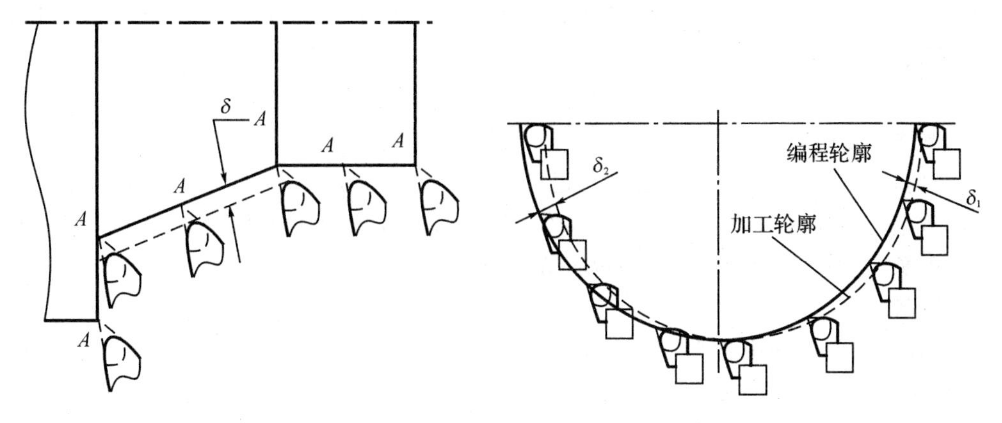

图 1-2　刀具的少切现象　　　　图 1-3　加工圆弧时的过切和少切现象

利用刀具半径补偿功能可以避免加工时出现的过切或少切现象。

(2)刀尖半径补偿指令及判断方法,如图 1-4(后刀架)和图 1-5 所示(前刀架)。

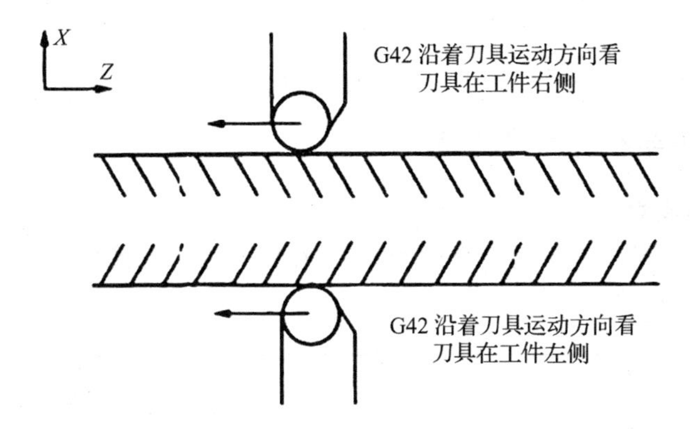

图 1-4　第三象限的刀尖半径左右补偿

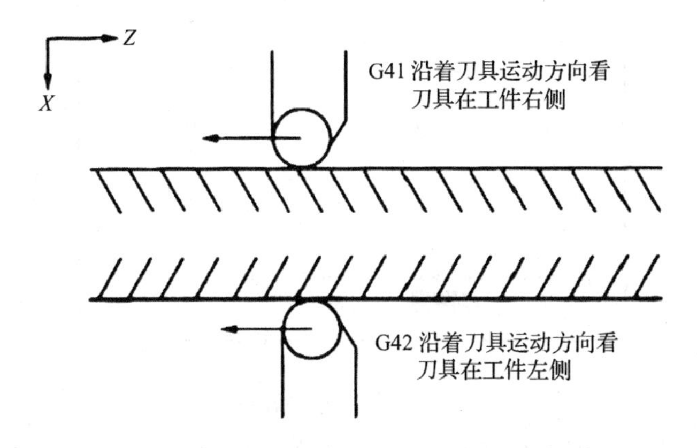

图 1-5　第一象限的刀尖半径左右补偿

2. 刀尖半径补偿准备功能指令

(1)刀尖半径左补偿指令G41。顺着刀具运动方向看,刀具刀位点在工件的左侧,简称左补偿,如图1-4所示(前刀架的数控车床要改为前刀架图1-5所示)。编程时,G41可写在一个程序段中,也可以单独编成一段。

(2)刀尖半径右补偿指令G42。顺着刀具运动方向看,刀具刀位点在工件的右侧,简称右补偿,如图1-4所示(前刀架的数控车床要改为前刀架图1-5所示)。

编程时,G42可写在一个程序段中,也可以单独编成一段。

(3)取消刀尖半径左、右补偿指令G40。如果需要取消刀尖半径左右补偿可编入G40指令,使假象刀尖(刀位点)轨迹与编程轨迹重合。

3. 举例

一般在进刀的过程中建立刀尖半径补偿,不得接触工件表面;一般在退刀的过程中取消刀尖半径补偿。

例1:建立刀尖半径左补偿。

G41　G01(或G00)　X(U)±43　Z(W)±43;

例2:建立刀尖半径右补偿。

G42　G01(或G00)　X(U)±43　Z(W)±43;

例3:取消刀尖半径补偿。

G40　G01(或G00)　X(U)±43　Z(W)±43;

(三)确立刀尖半径补偿的方法

1. 刀尖半径的确立

如图1-6所示,在数控车床对刀操作的同时,在相对应的刀具号上输入刀尖半径R的尺寸数值即可。

OFFSETGECMETRY　　00001　N00000

NO	X	Z	R	T
G 001		1.000	0.000	0
G 002	1.486	-49.561	0.000	0
G 003	1.486	-49.561	0.000	0
G 004	1.486	0.000	0.000	0
G 005	1.486	-49.561	0.000	0
G 006	1.486	-49.561	0.000	0
G 007	1.486	-49.561	0.000	0
G 008	1.486	-49.561	0.000	0

ACTUAL　POSITION　(REI-ATIVE)

U　101.000　　W　202.094

>

MDI ★★★★★★★ ★★★　16:05:59

[WFA] [ ] [WORK] ( ) [(OPRT)]

图1-6　刀尖半径补偿

例如,一号车刀是90°粗车右偏刀,其刀尖圆弧半径为R0.8mm,则在图1-6中的G001的一行中,光标移到R处,输入0.8即可。

2. 数控车床刀尖方位角 T 的选择

(1)第三象限刀尖方位角 T。如图 1-7 所示，在第三象限(后刀架)加工中，选择相适应的刀尖方位角输入到图 1-6 所示的相对应刀具号的 T 位置即可。

(2)第一象限刀尖方位角 T。如图 1-8 所示，在第一象限(前刀架)加工中，选择相适应的刀尖方位角输入到图 1-6 所示的相对应刀具号的 T 位置即可。

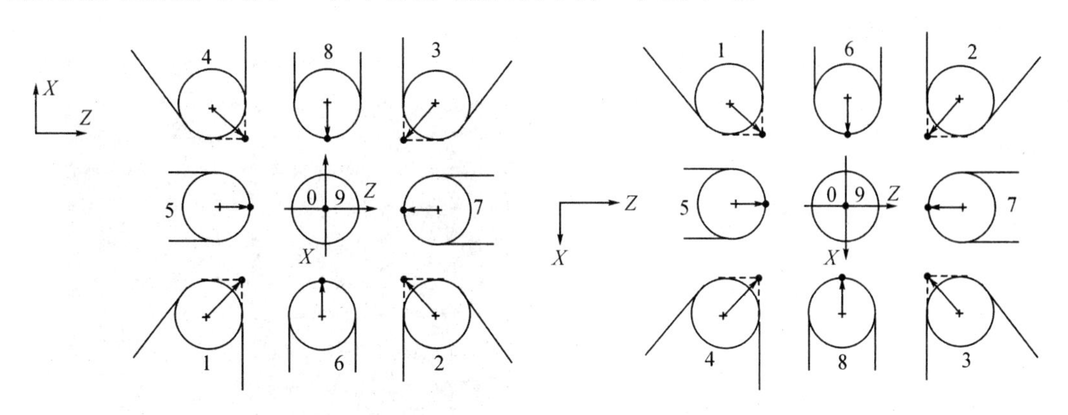

图 1-7　第三象限的刀尖方位角　　　　图 1-8　第一象限的刀尖方位角

即在 FANUC 系统面板上〔OFS/SET〕界面上，将光标分别放在对应刀具号的水平位置和 R、T 垂直相交的位置上，输入相应的刀尖半径 R 和刀尖方位角 T 的数值。

利用刀尖半径补偿准备功能指令 G41、G42 和对应的刀尖半径、刀尖方位角，能有效地防止过切和少切现象的发生，但是切记每一把刀具用完以后在回到换刀点换刀前，要及时用 G40 指令取消刀尖半径补偿。

(四)试切件加工精度的调试

如果试加工工件的尺寸超差，经过测量后计算出超差值，按下在 FANUC 系统面板上〔OFS/SET〕键，显示如图 1-9 所示的对刀界面，按下〔磨损〕按键，在 W 界面上对应的加工刀具号的同一行，光标移动到需要修正的坐标下，输入修正后的误差值(增量值)。

加工外圆的磨损误差的调整：如果尺寸超差为正值即实测尺寸减去输入的尺寸为正值，则在〔磨损〕W 界面输入数值相同的负值，反之输入正值。

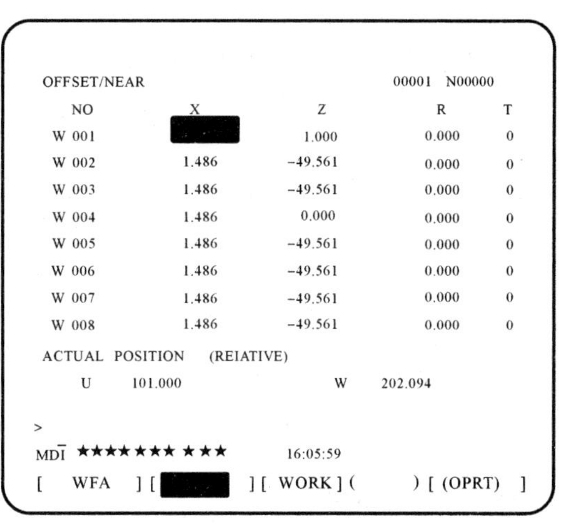

图 1-9　磨损误差的调整

举例说明：

直径 X 轴方向：用 T0101 号刀具加工一个尺寸为 Φ38h7($^{0}_{-0.025}$)的外圆，编程时输入 Φ38h7 尺寸的中间尺寸 Φ37.988，试切对刀操作后自动加工结束，测量的实际尺寸为 Φ38.020，则计算的磨损量 W＝Φ38.020－Φ37.988＝0.032，在图 1-9 的 W001 一行中的 X 坐标下，输入－0.032，重新加工即可使尺寸 Φ38h7 恢复到中间尺寸 Φ37.988。

轴向 Z 轴方向：用 T0101 号刀具加工一个长度为 10±0.1 的尺寸，编程时输入尺寸取中间尺寸 10，加工结束后测量的实际尺寸为 9.8，则计算的磨损量 W=9.8−10=−0.2，在图 1-9 的 W001 一行中的 Z 坐标下，输入 0.2，重新加工即可使尺寸 10±0.1 恢复到中间尺寸 10。

加工内孔磨损误差的调整：如果尺寸超差为正值即实测尺寸减去输入的尺寸为正值，则在〔磨损〕W 界面输入数值相同的负值，反之输入正值。

测量的准确性是尺寸精度修正的关键因素。

▲华中系统的磨损修正界面见图 1-10，直接在对刀的界面上【X 损】、【Z 损】修正，计算方法同 FANUC 系统。

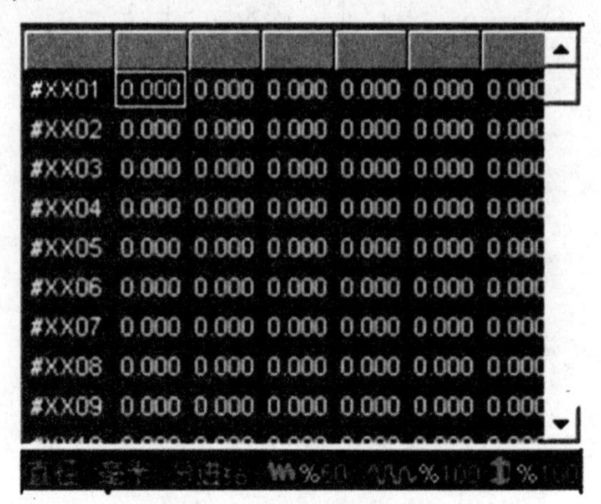

#XX01	0.000	0.000	0.000	0.000	0.000	0.00
#XX02	0.000	0.000	0.000	0.000	0.000	0.00
#XX03	0.000	0.000	0.000	0.000	0.000	0.00
#XX04	0.000	0.000	0.000	0.000	0.000	0.00
#XX05	0.000	0.000	0.000	0.000	0.000	0.00
#XX06	0.000	0.000	0.000	0.000	0.000	0.00
#XX07	0.000	0.000	0.000	0.000	0.000	0.00
#XX08	0.000	0.000	0.000	0.000	0.000	0.00
#XX09	0.000	0.000	0.000	0.000	0.000	0.00

图 1-10　磨损误差的调整

(五)自动返回参考点指令 G28

(1)功能：使刀具从当前位置以快速定位(G00)移动方式，以通过中间点回到参考点。

指定中间点的目的是使刀具沿着一条安全路径回到参考点。

(2)格式：G28　X(U)±43　Z(W)±43；

说明：X、Z 为刀具经过中间点的绝对坐标值；

U、W 为刀具经过中间点的增量坐标。

例如：刀具从当前位置经过中间点(30,15)返回参考点，则编程如下：

G28　X30.0　Z15.0；

(3)若刀具从当前位置直接返回参考点，相当于中间点与刀具当前位置重合，则可用增量方式指令为：

G28　U0　W0；

G28 常用的编程方式有：

例一：G28　U0　W0　T00；　　(刀具返回参考点，取消刀补)

例二：G28　U0　T00；　　(刀具返回直径+X 方向的参考点，取消刀补)

G28　W0；　　(刀具返回+Z 轴方向的参考点)

例三：G28　U0；　　(刀具返回直径+X 方向的参考点)

G28　W0　T00；　　(刀具返回+Z 轴方向的参考点，取消刀补)

(六)识读图样

图 1-12 没有标注标题栏和技术要求，只是一个练习图样，所不同的是该图样的精度比以前的练习工件图样有了很大的提高。

图样的总长为 87±0.1，最大直径尺寸为 Φ38h7(IT=0.025)，最高尺寸精度为 7 级。对数控车床的对刀要求、测量的精度和测量技巧、数控车床操作尺寸的调整都有较高的要求。

图样的最高表面粗糙度为 R_a=1.6，对刀具的材料有一定的要求。图样没有形状公差和位置公差，要求对工件的装夹要求不太高。

(七)工件各个基点(节点)的计算

按照机械加工中的入体原则，计算零件图上的各个基点(节点)坐标。

所谓"入体"原则是指标注工件尺寸公差时应向材料实体方向单向标注，但对于磨损后无变化的尺寸，一般标注双向偏差。

对于轴类零件，是指在零件上加工尺寸越来越小的尺寸，零件的外轮廓都属于轴类尺寸，其上偏差为零，也就是零件的实际外廓尺寸要比基本尺寸确定的外轮廓小，这样才算轴类零件"入体"。

对于孔类零件，是个广义的概念，并不仅仅指孔，是指在零件上加工尺寸越来越大的尺寸，零件的内轮廓都属于孔类尺寸，其下偏差为零，也就是零件的实际外廓尺寸要比基本尺寸确定的外轮廓大，这样才算孔类零件"入体"；例如在轴类零件上加工一个槽，这个槽的宽度尺寸会随着金属的去除越加工越大，那么这个尺寸的下偏差为零，也就是槽的实际尺寸大于基本尺寸才算"入体"。

对于长度尺寸，经常按照磨损后无变化的尺寸，一般标注双向偏差。

(八)工件毛坯料的选择

在数控车床自动加工中，有时在首件加工时会发生撞击机床或工件的现象，为了克服对金属棒料加工的恐惧心理，本次实习先使用塑料棒加工一件，再换成规定的铝材加工实习工件。

(九)车削刀具

(1)车削刀具的材料。

(2)从图样的几何形状要求，得出车削刀具的形状要求和切削刀具几何角度要求。

(3)刀具的装夹方式(装夹刀具的角度和对正主轴中心高)。

(十)切削用量基本参数的选择(切削用量三要素)

(1)数控车床主轴主运动 U：工件的旋转运动。主运动是速度最高、消耗功率最大的切削运动。一般用 u 表示。

$u=\pi d_n/1000$

u：切削速度，m/min(硬质合金刀具切削铝材一般取 300～600m/min)

d：工件车削加工处的最大直径，mm。

n：工件转速，r/min。

(2)进给运动：进给运动是使新的切削层金属不断投入切削的运动。一般用 f 表示。

$u_f=f_n$

u_f：进给速度，mm/min

f：进给量，mm/r

n：工件转速，r/min

(3)切削深度(背吃刀量)a_p：工件上已加工表面和待加工表面之间的垂直距离(一般默

认半径值)。

$a_p=(d_w-d_m)/2$

a_p:切削深度,mm。

d_w:工件待加工表面直径,mm。

d_m:工件已加工表面直径,mm。

注意:工件切断或切槽时的切削深度 a_p 等于刀具宽度。

上述切削速度、进给量、切削深度统称为切削三要素。切削三要素对于数控车工加工精度、生产率和加工成本等影响很大,正确选择切削三要素非常重要。一般情况下,在工艺系统刚度和车床功率允许的条件下,尽可能选取较大的切削深度。

(4)数控车床车削螺纹时的主轴转速:数控车床加工螺纹时,原则上其转速只能保证主轴每转一周,刀具沿主进给轴方向位移一个导程,不应受限制,但是在实际操作时,会受到以下几个方面的影响。

①螺纹加工程序段中指令的导程值,相当于以进给量 f(mm/r)表示的进给速度 F,如果将车床的主轴速度选择过高,其换算后的进给速度(mm/min)必将大大超过正常值。

②刀具在其位移过程的开始和终点,都将收到伺服系统升/降频率和数控装置插补运算速度的约束,由于升/降频率特性满足不了加工需要等原因,则可能因主进给运动产生的“超前”和“滞后”而导致部分螺纹牙齿的螺距不符合要求。

③车削螺纹必须通过主轴的同步运行功能而实现,即车削螺纹需要有主轴脉冲发生器(编码器)。当主轴转速选择过高,通过编码器发出的定位脉冲(主轴每转一周时所发出的一个基准脉冲信号)将可能因为“过冲”而导致工件螺纹产生乱牙。

因此,大多数经济型的数控车床数控系统推荐的车削螺纹时的主轴转速 n 为:

$$N\leqslant 1200/P-k$$

n:主轴转速,r/min。 P:被加工螺纹导程,mm。K:保险系数,一般取 80。

(十一)图样 1-12 需要使用的测量量具

根据图样的精度要求,选择量具为:

0～100mm 钢板尺	1 把
0～150mm 游标卡尺(0.02)	1 把
25～50mm 外径千分尺(0.01)	1 把
M20－6g 外螺纹量规	1 套
R12 圆弧规	1 个
车工表面粗糙度对比块(R1.6～R6.3)	1 套

注意:各种量规的正确使用和精度检查!

(十二)根据图样的要求,编制数控车削加工工艺

1. 举例

如图 1-11 所示螺纹轴,毛坯为 Φ35×120 热轧圆钢,材料为 45[#] 钢,调质处理,试按小批量生产方式编写加工程序。

(1)工艺分析。该零件是螺纹轴,两端都有螺纹,因此必须掉头加工,该零件的所有精度

都较低，几何图形复杂程度一般。小批量生产，数控车床的加工精度完全能满足。

首先在数控车床上用三爪卡盘夹住工件毛坯左端，车削右端螺纹M20、外圆Φ24达到尺寸精度要求；然后掉头加工，用铜皮包裹住夹住Φ24外圆，找正后加工左端螺纹M30至尺寸要求。

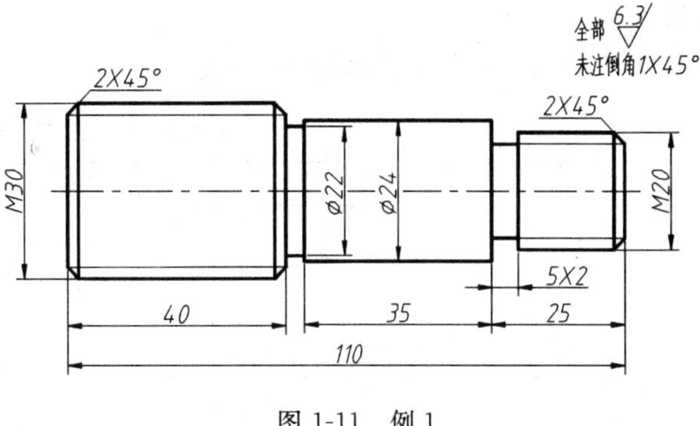

图1-11　例1

该零件没有特别要求的形状和位置公差，对装夹没有特殊要求，可以直接用三爪卡。

该零件的表面粗糙度均为R_a6.3，一般加工就容易达到。

(2)确定加工工序。

①数值计算：计算出各个基点的坐标值，螺纹的大径、小径、中径和每次进刀的直径值等相关编程参数。

M20粗牙螺纹的螺距为2.5mm，M30粗牙螺纹的螺距为3.5mm，查表或计算出螺纹大径和小径尺寸。

M30粗牙螺纹相关参数：螺距3.5mm，实际大径d=29.8mm，小径d_1=26.211mm，螺纹牙深2.273mm(半径值)，分八次进刀：第一刀进深(直径值)1.5mm、第二刀进深(直径值)0.7mm，第三刀进深(直径值)0.6mm、第四刀进深(直径值)0.6mm，第五刀进深(直径值)0.4mm、第六刀进深(直径值)0.4mm，第七刀进深(直径值)0.2mm，第八刀进深(直径值)0.15mm，螺纹每次进刀量和相对应的直径值如表所示。

$\alpha_{p1}=1.50$　$X_1=28.30$	$\alpha_{p4}=0.60$　$X_4=26.40$	$\alpha_{p7}=0.20$　$X_4=25.40$
$\alpha_{p2}=0.70$　$X_2=27.60$	$\alpha_{p5}=0.40$　$X_5=26.00$	$\alpha_{p8}=0.15$　$X_4=25.2$
$\alpha_{p3}=0.60$　$X_3=27.00$	$\alpha_{p6}=0.40$　$X_6=25.605$	

螺纹升速段取7mm，螺纹降速段取2mm。

M20粗牙螺纹相关参数：螺距2.5mm，实际大径d=19.8mm，小径d_1=17.294mm，螺纹牙深1.624mm(半径值)，分六次进刀：第一刀进深(直径值)1.0mm、第二刀进深(直径值)0.7mm，第三刀进深(直径值)0.6mm、第四刀进深(直径值)0.4mm，第五刀进深(直径值)0.4mm、第六刀进深(直径值)0.15mm，螺纹每次进刀量和相对应的直径值如表所示。

$\alpha_{p1}=1.0$　$X_1=18.80$	$\alpha_{p3}=0.6$　$X_3=17.50$	$\alpha_{p5}=0.4$　$X_5=16.70$
$\alpha_{p2}=0.7$　$X_2=18.10$	$\alpha_{p4}=0.4$　$X_4=17.10$	$\alpha_{p6}=0.15$　$X_6=16.55$

螺纹升速段取5mm，螺纹降速段取2mm。

②装夹定位：直接用三爪卡盘装夹定位。

③按照入体原则，在外表面粗加工后，进行一次半精加工。(空位不够可另外加页)

参照第一阶段项目二中确定几何体的切削路径内容，绘出各个几何体(或复合体)的加工工艺路线图、准备使用的准备功能指令、定位点和重要位置点的坐标(手绘草图)和切削参数。

④填写加工工艺卡片和数控车床刀具卡片。

数控车床加工工序卡片

厂名				产品名称代号							
数控加工工序卡片				零件名称		第二阶段项目一练习工件			零件图号	1	
工艺序号			夹具名称	三爪卡盘		使用设备			设备编号		
程序编号			夹具编号			系统______型号数控车床					
工序号	工步号	工步作业内容	加工面	刀具号	刀具规格及材料	主轴转速	进给速度	切削深度 a_p	刀尖方位角 T	冷却液	备注
1	1	夹持棒料(找正工件),伸出长度 90mm									
	2	粗车外圆、留单边精车余量 0.5mm	M20、Φ24、Φ40(部分)	T0101	20×20×120K6	500	0.2	1.5	3	乳化液	YG6
	3	精车外圆、倒角,达到图纸精度要求。		T0202	20×20×120P15	800	0.05	0.5	3	乳化液	YT15
	4	车槽至要求	5×2	T0303	20×20×120K6	300	0.1	刀刃宽5	8	乳化液	
	5	车螺纹至要求	M20	T0404	20×20×120K6	300	螺距P2.5	分6次进刀	8	乳化液	
2	1	调头装夹外圆Φ24,伸出长度 60mm									
	2	粗车端面、控制总长		T0101	20×20×120K6	500	0.2	1.5	3	乳化液	
	3	粗车外圆,留单边精车余量 0.5mm	M30 大径	T0101	20×20×120K6	500	0.2	1.5	3	乳化液	
	4	精车外圆、倒角至尺寸	M30 大径、倒角	T0202	20×20×120P15	800	0.05	0.5	3	乳化液	
	5	车槽至尺寸	Φ22	T0303	20×20×120K6	300	0.1	刀刃宽5	8	乳化液	
	6	车螺纹至要求	M30	T0404	20×20×120K6	300	螺距P3.5	分8次进刀	8	乳化液	
3	1	检测									
编制		审核		批准		年 月 日		共 页		第 页	

数控车床刀具卡片

零件图号	1号	数控车床刀具卡片		使用设备		
刀具名称	车刀			______系统________型号数控车床		
刀具编号		车刀参数				
刀具组成						
序号	刀具补偿号	车刀种类及材料	刀具简图	刀具主要角度	刀杆规格	冷却液
1	T0101	90°外圆粗偏刀 K6	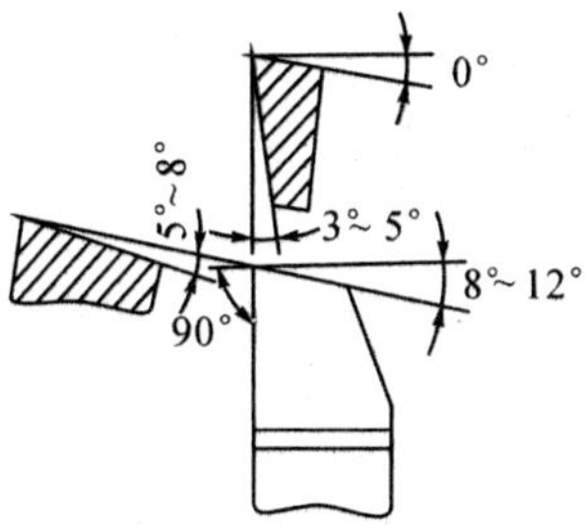	前角 γ_o＝0° 后角 a_o＝3°～5° 副后角 a_o＝5°～8° 主偏角 K_r＝90° 副偏角 K'_r＝8°～12° 刃倾角 λs＝ 0°	20×20×120	乳化液
2	T0202	90°外圆精偏刀 P15	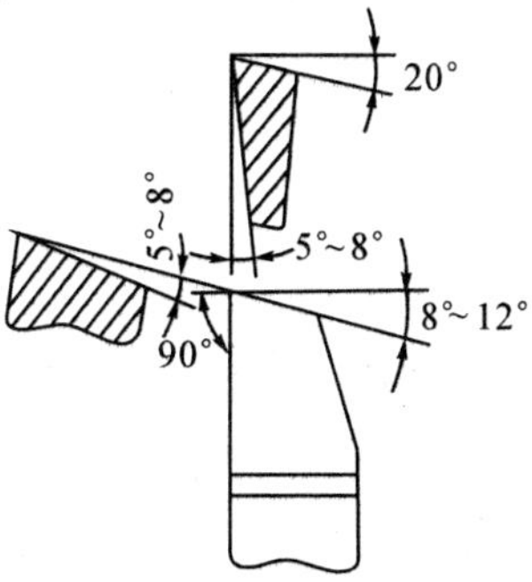	前角 γ_o＝20° 后角 a_o＝5°～8° 副后角 a_o＝5°～8° 主偏角 K_r＝90° 副偏角 K'_r＝8°～12° 刃倾角 λs＝5°	20×20×120	乳化液
3	T0303	切槽刀 K6	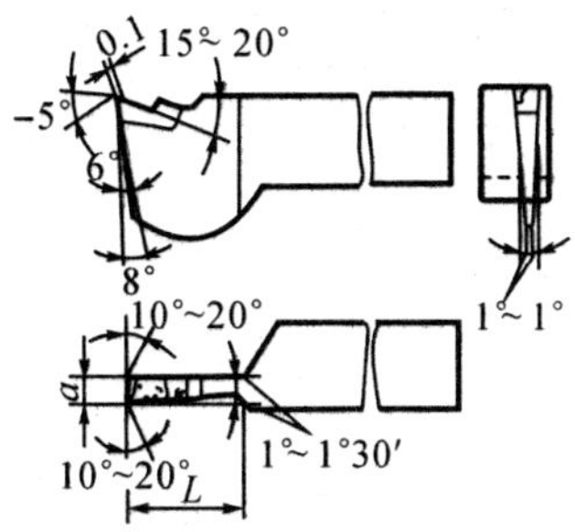	前角 γ_o＝15～20° 后角 a_o＝ 6°～8° 副后角 a_o＝1°～2°(两个) 主偏角 K_r＝ 0° 副偏角 K'_r＝1°～1.5° 刀刃宽 ＝ 5 mm	20×20×120	乳化液
4	T0404	公制螺纹刀 K6	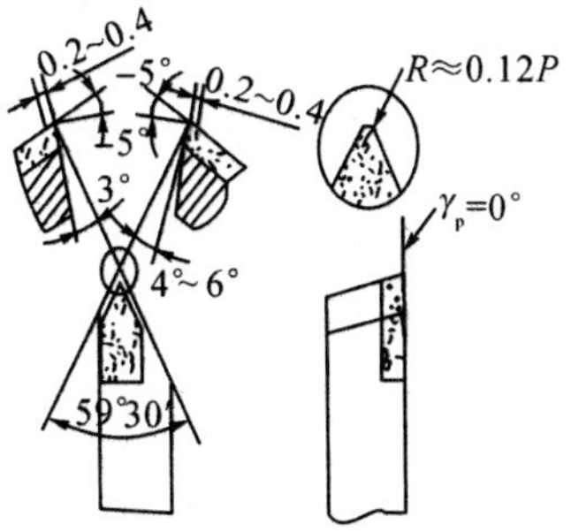	前角 γo＝0° 后角 ao＝4°～6° 副后角 ao＝2°～3° 主偏角 Kr＝60° 副偏角 K'_r＝60° 刃倾角 λs＝0° 刀尖半径＝0.12P	20×20×120	乳化液
备注						

编制		审核		批准		共 页	第 页

⑤编制加工程序(绘出各个几何体(或复合体)的加工工艺路线图,编制加工程序)。

⑥试加工工件(在数控车床上模拟运行后,加工出一个试件)。

⑦检测后,调整误差,正式加工。

2. 练习工件编制加工程序如图 1-12 所示

(1)工艺分析。该图样的几何图形复杂(有圆柱体、台阶圆柱体、圆锥体、槽、圆弧体、螺纹、倒角等),加工精度较高,表面粗糙度要求较高,单件生产,已经不适合普通车床的加工,一般经济型数控车床的精度能全部满足该图样的精度要求,生产效率较高,经济上合算。

(2)确定加工工序。

①数值计算:计算出各个基点(节点)的坐标值,M20—6g 螺纹的大径、小径、中径和每次进刀的直径值等相关编程参数。带有尺寸精度等级的尺寸计算出中间值。例如:

图 1-12 中直径 $\Phi38h7(^{0}_{-0.025})$的最大极限尺寸是 Φ38、最小极限尺寸是 Φ37.975,则中间尺寸是(38+37.975)/2=37.988,编程时直径值为 X37.988。

图 1-12 中长度尺寸 $30^{0}_{-0.05}$ 的最大极限尺寸是 30、最小极限尺寸是 29.95,则中间尺寸是(30+29.95)/2=29.975,编程时长度值为 29.975。

M20-6g 螺纹的加工尺寸计算(P=2.5):

螺纹大径 d=19.459(计算加工理论大径)

螺纹小径 d_1=16.752(计算加工理论小径)

每次螺纹切削的进刀量如下:

$a_{p1}=$ $X_1=$	$a_{p3}=$ $X_3=$	$a_{p5}=$ $X_5=$
$a_{p2}=$ $X_2=$	$a_{p4}=$ $X_4=$	$a_{p6}=$ $X_6=$

②用三爪卡盘固定棒料并定位(粗基准定位)。

③按照入体原则,在外表面粗加工后,进行一次精加工。

绘出各个几何体(或复合体)的加工路线图、准备功能指令、切削参数和定位点坐标(在另页纸上手绘草图)。

④填写加工工艺卡片和数控车床刀具卡片。

数控车床加工工序卡片

厂名		产品名称代号		零件图号	1号
数控车床加工工序卡片		零件名称	综合练习1	车间	
工艺序号		夹具名称	三爪卡盘	使用设备	____系统____ 型号数控车床
程序编号	夹具编号	固定设备编号			

工艺号	工步号	工步作业内容	加工面	刀具号	刀具规格	主轴转速 n (r/min)	进给速度 f (mm/r)	切削深度 α_P	刀尖方位角 T	备注

续表

编制		审核		批准		年　月　日	共　页	第　页

数控车床刀具卡片

<table>
<tr><td colspan="2">零件图号</td><td>1号</td><td colspan="2" rowspan="2">数控车床刀具卡片</td><td colspan="2">使用设备</td></tr>
<tr><td colspan="2">刀具名称</td><td>车刀</td><td colspan="2">________系统________型号数控车床</td></tr>
<tr><td colspan="3">刀具编号</td><td colspan="2">车刀参数</td><td></td><td rowspan="2">冷却液</td></tr>
<tr><td></td><td>序号</td><td>刀具补偿号</td><td>车刀种类</td><td>刀具主要角度</td><td>刀杆规格</td></tr>
<tr><td rowspan="4">刀具组成</td><td>1</td><td>T0101</td><td></td><td></td><td></td><td></td></tr>
<tr><td>2</td><td>T0202</td><td></td><td></td><td></td><td></td></tr>
<tr><td>3</td><td>T0303</td><td></td><td></td><td></td><td></td></tr>
<tr><td>4</td><td>T0404</td><td></td><td></td><td></td><td></td></tr>
<tr><td rowspan="2">备注</td><td>5</td><td>1号刀图样（草图）</td><td></td><td>3号刀图样（草图）</td><td colspan="2"></td></tr>
<tr><td>6</td><td>2号刀图样（草图）</td><td></td><td>4号刀图样（草图）</td><td colspan="2"></td></tr>
<tr><td colspan="2">备注</td><td colspan="2"></td><td colspan="3"></td></tr>
<tr><td>编制</td><td></td><td>审核</td><td></td><td>批准</td><td>共　页</td><td>第　页</td></tr>
</table>

(十三)项目一练习

工件如图 1-12(必修)、图 1-13(选修)所示。

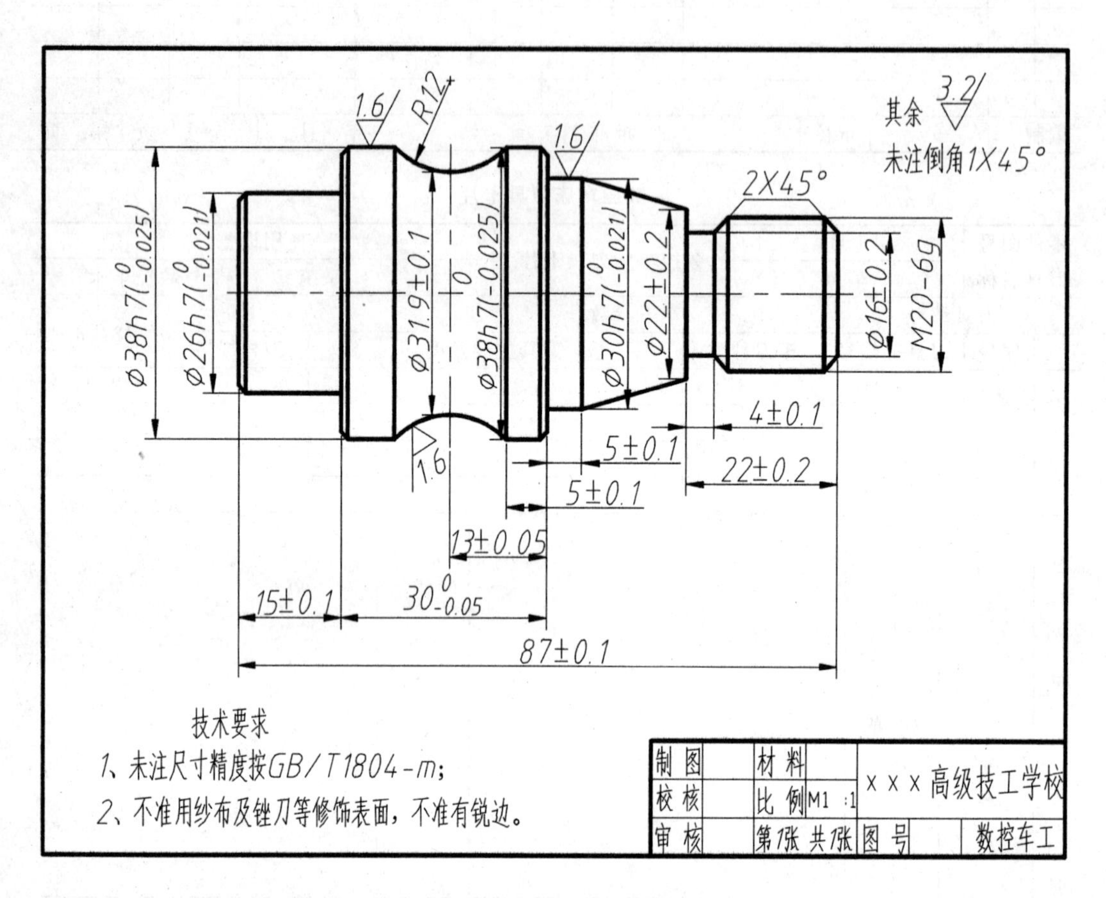

图 1-12　项目一练习工件(必修)

数控车工第二阶段实习项目一(图1-12)评分表

________号机床　填表时间：____年____月____日星期____

班级		姓名		图号		合计得分				
编程使用时间			加工使用时间			辅助工作使用时间				
测量项目		精度和配分		自己测量		教师测量		评分差异	合计单项得分	备注
内容	量具	精度	配分	测量结果	个人评分	测量结果	老师评分			
Φ26h7	千分尺	h7($^{0}_{-0.021}$)	8							
Φ38h7		h7($^{0}_{-0.025}$)	8							两个面
Φ30h7		h7($^{0}_{-0.021}$)	8							
Φ31.9±0.1	游标卡尺	IT11<Φ<IT12	4							
Φ22±0.2		中等级 m	2							
Φ16±0.2		中等级 m	2							
M20－6g	螺纹环规	6 级	20							
87±0.1	游标卡尺	T10<Φ<IT11	4							
15±0.1		精密级 f	3							
25$^{0}_{-0.05}$		IT9	4							
5±0.1		中等级 m	2							2 个
22±0.2		中等级 m	2							
4±0.1		中等级 m	2							
R12 圆弧	圆弧规	精密级 f±0.1	8							
Ra1.6 表面	表面粗糙度对比块	9								三个面，每个面 3 分
Ra3.2 表面		14								14 个面
引导问题			50	空格		空格				
时间	年 月 日		学生个人测评总分			教师测评总分				

说明

评分标准：

1. 螺纹的评分标准：M20－6g，按照正常螺纹旋入法，螺纹通规全部通过，止规通过不超过 2 扣，则得满分 20 分；螺纹通规能旋入三分之二，止规通过不超过 2 扣，则得 10 分；螺纹止规能旋入超过 2.5 扣，则得 0 分。
2. 尺寸精度的评分标准：
   h7 尺寸精度，误差超过 0.01，扣 4 分，依次累计。26$^{0}_{-0.05}$：误差超过 0.01，扣 1 分，依次累计。
   精密级 f 尺寸精度：误差超过 0.02，扣 1 分，依次累计。
   中等级 m 尺寸精度：误差超过 0.05，扣 1 分，依次累计。
3. 表面粗糙度的评分标准：
   R_a1.6 表面：误差每降低一级，扣 1 分，依次累计。R_a3.2 表面：误差每降低一级，扣 1 分，依次累计。
4. 练习工件 50 分，引导问题 50 分，合计 100 分。

学生签名		主管教师		测量教师	

数控车工第二阶段实习项目一(图 1-13)登记表

______号机床　填表时间：______年____月____日星期____

工种	系统数控车工		姓名		加分	
加工时间	开始时间：月　日　时　分， 结束时间：月　日　时　分			实际操作时间 （分钟）		
工件是否完整	完整(10 分)		局部完整(酌情加分<10 分)		不完整(0 分)	

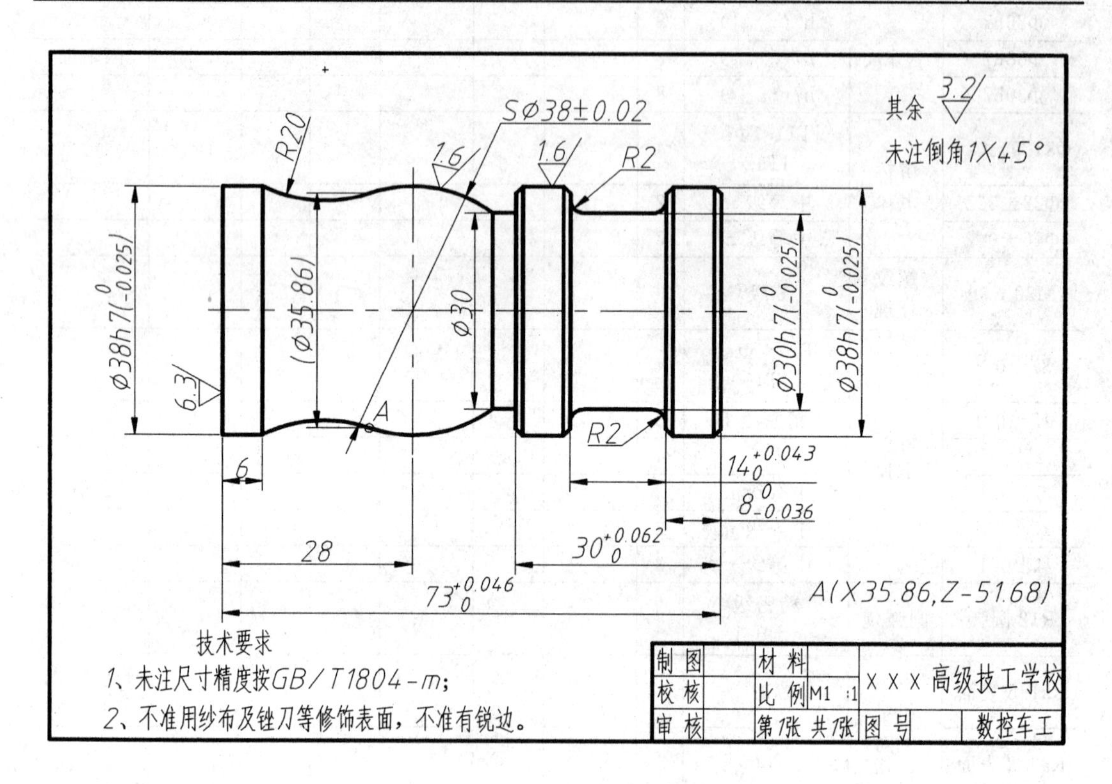

图 1-13　(选修)

四、引导问题

1. (2 分)图 1-12 直径方向上最高尺寸精度是多少？最高尺寸精度在哪几个几何面？

答：____

2. (1 分)图 1-12 长度方向最高的尺寸精度是多少？

答：____

3. (3 分)图 1-12 最高的表面粗糙度数值是多少？有几个最高的表面粗糙度表面？最低的

表面粗糙度数值是多少？

答：______________________________

____

4. (1分)图1-12的形状和位置公差标注有几个？

答：______________________________

5. (4分)解释图1-12中M20－6g所表达的含义？

答：______________________________

____

____

6. (2分)为什么图1-12用三转卡盘装夹能满足加工精度要求？

答：______________________________

____

7. (2分)图1-12中长度和直径方向的测量基准是哪个几何面(或线)？

答：______________________________

____

____

8. (1分)图1-12中编程加工需不需要进行尺寸链的计算？你会计算吗？如果不会，想不想学？

答：______________________________

____

9. (2分)图1-12毛坯直径应当选多大？在三爪卡盘装夹中，轴应当伸出卡盘卡爪端面大约多长范围内才能是刚性轴？

答：______________________________

____

10. (4分)图1-12中零件的测量需要使用哪些量具？如何检查这些量具的精度？

答：______________________________

____

____

____

____

11. (2分)为了高效率加工图样1-12同时又保证该图样的表面粗糙度要求，对刀具的材质、角度和切削刃有什么要求？(或填写数控车床刀具卡片)

答：______________________________

____

____

12. (2分)计算图样1-12上各个节点(基点)的绝对值坐标。

答：______________________________

____

____

13. (2分)计算 M20－6g 螺纹每一次进刀的数值？(填入 a_p 和 X_1 之中)

14. (4分)填写数控车床加工工序卡片和数控车床刀具卡片。

15. (2分)解释机械加工的入体原则。

答：

16. (2分)编制加工图 1-12 的程序时，你准备采用哪些指令？在你准备使用的指令中，简述每个指令的使用有什么注意的地方？

答：

17. (2分)加工图 1-12 时，你准备使用什么材料的刀具？并且对刀具的主切屑刃采取什么处理方法来满足图 1-12 中最高尺寸精度和表面粗糙度的要求。

答：

18. (1分)用硬质合金刀具加工公制螺纹时，如何防止加工时螺纹径出现鱼鳞纹？

答：

19. (1分)编程自动加工图 1-12 时，如何控制积屑瘤的产生？

答：

20. (2分)数控车床刀尖方位角 T 的选择为什么有两个坐标？

答：

21. (2分)用右偏刀加工外圆时,数控车床刀尖方位角 T 一般应选择多少?

答:

22. (2分)用左偏刀加工外圆时,数控车床刀尖方位角 T 一般应选择多少?

答:

23. (2分)在编程加工图 1-13(选修)工件的过程中,你有什么想法?

答:

24. (2分)工件评分标准与老师的评分标准有什么不同?为什么?

答:

项目二　螺纹加工综合练习

一、任务与操作技术要求

图 2-2 是在第一阶段数控车工实习的基础上进行的左右旋螺纹加工综合练习，要求在学习了右旋螺纹的工艺安排、各种参数尺寸计算和数控车工编程加工方式后，拓展进行左右旋螺纹加工的综合练习，以达到提高学生在实际加工生产中适应性的要求。

二、信息文

图 2-2 的加工工艺编制与普通车工有所不同，其加工方式也有多种。图 2-2 能不能一次装夹，一次完成呢？是不是也可以加工完一端的螺纹后，掉头装夹，加工另一面的螺纹呢？

装夹方式和选用的刀具不同，加工左旋的螺纹的走刀方式也不相同，相应的工艺也不相同。

加工公制左旋螺纹，与加工右旋螺纹相比，加工方法有哪些新的技术要求？螺纹刀的大致形状是什么？对螺纹刀的后角和副后角等角度有哪些要求？这些问题将在本项目中得以解释。

实际操作前，按照大家所学到的知识和自己设想的加工方式编制出加工工艺，依照自己的加工工艺能不能编制出加工程序以满足图样 2-2 的加工要求。

开始操作前，特别强调仔细想想数控车工的安全注意事项。

三、基础文

1. 识读图样(如图 2-2 所示)

该图样与前面的螺纹练习相比较，不同的是该图样的螺纹精度比以前的练习工件图样的精度有了提高。

图样的总长为 60±0.15(IT12)。图样最大直径尺寸为 $\Phi33^{+0.012}_{-0.05}$(IT10)。最高尺寸精度为 9 级。对数控车床的对刀要求、测量的精度和测量技巧、数控车床操作、尺寸调整只有一般的要求。

图样的最高表面粗糙度为 $R_a=1.6$，对刀具的材料、主轴转速、进给速度和精加工余量有一定的要求。

图样没有位置公差要求，对工件的装夹要求不太高。图样没有形状公差要求，对进刀方式没有特殊的要求。

2. 工件各个基点(节点)的计算(略)

3. 工件毛坯料的选择(略)

在数控车床自动加工中,有时在首件加工时会发生撞击机床或工件的现象。本次实习先使用塑料棒加工一件,再换成铝棒。

4. 车削刀具

(1)从工件的毛坯和热处理方式选择车削刀具的材料(略)。

(2)从图样的几何形状要求,得出车削刀具的形状要求和切削刀具几何角度要求(略)。

(3)刀具的装夹方式(装夹刀具的切削角度和对正车床主轴中心高)(略)。

5. 切削用量基本参数的选择(切削用量三要素)

(1)数控车床主轴主运动 μ(略)。

(2)进给运动 f(略)。

(3)切削深度(背吃刀量)a_p(略)。

注意:工件切断或切槽时的切削深度 a_p 等于刀具宽度。

6. 图样需要使用的测量量具

根据图样的精度要求,选择量具为:

0~150mm 钢板尺	1把
0~150mm 游标卡尺(0.02)	1把
25~50mm 外径千分尺(0.01)	1把
M20~6g 外螺纹量规	1套
M20~6g 外螺纹量规(左旋)	1套
车工表面粗糙度对比块(R1.6~R3.2)	1套

注意:各种量规使用前需要检查精度!请正确使用各种量规。

各种量规使用前需要检查精度!

7. 根据图样的要求,编制数控车削加工工艺

(1)工艺分析。该图样的几何图形复杂(有圆柱体、槽、左右旋螺纹、倒角),加工精度较高,表面粗糙度要求较高,单件生产,一般经济型数控车床的精度能全部满足该图样的精度要求,生产效率较高,经济成本低。

图样2-2有左旋螺纹,是以前数控车工实习中所没有遇到的几何体加工练习。通过此项练习,可以和右旋螺纹的加工工艺进行比较,以提高学生对以后工作的适应性。

左旋螺纹的加工方式有两种:一种是车床主轴正转,使用左旋螺纹切削车刀(刀尖朝下)(如图2-1所示),走刀方式是从右到左走刀方式,螺纹刀具的主后角和副后角与右旋螺纹相同;另一种是车床主轴反转,使用正常的螺纹切削刀(刀尖朝上),走刀方式是从右到左的走刀方式,螺纹车刀的主后角在刀具的右边,副后角在刀具的左边。

(2)确定加工工序。

①用三爪卡盘固定棒料并定位(粗基准定位)。

②按照入体原则,在外表面粗加工后,进行一次精加工。

③绘出项目二综合练习工件图2-1所示的编程加工路线图(草图绘制在练习纸上)。

④M20－6g 和 M20－6gLH 螺纹的加工尺寸计算($P=2.5$)。

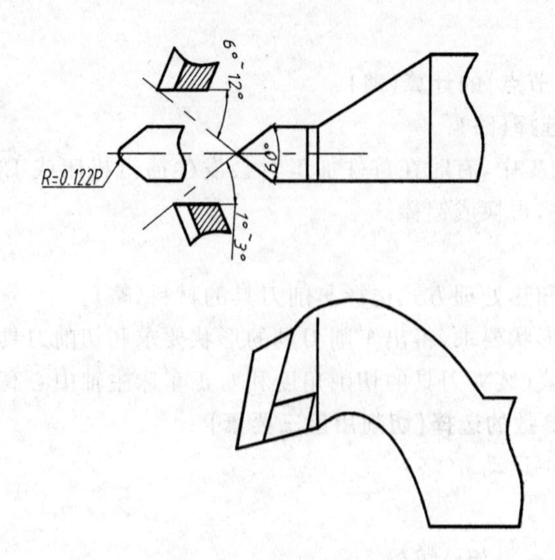

图 2-1 左旋螺纹车刀

螺纹大径 d＝公称尺寸－0.2165P＝19.459 （计算加工理论大径）

螺纹小径 d_1＝公称尺寸－1.299P＝16.752 （计算加工理论小径）

按照所学过的知识，确定每次螺纹切削的进刀量。左右旋螺纹进刀量相同。

a_{p1}＝	X_1＝	a_{p3}＝	X_3＝	a_{p5}＝	X_5＝
a_{p2}＝	X_2＝	a_{p4}＝	X_4＝	a_{p6}＝	X_6＝

⑤填写加工工艺卡片。

数控车床加工工序卡片

厂名				产品名称代号			零件图号		2号	
数控车床加工工序卡片				零件名称		综合练习 2	车间			
工艺序号		夹具名称		三爪卡盘		使用设备	____系统____型号数控车床			
程序编号	夹具编号	固定设备编号								
工艺号	工步号	工步作业内容	加工面	刀具号	刀具规格	主轴转速 n (r/min)	进给速度 f (mm/r)	切削深度 a_P	刀尖方位角 T	备注
编制		审核		批准			年 月 日	共 页	第 页	

数控车床刀具卡片

<table>
<tr><td colspan="2">零件图号</td><td>2号</td><td colspan="2" rowspan="2">数控车床刀具卡片</td><td colspan="3">使用设备</td></tr>
<tr><td colspan="2">刀具名称</td><td>车刀</td><td colspan="3"></td></tr>
<tr><td colspan="3">刀具编号</td><td colspan="2">车刀参数</td><td colspan="2"></td><td rowspan="2">冷却液</td></tr>
<tr><td></td><td>序号</td><td>刀具补偿号</td><td>车刀种类</td><td colspan="2">刀具主要角度</td><td>刀杆规格</td></tr>
<tr><td rowspan="4">刀具组成</td><td>1</td><td>T0101</td><td></td><td colspan="2"></td><td></td><td></td></tr>
<tr><td>2</td><td>T0202</td><td></td><td colspan="2"></td><td></td><td></td></tr>
<tr><td>3</td><td>T0303</td><td></td><td colspan="2"></td><td></td><td></td></tr>
<tr><td>4</td><td>T0404</td><td></td><td colspan="2"></td><td></td><td></td></tr>
<tr><td>备注</td><td colspan="5"></td><td colspan="2"></td></tr>
<tr><td>1号刀图样(草图)</td><td colspan="3"></td><td>2号刀图样(草图)</td><td colspan="3"></td></tr>
<tr><td>3号刀图样(草图)</td><td colspan="3"></td><td>4号刀图样(草图)</td><td colspan="3"></td></tr>
<tr><td>编制</td><td></td><td>审核</td><td></td><td>批准</td><td></td><td>共　页</td><td>第　页</td></tr>
</table>

注意点:公制螺纹刀的后角一定不小于该螺纹的螺旋升角。

8. 车削螺纹常见问题及矫正方法

(1)螺纹车刀刀位点安装没有与车床主轴中心等高产生螺纹尺寸不等(锥形)和啃刀现象。螺纹车刀刀位点安装的比车床主轴中心高,当切削到一定深度时,车刀的后刀面接触工件产生摩擦甚至顶住工件螺纹表面,不仅影响了螺纹的表面粗糙度,其摩擦力甚至能把工件顶弯,致使加工出来的螺纹尺寸不等(锥形)或啃刀。

螺纹车刀刀位点安装的比车床主轴中心低,则切屑不易排出,车刀径向力的方向是工件中心,致使吃刀深度不断自动趋于加深,从而把工件抬起,出现啃刀现象。

矫正方法:粗车和半精车螺纹时,刀尖位置比工件中心高出1%D左右(D螺纹公称直径),精车螺纹时,刀尖位置与工件中心等高。

(2)工件装夹不牢或刚性不足产生啃刀。当工件装夹不牢或伸出过长导致刚性不足,不能承受切削加工时的切削力时,将会产生较大的挠度,改变了车刀与工件的中心高度(工件被抬高),形成切削深度突增,出现啃刀。

矫正方法:工件装夹牢固,编制加工工艺时提高刚性。

(3)牙型不正确产生半角误差或啃刀。车刀在安装时不正确,刀尖产生倾斜,造成螺纹半角误差。车刀刃磨时刀尖角有误差,无法产生正确牙型,或是车刀磨损较严重,引起切削力增大,顶弯工件,产生啃刀。

矫正方法:严格按照螺纹刀工艺要求,正确安装螺纹刀;车刀刃磨时,按照技术要求检查;及时发现并更换磨损严重的螺纹刀。

(4)刀片与螺距不符。螺纹刀刀片的有效切削深度小于工件螺纹的牙深,导致螺纹牙型不完整。

矫正方法:确保螺纹刀刀片的有效切削深度大于工件螺纹牙深 1mm 以上。

(5)螺纹乱牙和螺纹旋入和旋出困难。切削线速度(或主轴转速)过高,导致伺服系统无法及时的响应,造成牙型过瘦或乱牙现象发生。

加工结束后的螺纹有毛刺或有部分数控车床切削螺纹有比较严格的行程安排,没有遵守此安排导致螺纹旋入和旋出困难。

矫正方法:调整切削线速度(或主轴转速)在合理的范围内。严格遵守数控车床本身的技术行程要求,加工完螺纹最后一刀后,空走刀一到二次,以保证去掉毛刺。

(6)螺纹表面粗糙。车刀刃口磨削的不光洁,切削液不适当,切削参数和工件材料不匹配,系统刚性不足导致切削过程产生振动等。

矫正方法:应正确选用、修正砂轮,用油石精研刀具(或更换刀片);选择适当切削速度和切削液;调整车床滚珠丝杠间隙,保证各导轨间隙的正确性,防止切削时产生振动。

9. 积屑瘤的现象及形成条件

(1)积屑瘤及其现象。

在金属车削加工过程中,常常有一些从切屑和工件上来的金属冷焊并层积在前刀面上,形成一个非常坚硬的金属堆积物,其硬度是工件材料硬度的 2~3 倍,能够代替刀刃进行切削,并且以一定的频率生长和脱落。这种堆积物称为积屑瘤。当切削钢、球墨铸铁、铝合金等材料时,在切削速度不高,而又能形成带状切削的情况下生成积屑瘤。

(2)积屑瘤的优缺点。

优点:粗加工时,对精度和表面粗糙度要求不高,如果积削瘤能稳定生长,则可以代替刀具进行切削,保护了刀具,同时减少了切削变形,但是如果积削瘤频繁脱落反而降低刀具寿命。缺点:增大已加工表面的粗糙度,改变加工的尺寸。因此,在车削精加工时,绝对不希望积屑瘤的出现。

(3)积屑瘤的控制。

①积屑瘤与切削速度有关,中速易产生积屑瘤,改变转速可以避免积屑瘤。

②提高切削刃的光洁度。

③加合适的冷却液。

④增大刀具前角。

⑤增大切削厚度。

10. 项目二练习工件

如图 2-2(必修)(左、右旋螺纹加工练习)、2-3(选修)(为后面的项目做准备)。

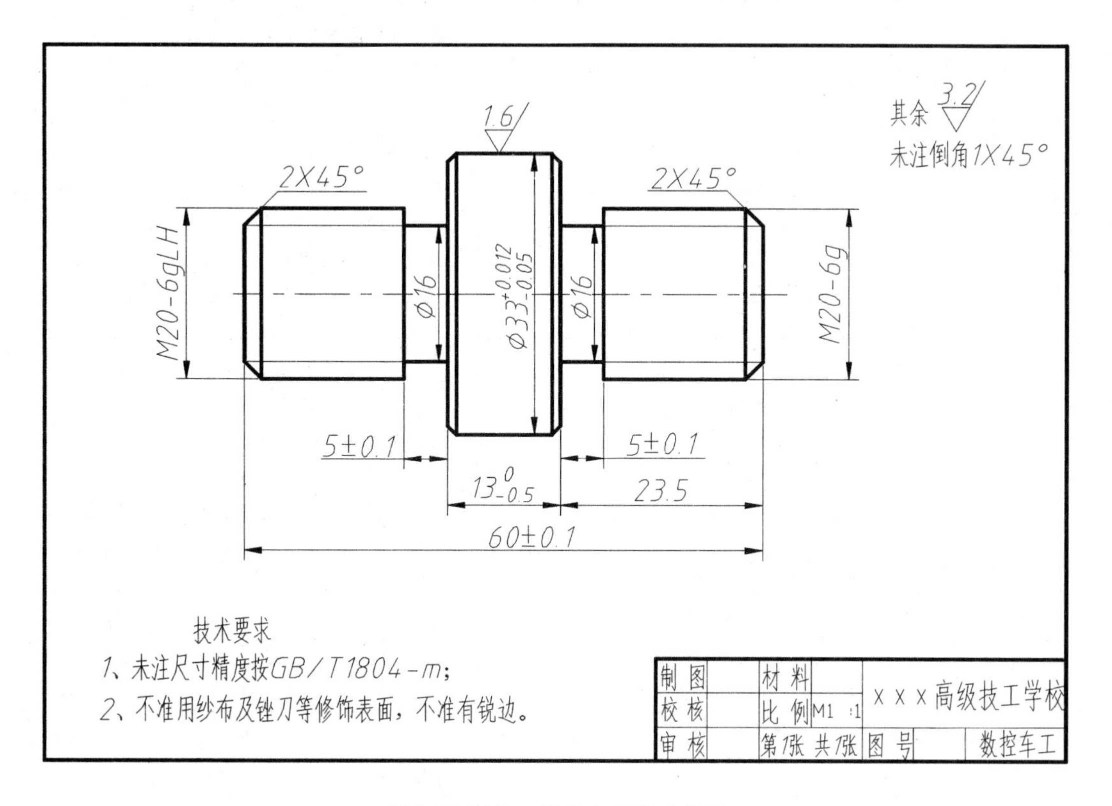

图 2-2(必修)　螺纹加工综合练习

数控车工第二阶段实习项目二(图 2-2)评分表

______号机床　填表时间：____年____月____日星期____

班级		姓名		图号		合计得分				
编程使用时间			加工使用时间				辅助工作使用时间			
测量项目		精度和配分		自己测量		教师测量		评分差异	合计单项得分	备注
内容	量具	精度	配分	测量结果	个人评分	测量结果	老师评分			
Φ33$^{+0.012}_{-0.05}$	千分尺	IT9	5							
Φ16±0.1	游标卡尺	精密级 f	2							两个面
M20－6g	螺纹环规	6 级	6							
M20－6gLH		6 级	6							
60±0.1	游标卡尺	＜IT11	2							
23.5(±0.2)		中等级 m	2							
5±0.1		中等级 m	2							两个尺寸
13$^{0}_{-0.5}$		中等 m＜粗糙级 c	1							
2×45°倒角(±0.2)	倒角量规	中等级 m	2							两个
1×45°倒角(±0.2)		2								两个
R_a1.6 表面	表面粗糙度对比块	4								1 个面
R_a3.2 表面		16								16 个面
引导问题			50	空格		空格				
时间	年 月 日		学生个人测评总分			教师测评总分				

说明

评分标准：

1. 螺纹得分标准：M20－6g：按照正常螺纹旋入法，螺纹通规全部通过，止规通过不超过 2 扣，则得满分；螺纹通规能旋入三分之二，止规通过不超过 2 扣，则得一半分；螺纹止规能旋入超过 2.5 扣，则得 0 分；
2. 各个尺寸的得分标准：
   IT9 尺寸精度：误差超过 0.01，扣 1 分，依次累计。
   精密级 f 尺寸精度：误差超过 0.02，扣 1 分，依次累计。
   中等级 m 尺寸精度：误差超过 0.05，扣 1 分，依次累计。
3. 表面粗糙度得分标准：
   R_a1.6 表面：降低一个表面等级，扣 1 分，依次累计。
   R_a3.2 表面：降低一个表面等级，扣 1 分，依次累计。

学生签名		主管教师		测量教师	

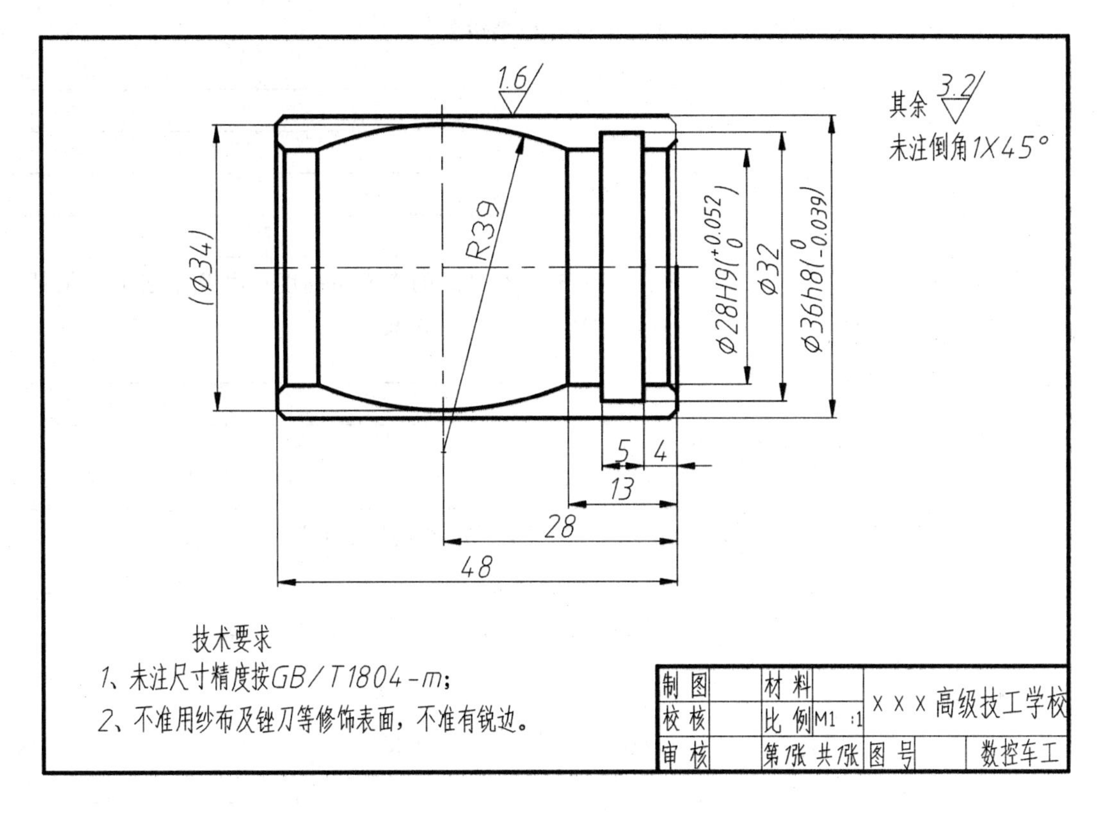

图 2-3　(选修)

数控车工第二阶段实习项目二(图 2-3)登记表

_____号机床　填表时间：_____年____月____日星期____

工种	系统数控车工	姓名		加分		
加工时间	开始时间：月　日　时　分， 结束时间：月　日　时　分		实际操作时间 (分钟)			
工件是否完整	完整(10 分)		局部完整(酌情加分<10 分)		不完整(0 分)	

四、引导问题

1. (2 分)图 2-1 中直径方向上最高的尺寸精度是多少？最高尺寸精度分别在哪几个几何面？

答：____

2. (2 分)图 2-1 中长度方向上最高的尺寸精度是多少?

答:________________

3. (3 分)图 2-1 中最高的表面粗糙度数值是多少?最高的表面粗糙度在哪几个表面?最低的表面粗糙度数值是多少?请解释表面粗糙度 Ra 的含义?

答:________________

4. (1 分)图 2-1 中的形状和位置公差标注有几个?

答:________________

5. (4 分)分别解释图 2-1 中 M20－6g 和 M20－6gLH 所表达的含义?

答:________________

6. (2 分)图 2-1 工件用什么夹具装夹就能满足加工精度要求?

答:________________

7. (2 分)图 2-1 中长度和直径方向的测量基准是哪个几何面?

答:________________

8. (2 分)图 2-1 中的编程加工需不需要进行尺寸链的计算?如果需要,如何计算(可写在背面上)?

答:________________

9. (2 分)图 2-1 在三爪卡盘装夹中,毛坯的直径应当选多大?应当伸出卡盘卡爪端面大约多长范围才能符合刚性轴的要求?

答:________________

10. (4 分)图 2-1 中需要使用哪些量具?如何用经验法检查这些量具的精度和使用性能?

答:________________

11. (3 分)为了高效率加工图 2-1 同时又能保证该图样的表面粗糙度要求,对刀具的材质、角度和切削刃有什么要求?

答：____

____

____

____

12. (2 分)计算 M20－6g 和 M20－6gLH 螺纹每一次进刀的数值(填入 a_p 和 X 之中)?
13. (2 分)填写数控车床加工工序卡片和数控车床刀具卡片。
14. (4 分)编制加工图 2-1 的程序时,一般采用哪些指令,每个指令的使用有什么需要?

答：____

____

____

____

____

____

15. (1 分)用硬质合金刀具加工螺纹时,如何防止螺纹中径周围出现鱼鳞纹?

答：____

____

16. (1 分)编程自动加工图 2-1 时,如何控制积屑瘤的产生?

答：____

17. (2 分)有几种方法可以加工左旋螺纹?在图 2-1 中,说明哪种加工方式加工左旋螺纹最合适。

答：____

____

____

18. (2 分)刀尖方位角 T 参数如何输入到数控车床中,在加工中有什么用途?

答：____

____

____

19. (2 分)刀具半径补偿都有那些指令?这些指令在工件的加工中有什么作用?

答：____

____

____

20. (4 分)对照车削螺纹常见问题及矫正方法,你在练习中出现了什么问题,矫正了没有?写一下你是如何矫正的。

答：____

____

____

21. (2 分)在图 2-2(选修)的练习图中,用数控车床加工口小肚子大的内孔,对此,你有什么想法?你还知道用其他方法进行此类加工吗?

答：____

____

____

22. (1分)按照工件评分标准,评分后与老师的评分对比,有什么不同?为什么?

答:____

____

____

项目三　内螺纹的加工练习

一、任务与操作技术要求

前面所进行的螺纹加工练习，一直是进行公制外螺纹的加工练习，本项目将进行内螺纹的加工练习和螺纹装配的练习，了解一下内外螺纹加工的差异和螺纹装配的要求。

在第一阶段项目十三中，已经进行了内孔加工的初步练习，对于内孔的加工有了初步的了解。本项目进行第一次内螺纹的加工，在加工螺纹底孔（或内螺纹顶径）的过程中，两者的孔径有一些不同，比较一下和前面学过的内孔加工方式有什么不一样。

二、信息文

本项目的实习内容是两件螺纹组合件的加工与装配，其零件图和装配图详见图 3-2、图 3-3、图 3-4 三个图样。

开始自动加工前，一定确定通孔镗刀在进、退刀的过程中，刀背不会与孔的后壁和下部发生干涉；内螺纹刀在进、退刀的过程中，刀背同样也不会与孔的后壁和下部发生干涉后，才能进行自动加工。一般初学者容易忽略此项干涉现象。

三、基础文

（一）公制内螺纹参数的计算与编程

举例讲解公制内螺纹参数的选取。

(1)用国家标准确定内螺纹的小径（顶径）、中径和大径尺寸。如图 3-1 所示为第一阶段项目五图 5-10 的外螺纹 M30×1.5-8g 相配套的螺套。以此为例，讲解内螺纹相关参数的选择和计算。

已知公称尺寸 Φ30，螺距 $P=1.5$ mm，中径和小径（顶径）基本偏差为 H、查第一阶段项目五表 5-3，螺距 1.5 mm 的基本偏差尺寸为下偏差 EI，其值为 0，则该螺纹中径和小径（顶径）的下偏差值均为 0。

确定小径（顶径）的数值：尺寸精度为 8 级，查第一阶段项目五表 5-4，螺距 1.5mm 的小径（顶径）公差值为 475 μm，则螺纹小径的上偏差 ES＝公差值＋下偏差＝0＋475μm＝

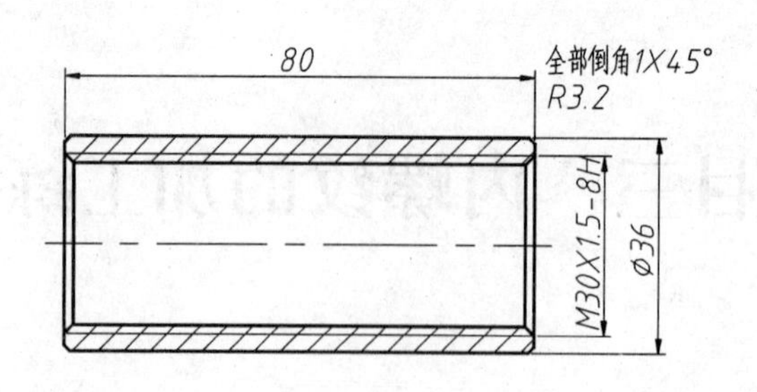

图 3-1 圆柱螺纹编程举例

+475μm，小径（顶径）基本尺寸 d_1＝公称直径-1.299P＝28.051mm，故：螺纹小径（顶径）的尺寸标注为 Φ$28.051_{0}^{+0.475}$ mm，圆整为：Φ$28_{0}^{+0.526}$ mm，该尺寸的中间值为 Φ28.263mm，一般加工时取中间值偏上，则编程时取小径（顶径）尺寸为 Φ28.4mm（与之相配合的外螺纹小径尺寸为 Φ27.900mm，其配合间隙＝Φ28.4－Φ27.900＝0.5mm，保持间隙配合，不会影响旋入性）。

确定内螺纹中径和大径的数值：查第一阶段项目五表 5-5，公称直径＞22.4～45 mm、螺距 1.5mm、尺寸精度为 8 级的中径公差值为 315μm，则螺纹中径的上偏差 EI＝公差值＋下偏差＝315＋0＝＋315（μm），故：螺纹中径的基本尺寸为 d_2＝公称直径－0.6495 P＝29.026mm，标注为 Φ$29.026_{0}^{+0.315}$ mm。在车工切削内螺纹加工中，中径是无法直接加工出来的，一般是加工大径来间接地保障中径的尺寸，故：将中径的极限偏差用在大径上，大径基本尺寸为 Φ30mm，则内螺纹大径的标注为 Φ$30_{0}^{+0.315}$ mm，该尺寸中间尺寸为 Φ30.158mm，编程时取大径尺寸的中间尺寸偏下，取大径尺寸编程尺寸 Φ30.1mm（与之相配合的外螺纹大径尺寸为 Φ29.750 mm，其配合间隙＝Φ30.1－Φ29.750＝0.35mm，保持间隙配合，不会影响旋入性）。

（2）经验法确定内螺纹的小径（顶径）、中径和大径尺寸。

①内螺纹的小径（顶径）：内螺纹的小径（顶径）的基本尺寸与外螺纹小径的基本尺寸相同，为了计算方便，近似公式为：$D_1=D-(1\sim1.1)P$。

近似公式符号符号说明：

D_1：内螺纹的小径（顶径）的基本尺寸。

D：内螺纹的大径的基本尺寸。

P：螺距。

近似公式系数说明：当车削塑性材料螺纹时，系数取 1～1.05，当车削脆性材料螺纹时，系数取 1.05～1.0。

当车削脆性材料螺纹或低速车削内螺纹（特别是细牙螺纹）时，螺纹孔径近似公式为：

$$D_1=D-1.1P$$

②内螺纹大径。内螺纹大径 D 的尺寸 D＝公称尺寸－0.2165P＋C。

公式说明：C：顶隙系数，螺距≤1.0、C＝0.05～0.20，1.0＜螺距≤2.5. C＝0.3～0.5，顶隙系数 C 在取值范围内，螺距小，C 值取小值，螺距大，C 值取大值。

③用经验公式计算内螺纹 $M30\times1.5-8H$ 的加工参数：小径（顶径）和大径。

内螺纹小径（顶径）D_1 的尺寸：

$D_1=D-(1\sim1.1)P=30-(1\sim1.1)\times1.5=28.5\sim28.35$，被加工工件材料是塑性材

料，取 $D_1=28.5$ (mm)即 Φ28.5 mm。

内螺纹大径 D 的尺寸：

D＝公称尺寸－0.2165 $P+C$＝30－0.2165×1.5＋0.35＝30.134(mm)即 Φ30.134 mm 。

按照国家标准确定的内螺纹小径(顶径)和大径的尺寸分别为 Φ28.4 mm 和 Φ30.1 mm，经验公式计算出的内螺纹小径(顶径)和大径的尺寸分别为 Φ28.5 mm 和 Φ30.134 mm，经过此例可以比较两者相差的多少。

此例中的编程尺寸以按照国家标准确定的内螺纹小径(顶径)Φ28.4 mm 和大径 Φ30.1 mm 的尺寸取值。

(3)查第一阶段项目五表 5-6，M30×1.5 螺纹的牙型高为 0.974，每次吃刀量分别为(0.8、0.6、0.4、0.16)，此是加工外螺纹时的每次进刀量。

因为内螺纹车刀的刚性比外螺纹车刀的刚性弱，则内螺纹车刀每次相应的进刀量为外圆螺纹车刀进刀量的 0.4～0.8 倍，即每次相应的进刀量分别为(0.5. 0.4、0.3、0.2、0.2、0.1)，从内螺纹小径(顶径)Φ28.4 mm 开始计算到内螺纹大径 Φ30.1 mm，X 坐标依次为(X28.9、X29.3、X29.6、X29.8、X30.0、X30.1、X30.1)。

(4)对螺纹的表面粗糙度要求较低时，不用镗削螺纹底孔而采用钻削后直接车削内螺纹，钻削螺纹底孔钻头的选择如表 3-1 所示。

表 3-1

公称直径×螺距	螺纹精度等级	大径	中径		小径(顶径)		钻头直径
		最小	最大	最小	最大	最小	
M10×1.5	6H	10.000	9.206	9.026	8.676	8.376	8.5
M12×1.75		12.000	11.063	10.863	10.441	10.106	10.2
M16×2		16.000	14.913	14.701	14.210	13.835	14.0
M20×2.5		20.000	18.600	18.376	17.744	17.294	17.5
M24×3		24.000	22.316	22.051	21.252	20.752	21

(5)内孔车刀的选用。

①通孔镗刀见第一阶段项目十三图 13-2 前排屑通孔车刀所示，编程加工时防止刀背与内孔表面的干涉。

②内螺纹车刀见如第一阶段项目十三图 13-7、图 13-8 所示，编程加工时防止刀背与内孔表面的干涉。

(6)编制加工程序(图 3-1 的端面、外表面和内孔已经加工完毕，此例只讲内螺纹的编程，其他的忽略)。

编程一(FANUC 系统)

机械回零；(用准备功能指令 G32 编程图 3-1 内螺纹部分)

```
O1000;                    (设定程序号)
N1010  G99;               (确认进给速度为 mm/r)
N1020  M03  S300;         (主轴以 300r/min 正转)
N1030  T0303;             (选用 3 号公制内螺纹刀，第 3 组刀补)
N1040  G00  X28.0  Z4.5;  (快速进刀到螺纹切削循环起始点)
```

```
N1050  G00  X28.9  Z4.5;                (进第一刀,准备切削螺纹)
N1060  G32  X28.9  Z-82.5  F1.5;(车削螺纹第一刀)
N1070  G00  X28.0  Z-82.5;              (沿+X方向快速退刀到X方向循环起点坐标)
N1080  G00  X28.0  Z4.5;                (沿+Z方向快速退刀到Z方向循环起点坐标)
N1090  G00  X29.3  Z4.5;                (进第二刀)
N1100  G32  X29.3  Z-82.5  F1.5;(车削螺纹第二刀)
N1110  G00  X28.0  Z-82.5;              (沿+X方向快速退刀到X方向循环起点坐标)
N1120  G00  X28.0  Z4.5;                (沿+Z方向快速退刀到Z方向循环起点坐标)
N1130  G00  X29.6  Z4.5;                (进第三刀)
N1140  G32  X29.6  Z-82.5  F1.5;(车削螺纹第三刀)
N1150  G00  X28.0  Z-82.5;              (沿+X方向快速退刀到X方向循环起点坐标)
N1160  G00  X28.0  Z4.5;                (沿+Z方向快速退刀到Z方向循环起点坐标)
N1170  G00  X29.8  Z4.5;                (进第四刀)
N1180  G32  X29.8  Z-82.5  F1.5;(车削螺纹第四刀)
N1190  G00  X28.0  Z-82.5;              (沿+X方向快速退刀到X方向循环起点坐标)
N1200  G00  X28.0  Z4.5;                (沿+Z方向快速退刀到Z方向循环起点坐标)
N1210  G00  X30.0  Z4.5;                (进第五刀)
N1220  G32  X30.0  Z-82.5  F1.5;(车削螺纹第五刀)
N1230  G00  X28.0  Z-82.5;              (沿+X方向快速退刀到X方向循环起点坐标)
N1240  G00  X28.0  Z4.5;                (沿+Z方向快速退刀到Z方向循环起点坐标)
N1250  G00  X30.1  Z4.5;                (进第六刀)
N1260  G32  X30.1  Z-82.5  F1.5;(车削螺纹第六刀)
N1270  G00  X28.0  Z-82.5;              (沿+X方向快速退刀到X方向循环起点坐标)
N1280  G00  X28.0  Z4.5;                (沿+Z方向快速退刀到Z方向循环起点坐标)
N1290  G00  X30.1  Z4.5;                (进第七刀,光刀)
N1300  G32  X30.1  Z-82.5  F1.5;(车削螺纹第七刀,光刀去毛刺)
N1310  G00  X28.0  Z-82.5;              (沿+X方向快速退刀到X方向循环起点坐标)
N1320  G00  X28.0  Z4.5;                (沿+Z方向快速退刀到Z方向循环起点坐标)
N1330  G28  U0;                         (退回换刀点,回到X方向机械零点)
N1340  G28  W0     M05  T0300;          (快速退刀,回到Z方向机械零点,主轴停转,
                                        取消刀补)
N1350  M30;                             (程序结束,系统复位)
```

机械回零;(用准备功能指令 G92 编程图 3-1 内螺纹部分)

```
O1000;                                  (设定程序号)
N1010  G99;                             (确认进给速度为 mm/r)
N1020  M03  S300;                       (主轴以 300r/min 正转)
N1030  T0303;                           (选用 3 号公制内螺纹刀,第 3 组刀补)
N1040  G00  X28.0  Z4.5;                (快速进刀到螺纹切削循环起始点)
N1050  G92  X28.9  Z-82.5  F1.5;(车削螺纹第一刀)
```

N1060　X29.3；　　　　　　　（车削螺纹第二刀）
N1070　X29.6；　　　　　　　（车削螺纹第三刀）
N1080　X29.8；　　　　　　　（车削螺纹第四刀）
N1090　X30.0；　　　　　　　（车削螺纹第五刀）
N1100　X30.1；　　　　　　　（车削螺纹第六刀）
N1110　X30.1；　　　　　　　（车削螺纹第七刀，去毛刺）
N1120　G28　U0；　　　　　　（退回换刀点，回到X方向机械零点）
N1130　G28　W0　M05　T0300；（快速退刀，回到Z方向机械零点，主轴停转，取消刀补）
N1140　M30；　　　　　　　　（程序结束，系统复位）
机械回零；（用准备功能指令G76编程图3-1内螺纹部分）
O1000；　　　　　　　　　　（设定程序号）
N1010　G99；　　　　　　　　（确认进给速度为mm/r）
N1020　M03　S300；　　　　　（主轴以300r/min正转）
N1030　T0303；　　　　　　　（选用3号公制内螺纹刀，第3组刀补）
N1040　G00　X28.0　Z4.5；　　（快速进刀到螺纹切削循环起始点）
N1050　G76　P011060　Q100　R0.2；（重复精车2次，螺纹尾端倒角呈45°退刀，牙型角60°，螺纹最小切削深度Q（半径值）100微米，精车余量R0.2毫米）
N1060　G76　X30.1　Z-82.5　R0　P974Q250　F1.5；（螺纹加工终点绝对坐标X30.1、Z-82.5，螺纹的锥度值R为0，螺纹高度P为974（半径值）微米，螺纹第一次车削深度Q为250（半径值）微米，导程F为1.5mm）
N1070　G28　U0；　　　　　　（退回换刀点，回到X方向机械零点）
N1080　G28　W0　M05　T0300；（快速退刀，回到Z方向机械零点，主轴停转，取消刀补）N1090　M30；（程序结束，系统复位）

▲编程二（用华中系统编程）

确认参数：（同FANUC系统）（用准备功能指令G32编程图3-1内螺纹部分）
%1000；（或O1000；）　　　　　（设定程序号）
N1010　G00　G95　X100.0　Z100.0；（快速回到换刀点）
N1020　M03　S300；　　　　　（主轴以300r/min正转）
N1030　G00　X28.0　Z4.5；　　（快速进刀到螺纹切削循环起始点）
N1040　G00　X28.9　Z4.5；　　（进第一刀，准备切削螺纹）
N1050　G32　X28.9　Z-82.5　R-3.0　E0.974　P0　F1.5；（车削螺纹第一刀，轴向退尾R向-Z方向退刀3.0mm，径向退尾E向+X方向退刀0.974mm，主轴转角P为零）
N1060　G00　X28.0　Z-82.5；　（沿+X方向快速退刀到X方向循环起点坐标）
N1070　G00　X28.0　Z4.5；　　（沿+Z方向快速退刀到Z方向循环起点坐标）

N1080 G00 X29.3 Z4.5; (进第二刀)
N1090 G32 X29.3 Z-82.5 R-3.0 E0.974 F1.5;(车削螺纹第二刀,省略 P0)
N1100 G00 X28.0 Z-82.5; (沿+X方向快速退刀到X方向循环起点坐标)
N1110 G00 X28.0 Z4.5; (沿+Z方向快速退刀到Z方向循环起点坐标)
N1120 G00 X29.6 Z4.5; (进第三刀)
N1130 G32 X29.6 Z-82.5 R-3.0 E0.974 F1.5;(车削螺纹第三刀)
N1140 G00 X28.0 Z-82.5; (沿+X方向快速退刀到X方向循环起点坐标)
N1150 G00 X28.0 Z4.5; (沿+Z方向快速退刀到Z方向循环起点坐标)
N1160 G00 X29.8 Z4.5; (进第四刀)
N1170 G32 X29.8 Z-82.5 R-3.0 E0.974 F1.5;(车削螺纹第四刀)
N1180 G00 X28.0 Z-82.5; (沿+X方向快速退刀到X方向循环起点坐标)
N1190 G00 X28.0 Z4.5; (沿+Z方向快速退刀到Z方向循环起点坐标)
N1200 G00 X30.0 Z4.5; (进第五刀)
N1210 G32 X30.0 Z-82.5 R-3.0 E0.974 F1.5;(车削螺纹第五刀)
N1220 G00 X28.0 Z-82.5; (沿+X方向快速退刀到X方向循环起点坐标)
N1230 G00 X28.0 Z4.5; (沿+Z方向快速退刀到Z方向循环起点坐标)
N1240 G00 X30.1 Z4.5; (进第六刀)
N1250 G32 X30.1 Z-82.5 R-3.0 E0.974 F1.5;(车削螺纹第六刀)
N1260 G00 X28.0 Z-82.5; (沿+X方向快速退刀到X方向循环起点坐标)
N1270 G00 X28.0 Z4.5; (沿+Z方向快速退刀到Z方向循环起点坐标)
N1280 G00 X30.1 Z4.5; (进第七刀、光刀)
N1290 G32 X30.1 Z-82.5 R-3.0 E0.974 F1.5;(车削螺纹第七刀、光刀去毛刺)
N1300 G00 X28.0 Z-82.5; (沿+X方向快速退刀到X方向循环起点坐标)
N1310 G00 X28.0 Z4.5; (沿+Z方向快速退刀到Z方向循环起点坐标)
N1320 G28 U0; (快速退刀,回到X方向机械零点)
N1330 G28 W0 M05 T0300; (快速退刀,回到Z方向机械零点,主轴停转,取消刀补)
N1340 M30; (程序结束,系统复位)

确认参数:(同FANUC系统)(用准备功能指令G82编程图3-1内螺纹部分)

%1000;(或O1000;) (设定程序号)
N1010 G00 G95 X100.0 Z100.0;(快速回到换刀点)
N1020 M03 S300; (主轴以300r/min正转)
N1030 G00 X28.0 Z4.5; (快速进刀到螺纹切削循环起始点)
N1040 G82 X28.9 Z-82.5 R-3.0 E0.974 C1 P0 F43;(车削螺纹第一刀,轴向退尾R向-Z方向的退尾量3.0mm,径向退尾E向+X方向的退尾量0.974,C单头螺纹,P切削起始点的主轴转角为0,导程1.5mm)

N1050　X29.3；　　　　　　　　（车削螺纹第二刀）
N1060　X29.6；　　　　　　　　（车削螺纹第三刀）
N1070　X29.8；　　　　　　　　（车削螺纹第四刀）
N1080　X30.0；　　　　　　　　（车削螺纹第五刀）
N1090　X30.1；　　　　　　　　（车削螺纹第六刀）
N1100　X30.1；　　　　　　　　（车削螺纹第七刀，光刀去毛刺）
N1110　G28　U0；　　　　　　　（退回换刀点，回到X方向机械零点）
N1120　G28　W0　M05　T0300；　（快速退刀，回到Z方向机械零点，主轴停转，取消刀补）
N1130　M30；　　　　　　　　　（程序结束，系统复位）

确认参数：（同FANUC系统）

（用准备功能指令G76编程图3-1内螺纹部分）

%1000；（或O1000；）　　　　　（设定程序号）
N1010　G00　G95　X100.0　Z100.0；（快速回到换刀点）
N1020　M03　S300；　　　　　　（主轴以300r/min正转）
N1030　G00　X28.0　Z4.5；　　（快速进刀到螺纹切削循环起始点）
N1040 G76 P01 R-3.0 E0.974 A60 X30.1 Z-82.5 I0 K0.974 U0.1 V0.1 Q0.25 P0 F1.5 ；

（重复精车P为1次，螺纹尾端退尾量R在Z向－3.0mm、螺纹尾端退尾量E在X向0.974，牙型角A为60°，螺纹加工终点绝对坐标X30.1、Z－82.5，螺纹的锥度值I为0，螺纹高度K为0.974(半径值)，螺纹精加工余量U为0.1(半径值)，最小切削深度V为0.1(半径值)，第一次切削深度Q为0.25(半径值)，螺纹基准脉冲处距离切削起始点的主轴转角P为0°，螺纹导程1.5mm）

N1050　G00　X28.0　Z－82.5；　（沿＋X方向快速退刀到X方向循环起点坐标）
N1060　G28　W0　M05　T0300；　（快速退刀，回到Z方向机械零点，主轴停转，取消刀补）
N1070　M30；　　　　　　　　　（程序结束，系统复位）

（二）项目三组合件编程加工（两件组合）

（1）练习工件一：螺纹孔，如图3-2所示〔毛坯Φ40×Φ17（内孔）〕

项目三评分说明：练习图3-2、图3-3、图3-4三项检测共50分。引导问题50分，项目三评分共100分。

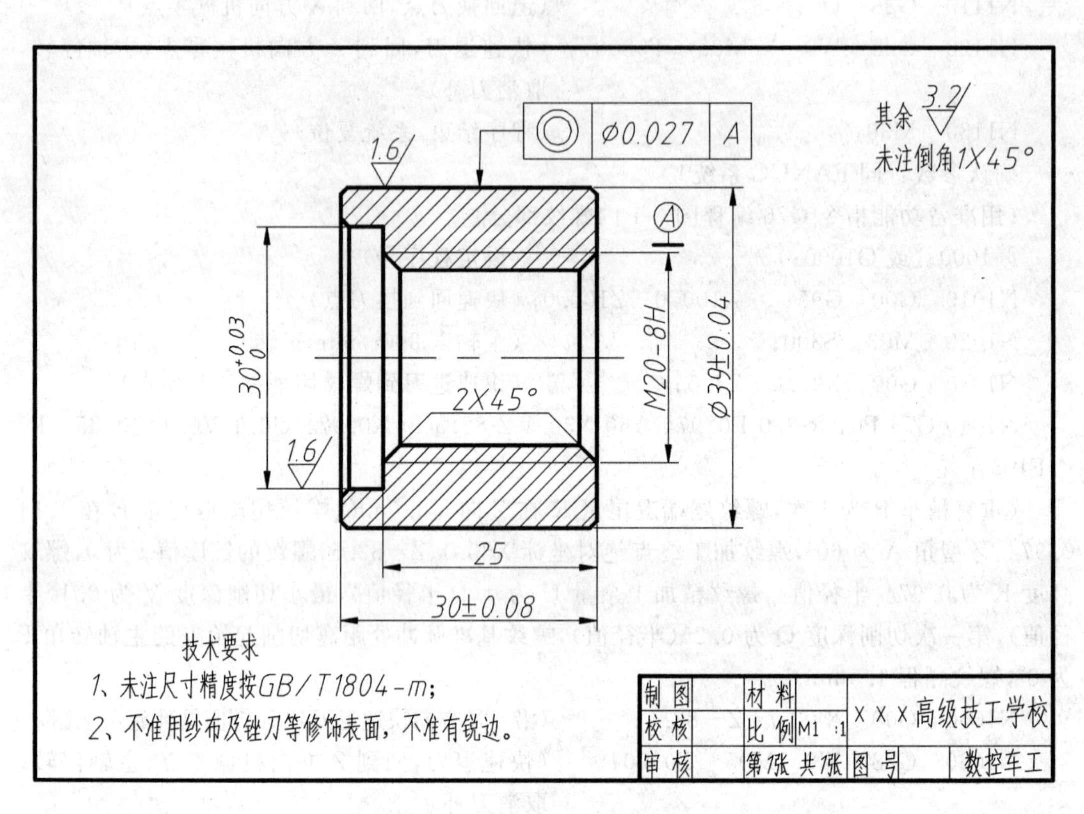

其余 3.2
未注倒角1X45°
Ø0.027 A
1.6
1.6
A
$30^{+0.03}_{0}$
M20-8H
Ø39±0.04
2X45°
25
30±0.08
技术要求
1、未注尺寸精度按GB/T1804-m；
2、不准用纱布及锉刀等修饰表面，不准有锐边。
制图
材料
校核
比例 M1 :1
审核
第1张 共1张
图号
X X X高级技工学校
数控车工

图 3-2　内螺纹加工练习

数控车工实操项目三工件一(图 3-2)评分表

第________号机床__________年______月____日星期________

时间定额	240 分钟	时间起点		时间终点		总分	

序号	尺寸和粗糙度	精度等级	配分	评分标准	量具	学生测量			老师测量			合计得分
						实测尺寸	得分	扣分	实测尺寸	得分	扣分	
1	Φ39±0.04 Ra1.6	IT9～10	2	尺寸超差 0.02 扣 1 分,Ra 降低一级扣 1 分	游标卡尺、25－50×0.01 内径千分尺、粗糙的样板							
2	$\Phi30^{0}_{+0.03}$ Ra3.2	IT7～8	2									
3	30±0.08	IT11	2									
4	M20－8H	8 级	8	见说明 1	螺纹塞规、粗糙度样板							
5	M20 牙型粗糙度	R_a 3.2	2	Ra 降低一级扣 1 分								
6	右端面粗糙度	R_a 3.2	1		粗糙度样板							
7	左端面粗糙度	R_a 3.2	1									
8	◎Φ0.027	级	1									
9	25	GB/T 1804 －m	2	尺寸超差不得分	游标卡尺							
10	3 个倒角及 Ra3.2		3		样规							
11	安全文明生产		2	正常操作 2 分,受到一次警告扣 1 分,对违章严重者,监考员立即停止考生考核.								
12	合计		26	确认使用时间			分钟	实操时间加减分				

监考人员		评分员		考评员	

说明

1. 工件未加工完成,不予评分(登记 0 分)。
2. 螺纹环规检查螺纹的评分标准:
   (1)量规检查合格得全部分(通规能通过,止规旋入不超过螺纹 2 扣)。
   (2)通规能旋入螺纹长度的一半,止规不能过 2 扣,得一半分。
   (3)止规能旋入超过 2.5 扣,得 0 分。
3. 实操过程中有事故苗头者或出现事故者(撞刀、撞机床、物品飞出、违反数控车工操作安全要求的现象),立即取消学生实习资格,登记 0 分,待消除隐患后再决定是否让该学生继续实习。
4. 安全文明生产标准:工具、量具、夹具、刃具和卫生用具摆放整齐,机床卫生保养,礼节礼貌等。

(2)练习工件二:螺栓,如图 3-3 所示(毛坯 Φ40)。

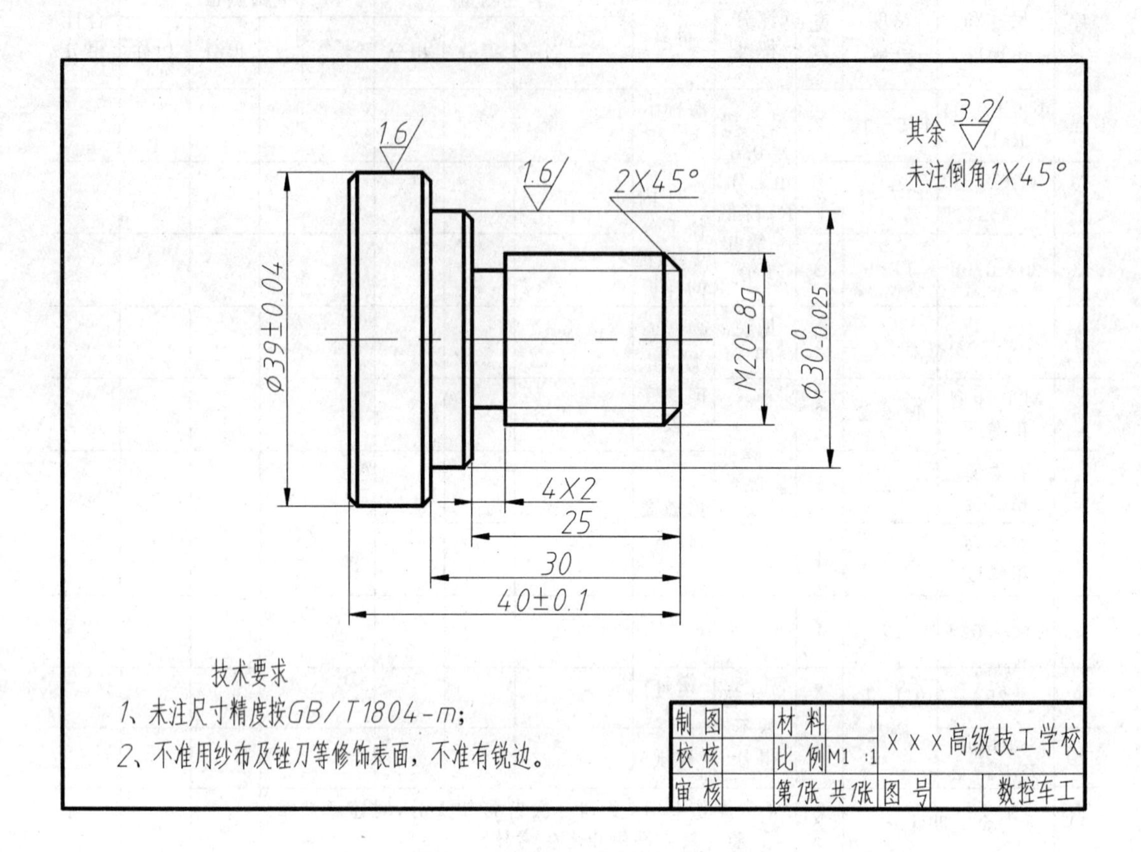

图 3-3　内螺纹配合件加工练习

数控车工实操项目三工件二(图 3-3)评分表

第________号机床__________年______月____日星期________

时间定额	240 分钟	时间起点		时间终点		总分	

序号	尺寸和粗糙度	精度等级	配分	评分标准	量具	学生测量			老师测量			合计得分
						实测尺寸	得分	扣分	实测尺寸	得分	扣分	
1	$\Phi39\pm0.04$ Ra1.6	IT9～10	2	尺寸超差 0.02 扣 1 分，Ra 降低一级扣 1 分	游标卡尺、25－50×0.01 内径千分尺、粗糙的样板							
2	$\Phi30^{0}_{-0.0025}$ Ra3.2	IT7～10	2									
3	40±0.08	IT11	2									
4	M20－8H	8 级	8	见说明 1	螺纹塞规、粗糙度样板							
5	M20 牙型粗糙度	R_a 3.2	2	Ra 降低一级扣 1 分								
6	右端面粗糙度	R_a 3.2	1		粗糙度样板							
7	左端面粗糙度	R_a 3.2	1									
8	30.1	GB/T 1804－m	0.5		游标卡尺							
	25		0.5									
9	4×2		1									
10	3 个倒角及 Ra3.2		2	尺寸超差不得分	样规							
11	安全文明生产		2	正常操作 2 分，受到一次警告扣 1 分，对违章严重者，监考员立即停止考生考核								
12	合计		26	确认使用时间			分钟	实操时间加减分				

监考人员		评分员		考评员	

说明

1. 工件未加工完成，不予评分(登记 0 分)
2. 螺纹环规检查螺纹的评分标准：
   (1)量规检查合格得全部分(通规能通过，止规旋入不超过螺纹 2 扣)。
   (2)通规能旋入螺纹长度的一半，止规不能过 2 扣，得一半分。
   (3)止规能旋入超过 2.5 扣，得 0 分。
3. 实操过程中有事故苗头者或出现事故者(撞刀、撞机床、物品飞出、违反数控车工操作安全要求的现象)，立即取消学生实习资格，登记 0 分，待消除隐患后再决定是否让该学生继续实习。
4. 安全文明生产标准：工具、量具、夹具、刃具和卫生用具摆放整齐，机床卫生保养，礼节礼貌等。

(3)练习工件三:螺纹装配,如图 3-4 所示。

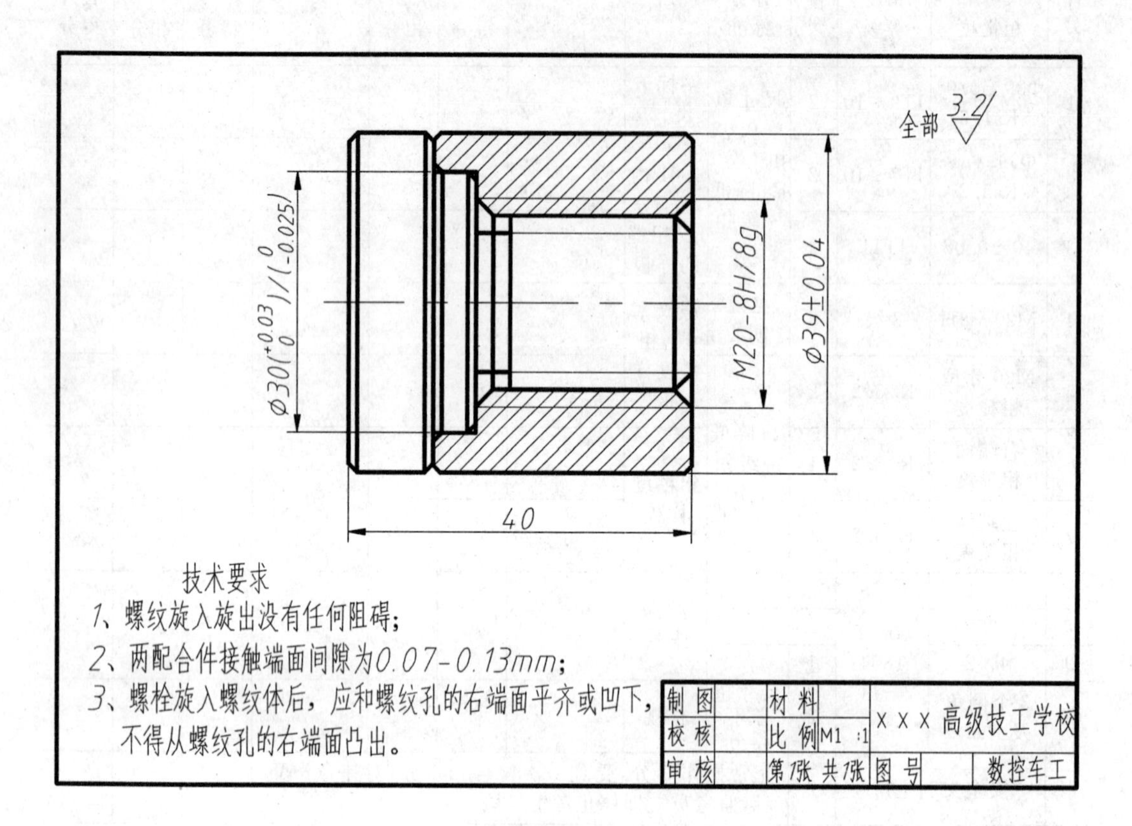

图 3-4 螺纹配合

数控车工实操项目三螺纹装(图 3-4)配评分表

第______号机床__________年______月____日星期________

时间定额	240 分钟		时间起点			时间终点			总分			
序号	尺寸和粗糙度	精度等级	配分	评分标准	量具	学生测量			老师测量			单项合计得分
						实测尺寸	得分	扣分	实测尺寸	得分	扣分	
1	总长 40±0.1	IT11～12	1	每超差 0.05 扣 5 分。	游标卡尺							
2	两配合件接触端面间隙 0.07～0.13	IT8～9	5	间隙每超差 0.05,扣 10 分	塞尺							
3	螺栓旋入螺纹体后,应和螺纹孔的右端面平齐或凹下,不得从螺纹孔的右端面凸出		2	凸出扣 2 分	刀尺							
6	合计		8	确认使用时间			分钟	实操时间加减分				
监考人员			评分员				考评员					
说明	1. 工件装配中,不准敲打、强拧,不能完整装配,不予评分(登记 0 分)。 2. 螺纹孔和螺栓配合时,旋入旋出没有任何阻碍,才给与评分。 3. 实操过程中有事故苗头者或出现事故者(撞刀、撞机床、物品飞出、违反数控车工操作安全要求的现象),立即取消学生实习资格,登记 0 分,待消除隐患后再决定是否让该学生继续实习。 4. 安全文明生产标准:工具、量具、夹具、刃具和卫生用具摆放整齐,机床卫生保养,礼节礼貌等。											

四、引导问题(50 分)

1. (5)本项目主要学习了什么内容?和普通车床车削内容相比,哪一个容易学习?哪一个加工效率高?哪一个劳动强度低?哪一个加工的产品同一性好?

   答:______________________________

2. (4)车削加工内孔时,初学者容易忽略什么现象?

   答:______________________________

3. (5)请你用国家标准来确定 M24-6G 内螺纹的小径(顶径)、中径和大径尺寸并圆整(不需要写出查表计算过程，直接写出结果）。

答：

4. (5)请你用经验法确定 M24-6G 内螺纹的小径(顶径)、中径和大径尺寸(不需要写出查表计算过程，直接写出结果)。

答：

5. (5)在第 3 题和第 4 题中用不同方法计算出来的内螺纹的小径(顶径)、中径和大径尺寸分别误差多少，查表折合成尺寸精度等级是多少级(或螺纹精度等级是多少级)。

答：

6. (6)解释 M24×4(P2)-6G/6g 8H/8g 所包含的意义。

答：

7. (4)内孔螺纹刀每次进刀量为什么要小于外螺纹的每次进刀量，它们之间有什么关系？

答：

8. (2)如果不对内螺纹的底孔进行加工，直接钻孔后进行车削加工，那么对于 M16 的内螺纹钻削底孔的直径应当选多大尺寸的钻头？此钻头钻出的孔径在 M16 内螺纹的哪一个尺寸参数之间？

答：

9. (4)装配图中要求螺栓旋入螺纹体后，应和螺纹孔的右端面平齐或凹下，不得从螺纹孔的右端面凸出，说说该如何保证这一技术要求的？

答：____

____

____

____

10. (4)在加工内螺纹中，内螺纹车刀的后角角度和螺纹摩擦角之间有什么关系？请计算螺纹 M20 的摩擦角。

答：____

____

____

____

11. (2)图 3-2 螺纹孔工件中，尺寸“25”的尺寸如何测量？你有没有可行的办法予以测量？下一项目将予以解答，你是否期待？

答：____

____

____

____

12. (2)从表 3-1 中，你能找出内螺纹公称直径与内螺纹大径之间有什么关系？

答：____

____

13. (2)你现在能不能跟上教学进度？还有什么问题没有解决？你上课认真听讲没有？课后复习没有？

答：____

____

____

____

____

项目四　组合件综合练习(一)

一、任务与操作技术要求

项目四学习新的内容-孔类零件编程加工和数控车床对应的操作的，在完成并掌握了第一阶段十三个项目和第二阶段项目一、二、三的基础上进行组合件综合练习。通过该综合练习，锻炼车削工艺、编程、机床操作等综合应用能力，以达到数控车工中级工的适应性要求。

在以前的数控车工工艺编制中，有没有出现因为工件尺寸相互制约或无法测量等等不相符的问题，导致无法保证某一个尺寸合格的现象呢？在上一个项目的引导问题中第 11 题出现的问题，在本项目中予以解答。

二、信息文

本项目的实习内容是四件组合件的加工与装配，其零件图和装配图详见图 4-3、图 4-4、图 4-5、图 4-6、图 4-7 五个图样。在加工这些零件图和组装装配图时，有可能出现某些尺寸必须经过尺寸换算才能进行基点(节点)坐标的计算，以完成程序编制的情况。但是这些尺寸不仅只有基本尺寸，都带有尺寸公差(或上下极限偏差)，如何换算呢？本项目就是向大家介绍相关联尺寸的换算方法-尺寸链的计算法。

在车工加工的工件中，有些工件还有形状公差、位置公差的标注，这些标注出来的形状公差和位置公差在编制加工工艺的时候，有时候对形状公差和位置公差也要进行尺寸链的换算，本项目就不做这些练习了。

本项目的练习，是在以前练习基础上的综合练习，所使用的指令根据自己所掌握的加工工艺和各种编程指令灵活编制加工程序予以应用。

开始操作前，应仔细想想数控车工的安全注意事项。

三、基础文

(一)车削加工工艺中的基础知识之一——零件图尺寸链的计算

如图样 4-1 所示。

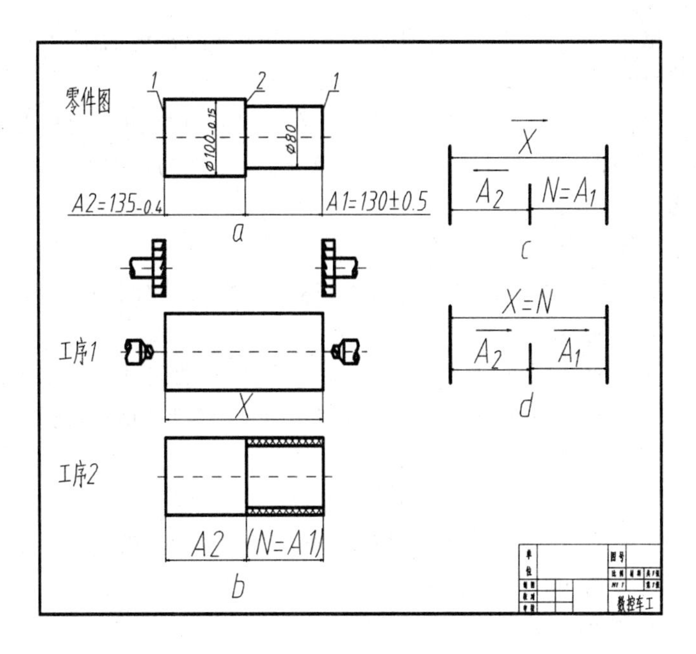

图 4-1　零件图尺寸链的计算

1. 尺寸链的定义

在零件加工过程中,经常会遇到一些互相联系的尺寸,这些尺寸彼此连接形成一个封闭的回路,其中每一个尺寸都受其他尺寸变动的影响,这个由尺寸组成的封闭回路就称为尺寸链。如图 4-1 的 C、D 所表示的尺寸链。

2. 尺寸链求解的方法

(1)绝对互换法:所有零件不经过任何选择、修配就可以进行装配,即不经过任何调整就可以达到封闭尺寸预定的精度要求,称为绝对互换法。

绝对互换法适合于尺寸链组成尺寸不多、互换性要求高封闭尺寸精度要求不严(允许范围较大)的尺寸链。

绝对互换法的公差按极大极小法计算。

(2)概率互换法(部分互换法):所有零件基本上不经过选择、修配就可以进行装配,即不经过任何调整就可以达到封闭尺寸预定的精度要求,可能有极少数的零件装配不符合要求,需要更换、修整(不符合装配要求的零件在预先控制的比例范围内)。

概率互换法适用于尺寸链的尺寸环数多(至少大于 3),大批量生产的产品设计中,可以较经济的(零件制造公差可比绝对互换法放宽许多)达到规定的装配精度要求。

概率互换法的公差按概率法计算。

用概率互换法加工出来的工件不需经过钳工的修配,直接装配使用即可。

(3)选配法:零件要经过选配才能达到装配要求(将零件按实际尺寸分组,各相应组的零件互配),零件没有互换性。

选配法适用于尺寸公差小,机械制造上无法达到或极其不经济,且无法采用调整方法的情况。按选配法解尺寸链时零件的制造公差允许放宽,计算时以分组后的尺寸和公差作为组成尺寸和公差进入尺寸链。

选配法的公差可按极大极小法计算。

用选配法加工出来的工件按实际尺寸分好若干组以后，各组的配合工件不需经过钳工的修配，直接装配使用即可。

(4)修配法：零件需经过加工修整尺寸链中补偿尺寸后才能按装配精度要求进行装配。

修配法适用于或小批量生产中组成尺寸多、装配精度高的尺寸链。在尺寸链中要预先选定补偿尺寸供修整尺寸用。

修配法的公差按极大极小法或概率法计算。

修配法的优点是可以放宽零件的制造公差，达到较高的装配精度；缺点是没有互换性，装配时需要钳工手工修配，效率较低。

(5)调整法：零件装配后，通过调整专设的调整零件(补偿尺寸)达到规定的装配精度要求。零件允许有较大的公差且能保证互换性。在尺寸链中，要预先选定补偿尺寸供调整尺寸用。在农业机械中使用较普遍。

调整法的公差计算按极大极小法或概率法计算。

零件图的车削加工工艺中，尺寸链计算的基本方法有两种：极大极小法和概率法，在这里只介绍极大极小法尺寸链的计算。

3. 尺寸链计算中的一些名词

(1)组成环：尺寸链中影响封闭尺寸的数值和公差的其他尺寸称为组成环，也称为组成尺寸。如图 4-1 所示 A_1、A_2 和 N 环。尺寸链中的组成环中必须包含封闭环、增环、减环三个因素。

(2)封闭环：根据工艺要求，在加工后间接形成的尺寸，其精度是在间接中得到保证的，该尺寸使尺寸链最后封闭起来；或是在尺寸链草图中把一些连续的尺寸连接成一个封闭回路的尺寸称为封闭环，也称为封闭尺寸。如图 4-1(c)图中的 N 环所示。

封闭环确定零件相互连接的性质和质量。

(3)增环：当某个组成环尺寸增大时封闭环的尺寸随之增大，该组成环称为增环，也称为增环尺寸。如图 4-1(c)图中的 X 环所示即为增环。

(4)减环：当某个组成环尺寸增大时封闭环的尺寸随之减小，该组成环称为减环，也称为减环尺寸。如图 4-1(c)图中的 A_2 环所示即为减环。

4. 尺寸链的表示方法

(1)封闭环是零件加工最后自然形成的尺寸。零件加工尺寸链中，因为封闭环是零件加工最后自然形成的尺寸，所以封闭环必须在工件加工顺序确定后才能判断；加工顺序改变，封闭环也随之改变。

例如图 4-1 中，工序Ⅰ为车端面打中心孔，控制全长尺寸 X，工序Ⅱ为加工阶梯轴肩，测量并保证尺寸 A_2，则尺寸 A_1 是加工最后自然形成的尺寸，所以尺寸 A_1 是封闭环。

同样在图 4-1 中。工序Ⅱ为加工完尺寸 A_1，然后调头装夹加工尺寸 A_2，则全长尺寸 X 就成为加工最后自然形成的尺寸，所以尺寸 X 是封闭环。

(2)各个环的表示法。在分析尺寸链时，为方便起见，经常不用画出零件的具体结构而只需要依次画出各个相关联的尺寸，这些尺寸所排列成的封闭回路就成为尺寸链草图，图中所有尺寸均用相互连续相接的尺寸线表示，每一个尺寸线用字母表示，增环的字母上面箭头向右，减环的字母上面箭头向左，闭环一般用字母 N 表示或用 A_0 表示，如图 4-1 所示封闭环 N 环。

(3)尺寸链的查找

①确定封闭环:一般将有主要技术要求的尺寸(如零件的相互位置要求、装配要保证的必要间隙)取做封闭环。

②确定尺寸链的组成尺寸:尺寸链由最少的必要尺寸组成(不小于三个尺寸),在尺寸链图示上就是使尺寸回路最短。

③在有几个尺寸链互相关联时,应确定该尺寸链和其他尺寸链相联系的尺寸。

④在采用修配或调整法使封闭尺寸达到所规定的要求时,应确定补偿尺寸的位置(即选取一个组成尺寸为补偿尺寸)。

⑤有些名义尺寸为零,但影响封闭尺寸的精度误差值也应当作为组成尺寸绘在尺寸链图上(例如形位公差:垂直度、同轴度等影响误差)。

(4)封闭环和增、减环的判定法。

①封闭环的确定。根据加工工艺的要求,各个相关尺寸加工结束后形成的自然尺寸,即根据加工工艺的要求,需要间接保证加工精度的尺寸。加工工艺不同,封闭环的尺寸也不同。

②增减环的确定。

定义法:确定出封闭环以后,按照增减环的定义找出增环和减环。

回转法:确定出封闭环以后(保留原先的顺时针一个方向的箭头),顺着所有组成环内侧,用箭头沿顺时针方向旋转,与封闭环的箭头方向相同的组成环是增环;与封闭环的箭头方向相反的组成环是减环。

5. 尺寸链的计算

(1)公式法

①封闭环的公称尺寸计算公式:

$$A_{\Sigma} = \sum_{i=1}^{m} \overrightarrow{A}_i - \sum_{i=m+1}^{n-1} \overleftarrow{A}_i$$

公式说明:

A_{Σ}:封闭环公称尺寸。

$\overrightarrow{A}$:增环公称尺寸(基本尺寸)。

$\overleftarrow{A}$:减环公称尺寸(基本尺寸)。

m:增环的数目。

n:包括封闭环在内的尺寸链总环数。

i:个环的数字角码。

② 尺寸链各环上下偏差的计算公式:

$$\Delta_s EI_{\Sigma} = \sum_{i=1}^{m} \Delta_s \overrightarrow{EI}_i - \sum_{i=m+1}^{n-1} \Delta_x \overleftarrow{ES}_i$$

公式说明:

$\Delta_s EI_{\Sigma}$:封闭环的上偏差。

$\Delta_s \overrightarrow{EI}_i$:增环中第 i 环的上偏差。

$\Delta_x \overleftarrow{ES}_i$:减环中第 i 环的下偏差。

$$\Delta_x ES_\Sigma = \sum_{i=1}^{m} \Delta_x \overrightarrow{ES}_i - \sum_{i=m+1}^{n-1} \Delta_s \overleftarrow{EI}_i$$

公式说明：

$\Delta_x ES_\Sigma$：封闭环的下偏差。

$\Delta_x \overrightarrow{ES}_i$：增环中第 i 环的下偏差。

$\Delta_s \overleftarrow{EI}_i$：减环中第 i 环的上偏差。

③ 绝对互换法(即：极大极小法)尺寸链的验证：

$$IT_\Sigma = \sum_{i=1}^{m} \overrightarrow{IT}_i + \sum_{i=m+1}^{n-1} \overleftarrow{IT}$$

公式说明

IT_Σ：封闭环的公差。

$\overrightarrow{IT}_i$：增环中第 i 环的公差。

$\overleftarrow{IT}_i$：减环中第 i 环的公差。

(2) 经验法

① 封闭环的基本尺寸 = 所有增环的基本尺寸之和 − 所有减环的基本尺寸之和。简称为：基基减基。

② 封闭环的上偏差 = 所有增环的上偏差之和 − 所有减环的下偏差之和。简称为：上上减下。

③ 封闭环的下偏差 = 所有增环的下偏差之和 − 所有减环的上偏差之和。简称为：下下减上。

④ 绝对互换法(即：极大极小法)尺寸链的验证。

封闭环的公差 = 所有组成环的公差之和

⑤ 举例：如图 4-2 所示，设计时以左端面 M 面为基准，要求 $a_1 = 45h10 = 45_{-0.1}$，$a_2 = 32h11 = 32_{-0.16}$，车削加工时为了测量方便，需要以右端面 Q 面为基准，直接控制尺寸 A_1 和 A_2，求 $A_2 = ?$

解：① 画出尺寸链图，如图 4-2(c) 所示。

已知封闭环 $N = a_2 = 32h11 = 32_{-0.16}$ mm，增环 $A_1 = a_1 = 45h10 = 45_{-0.1}$ mm，减环 A_2 为所求。

② 求 A_2 的基本尺寸(用经验法)

封闭环的基本尺寸 = 所有增环的基本尺寸之和 − 所有减环的基本尺寸之和

即：$32 = 45 - A_2$

得：$A_2 = 45 - 32 = 13$(mm)

③ 求 A_2 的下偏差

封闭环的上偏差 = 所有增环的上偏差之和 − 所有减环的下偏差之和

即：$0 = 0 - A_2$ 的下偏差

得：A_2 的上偏差 $= 0 - 0 = 0$(mm)

④ 求 A_2 的上偏差

封闭环的下偏差 = 所有增环的下偏差之和 − 所有减环的上偏差之和

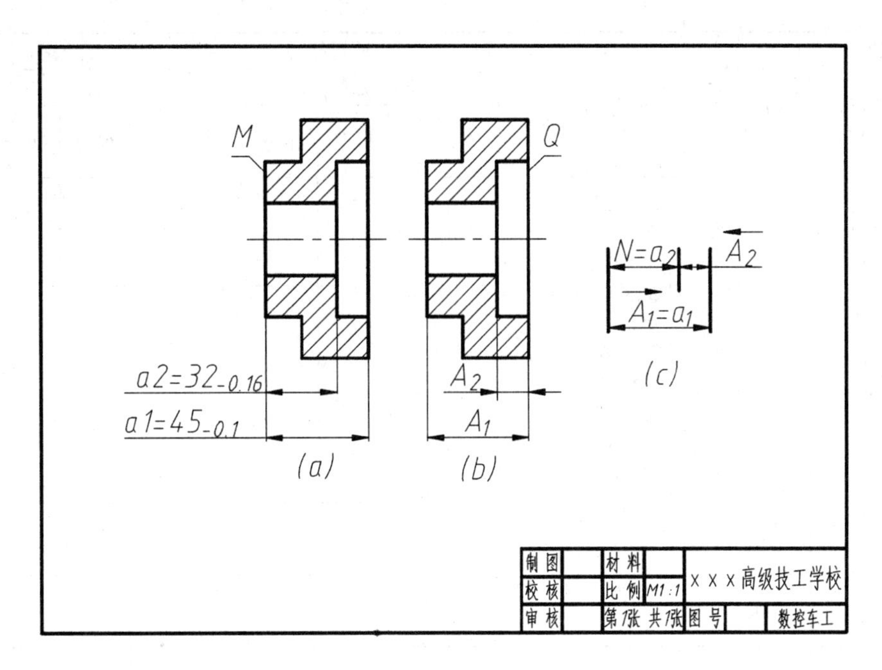

图 4-2　例 1

即：$-0.16=(-0.1)-A_2$ 的上偏差

得：A_2 的上偏差 $=(-0.1)+0.16=0.06(\text{mm})$

所得尺寸 $A_2=13_{0}^{+0.06}(\text{mm})$

⑤ 验证

由：封闭环的公差 = 所有组成环的公差之和

即：$0-(-0.16)=[0-(0.1)]+(0.06-0)=0.16(\text{mm})$

验证结果正确，A_2 尺寸可用于该工艺条件下的零件尺寸加工。

(二)项目四组合件编程加工(四件组合)

1. 练习工件一：基体

如图 4-3 所示〔毛坯 Φ55×Φ25(内孔)〕。

数控车工实操项目四工件一(图 4-3)评分表

第________号机床__________年______月____日星期________

时间定额	240 分钟	时间起点				时间终点				总分			
序号	尺寸和粗糙度	精度等级	配分	评分标准	量具	学生测量			老师测量			合计得分
						实测尺寸	得分	扣分	实测尺寸	得分	扣分	
1	Φ53h6 $\left(^{0}_{-0.019}\right)$ Ra1.6	IT6	8	尺寸超差 0.01 扣 2 分,Φ28 尺寸超差 0.02 扣 2 分,Ra 降低一级扣 2 分	25—50 内径千分尺、50—75 外径千分尺							
2	SΦ38 H7 $\left(^{0}_{+0.025}\right)$ Ra1.6	IT7	8									
3	Φ28H10 $\left(^{0}_{+0.084}\right)$ Ra3.2	IT10	6									
4	M36—6H Ra 3.2	6 级	10	见说明 1	内外螺纹量规							
5	M48—6g Ra 3.2	6 级	10	见说明 1								
6	内孔槽 Φ37(±0.3)及 3 个面的 Ra 6.3	GB/T 1804—m	5	尺寸超差 0.05 扣 1 分,Ra 降低一级扣 1 分	0.02 游标卡尺							
7	Φ46 (±0.3)		2									
8	76 (±0.06)	IT10	4	尺寸超差 0.04 扣 2 分直到扣完								
9	12.83 $\left(^{+0.025}_{-0.012}\right)$	IT9～0	4									
10	90°(± 1°)内圆锥锥角和 Ra3.2	GB/T1804—m	2	超差 0.5 度扣 1 分,Ra 降低一级扣 1 分	×2″万能角度尺							
11	35(±0.3)		2	超差 0.05 扣 1 分,Ra 降低一级扣 1 分	0.02 游标卡尺、车工表面粗糙度样板							
12	30(±0.3)		2									
13	22(±0.2)		2									
14	6×5 槽及 3 个面的 Ra 3.2		5									
15	4 个 6×1 槽及表面 Ra 3.2		8									
16	4 个 6 (±0.1)		4									

续表

<table>
<tr><td>17</td><td>右端面
Ra 1.6</td><td rowspan="2">表面粗糙度 Ra</td><td>4</td><td rowspan="2">Ra 降低一级扣 2 分</td><td rowspan="2">车工表面粗糙度样板</td><td></td><td></td><td></td><td></td><td></td><td></td><td></td></tr>
<tr><td>18</td><td>左端面
Ra 1.6</td><td>4</td><td></td><td></td><td></td><td></td><td></td><td></td><td></td></tr>
<tr><td>19</td><td>M36－6H
同轴度⊙</td><td>4 级</td><td>2</td><td rowspan="3">降低一个等级扣 2 分</td><td></td><td></td><td></td><td></td><td></td><td></td><td></td><td></td></tr>
<tr><td>20</td><td>Φ53 圆柱度</td><td>8 级</td><td>2</td><td></td><td></td><td></td><td></td><td></td><td></td><td></td><td></td></tr>
<tr><td>21</td><td>右端面垂直度⊥</td><td>4 级</td><td>2</td><td></td><td></td><td></td><td></td><td></td><td></td><td></td><td></td></tr>
<tr><td>22</td><td>倒角 3×45°
及 R_a3.2</td><td rowspan="2">GB/T 1804 －m</td><td>2</td><td rowspan="2">倒角不合格扣 1 分、Ra 降低一个等级扣 1 分</td><td rowspan="2">倒角样板，粗糙度样板</td><td></td><td></td><td></td><td></td><td></td><td></td><td></td></tr>
<tr><td>23</td><td>倒角 2×45°
及 R_a3.2</td><td>2</td><td></td><td></td><td></td><td></td><td></td><td></td><td></td></tr>
<tr><td>24</td><td colspan="2">安全文明生产</td><td>5</td><td colspan="6">优秀者操作 5 分，正常操作 4 分，每受到一次警告扣 2 分，对违章严重者，监考员立即停止考生考核</td><td></td><td></td><td></td></tr>
<tr><td></td><td colspan="2">合计</td><td>100</td><td colspan="3">确认使用时间</td><td></td><td>分钟</td><td>实操时间加减分</td><td></td><td></td><td></td></tr>
<tr><td colspan="2">监考人员</td><td colspan="3"></td><td colspan="2">评分员</td><td colspan="2"></td><td>考评员</td><td colspan="3"></td></tr>
<tr><td>说明</td><td colspan="12">1. 工件未加工完成，不予评分(登记 0 分)。
2. 螺纹环规检查螺纹的评分标准：
(1)量规检查合格得全部分(通规能通过，止规旋入不超过螺纹 2 扣)。
(2)止规能旋入超过 2.5 扣，得 0 分。
3. 实操过程中有事故苗头者或出现事故者(撞刀、撞机床、物品飞出、违反数控车工操作安全要求的现象)，立即取消学生实习资格，登记 0 分，待消除隐患后再决定是否让该学生继续实习。
4. 安全文明生产标准：工具、量具、夹具、刃具和卫生用具摆放整齐，机床卫生保养，礼节礼貌等。</td></tr>
</table>

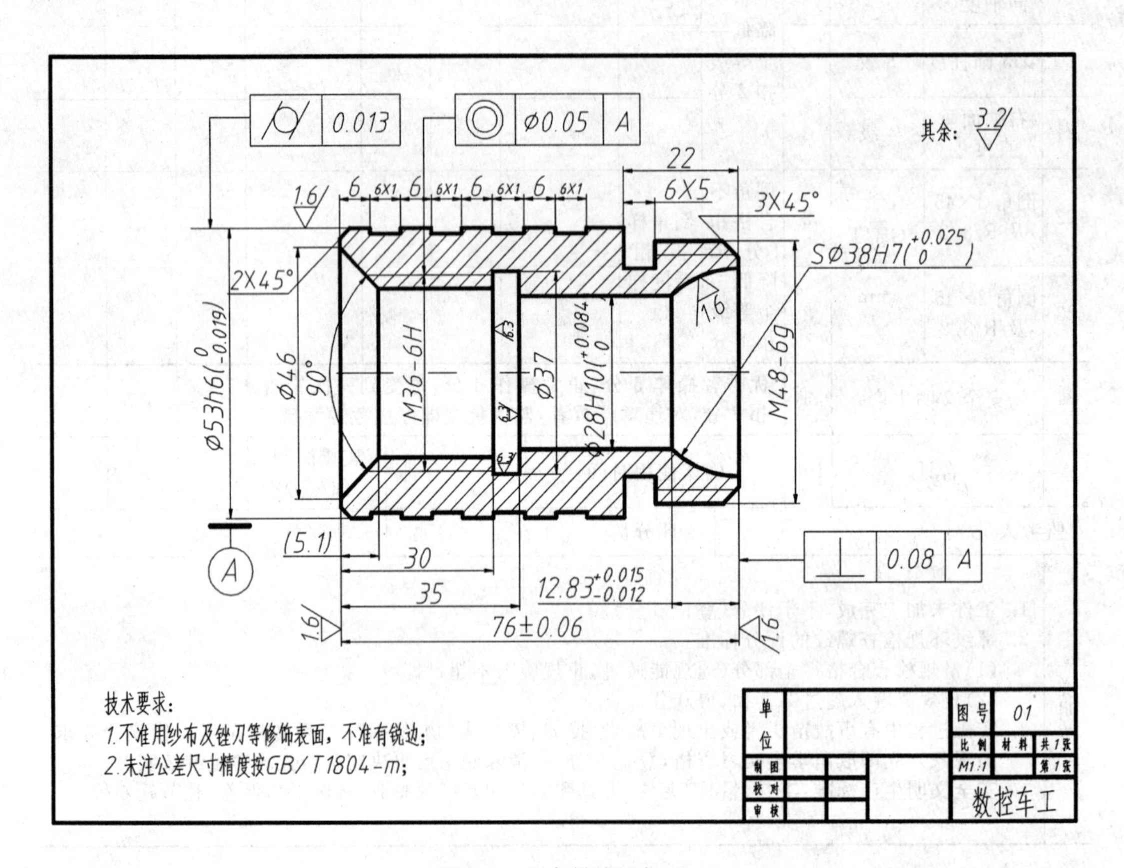
0.013
Ø0.05 A
其余: 3.2
22
6X5
3X45°
1.6
6 6X1 6 6X1 6 6X1 6 6X1
SØ38H7(+0.025 0)
2X45°
Ø53h6(0 -0.019)
Ø46
90°
M36-6H
Ø37
Ø28H10(+0.084 0)
M48-6g
A
(5.1)
30
35
12.83+0.015 -0.012
76±0.06
0.08 A
技术要求:
1.不准用纱布及锉刀等修饰表面，不准有锐边;
2.未注公差尺寸精度按GB/T1804-m;
单位
图号 01
比例 材料 共1张
M1:1 第1张
制图
校对
审核
数控车工

图 4-3　组合件编程加工

2. 练习工件二：球套

如图 4-4 所示〔毛坯 Φ55×Φ25(内孔)〕。

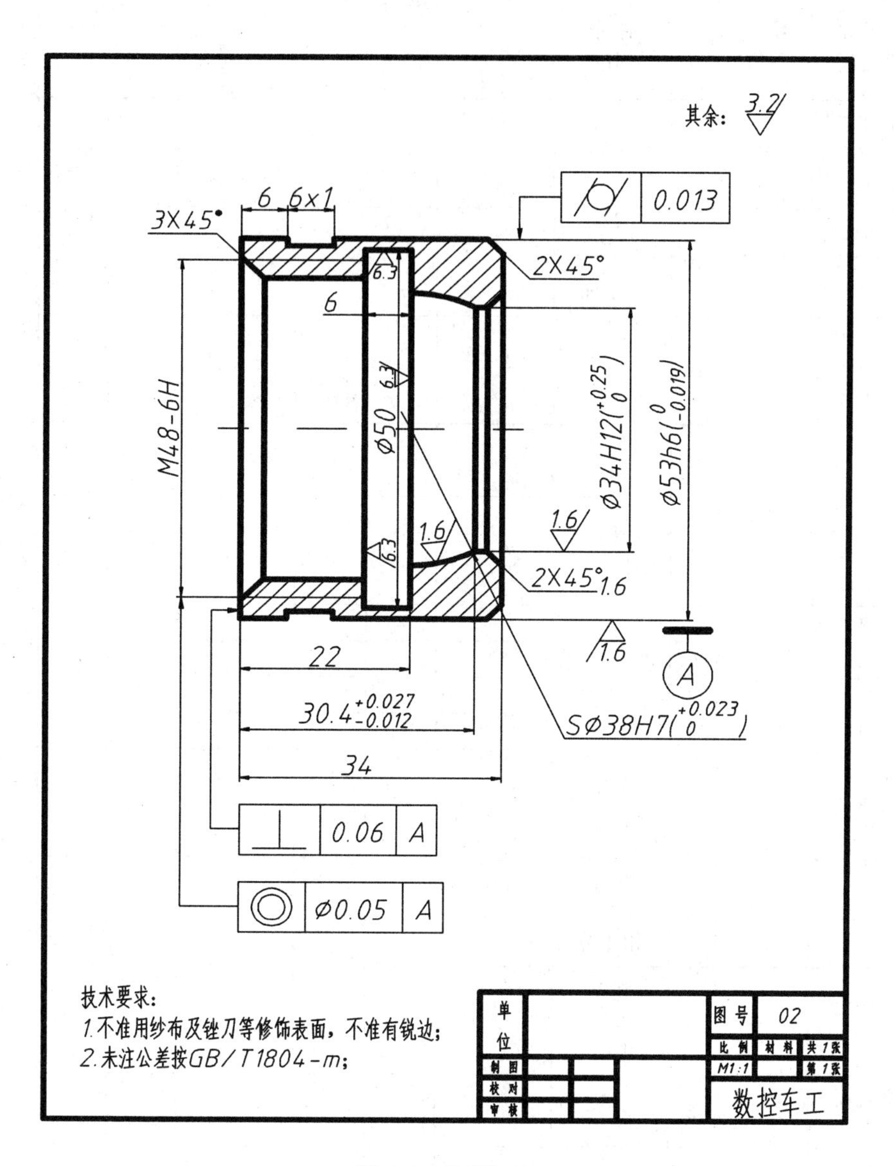

图 4-4　球套加工

数控车工实操项目四工件二(图 4-4)评分表

第______号机床______年____月____日星期______

时间定额	240 分钟	时间起点		时间终点		总分	

序号	尺寸和粗糙度	精度等级	配分	评分标准	学生测量			老师测量			单项合计得分
					实测尺寸	得分	扣分	实测尺寸	得分	扣分	
1	Φ53h6 (−0.019) Ra1.6	IT6	10	见说明							
2	Φ34H12 (+0.25) Ra1.6	IT12	10								
3	SΦ38H7 (+0.023) Ra1.6	IT7	10								
4	M48−6H Ra3.2	IT6	18								
5	Φ50 Ra6.3 (三个面)	GB/T 1804 −m 级	4	一项不合格扣 1 分							
6	内孔槽宽 6		2	超差 0.05 扣 1 分							
7	22		6								
8	6		2								
9	34		6								
10	外圆槽 6×1 Ra3.2 (2 个面)		3	一项不合格扣 1 分							
11	30($^{+0.027}_{-0.012}$)	IT	4	超差 0.02 扣 1 分							
12	圆柱度 0.013	8 级	2	超差 0.01 扣 1 分							
13	垂直度 0.06	4 级	2	超差 0.03 扣 1 分							
14	同轴度 Φ0.05	4 级	2								
15	倒角 2×45°(2 个) Ra3.2	GB/T 1804 −m 级	4	一项不合格扣 1 分							
16	倒角 3×45° Ra3.2		2	一项不合格扣 1 分							

续表

17	右端面 Ra3.2		4	降低一级扣 2 分							
18	左端面 Ra3.2		4								
9	安全文明生产		5	优秀操作者 5 分,正常操作者 4 分,每受到一次警告扣 2 分,对违章严重者,监考员立即停止考生考核							
20	合计		100	确认使用时间		分钟	实操时间加减分				
监考人员				评分员			考评员				
说明	1. 工件未加工完成,不予评分(登记 0 分)。 2. 相关尺寸扣分标准 (1)Φ53h6(−0.019)Ra1.6 尺寸超差 0.01 扣 2 分,表面粗糙度降低一个等级扣 5 分,直到扣完。 (2)Φ34H12(+0.25)Ra1.6 尺寸超差 0.02 扣 2 分,表面粗糙度降低一个等级扣 5 分,直到扣完。 (3)SΦ38H7(+0.023) Ra1.6 尺寸超差 0.02 扣 2 分,表面粗糙度降低一个等级扣 5 分,直到扣完。 3. 螺纹环规检查螺纹的评分标准: (1)量规检查合格得全分(通规能通过,止规旋入不超过螺纹 2 扣)。 (2)止规能旋入超过 2.5 扣,得 0 分 4. 实操过程中有事故苗头者或出现事故者(撞刀、撞机床、物品飞出、违反数控车工操作安全要求的现象),立即取消学生实习资格,登记 0 分,待消除隐患后再决定是否让该学生继续实习。 5. 安全文明生产标准:工具、量具、夹具、刃具和卫生用具摆放整齐,机床卫生保养,礼节礼貌等。										

3. 练习工件三:手柄

如图 4-5 所示〔毛坯 Φ40(×80)〕。

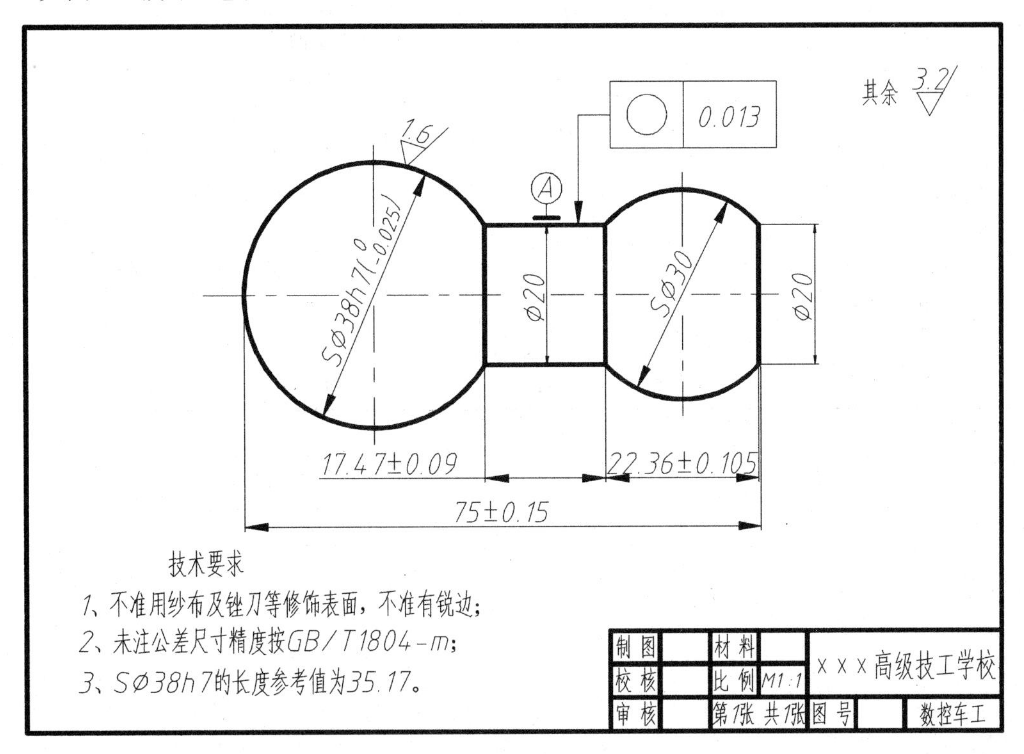

图 4-5 手柄加工

数控车工实操项目四工件三(图 4-5)评分表

第________号机床__________年________月____日星期________

<table>
<tr><td colspan="2">时间定额</td><td>240 分钟</td><td colspan="2">时间起点</td><td colspan="3"></td><td colspan="2">时间终点</td><td>总分</td><td></td></tr>
<tr><td rowspan="2">序号</td><td colspan="2">第一练习技术要求</td><td rowspan="2">配分</td><td rowspan="2">评分标准</td><td colspan="3">学生测量</td><td colspan="3">老师测量</td><td rowspan="2">单项合计得分</td></tr>
<tr><td>尺寸和粗糙度</td><td>精度等级</td><td>实测尺寸</td><td>得分</td><td>扣分</td><td>实测尺寸</td><td>得分</td><td>扣分</td></tr>
<tr><td>1</td><td>Φ38h7
($_{-0.025}$)
Ra1.6</td><td>IT6</td><td>20</td><td>见说明</td><td></td><td></td><td></td><td></td><td></td><td></td><td></td></tr>
<tr><td>2</td><td>Φ20
Ra3.2</td><td rowspan="3">GB/T
1804
—m 级</td><td>12</td><td rowspan="3">超差 0.05
扣 5 分，
Ra 降低
一级扣
5 分</td><td></td><td></td><td></td><td></td><td></td><td></td><td></td></tr>
<tr><td>3</td><td>SΦ30
Ra3.2</td><td>15</td><td></td><td></td><td></td><td></td><td></td><td></td><td></td></tr>
<tr><td>4</td><td>右端面
Φ20 Ra3.2</td><td>12</td><td></td><td></td><td></td><td></td><td></td><td></td><td></td></tr>
<tr><td>5</td><td>75±0.15</td><td>IT12</td><td>12</td><td rowspan="3">超差 0.04
扣 5 分</td><td></td><td></td><td></td><td></td><td></td><td></td><td></td></tr>
<tr><td>6</td><td>22.36±
0.105</td><td>IT12</td><td>10</td><td></td><td></td><td></td><td></td><td></td><td></td><td></td></tr>
<tr><td>7</td><td>17.47±
0.09</td><td>IT12</td><td>10</td><td></td><td></td><td></td><td></td><td></td><td></td><td></td></tr>
<tr><td>8</td><td>圆度 0.013</td><td>9 级</td><td>4</td><td>超差 0.01
扣 2 分</td><td></td><td></td><td></td><td></td><td></td><td></td><td></td></tr>
<tr><td>9</td><td colspan="2">安全文明生产</td><td>5</td><td colspan="5">优秀操作者 5 分，正常操作者 4 分，每受到一次警告扣 2 分，对违章严重者，监考员立即停止考生考核</td><td></td><td></td><td></td></tr>
<tr><td>10</td><td colspan="2">合计</td><td>100</td><td colspan="2">确认使用时间</td><td></td><td>分钟</td><td colspan="2">实操时间加减分</td><td></td><td></td></tr>
<tr><td colspan="2">监考人员</td><td colspan="2"></td><td>评分员</td><td colspan="3"></td><td colspan="2">考评员</td><td colspan="2"></td></tr>
<tr><td>说明</td><td colspan="11">1. 工件未加工完成，不予评分(登记 0 分)。
2. 相关尺寸扣分标准：Φ38h7(−0.025)Ra1.6 尺寸超差 0.01 扣 5 分，表面粗糙度降低一个等级扣 5 分，直到扣完。
3. 实操过程中有事故苗头者或出现事故者(撞刀、撞机床、物品飞出、违反数控车工操作安全要求的现象)，立即取消学生实习资格，登记 0 分，待消除隐患后再决定是否让该学生继续实习。
4. 安全文明生产标准：工具、量具、夹具、刃具和卫生用具摆放整齐，机床卫生保养，礼节礼貌等。</td></tr>
</table>

4. 练习工件四:螺塞

如图 4-6 所示〔毛坯 Φ55(×68)〕。

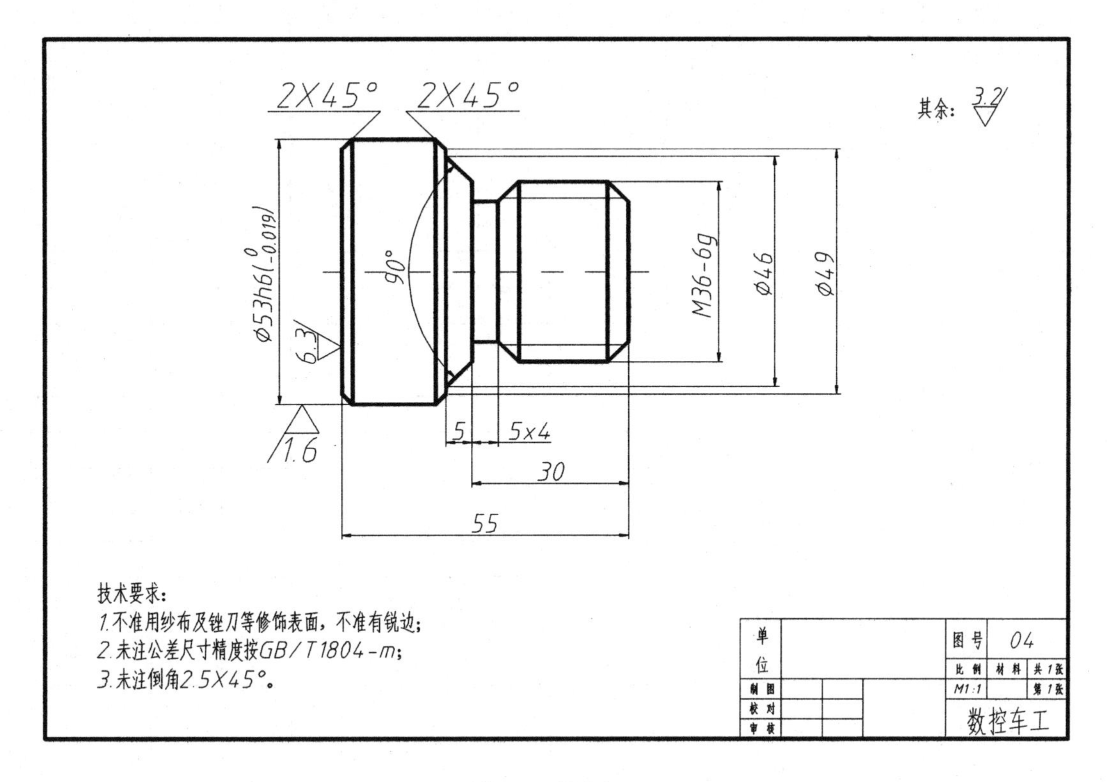

图 4-6　螺塞加工

数控车工实操项目四工件四(图 4-6)评分表

第______号机床________年______月____日星期______

时间定额	240分钟	时间起点		时间终点		总分	

序号	第一练习技术要求		配分	评分标准	学生测量			老师测量			单项合计得分
	尺寸和粗糙度	精度等级			实测尺寸	得分	扣分	实测尺寸	得分	扣分	
1	Φ53h6 ($^{0}_{-0.019}$) Ra1.6	IT6	15	超差0.01扣5分,Ra降低一级扣5分							
2	M36－6g	6级	16	见说明2							
3	Φ49 Ra3.2	GB/T 1804—m级	6	超差0.05扣2分、超差1°扣2分 Ra降低一级扣4分							
4	Φ46		4								
5	90°圆锥 Ra3.2		6								
6	55		8								
7	30		6								
8	5×4槽 Ra3.2		10								
9	5		4								
10	倒角2.5×45Ra3.2 (2个)		4								
11	倒角2×45°Ra3.2 (2个)		4								
12	右端面 Ra3.2		6								
13	左端面 Ra6.3		6								
14	安全文明生产		5	优秀操作者5分,正常操作者4分,每受到一次警告扣2分,对违章严重者,监考员立即停止考生考核							
15	合计		100	确认使用时间		分钟	实操时间加减分				

监考人员		评分员		考评员	

说明:

1. 工件没有完全加工完整,不予评分(登记0分)。
2. 螺纹环规检查螺纹的评分标准:
   (1)量规检查合格得全分(通规能通过,止规旋入不超过螺纹2扣)。
   (2)止规能旋入超过2.5扣,得0分。L
3. 实操过程中有事故苗头者或出现事故者(撞刀、撞机床、物品飞出、违反数控车工操作安全要求的现象),立即取消学生实习资格,登记0分,待消除隐患后再决定是否让该学生继续实习。
4. 安全文明生产标准:工具、量具、夹具、刃具和卫生用具摆放整齐,机床卫生保养,礼节礼貌等。

5. 项目三中工件一、二、三、四装配图,如图 4-7 所示

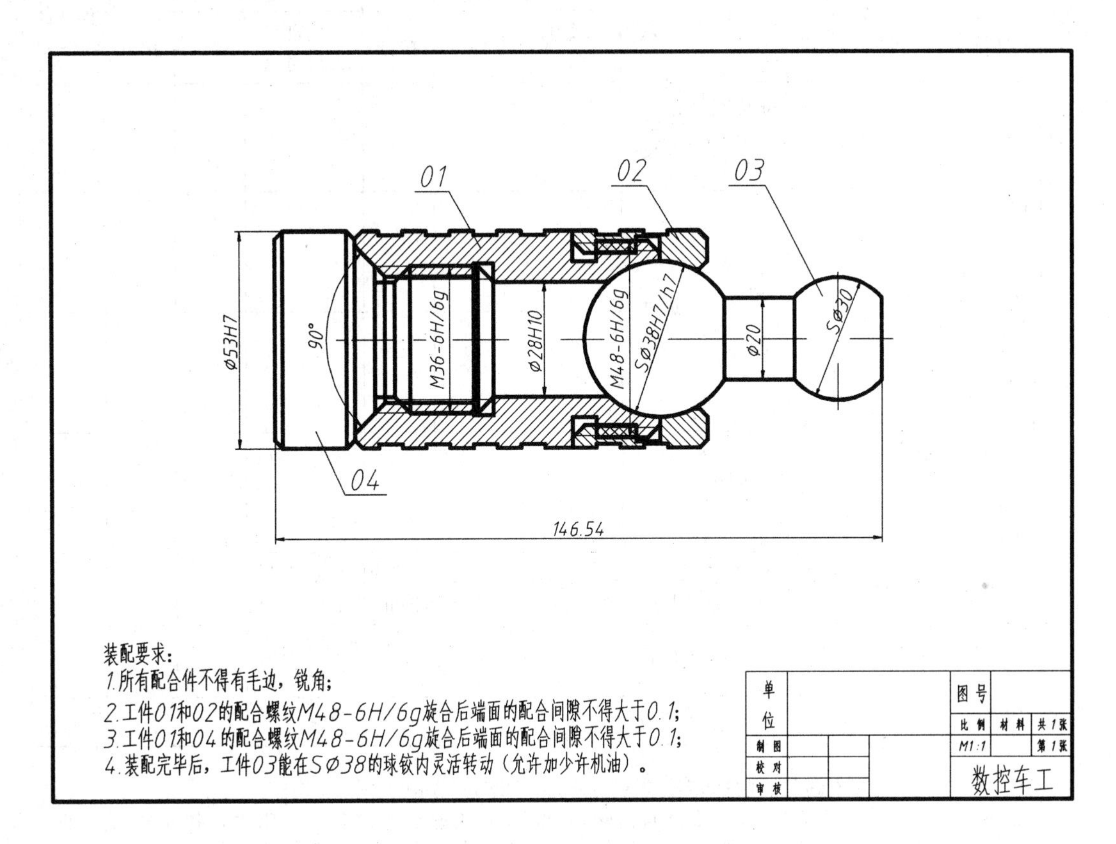

图 4-7　装配

数控车工实操项目四(图4-7)装配评分表

第________号机床__________年______月____日星期________

时间定额	240分钟	时间起点		时间终点		总分	

序号	尺寸和粗糙度	精度等级	配分	评分标准	量具	学生测量			老师测量			单项合计得分
						实测尺寸	得分	扣分	实测尺寸	得分	扣分	
1	146.54	m级	25	每超差0.05扣5分。	游标卡尺							
2	工件1和工件2配合后的间隙≤0.1		25	间隙每超差0.05,扣10分	塞尺							
3	工件1和工件4配合后的间隙≤0.1		25									
4	手柄在SΦ38的球座能自由转动		20	见说明2								
5	安全文明生产		5	优秀者操作5分,正常操作4分,每受到一次警告扣2分,对违章严重者,监考员立即停止考生考核								
	合计		100	确认使用时间			分钟	实操时间加减分				
监考人员				评分员				考评员				

说明

1. 工件装配中,不准敲打、强拧,不能完整装配,不予评分(登记0分)。
2. 工件1和工件2配合后,手柄2能自由转动,得全分;有轻微卡滞(1kg≤阻力),扣5分;有一般阻力(1 kg<阻力≤5 kg),扣10分;阻力很大但能转动,扣15分,不能转动扣20分。
3. 实操过程中有事故苗头者或出现事故者(撞刀、撞机床、物品飞出、违反数控车工操作安全要求的现象),立即取消学生实习资格,登记0分,待消除隐患后再决定是否让该学生继续实习。
4. 安全文明生产标准:工具、量具、夹具、刃具和卫生用具摆放整齐,机床卫生保养,礼节礼貌等。

四、引导问题

(一)判断题(将结果填入括号内,正确的填"√",错误的填"×"。每小题1分,共20分)

(　　)1. 千分尺上隔热装置的作用是防止手温影响测量精度。

(　　)2. 三相异步电动机的机械特性是软特性。

(　　)3. 牌号YT5属于M类硬质合金。

(　　)4. 用百分表测量表面时,测量杆要与被测表面平行。

(　　)5. 当加工工件由中间切入时,负偏角应选用 90°。

(　　)6. 切削铸铁等脆性材料不用加切削液。

(　　)7. 对于较长的或经过多次装夹才能加工的工件,应采用四抓卡盘安装的装夹方法。

(　　)8. 淬透性好的钢,淬火后其硬度一定很高。

(　　)9. G00、G01 的运动轨迹路线相同,只是进给速度不同罢了。

(　　)10. 车端面时的切削速度是变化的。

(　　)11. 数控车床选择滚珠丝杠副,主要原因是因为容易调整其间隙大小。

(　　)12. 在机械工业中最高水平的生产形式为 CNC。

(　　)13. 数控车床上使用的回转刀架是最简单的自动换刀装置。

(　　)14. 步进电机在输入一个脉冲时所转过的角度称为步距角。

(　　)15. G02、G03 都为球面加工循环程序,可以根据编程者根据计算方便选用。

(　　)16. 在钢和铸铁上加工同样直径的内螺纹,钢件比铸铁的底孔直径稍大。

(　　)17. 数控车床的主轴转动跟刀架的运动没有机械联系。

(　　)18. 车圆锥时产生双曲线误差的主要原因是刀尖没有对准工件轴线。

(　　)19. 数控车床使用较长时间后,应定期检查机械间隙。

(　　)20. 数控车床的插补过程,实际上是用微小的直线段来逼近曲线的过程。

(二)选择题(以下各题均有 A、B、C、D 四个答案,其中只有一个是正确的,请讲其字母代号填进括号内。每小题 1 分,共 20 分)

1. 基本偏差是________。

A. 上偏差　　B. 下偏差　　C. 实际偏差　　D. 上偏差或下偏差

2. 球化退火一般适用于__________钢。

A. 优质碳素结构钢　　B. 合金结构钢

C. 低碳钢　　D. 轴承钢及合金工具钢

3. 键盘上“ENTER”键是__________键。

A. 参数　　B. 回车　　C. 命令　　D. 退出

4. 减小工件表面粗糙度的方法主要有____________。

A. 增大吃刀深度　　B. 选用合适的刀具和切削用量

C. 调整电压和操纵杆间隙　　D. 校正工件和调整大滑板

5. 用闭环系统 X、Y 两轴联动加工工件的圆弧面,若两轴均存在跟随误差,但系统增益相同,则此时工件将____________。

A. 不产生任何误差　　B. 只产生尺寸误差

C. 只产生形状误差　　D. 产生尺寸和形状误差

6. 在开环系统中,影响丝杠副重复定位精度的因素有__________。

A. 接触变形　　B. 热变形　　C. 配合间隙　　D. 共振

7. 高速钢韧性较好,能承受较大冲击力,能用于________切削。

A. 低速　　B. 中速　　C. 高速　　D. 以上都不是

8. GSK928 型(或 FANUC、华中系统)CNC 控制系统数控车床使用______设置系统坐标系。

A. G90　　B. G91　　C. G92　　D. G93

9. 刀具前角大,易形成________切屑

A. 挤裂　　B. 带状　　C. 崩碎　　D. 积屑瘤

10. 数控车床的__________是保证进给运动准确性的重要部件,很大程度上影响车床的刚度、精度及低速进给时的平稳性,是影响零件加工质量的重要因素之一。

A. 导轨　　B. 自动刀架　　C. 光杆　　D. 主轴。

11. GSK928 型(或 FANUC 系统、华中系统、980 系统)CNC 控制系统数控车床 G33(或 G32)指令代表__________。

A. 快速运动　　B. 直线插补

C. 程序停止返回开头　　D. 螺纹切削

12. M02 属于________功能

A. 准备　　B. 辅助　　C. 换刀　　D. 主轴转速

13. 刀补也称________

A. 刀具半径补偿 B. 刀具长度补偿C. 刀位偏差　　D. 以上都不是

14. GSK928 型(或 FANUC 系统、华中系统、980 系统)中子程序开始指令是__________

A. G04;　　B. M96;　　C. M98;　　D. M09

15. 主偏角的主要作用是改变主切削刃的__________情况

A. 减小与工件摩擦;B. 受力及散热;　C. 切削刃强度;D. 增大与工件摩擦

16. 当车刀主偏角由 45°改变为 75°时,切削过程会出现________

A. 径向力增大,轴向力减小;　　B. 径向力减小,轴向力增大;

C. 径向力增大,轴向力增大;　　D. 径向力减小,轴向力减小

17. 工艺准备的主要内容有零件图图样分析、刀具及夹具的选择、______手段的选择,对设备的检查及有关数据的测量等

A. 设计　　B. 安装　　C. 测量　　D. 加工

18. 常用车刀依照材料不同分为________和硬质合金

A. 高速钢　　B. 低碳钢　　C. 工具钢　　D. 硬质合金钢

19. 齿轮传动的特点有____________。

A. 传递的功率和速度范围较大　　B. 也可利用摩擦力来传递运动和动力

C. 传动效率低,但使用寿命长　　D. 齿轮的制造、安装要求不高

20. 模态指令是指__________指令。

A. 连续有效　　B. 只在当前段有效

C. 换刀功能　　D. 转速功能

(三)填空题(请讲适当的词语填入划线处。每题 1 分,满分 20 分)

1. 常用的切削液有乳化液和______两大类。

2. 切削速度________时易产生积屑瘤。

3. 孔 JS 和轴 js 为完全对称偏差,其基本偏差为上偏差,其数值为________。

4. G00 属于______功能。

5. 螺纹加工时,设置速度下对螺纹切削速度______影响。

6. 40Gr 钢是常用的______。

7. ________是将钢加热到临界温度以上 30℃～50℃,保温一段时间,在空气中冷却。

8. 在数控机床上加工封闭轮廓时,一般沿着__________进刀。

9. __________是控制机床“开一关”功能的指令,完成加工操作时的辅助动作。

10. GSK928 型(或 FANUC 系统、华中系统、980 系统)CNC 控制系统数控车床使用______坐标系。

11. GSK928 型(或 FANUC 系统、华中系统、980 系统)系统中 G33(或 G32)指令代表__________。

12. 基准刀的刀补一般可设置为________。

13. 编辑菜单的指令是____________。

14. 工件在夹具中加工时,影响位置精度的因素有________________、夹具安装和加工误差。

15. 车削钢材的刀具材料,应选择____________硬质合金。

16. 数控机床要求伺服系统有承载能力强、较高的控制精度和____________________。

17. 使用直径坐标编程时,所有直径方向的参数都应使用____________值。

18. 数控车床设置刀补应在__________方式下。

19. FMS 指____________________。

20. 砂轮机必须安装适合____________,以防砂轮突然破裂后飞出碎片伤人。

(四)简答题(根据问题作答,要求笔迹清晰。共 20 分)

1. 用两顶尖安装工件时应注意哪些问题?(5 分)

2. 刃磨螺纹车刀时,应达到哪些要求?(5 分)

3. 车削轴类零件时,车刀的哪些原因,会使表面的粗糙度达不到要求?(5 分)

4. 对数控车床工件装夹有哪些要求?(5 分)

(五)编程题(本题 20 分,根据要求作答,要求字迹工整,不答不给分)

● 使用数控车床切削零件图如图 1 所示,毛坯材料为 45 号钢,直径为 25mm,长度为 80mm。

● 刀架上有 4 把车刀,1 号刀为粗车 90°外圆车刀,2 号刀是精车 90°外圆车刀,3 号刀为切断刀(刀宽为 3.0mm,对刀时对截刀的右边点),4 号刀为公制外螺纹车刀。

● 编写粗精车加工的程序。零件的粗糙度为 Ra1.6(页面不够,可附另页)。

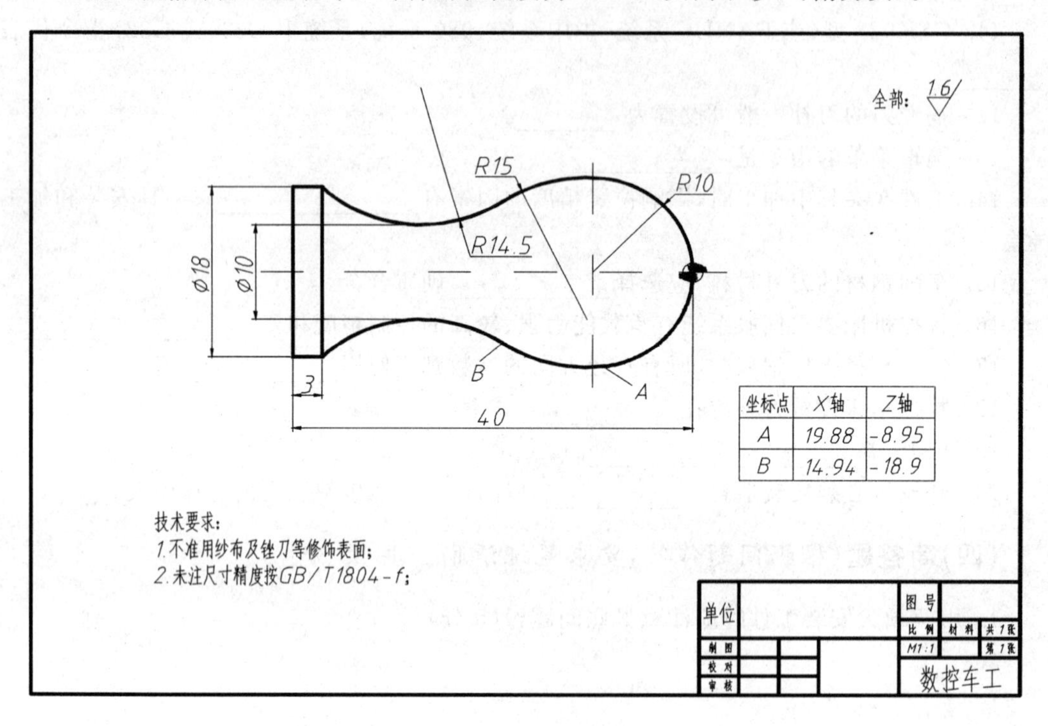

图 1 手柄加工

项目五　组合件综合练习(二)

一、任务与操作技术要求

一般的车工加工中,在直径方向上的加工精度较高,可以取得较为理想的配合;在轴向方向上的加工精度较低,机械装配时靠钳工选配(或修配)来保证轴向精度,这是由普通车床的轴向定位误差较大的特性所决定的,将导致组合件在装配时轴向方向需要大量的钳工工作,影响了机械设备的装配效率。

在项目四的练习中,对组合件基准的选择、尺寸的计算、工件的装夹、编程工艺、组装工艺等进行了系统的学习,对数控车工加工的高精度有了初步认识,但是在项目四中只有直径方向的精密配合装配,轴向方向的装配精度还比较低。

本项目的任务是在保证直径方向尺寸精度的同时,同时满足轴向方向的装配精度,争取一次车削加工满足两个方向的装配精度要求。

二、信息文

如图 5-3 所示,工件 1 和工件 2 装配后,不仅仅在直径方向 SΦ38 圆弧面应当能有效配合,同时 A、B、C、D 4 个装配面的装配间隙由一定的精度要求,否则无法满足装配要求。

一般传统的机械装配中,需要用钳工的方法进行轴向方向的修配,但是由于数控车床的精确定位性,不仅仅满足特殊表面的加工和直径方向的精度要求,也反映在轴向方向的精确定位和精度要求,大家可以思考一下精确定位带来的在装配中的便利。

开始操作前,应仔细想想数控车工的安全注意事项。

三、基础文

(一)尺寸精度的保障

在前面的数控车床编程加工的工件中,虽然一些练习工件的尺寸精度达到了 IT7 级精度,但是每个练习工件尺寸精度为 IT7 级精度的尺寸是有限的,本项目的练习工件中呈现出了较多的 IT7 级精度的尺寸,这对工件的加工工艺要求有了较大的要求,同时对测量的方式有了进一步的提高。

(二)装配精度的保障

工件 1 和工件 2 加工完毕后,进行两个工件的装配,要求不进行任何钳工修配,一次装配成功并符合技术要求。

(三)练习工件及评分表如图表所示

1. 练习工件一,如图 5-1 所示

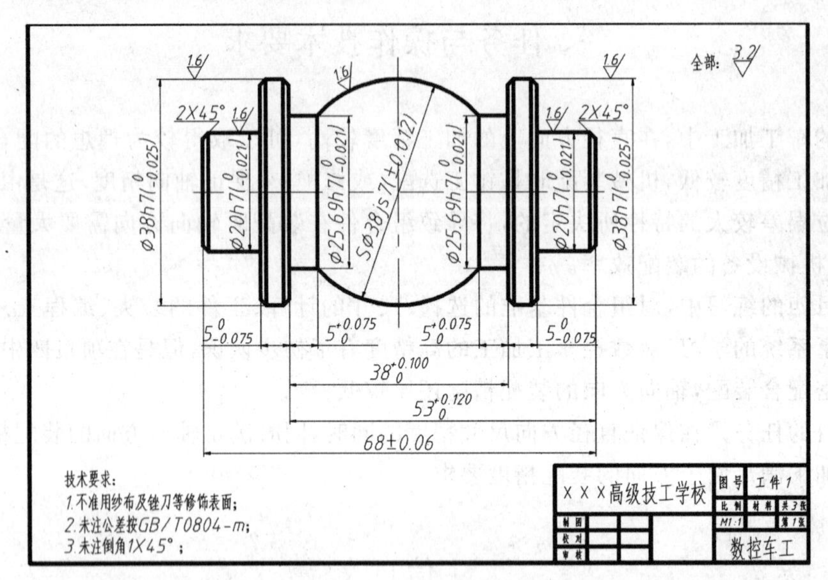

图 5-1 综合练习一

数控车工实操项目五工件一(图 5-1)评分表

第＿＿＿号机床＿＿＿＿年＿＿月＿＿日星期＿＿

时间定额	240 分钟	时间起点				时间终点				总分		
序号	尺寸和粗糙度	精度等级	配分	评分标准	量具	学生测量			老师测量			单项合计得分
						实测尺寸	得分	扣分	实测尺寸	得分	扣分	
1	Φ38h7 ($^{0}_{-0.025}$) Ra1.6 (2 个面)	IT7	16	尺寸超差 0.01 扣 4 分,Ra 降低一级扣 4 分(表面划伤不扣分)	0—25、25—50 外径千分尺、车工表面粗糙度样板							
2	Φ20 h7 ($^{0}_{-0.021}$) Ra1.6 (2 个面)	IT7	16									
3	Φ25.69 h7 ($^{0}_{-0.021}$) Ra3.2 (2 个面)	IT7	16									
4	SΦ38js7 (±0.012)	IT7	8									

续表

<table>
<tr><td>5</td><td>68±0.06</td><td>IT10</td><td>4</td><td rowspan="5">尺寸超差0.04扣2分，Ra降低一级扣2分</td><td rowspan="5">游标卡尺</td><td></td><td></td><td></td><td></td><td></td><td></td><td></td></tr>
<tr><td>6</td><td>$53_{0}^{+0.120}$</td><td>IT10</td><td>4</td><td></td><td></td><td></td><td></td><td></td><td></td><td></td></tr>
<tr><td>7</td><td>$38_{0}^{+0.100}$</td><td>IT10</td><td>4</td><td></td><td></td><td></td><td></td><td></td><td></td><td></td></tr>
<tr><td>8</td><td>$5_{0}^{+0.075}$
(2个)</td><td>IT11</td><td>8</td><td></td><td></td><td></td><td></td><td></td><td></td><td></td></tr>
<tr><td>9</td><td>$5_{-0.075}^{0}$
(2个)</td><td>IT11</td><td>8</td><td></td><td></td><td></td><td></td><td></td><td></td><td></td></tr>
<tr><td>10</td><td>右端面
Ra 3.2</td><td></td><td>2</td><td rowspan="4">超差0.05扣1分，Ra降低一级扣1分</td><td rowspan="4">游标卡尺、车工表面粗糙度样板</td><td></td><td></td><td></td><td></td><td></td><td></td><td></td></tr>
<tr><td>11</td><td>左端面
Ra 3.2</td><td></td><td>2</td><td></td><td></td><td></td><td></td><td></td><td></td><td></td></tr>
<tr><td>12</td><td>倒角2×45°及Ra 3.2(2个)</td><td>m级</td><td>4</td><td></td><td></td><td></td><td></td><td></td><td></td><td></td></tr>
<tr><td>13</td><td>Φ38侧面Ra3.2(4个面)</td><td></td><td></td><td></td><td></td><td></td><td></td><td></td><td></td><td></td></tr>
<tr><td>14</td><td colspan="2">安全文明生产</td><td>4</td><td colspan="6">优秀者操作5分，正常操作4分，每受到一次警告扣2分，对违章严重者，监考员立即停止考生考核</td><td></td><td></td><td></td></tr>
<tr><td></td><td colspan="2">合计</td><td>100</td><td colspan="3">确认使用时间</td><td></td><td>分钟</td><td>实操时间加减分</td><td></td><td></td><td></td></tr>
<tr><td colspan="2">监考人员</td><td colspan="3"></td><td colspan="2">评分员</td><td colspan="3"></td><td>考评员</td><td colspan="2"></td></tr>
<tr><td>说明</td><td colspan="12">1. 工件未加工完成，不予评分(登记0分)。
2. 实操过程中有事故苗头者或出现事故者(撞刀、撞机床、物品飞出、违反数控车工操作安全要求的现象)，立即取消学生实习资格，登记0分，待消除隐患后再决定是否让该学生继续实习。
3. 安全文明生产标准：工具、量具、夹具、刃具和卫生用具摆放整齐，机床卫生保养，礼节礼貌等。</td></tr>
</table>

2. 练习工件二，如图 5-2 所示

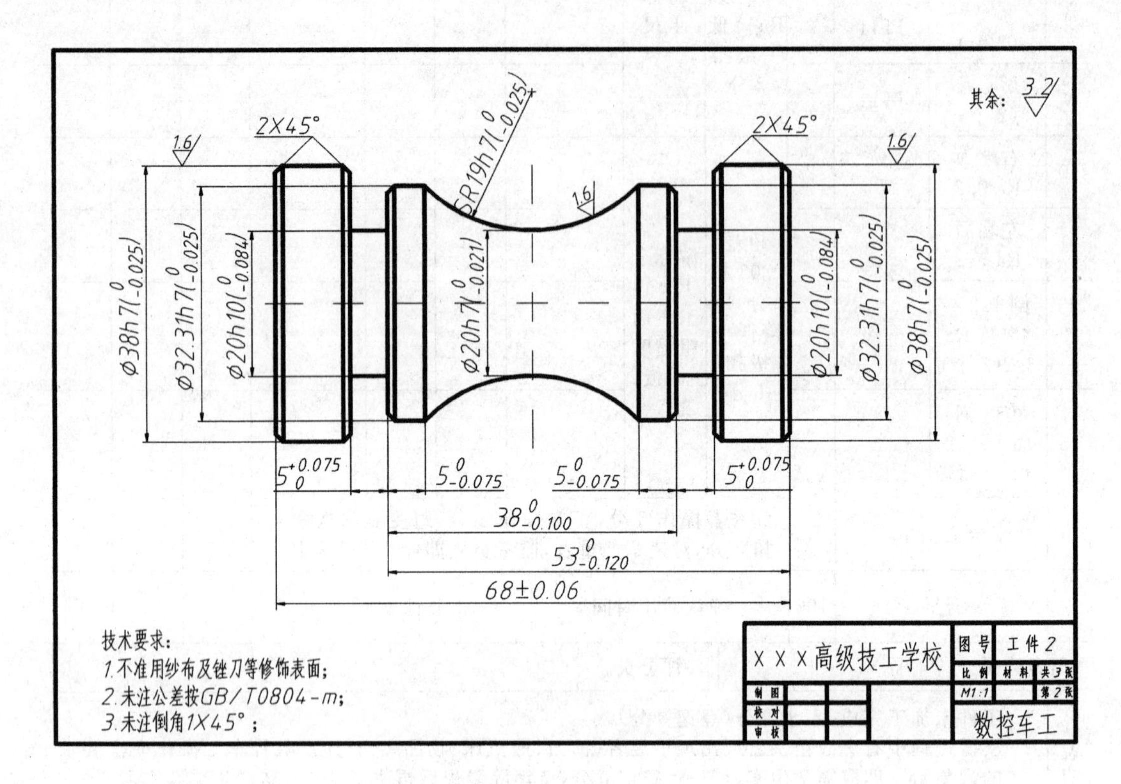

图 5-2　综合练习二

数控车工实操项目五工件二(图 5-2)评分表

第________号机床__________年______月____日星期________

时间定额	100 分钟	时间起点		时间终点		总分	

序号	尺寸和粗糙度	精度等级	配分	评分标准	量具	学生测量			老师测量			单项合计得分
						实测尺寸	得分	扣分	实测尺寸	得分	扣分	
1	Φ38h7 ($^{0}_{-0.025}$) Ra1.6 (2 个面)	IT7	16	尺寸超差 0.01 扣 4 分，Ra 降低一级扣 4 分（表面划伤不扣分）	0－25、25－50、外径千分尺、车工表面粗糙度样板							
2	Φ32.31h7 ($^{0}_{-0.025}$) Ra3.2 (2 个面)	IT7	16									
3	SR19h7 ($^{0}_{-0.025}$)	IT7	8									
4	Φ20 h7 ($^{0}_{-0.021}$) Ra1.6	IT7	8									
5	Φ20 h10 ($^{0}_{-0.084}$) Ra3.2 (2 个面)	IT10	16	尺寸超差 0.02 扣 4 分，Ra 降低一级扣 4 分								
6	68±0.06	IT10	4	尺寸超差 0.04 扣 2 分，Ra 降低一级扣 2 分	0.02 游标卡尺							
7	$53^{0}_{-0.120}$	IT10	4									
8	$38^{0}_{-0.100}$	IT10	4									
9	$5^{+0.075}_{0}$ (2 个)	IT11	8									
10	$5^{0}_{-0.075}$ (2 个)	IT11	8									

续表

11	右端面 Ra 3.2		2									
12	左端面 Ra 3.2		2									
13	倒角 2×45° 及 Ra3.2 (2 个)	GB/T 1804 —m	4	超差 0.05 扣 1 分,Ra 降低一 级扣 1 分	0.02 游 标卡尺、 车工表 面粗糙 度样板							
14	倒角 1×45° 及 Ra3.2 (4 个)											
15	槽的侧面 Ra3.2 (4 个面)		4									
16	安全文明生产		4	正常操作 4 分,每受到一次警告扣 2 分,对违章严重者,监考员立即停止考生考核								
17	合计		100	确认使用时间			分钟	实操时间加减分				
监考人员				评分员				考评员				
说明	1. 工件未加工完成,不予评分(登记 0 分)。 2. 实操过程中有事故苗头者或出现事故者(撞刀、撞机床、物品飞出、违反数控车工操作安全要求的现象),立即取消学生实习资格,登记 0 分,待消除隐患后再决定是否让该学生继续实习。 3. 安全文明生产标准:工具、量具、夹具、刃具和卫生用具摆放整齐,机床卫生保养,礼节礼貌等。											

3. 项目四装配图,如图 5-3 所示

数控车工实操项目五装配图(图 5-3)评分表

第________号机床__________年______月____日星期________

时间定额	20 分钟	时间起点				时间终点			总分			
序号	尺 寸	精度等级	配分	评分标准	量具	学生测量			老师测量			单项合计得分
						实测尺寸	得分	扣分	实测尺寸	得分	扣分	
1	29±0.042	IT10	10	每超差 0.05 扣 5 分。	游标卡尺、游标高度尺							
	68±0.06	IT10	5									
	67±0.06	IT10	10									
2	A 配合面间隙≤0.15		15	间隙每超差 0.05,扣 5 分	塞尺							
3	B 配合面间隙≤0.15		15									
4	C 配合面间隙≤0.15		15									
5	D 配合面间隙≤0.15		15									

续表

6	工件2能围绕着工件一的轴线自由转动		10	见说明2								
7	安全文明生产		4	优秀者操作5分，正常操作4分，每受到一次警告扣2分，对违章严重者，监考员立即停止考生考核								
8	合计		100	确认使用时间				分钟	实操时间加减分			
监考人员				评分员				考评员				

说明

1. 工件装配中，不能敲打、强拧，不能完整装配，不予评分(登记0分)。
2. 工件1和工件2配合后，工件2能围绕工件一的轴线自由转动，得全分，有轻微卡滞(1kg≤阻力)，扣3分，有一般阻力(1 kg<阻力≤5 kg)，扣6分，阻力很大但能转动，扣8分，不能转动扣20分。
3. 实操过程中有事故苗头者或出现事故者(撞刀、撞机床、物品飞出、违反数控车工操作安全要求的现象)，立即取消学生实习资格，登记0分，待消除隐患后再决定是否让该学生继续实习。
4. 安全文明生产标准：工具、量具、夹具、刃具和卫生用具摆放整齐，机床卫生保养，礼节礼貌等。

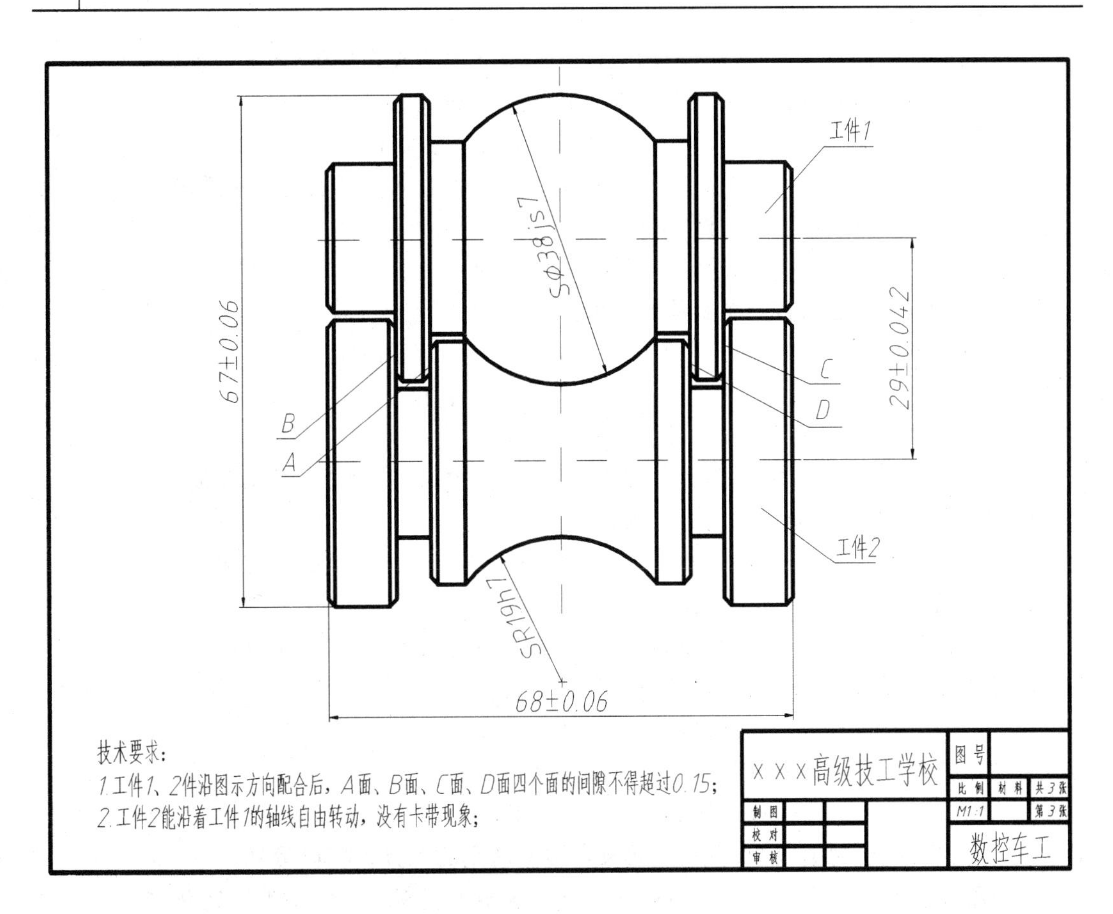

图5-3　综合练习三

四、引导问题(单项选择题,每题0.5分)

1. 职业道德的实质内容是(　　)。
   A. 树立新的世界观　B. 树立新的就业观念
   C. 增强竞争意识　D. 树立全新的社会主义劳动态度
2. 企业文化的整合功能指的是它在(　　)方面的作用。
   A. 批评与处罚　B. 凝聚人心　C. 增强竞争意识　D. 自律
3. 《公民道德建设实施纲要》提出,要充分发挥社会主义市场经济机制的积极作用,人们必须增强(　　)。
   A. 个人意识、协作意识、效率意识、物质利益意识、改革开放意识
   B. 个人意识、竞争意识、公平意识、每注法制意识、开拓创新意识
   C. 自立意识、竞争意识、效率意识、民主法制意识、开拓创新意识
   D. 自立意识、协作意识、公平意识、物质利益意识、改革开放意识
4. 遵守法律法规不要求(　　)。
   A. 延长劳动时间　B. 遵守操作程序C. 遵守安全操作规程　D. 遵守劳动纪律
5. 市场经济条件下,不符合爱岗敬业要求的是(　　)的观念。
   A. 树立职业理想　B. 强化职业责任
   C. 干一行爱一行　D. 以个人收入高低决定工作质量
6. 企业标准由(　　)制定的标准。
   A. 国家　B. 企业　C. 行业　D. 地方
7. 下列说法中,不符合语言规范具体要求的是(　　)。
   A. 语感自然　B. 用尊称,不用忌语
   C. 语速适中,不快不慢　D. 态度冷淡
8. (　　)能够增强企业内聚力。
   A. 竞争　B. 各尽其责　C. 个人主义　D. 团结互助
9. 金属抵抗永久变形和断裂的能力是钢的(　　)。
   A. 强度和塑性　B. 韧性　C. 硬度　D. 疲劳强度
10. 牌号为Q235—A.F中的A表示(　　)。
    A. 高级优质钢　B. 优质钢　C. 质量等级　D. 工具钢
11. 牌号为45号的钢的45表示含碳量为(　　)。
    A. 0.45%　B. 0.045%　C. 4.5%　D 45%
12. 下列不属于碳素工具钢的牌号为(　　)。
    A. T7　B. T8A　C. T8Mn　D Q235
13. (　　)主要用于制造低速、手动工具及常温下使用的工具、模具、量具。
    A. 硬质合金　B. 高速钢　C. 合金工具钢　D 碳素工具钢
14. (　　)其断口呈灰白相间的麻点状,性能不好,极少应用。
    A. 白口铸铁　B. 灰口铸铁　C. 球墨铸铁　D 麻口铸铁

15. 球墨铸铁 QT400—18 的组织是(　　)。

A. 铁素体　　B. 铁素体+珠光体

C. 珠光体　　D 马氏体

16. 铝合金按其成分和工艺特点不同可以分为变形铝合金和(　　)。

A. 不变形铝合金　B. 非变形铝合金 C. 焊接铝合金　D 铸造铝合金

17. 采用轮廓控制的数控机床是(　　)。

A. 数控钻床　B. 数控铣床　C. 数控注塑机床　D 数控平面床

18. 数控机床的基本结构不包括(　　)。

A. 数控装置　B. 程序介质　C. 伺服控制单元　D 机床本体

19. 数控装置中的电池的作用是(　　)。

A. 是给系统的 CPU 运算提供能量

B. 在系统断电时,用它储存的能量来保持 RAM 中的数据

C. 为检测元件提供能量

D. 在突然断电时,为数控机床提供能量,使机床能暂时运行几分钟,以便推出刀具

20. 液压系统的动力元件时(　　)。

A. 电动机　B. 液压泵　C. 液压缸　D 液压阀

21. 抗压能力很强,耐高温,摩擦系数低,用于外露重负荷设备上的润滑脂是(　　)。

A. 二硫化钼润滑脂　B. 钙基润滑脂　C. 锂基润滑脂　D 石墨润滑脂

22. 根据电动机工作电源的不同,可分为(　　)。

A. 直流电动机和交流电动机　　B. 单相电动机和三相电动机

C. 驱动用电动机和控制用电动机　　D 高速电动机和低速电动机

23. alarm 的意义是(　　)。

A. 警告　B. 插入　C. 替换　D 删除

24. 正火的目的之一是(　　)。

A. 粗化晶粒　B. 提高钢的密度 C. 提高钢的熔点　D 细化晶粒

25. 中碳结构钢制作的零件通常在(　　)进行高温回火,以获得适宜的强度与韧性的良好配合。

A. 200～300℃　B. 300～400℃　C. 500～600℃　D 150～250℃

26. 钢的淬火是将钢加热到(　　)以上某一温度,保温一段时间,使之全部或部分奥氏体化,然后以大于临界冷却速度的冷速快冷到 Ms 以下(或 Ms 附近等温)进行马氏体(或贝氏体)转变的热处理工艺。

A. 临界温度 Ac_3(亚共析钢)或 Ac_1(过共析钢)

B. 临界温度 Ac_1(亚共析钢)或 Ac_3(过共析钢)

C. 临界温度 Ac_2(亚共析钢)或 Ac_2(过共析钢)

D 亚共析钢和过共析钢都取临界值 Ac_3

27. 以下四种车刀的主偏角数值中,主偏角为(　　)时,它的刀尖强度和散热性最佳。

A. 45 度　B. 75 度　C. 90 度　D 95 度

28. 数控车床切削的主运动是(　　)。

A. 刀具纵向运动　　B. 刀具横向运动

C. 刀具纵向横向的复合运动　　D 主轴旋转运动

29. 使主运动能够继续切除工件多余的金属，以形成工作表面所需的运动，称为(　　)。

A. 进给运动　　B. 主运动　　C. 辅助运动　　D 切削运动

30. 对刀具寿命要求最高的是(　)。

A. 简单刀具　　B. 可转位刀具

C. 精加工刀具　　D 自动化加工所用的刀具

31. 刀具正常磨损中最常见的情况是(　　)磨损。

A. 前刀面　　B. 后刀面　　C. 前后刀面同时　D 刀尖

32. 硬质合金的"K"类材料刀具主要适用于车削(　　)。

A. 软钢　　B. 合金钢　　C. 碳钢　　D 铸铁

33. 硬质合金的特点是耐热性(　　)，切削效率高，但刀片强度、韧性不及工具钢、焊接刃磨工艺较差。

A. 好　　B. 差　　C. 一般　　D 不确定

34. 切削脆性金属材料时，(　　)容易产生在刀具前角较小、切削厚度较大的情况下。

A. 崩碎切削　　B. 节状切削　　C. 带状切削　　D 粒状切屑

35. 普通卧室车床下列部件中(　　)是数控车床所没有的。

A. 主轴箱　　B. 进给箱　　C. 尾座　　D 床身

36. 磨削加工中，增大砂轮粒度号，可使加工表面粗糙度数值(　　)。

A. 变大　　B. 变小　　C. 不变　　D 不一定

37. 普通车床加工中，进给箱中塔轮的作用是(　　)。

A. 改变传动比　　B. 增大扭矩　　C. 改变传动方向　D 旋转速度

38. 手锯在前推时才起切削作用，因此锯条安装时应使齿尖的方向(　　)。

A. 朝后　　B. 朝前　　C. 朝上　　D 无所谓

39. 决定长丝杠的转速是(　　)。

A. 溜板箱　　B. 进给箱　　C. 主轴箱　　D 挂轮箱

40. 金属切削过程中，切削用量中对振动影响最大的是(　　)。

A. 切削速度　　B. 吃刀深度　　C. 进给速度　　D 没有规律

41. 操作者熟练掌握使用设备技能，达到"四会"，即(　　)。

A. 会使用、会修理、会保养、会检查

B. 会使用、会保养、会检查、会排除故障

C. 会使用、会修理、会检查、会排除故障

D 会使用、会修理、会检查、会管理

42. 不属于岗位质量要求的内容是(　　)。

A. 操作规程　　B. 工艺规程　　C. 工序的质量指标D 日常行为准则

43. 在六个基本视图中(　　)宽相等。

A. 主、左、仰、右视图　　B. 俯、前、后、仰视图

C. 俯、左、右、仰试图　　D 主、左、右、后视图

44. 国标中对图样中除角度以外的尺寸的标注已统一以(　　)为单位。

A. 厘米　　B. 英寸　　C. 毫米　　D 米

45. 零件图上的比例表示法中,(　　)表示为放大比例。

A. 1∶2　　B. 1∶5　　C. 5∶1　　D 1∶1

46. 六个基本视图中,最常应用的是(　　)三个视图。

A. 主、右、仰　　B. 主、俯、左　　C. 主、左、后　　D 主、俯、后

47. 螺纹终止线用(　　)表示。

A. 细实线　　B. 粗实线　　C. 虚线　　D 点划线

48. 剖视图可分为全剖、局剖和(　　)。

A. 旋转　　B. 阶梯　　C. 斜剖　　D 半剖

49. 用来确定每道工序所加工表面加工后的尺寸,形状,位置的基准为(　　)。

A. 定位基准　　B. 工序基准　　C. 装配基准　　D 测量基准

50. 下列(　　)的工件不适用于在数控机床上加工。

A. 普通机床难加工　　B. 毛坯余量不稳定

C. 精度高　　D 形状复杂

51. 加工路线的确定首先必须保证(　　)和零件表面质量。

A. 零件的尺寸精度　　B. 数值计算简单

C. 走刀路线尽量短　　D 操作方便

52. 车削直径为 Φ100mm 的工件外圆,若主轴转速设定为 1000r/min 则切削速度 Vc 为(　　)m/min。

A. 100　　B. 157　　C. 200　　D 314

53.数控车床液压卡盘夹紧里的大小靠(　　)调整。

A. 变量泵　　B. 溢流阀　　C. 换向阀　　D 减压阀

54. 夹紧时,应保证工件的(　　)正确。

A. 定位　　B. 形状　　C. 几何精度　　D 位置

55. 装夹工件时应考虑(　　)。

A. 专用夹具　　B. 组合夹具　　C. 夹紧力靠近支撑点　　D 夹紧力不变

56. 若零件上多个表面均不需要加工,则应选择其中与加工表面间相互位置精度要求(　　)的作为粗基准。

A. 最低　　B. 最高　　C. 符合公差范围　　D 任意

57. 在下列内容中,不属于工艺基准的是(　　)。

A. 定位基准　　B. 测量基准　　C. 装配基准　　D 设计基准

58. 用心轴对有较长长度的孔进行定位时,可以限制工件的(　　)自由度。

A. 两个移动、两个转动　　B. 三个移动、一个转动

C. 两个移动、一个转动　　D 一个移动、两个转动

59. 工件的六个自由度全部被限制,它在夹具中只有唯一的位置,称为(　　)。

A. 六点部分定位　　B. 六点定位　　C. 重复定位　　D 六点欠定位

60. 重复定位能提高工件的(　　),但对工件的定位精度优影响,一般是不允许的。

A. 塑性　　B. 强度　　C. 刚性　　D 韧性

61. 下列定位方式中(　　)是生产中不允许使用的。

A. 完全定位　　B. 不完全　　C. 欠定位　　D 过定位

62. 目前工具厂制造的 45°、75°可转位车刀多采用(　　)刀片。

A. 正三边形　　B. 三边形　　C. 棱形　　D 四边形

63. 在同一程序段中,有关指令的使用方法,下列说法错误的选项是(　　)。

A. 同组 G 指令,全部有效　　B. 同组 G 指令,只有一个有效

C. 非同组 G 指令,全部有效　　D 两个以上 M 指令,只有一个有效

64. 程序段号的作用之一是(　　)。

A. 便于对指令进行校对、检索、修改　　B. 解释指令的含义

C. 确定坐标值　　D 确定刀具的补偿量

65. 刀具半径补偿功能为模态指令,数控系统初始状态是(　　)。

A. G41　　B. G42　　C. G40　　D 由操作者指定

66. G 代码表中的 00 组的 G 代码属于(　　)。

A. 非模态指令　　B. 模态指令　　C. 增量指令　　D 绝对指令

67. 进给功能用于指定(　　)。

A. 进刀深度　　B. 进给速度　　C. 进给转速　　D 进给方向

68. 下列(　　)指令表示撤销刀具偏置补偿。

A. T02D0　　B. T0211　　C. T0200　　D T0002

69. 绝对坐标编程时,移动指令终点的坐标值 X、Z 都是以(　　)为基准来计算。

A. 工件坐标系原点　　B. 机床坐标系原点

C. 机床参考点　　D 此程序段起点的坐标值

70. 当零件图尺寸为链联接(相对尺寸)标注时适宜用(　　)编程。

A. 绝对值编程　　B. 增量值编程

C. 两者混合　　D 先绝对值后相对值编程

71. 英制输入的指令是(　　)。

A. G91　　B. G21　　C. G20　　D G93

72. G00 指令与下列的(　　)指令不是同一组的。

A. G01　　B. G02　　C. G04　　D G03

73. 用圆弧插补(G02. G03)指令绝对编程时,X、Z 是圆弧(　　)坐标值。

A. 起点　　B. 直径　　C. 终点　　D 半径

74. 程序需暂停 5 秒时,下列正确的指令段是(　　)。

A. G04　P4000　　B. G04　P500　　C. G04　P50　　D. G04　P5

75. 指令 G28 X100 Z50 其中 X100 Z50 是指返回路线(　　)点坐标值。

A. 参考点　　B. 中间点　　C. 起始点　　D 换刀点

76. 使刀具轨迹在工件左侧沿编程轨迹移动的 G 代码为(　　)。

A. G40　　B. G41　　C. G42　　D G43

77. 建立工件坐标系时,在 G54 栏中输入 X、Z 的值是(　　)。

A. 刀具对刀点到工件原点的距离

B. 刀具对刀点在机床坐标系的坐标值

C. 工件原点相对机床原点的偏移量

D 刀具对刀点与机床参考点之间的距离

78. FANUC 数控车床系统中 G90 是(　　)指令。

A. 增量编程　　B. 圆柱或圆锥面车削循环

C. 螺纹车削循环　　D 端面车削循环

79. G92 X __ Z __ F __ ;指令中的"F __"的含义是(　　)。

A. 进给量　　B. 螺距　　C. 导程　　D 切削长度

80. G70 P　Q　指令格式中的"Q"的含义是(　　)。

A. 精加工路径的首段顺序号　　B. 精加工路径的末段顺序号

C. 进刀量　　D 退刀量

81. 程序段 G71 U1 R1 中的 U1 指的是(　　)。

A. 每次的切削深度(半径值)　　B. 每次的切削深度(直径值)

C. 精加工余量(半径值)　　D 精加工余量(直径值)

82. 使程序在运行过程中暂停的指令(　　)。

A. M00　　B. G18　　C. G19　　D G20

83. 主程序结束,程序返回至开始状态,其指令为(　　)。

A. M00　　B. M02　　C. M05　　D M30

84. 使主轴反转的指令是(　　)。

A. M90　　B. G01　　C. M04　　D G91

85. 在 FANUC 系统数控车床上用 G74 指令进行深孔钻削时,刀具反复进行钻削和退刀的动作,其目的是(　　)。

A. 排屑和散热　　B. 保证钻头刚度C. 减少震动　　D 缩短加工时间

86. 圆弧插补的过程中数控系统把轨迹拆分成若干微小(　　)。

A. 直线段　　B. 圆弧段　　C. 斜线段　　D 非圆曲线段

87. 插补过程可分为四个步骤:(　　)判别、坐标进给、偏差计算和终点判别

A. 关系　　B. 左手　　C. 偏差　　D 起点

88. 坐标进给是根据判别结果,使刀具向 Z 或 Y 向移动一(　　)。

A. 分米　　B. 米　　C. 步　　D 段

89. 工件坐标系的零点一般设在(　　)。

A. 机床零点　　B. 换刀点　　C. 工件的端面　　D 卡盘根

90. 由机床的挡块和行程开关决定的位置称为(　　)。

A. 机床参考点　　B. 机床坐标原点C. 机床换刀点　　D 编程原点

91. 在机床各坐标轴的终端设置有极限开关,由行程设置的极限称为(　　)。

A. 硬极限　　B. 软极限　　C. 安全行程　　D 极限行程

92. 由直线和圆弧组成的平面轮廓,编程时数值计算的主要任务是求各(　　)坐标。

A. 节点　　B. 基点　　C. 交点　　D 切点

93. 下列指令中属于固定循环指令代码的有(　　)。

A. G04　　B. G02　　C. G73　　D G28

94. 数控车(FANUC 系统)程序段 G74Z-80.0Q20.0F0.15;中,Z-80.0 的含义是(　　)。

A. 钻孔终点 Z 轴坐标　　B. 退刀距离

C. 每次走刀长度　　D 钻孔终点 Z 轴坐标,退刀距离,每次走刀程

度均错

95. 数控车床中的 G41/G42 是对( )进行补偿。

A. 刀具的几何长度　　B. 刀具的刀尖圆弧半径

C. 刀具的半径　　D 刀具的角度

96. 前置刀架数控车床上用正手车刀车削外圆，刀尖半径补偿方位号应该是( )。

A. 1　　B. 2　　C. 3　　D 4

97. 采用 G50 设定坐标系之后，数控车床在运行程序时( )回参考点。

A. 用　　B. 不用

C. 可以用也可以不用　　D 取决于机床制造厂的产品设计

98. G98/G99 指令为( )指令。

A. 模态　　B. 非模态

C. 主轴　　D 指定编程方式的指令

99. 用磁带作为文件存储介质时，文件只能组织成( )。

A. 顺序文件　　B. 链接文件　　C. 索引文件　　D 目录文件

100. 在 CAD 命令输入方式中以下不可采用额方式有( )。

A. 点取命令图标　　B. 在菜单栏中点取命令

C. 用键盘直接输入　　D 利用数字键输入

项目六　偏心轴、孔加工练习

一、任务与操作技术要求

经过前面的数控车工一体化练习，对于一般工件的数控车床编程加工工艺等有了一个清晰地了解，但是，在车床的加工中还会遇到一些新的几何体加工，例如偏心轴或偏心孔工件的加工。

偏心轴和偏心孔的车工加工，在编程方面与以前所学过的编程方法一样，但是在装夹工件中有新的工艺方法。经过本项目的学习，将初步掌握偏心轴和偏心孔类工件的编程注意事项和装夹工艺方法。

二、信息文

如图 6-1 所示，用三爪卡盘装夹工件毛坯后，工件的回转半径数值变大了，变大的数值是偏心距的一倍，另外因为在一个卡爪上附加了一个附加垫块，工件的装夹也没有不装附加垫块的棒料稳固，这就要提醒在进行加工时，时刻注意安全。

因为偏心轴或偏心孔在回转的过程中，在偏心距的影响下，工件上的物质分配不是对称的，所以在回转过程中会出现摆动，导致动不平衡。这就要求在编制工艺时，注意车床主轴的转速不能太高，进刀时注意安全定位距离，避免发生撞击。

开始操作前，应仔细想想数控车工的安全注意事项。

三、基础文

(一)使用三爪卡盘装夹偏心轴方法

(1)附加垫片厚度的计算方法：如图 6-1 所示，是用三抓自定心卡盘装夹偏心轴类(偏心轴或偏心孔)工件的情况，为了保证偏心距 e，需要在卡盘夹持处垫上附加垫块。

①附加垫块的厚度 t 计算方法一。公式如下：

$$t=\frac{1}{2}(3e+\sqrt{d^2-3e^2}-d$$

其中：t：卡爪上附加垫块的厚度尺寸，单位 mm。

d：三抓自定心卡盘夹住的工件部位直径，单位 mm。

e:零件图上的偏心距,单位 mm。

上述参数的单位精度均保持为 0.001。

附加垫铁的尺寸极限偏差与工件的偏心距 e 相同。

②附加垫块的厚度 t 计算方法二:

公式如下:$t=1.5e\pm K$

$$K\approx1.5\Delta e$$

其中:t:卡爪上附加垫块的厚度尺寸,单位 mm。

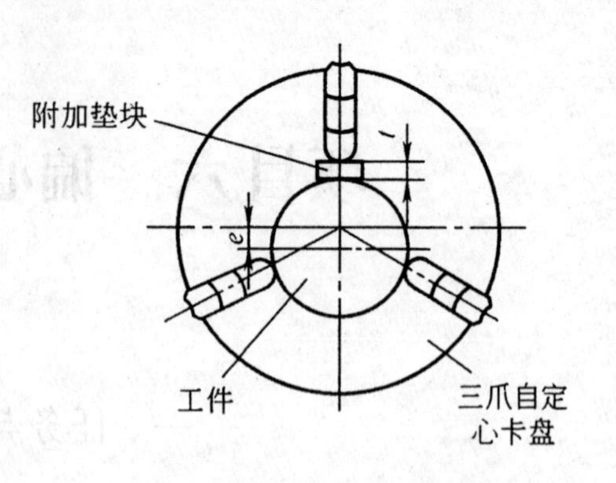

图 6-1　三爪卡盘装夹偏心轴

e:零件图上的偏心距,单位 mm。

K:偏心距修正值。

Δe:试切后,实测偏心距误差,单位 mm,即:Δe=实测偏心距－偏心距。

例如:用三抓自定心卡盘加垫片方法车削偏心距 $e=4$mm,三抓自定心卡盘夹住的工件部位直径 Φ50 的偏心工件,试计算垫片厚度。

解:已知:毛坯直径 $d=\Phi50$,偏心距 e=4mm,分别采用两种方法计算。

附加垫块的厚度 t 计算方法一:

$$t=\frac{1}{2}(3e+\sqrt{d^2-3e^2}-d)=\frac{1}{2}(3\times4+\sqrt{50^2-3\times4^2}-50)=5.759(\text{mm})$$

则:偏心距垫片厚度应为 5.759mm。

附加垫块的厚度 t 计算方法二:

初步计算垫片厚度:$t=1.5e=1.5\times4=6$(mm)。

垫入 6mm 厚的垫片进行试切削,然后检测其实际偏心距为 4.160mm。那么其偏心距误为:$\Delta e=4.160-4=0.160$(mm)

$$K\approx1.5\Delta e=1.5\times0.160=0.240(\text{mm})$$

由于实测偏心距比工件要求的大,则垫片厚度的正确值为:

$$T=1.5e\pm K=1.5\times4-0.240=5.760(\text{mm})$$

则:实际偏心距应为 5.760mm。

方法一和方法二相差很小,但是方法二计算数值准确的关键前提是测量要准确。

(2)使用三爪卡盘车削偏心轴注意事项。

①应选用硬度比较高的材料做垫块,以防止在装夹时发生挤压变形。

②垫块与卡爪接触的一面应做成与卡爪相同的圆弧面,否则,接触面将会产生间隙,造成偏心距误差。

③装夹时,工件轴线不能歪斜,否则,会影响加工精度。

④对精度要求较高的工件,必须在首件加工时进行试车削检验,将垫块调整合适后才可以正式车削。

(二)练习工件及评分表如图表所示

(1)练习工件一:偏心孔【毛坯 Φ55×Φ25(内孔)×40】如图 6-2 所示。

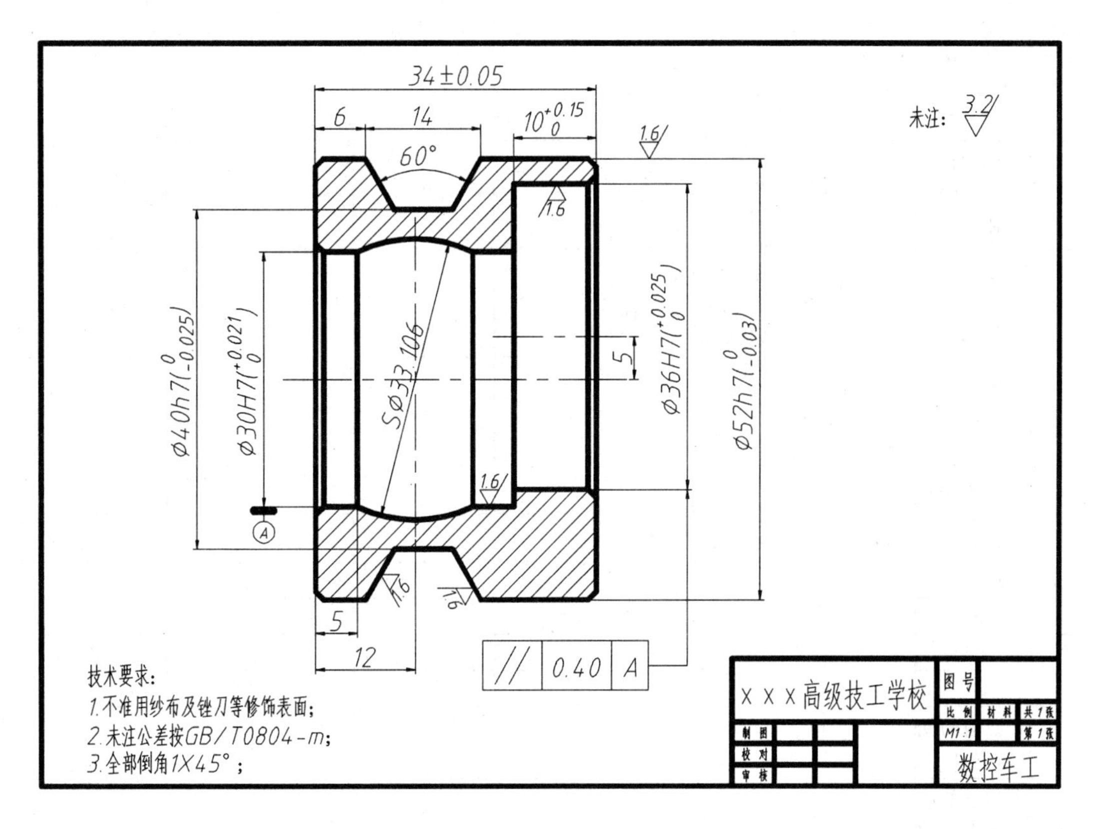

图 6-2 偏心工件加工练习一

数控车工实操项目六工件一(图 6-2)评分表

第________号机床__________年______月____日星期________

时间定额	100 分钟	时间起点		时间终点		总分	

序号	尺寸和粗糙度	精度等级	配分	评分标准	量具	学生测量			老师测量			单项合计得分
						实测尺寸	得分	扣分	实测尺寸	得分	扣分	
1	Φ52h7 ($^{0}_{-0.030}$) Ra1.6	IT7	10	尺寸超差 0.01 扣 2 分，Ra 降低一级扣 4 分（表面划伤不扣分）	千分尺、车工表面粗糙度样板							
2	Φ36H7 ($^{+0.025}_{0}$) Ra1.6	IT7	10									
3	Φ30H7 ($^{+0.021}_{0}$) Ra3.2	IT7	10									
4	Φ40 h7 ($^{0}_{-0.025}$) Ra3.2	IT7	10									
5	34±0.05	IT10	6	尺寸超差 0.02 扣 2 分								
6	10+0.150	IT12	4									
7	偏心距 5	GB/T 1804 －m	6	尺寸超差 0.02 扣 2 分，Ra 降低一级扣 2 分，角度超差 1° 扣 2 分。	0.02 游标卡尺、角度尺或角度样板、高度游标卡尺、测量芯棒							
8	6		2									
9	14		2									
10	60°		4									
11	V 型槽的侧面 Ra1.6		8									
12	V 型槽的底面面 Ra3.2		2									
13	SΦ33.106 Ra3.2		5									
14	5		4									
15	12		2									
16	倒角 1×45°及 Ra3.2(4 个)		2									
17	Φ36 孔内端面 Ra3.2		2									
18	右侧端面 Ra3.2		2									
19	左侧端面 Ra3.2		2									

续表

<table>
<tr><td>20</td><td colspan="2">安全文明生产</td><td>5</td><td colspan="6">正常操作 4 分，每受到一次警告扣 2 分，对违章严重者，监考员立即停止考生考核</td><td></td><td></td><td></td></tr>
<tr><td>21</td><td colspan="2">合计</td><td>100</td><td colspan="3">确认使用时间</td><td></td><td>分钟</td><td>实操时间
加减分</td><td></td><td></td><td></td></tr>
<tr><td colspan="2">监考人员</td><td colspan="3"></td><td>评分员</td><td colspan="3"></td><td>考评员</td><td colspan="3"></td></tr>
<tr><td>说明</td><td colspan="12">1. 工件未加工完成，不予评分(登记 0 分)。
2. 实操过程中有事故苗头者或出现事故者(撞刀、撞机床、物品飞出、违反数控车工操作安全要求的现象)，立即取消学生实习资格，登记 0 分，待消除隐患后再决定是否让该学生继续实习。
3. 安全文明生产标准：工具、量具、夹具、刃具和卫生用具摆放整齐，机床卫生保养，礼节礼貌等。</td></tr>
</table>

(2)练习工件二：曲轴【毛坯 Φ55×100】如图 6-3 所示。

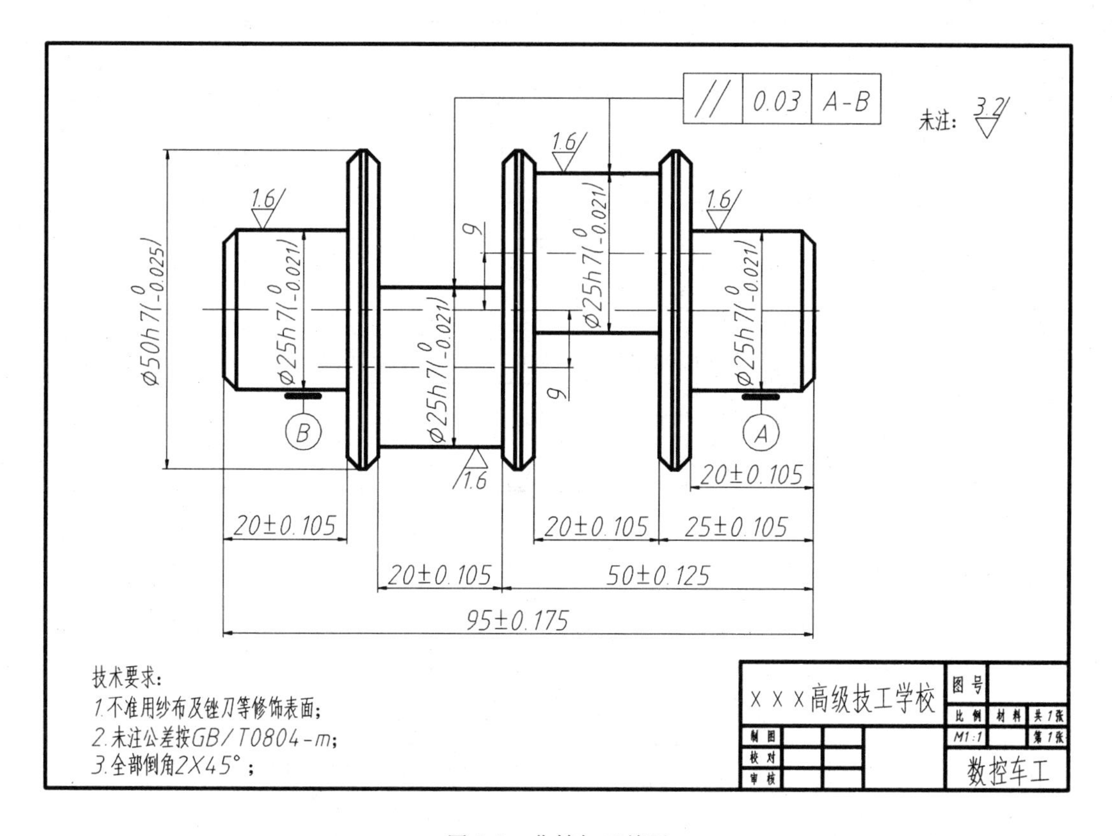

图 6-3 曲轴加工练习

数控车工实操项目六工件二(图 6-3)评分表

第______号机床______年____月____日星期______

时间定额	120 分钟	时间起点		时间终点		总分	

序号	尺寸和粗糙度	精度等级	配分	评分标准	量具	学生测量			老师测量			单项合计得分
						实测尺寸	得分	扣分	实测尺寸	得分	扣分	
1	Φ50h7 ($^{0}_{-0.025}$) Ra3.2 (3 个)	IT7	18	尺寸超差 0.01 扣 2 分，Ra 降低一级扣 4 分	千分尺、车工表面粗糙度样板							
2	Φ25h7 ($^{0}_{-0.021}$) Ra1.6 (4 个面)	IT7	24									
3	95±0.175	IT12	4	尺寸超差 0.05 扣 2 分	0.02 游标卡尺、车工表面粗糙度样板等							
4	50±0.125	IT12	4									
5	20±0.105 (4 个)	IT12	16									
6	25±0.105	IT12	2									
7	偏心距 9	GB/T 1804 —m	6	尺寸超差 0.02 扣 2 分，Ra 降低一级扣 2 分，角度超差 1° 扣 2 分。								
8	右侧端面 Ra3.2		2									
9	左侧端面 Ra3.2		2									
10	曲拐端面 Ra3.2 (6 个)		6									
11	平行度 0.03		4									
12	倒角 2×45° 及 Ra3.2 (8 个)		8									
20	安全文明生产		4	正常操作 4 分，每受到一次警告扣 2 分，对违章严重者，监考员立即停止考生考核								
21	合计		100	确认使用时间			分钟		实操时间加减分			

监考人员		评分员		考评员	

说明

1. 工件未加工完成，不予评分(登记 0 分)。
2. 实操过程中有事故苗头者或出现事故者(撞刀、撞机床、物品飞出、违反数控车工操作安全要求的现象)，立即取消学生实习资格，登记 0 分，待消除隐患后再决定是否让该学生继续实习。
3. 安全文明生产标准：工具、量具、夹具、刃具和卫生用具摆放整齐，机床卫生保养，礼节礼貌等。

四、引导问题

(一)判断题(第1～20题。将判断结果填入括号中,正确的填"√",错误的填"×"。每题1分,满分20分)

(　　)1. YT类硬质合金中含钴量愈多,刀片硬度愈高,耐热性越好,但脆性越大。

(　　)2. 主偏角增大,刀具刀尖部分强度与散热条件变差。

(　　)3. 对于没有刀具半径补偿功能的数控系统,编程时不需要计算刀具中心的运动轨迹,可按零件轮廓编程。

(　　)4. 一般情况下,在使用砂轮等旋转类设备时,操作者必须戴手套。

(　　)5. 数控车床具有运动传动链短,运动副的耐磨性好,摩擦损失小,润滑条件好,总体结构刚性好,抗震性好等结构特点。

(　　)6. 退火的目的是改善钢的组织,提高其强度,改善切削加工性能。

(　　)7. 平行度、对称度同属于位置公差。

(　　)8. 在金属切削过程中,高速度加工塑性材料时易产生积屑瘤,它将对切削过程带来一定的影响。

(　　)9. 外圆车刀装得低于工件中心时,车刀的工作前角减小,工作后角增大。

(　　)10. 加工偏心工件时,应保证偏心的中心与机床主轴的回转中心重合。

(　　)11. 全闭环数控机床的检测装置,通常安装在伺服电机上。

(　　)12. 只有当工件的六个自由度全部被限制,才能保证加工精度。

(　　)13. 在编写圆弧插补程序时,若用半径R指定圆心位置,不能描述整圆。

(　　)14. 低碳钢的含碳量为≤0.025%。

(　　)15. 数控车床适宜加工轮廓形状特别复杂或难于控制尺寸的回转体零件、箱体类零件、精度要求高的回转体类零件、特殊的螺旋类零件等。

(　　)16. 可以完成几何造型(建模);刀位轨迹计算及生成;后置处理;程序输出功能的编程方法,被称为图形交互式自动编程。

(　　)17. 液压传动中,动力元件是液压缸,执行元件是液压泵,控制元件是油箱。

(　　)18. 恒线速控制的原理是当工件的直径越大,进给速度越慢。

(　　)19. 数控机床的伺服系统由伺服驱动和伺服执行两个部分组成。

(　　)20. CIMS是指计算机集成制造系统,FMS是指柔性制造系统。

(二)选择题(第21～60题。选择正确的答案,将相应的字母填入题内的括号中。每题1分,满分40分)

21. 在切削平面内测量的车刀角度有(　　)。

　　A. 前角　　B. 后角　　C. 楔角　　D. 刃倾角

22. 车削加工时的切削力可分解为主切削力Fz、切深抗力Fy和进给抗力Fx,其中消耗功率最大的力是(　　)。

　　A. 进给抗力Fx　　B. 切深抗力Fy　　C. 主切削力Fz　　D. 不确定

23. 切断刀主切削刃太宽,切削时容易产生(　　)。

A. 弯曲　　B. 扭转　　C. 刀痕　　D. 振动

24. 判断数控车床(只有X、Z轴)圆弧插补的顺逆时,观察者沿圆弧所在平面的垂直坐标轴(Y轴)的负方向看去,顺时针方向为G02,逆时针方向为G03。通常,圆弧的顺逆方向判别与车床刀架位置有关,如图1所示,正确的说法如下(　　)。

A. 图1a表示刀架在机床内侧时的情况

B. 图1b表示刀架在机床外侧时的情况

C. 图1b表示刀架在机床内侧时的情况

D. 以上说法均不正确

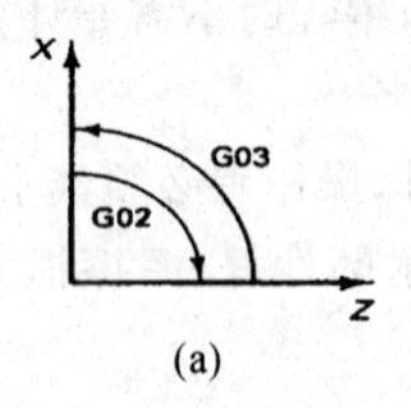

(a)

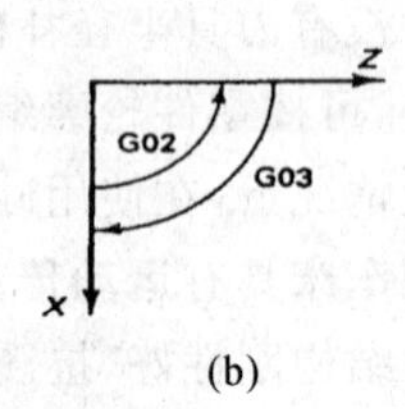

(b)

图1　圆弧的顺逆方向与刀架位置的关系

25. 车床数控系统中,用那一组指令进行恒线速控制(　　)。

A. G0　S_　　B. G96　S_　　C. G01　F　　D. G98　S_

26. 车削用量的选择原则是:粗车时,一般(　　),最后确定一个合适的切削速度v。

A. 应首先选择尽可能大的吃刀量 a_p,其次选择较大的进给量 f

B. 应首先选择尽可能小的吃刀量 a_p,其次选择较大的进给量 f

C. 应首先选择尽可能大的吃刀量 a_p,其次选择较小的进给量 f

D. 应首先选择尽可能小的吃刀量 a_p,其次选择较小的进给量 f

27. 程序校验与首件试切的作用是(　　)。

A. 检查机床是否正常

B. 提高加工质量

C. 检验程序是否正确及零件的加工精度是否满足图纸要求

D. 检验参数是否正确

28. 在数控加工中,刀具补偿功能除对刀具半径进行补偿外,在用同一把刀进行粗、精加工时,还可进行加工余量的补偿,设刀具半径为 r,精加工时半径方向余量为 Δ,则最后一次粗加工走刀的半径补偿量为(　　)。

A. r　　B. Δ　　C. $r+\Delta$　　D. $2r+\Delta$

29. 工件在小锥度芯轴上定位,可限制(　　)个自由度。

A. 三　　B. 四　　C. 五　　D. 六

30. 麻花钻有2条主切削刃、2条副切削刃和(　　)横刃。

A. 2条　　B. 1条　　C. 3条　　D. 没有横刃

31. 机械效率值永远是(　　)。

A. 大于1　　B. 小于1　　C. 等于1　　D. 负数

32. 夹紧力的方向应尽量垂直于主要定位基准面,同时应尽量与(　　)方向一致。

A. 退刀　　B. 振动　　C. 换刀　　D. 切削

33. 数控机床切削精度检验(　　),对机床几何精度和定位精度的一项综合检验。
　A. 又称静态精度检验,是在切削加工条件下
　B. 又称动态精度检验,是在空载条件下
　C. 又称动态精度检验,是在切削加工条件下
　D. 又称静态精度检验,是在空载条件下
34. 采用基孔制,用于相对运动的各种间隙配合时轴的基本偏差应在(　　)之间选择。
　A. s～u　　B. a～g　　C. h～n　　D. a～u
35.《公民道德建设实施纲要》提出“在全社会大力倡导(　　)的基本道德规范”。
　A. 遵纪守法、诚实守信、团结友善、勤俭自强、敬业奉献
　B. 爱国守法、诚实守信、团结友善、勤俭自强、敬业奉献
　C. 遵纪守法、明礼诚信、团结友善、勤俭自强、敬业奉献
　D. 爱国守法、明礼诚信、团结友善、勤俭自强、敬业奉献
36. 夹具的制造误差通常应是工件在该工序中允许误差的(　　)。
　A. 1～3 倍　　B. 1/3～1/5　　C. 1/10～1/100　　D. 等同值
37. 数控系统的报警大体可以分为操作报警、程序错误报警、驱动报警及系统错误报警,某个程序在运行过程中出现“圆弧端点错误”,这属于(　　)。
　A. 程序错误报警　　B. 操作报警　　C. 驱动报警　　D. 系统错误报警
38. 切削脆性金属材料时,在刀具前角较小、切削厚度较大的情况下,容易产生(　　)。
　A. 带状切屑　　B. 节状切屑　　C. 崩碎切屑　　D. 粒状切屑
39. 脉冲当量是数控机床数控轴的位移量最小设定单位,脉冲当量的取值越小,插补精度(　　)。
　A. 越高　　B. 越低　　C. 与其无关　　D. 不受影响
40. 尺寸链按功能分为设计尺寸链和(　　)。
　A. 封闭尺寸链　　B. 装配尺寸链　　C. 零件尺寸链　　D. 工艺尺寸链
41. 测量与反馈装置的作用是为了(　　)。
　A. 提高机床的安全性　　B. 提高机床的使用寿命
　C. 提高机床的定位精度、加工精度　　D. 提高机床的灵活性
42. 砂轮的硬度取决于(　　)。
　A. 磨粒的硬度　　B. 结合剂的粘接强度 磨粒粒度　　D. 磨粒率
43. 只读存储器只允许用户读取信息,不允许用户写入信息。对一些常需读取且不希望改动的信息或程序,就可存储在只读存储器中,只读存储器英语缩写:(　　)。
　A. CRT　　B. PIO　　C. ROM　　D. RAM
44. 精基准是用(　　)作为定位基准面。
　A. 未加工表面　　B. 复杂表面　　C. 切削量小的　　D. 加工后的表面
45. 在现代数控系统中系统都有子程序功能,并且子程序(　　)嵌套。
　A. 只能有一层　　B. 可以有限层　　C. 可以无限层　　D. 不能
46. 在数控生产技术管理中,除对操作、刀具、维修人员的管理外,还应加强对(　　)的管理。
　A. 编程人员　　B. 职能部门　　C. 采购人员　　D. 后勤人员

47. 加工精度高、(　　)、自动化程度高,劳动强度低、生产效率高等是数控机床加工的特点。

A. 加工轮廓简单、生产批量又特别大的零件

B. 对加工对象的适应性强

C. 装夹困难或必须依靠人工找正、定位才能保证其加工精度的单件零件

D. 适于加工余量特别大、材质及余量都不均匀的坯件

48. 机械零件的真实大小是以图样上的(　　)为依据。

A. 比例　B. 公差范围　C. 技术要求　D. 尺寸数值

49. 数控车床能进行螺纹加工,其主轴上一定安装了(　　)。

A. 测速发电机　B. 脉冲编码器　C. 温度控制器　D. 光电管

50. 采用固定循环编程,可以(　　)。

A. 加快切削速度,提高加工质量

B. 缩短程序的长度,减少程序所占内存

C. 减少换刀次数,提高切削速度

D. 减少吃刀深度,保证加工质量

51. 按数控系统的控制方式分类,数控机床分为:开环控制数控机床、(　　)、闭环控制数控机床。

A. 点位控制数控机床　B. 点位直线控制数控机床

C. 半闭环控制数控机床　D. 轮廓控制数控机床

52. 影响数控车床加工精度的因素很多,要提高加工工件的质量,有很多措施,但(　　)不能提高加工精度。

A. 将绝对编程改变为增量编程　B. 正确选择车刀类型

C. 控制刀尖中心高误差　D. 减小刀尖圆弧半径对加工的影响

53. 梯形螺纹测量一般是用三针测量法测量螺纹的(　　)。

A. 大径　B. 小径　C. 底径　D. 中径

54. 退火、正火一般安排在(　　)之后。

A. 毛坯制造　B. 粗加工　C. 半精加工　D. 精加工

55. 数控系统中,(　　)指令在加工过程中是模态的。

A. G01、F　B. G27、G28　C. G04　D. M02

56. 蜗杆传动的承载能力(　　)。

A. 较低　B. 较高　C. 与传动形式无关　D. 上述结果均不正确

57. 为了保障人身安全,在正常情况下,电气设备的安全电压规定为(　　)。

A. 42V　B. 36V　C. 24V　D. 12V

58. 允许间隙或过盈的变动量称为(　　)。

A. 最大间隙　B. 最大过盈　C. 配合公差　D. 变动误差

59. 数控编程时,应首先设定(　　)。

A. 机床原点　B. 固定参考点　C. 机床坐标系　D. 工件坐标系

60. 分析切削层变形规律时,通常把切削刃作用部位的金属划分为(　　)变形区。

A. 二个　B. 四个　C. 三个　D. 五个

（三）简答题（第61～65题，每小题4分，满分20分）

61. 什么叫刀具前角？它的作用是什么？

62. 刀具半径补偿的作用是什么？使用刀具半径补偿有哪几步？在什么移动指令下才能建立和取消刀具半径补偿功能？

63. 数控机床对进给系统有哪些要求？

64. 车偏心工件时，应注意哪些问题？

65. 有一套筒如图所示，以端面A定位加工缺口时，计算尺寸A3及其公差。

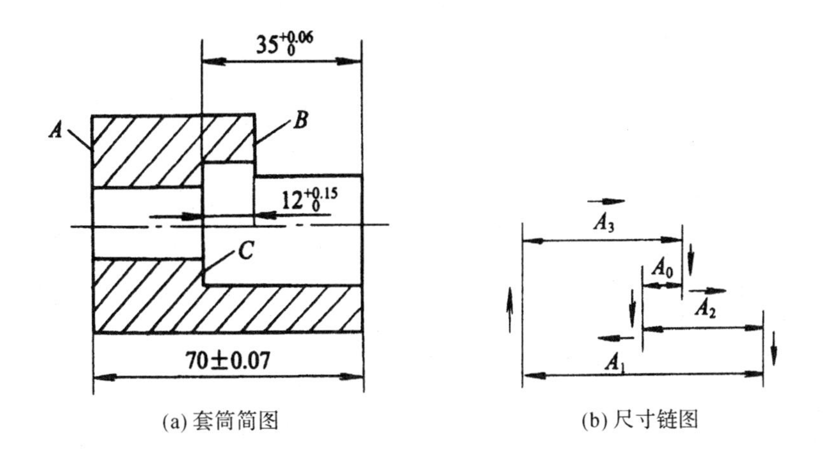

(a) 套筒简图　　(b) 尺寸链图

（四）编程题（满分20分）

66. 用数控车床加工如图所示零件，材料为45号钢调质处理，毛坯的直径为Φ60mm，长度为200mm。按要求完成零件的加工程序编制。

要求：粗加工程序使用固定循环指令。

对所选用的刀具规格、切削用量等作简要工艺说明。加工程序单要字迹工整（页面不够，可附另页）。

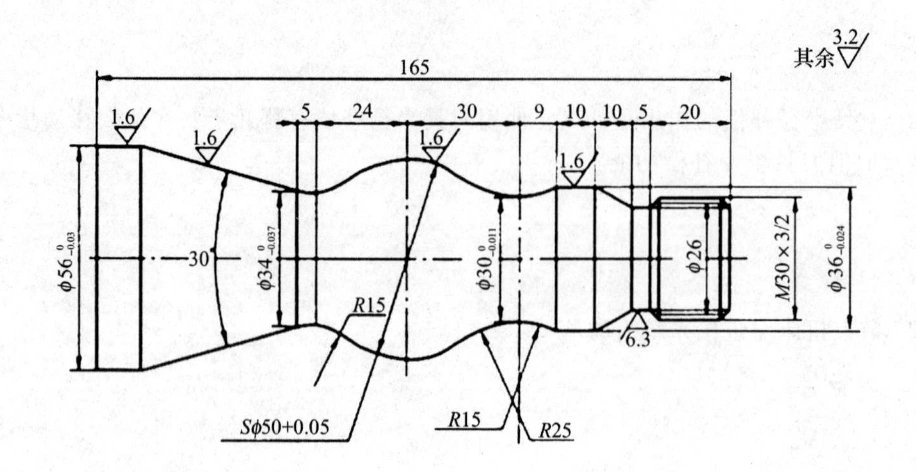

附加练习题一

选择题：（以下四个备选答案中其中一个为正确答案，请将其代号填入括号内，回答正确地得一分，回答错误的不得分。）

1. 图样中螺纹的底径线用(　　　)绘制。
   A. 粗实线　B. 细点划线　C. 细实线　D. 虚线
2. 装配图的读图方法，首先看(　　　)，了解部件的名称。
   A. 零件图　B. 明细表　C. 标题栏　D. 技术文件
3. 公差代号 H7 的孔和代号(　　　)的轴组成过渡配合。
   A. f6　B. g6　C. m6　D. u6
4. 尺寸 Ø48F6 中，“6”代表(　　　)。
   A. 尺寸公差带代号　B. 公差等级代号
   C. 基本偏差代号　D. 配合代号
5. 牌号为 45 的钢的含碳量为百分之(　　　)。
   A. 45　B. 4.5　C. 0.45　D. 0.045
6. 轴类零件的调质处理热处理工序应安排在(　　　)。
   A. 粗加工前　B. 粗加工后，精加工前　C. 精加工后　D. 渗碳后
7. 下列钢号中，(　　　)钢的综合力学性能最好。
   A. 45　B. T10　C. 20　D. 08
8. 常温下刀具材料的硬度应在(　　　)以上。
   A. HRC60　B. HRC50　C. HRC80　D. HRC100
9. 三星齿轮的作用是(　　　)。
   A. 改变传动比　B. 提高传动精度　C. 齿轮间联接　D. 改变丝杠转向
10. 一对相互啮合的齿轮，其模数、(　　　)必须相等才能正常传动。
    A. 齿数比　B. 齿形角　C. 分度圆直径　D. 齿数
11. 数控车床中，目前数控装置的脉冲当量，一般为(　　　)。
    A. 0.01　B. 0.001　C. 0.0001　D. 0.1
12. MC 是指(　　　)的缩写。
    A. 自动化工厂　B. 计算机数控系统
    C. 柔性制造系统　D. 数控加工中心
13. 工艺基准除了测量基准、装配基准以外，还包括(　　　)。
    A. 定位基准　B. 粗基准　C. 精基准　D. 设计基准
14. 零件加工时选择的定位粗基准可以使用(　　　)。
    A. 一次　B. 二次　C. 三次　D. 四次及以上

15. 工艺系统的组成部分不包括(　　)。

A. 机床　　B. 夹具　　C. 量具　　D. 刀具

16. 车床上的卡盘、中心架等属于(　　)夹具。

A. 通用　　B. 专用　　C. 组合　　D. 标准

17. 工件的定位精度主要靠(　　)来保证。

A. 定位元件　　B. 辅助元件　　C. 夹紧元件　　D. 其他元件

18. 切削用量中(　　)对刀具磨损的影响最大。

A. 切削速度　　B. 进给量　　C. 进给速度　　D. 背吃刀量

19. 刀具上切屑流过的表面称为(　　)。

A. 前刀面　　B. 后刀面　　C. 副后刀面　　D. 侧面

20. 为了减少径向力,车细长轴时,车刀主偏角应取(　　)。

A. 30°～45°　　B. 50°～60°　　C. 80°～90°　　(D)15°～20°

21. 既可车外圆又可车端面和倒角的车刀,其主偏角应采用(　　)。

A. 30°　　B. 45°　　C. 60°　　D. 90°

22. 标准麻花钻的顶角 φ 的大小为(　　)。

A. 90°　　B. 100°　　C. 118°　　D. 120°

23. 车削右旋螺纹时主轴正转,车刀由右向左进给,车削左旋螺纹时应该使主轴(　　)进给。

A. 倒转,车刀由右向左　　B. 倒转,车刀由左向右

C. 正转,车刀由左向右　　D. 正转,车刀由右向左

24. 螺纹加工中加工精度主要由机床精度保证的几何参数为(　　)。

A. 大径　　B. 中径　　C. 小径　　D. 导程

25. 数控机床有不同的运动方式,需要考虑工件与刀具相对运动关系及坐标方向,采用(　　)的原则编写程序。

A. 刀具不动,工件移动

B. 工件固定不动,刀具移动

C. 根据实际情况而定

D. 铣削加工时刀具固定不动,工件移动;车削加工时刀具移动,工件不动

26. 数控机床面板上 JOG 是指(　　)。

A. 快进　　B. 点动　　C. 自动　　D. 暂停

27. 数控车床的开机操作步骤应该是(　　)。

A. 开电源,开急停开关,开 CNC 系统电源

B. 开电源,开 CNC 系统电源,开急停开关

C. 开 CNC 系统电源,开电源,开急停开关

D. 都不对

28. 以下(　　)指令,在使用时应按下面板“暂停”开关,才能实现程序暂停。

A. M01　　B. M00　　C. M02　　D. M06

29. 机床照明灯应选(　　)V 供电。

A. 220　　B. 110　　C. 36　　D. 80

30. 图样中所标注的尺寸，为机件的(　　)完工尺寸。

A. 第一道工序　　B. 第二道工序　　C. 最后一道工序　　D. 中间检查工序

31. 公差为 0.01 的 Φ10 轴与公差为 0.01 的 Φ100 轴相比加工精度(　　)。

A. Ø10 高　　B. Ø100 高　　C. 差不多　　D. 无法判断

32. 如图所示，尺寸 $\Phi20^{0}_{-0.021}$ 的公差等于(　　)。

A. 0.021　　B. −0.021　　C. 0　　D. 19.979

33. 含碳量小于(　　)钢称为低碳钢。

A. 0.25%　　B. 0.15%　　C. 0.6%　　D. 2.11%

34. 调质处理是指(　　)和高温回火相结合的一种工艺。

A. 完全退火　　B. 去应力退火　　C. 正火　　D. 淬火

35. 以下材料中，耐磨性最好的是(　　)。

A. 纯铜　　B. 铸铁　　C. 中碳钢　　D. 高碳钢

36. 加大前角能使车刀锋利、减少切屑变形、减轻切屑与前刀面的摩擦，从而(　　)切削力。

A. 降低　　B. 减少　　C. 增大　　D. 升高

37. 为了减少刀具磨损，刀具前角应(　　)。

A. 小些　　B. 较小些　　C. 大些　　D. 较大些

38. 刀具角度中对断屑影响较大的是(　　)。

A. 前角　　B. 后角　　C. 主偏角　　D. 副偏角

39. 以下不属于啮合传动的是(　　)。

A. 链传动　　B. 带传动　　C. 齿轮传动　　D. 螺旋传动

40. 液压系统的工作压力取决于(　　)。

A. 泵的额定压力　　B. 泵的流量　　C. 压力表　　D. 外负载

41. 滚珠丝杠螺母副中负载滚珠总圈数一般为(　　)。

(A)小于 2 圈　　B. 2～4 圈　　C. 4～6 圈　　D. 大于 6 圈

42. 只有在(　　)和定位基准精度很高时，重复定位才允许采用。

A. 设计基准　　B. 定位元件　　C. 测量基准　　D. 夹紧元件

43. 工件定位时，作为定位基准的点和线，往往是由某些具体表面体现的，这个表面称为(　　)。

A. 安装基准面　　B. 测量基准面　　C. 设计基准面　　D. 定位基准面

44. 工件的(　　)个自由度都得到限制，工件在夹具中只有唯一的位置，这种定位称为完全定位。

A. 4　　B. 5　　C. 6　　D. 7

45. 平头支撑钉适用于(　　)平面的定位。

A. 未加工　　B. 已加工　　C. 未加工过的侧面　　D. 都可以

46. 螺纹车刀刀尖高于或低于中心时，车削时易出现(　　)现象。

A. 扎刀　　B. 乱牙　　C. 窜动　　D. 停车

47. (　　)是计算机床功率,选择切削用量的主要依据。

A. 主切削力　　B. 径向力　　C. 轴向力　　D. 周向力

48. 以下不属于三爪卡盘的特点是(　　)。

A. 找正方便　　B. 夹紧力大　　C. 装夹效率高　　D. 自动定心好

49. 车通孔时,内孔车刀刀尖应装得(　　)刀杆中心线。

A. 高于　　B. 低于　　C. 等高于　　D. 都可以

50. 若偏心距较大而复杂的曲轴,可用(　　)来装夹工件。

A. 两顶尖　　B. 偏心套　　C. 两顶尖和偏心套　　D. 偏心卡盘和专用卡盘

51. 车普通螺纹,车刀的刀尖角应等于(　　)度。

A. 30　　B. 55　　C. 45　　D. 60

52. 车孔精度可达(　　)。

A. IT4-IT5　　B. IT5-IT6　　C. IT7-IT8　　D. IT8-IT9

53. 安装刀具时,刀具的刃必须(　　)主轴旋转中心。

A. 高于　　B. 低于　　C. 等高于　　D. 都可以

54. 刀具路径轨迹模拟时,必须在(　　)方式下进行。

A. 点动　　B. 快点　　C. 自动　　D. 手摇脉冲

55. 在自动加工过程中,出现紧急情况,可按(　　)键中断加工。

A. 复位　　B. 急停　　C. 进给保持　　D. 三者均可

56. 画螺纹连接图时,剖切面通过螺栓、螺母、垫圈等轴线时,这些零件均按(　　)绘制。

A. 不剖　　B. 半剖　　C. 全剖　　D. 剖面

57. 在视图表示球体形状时,只需在尺寸标注时,加注(　　)符号,用一个视图就可以表达清晰。

A. R　　B. Φ　　C. SΦ　　D. O

58. 用游标卡尺测量 8.08mm 的尺寸,选用读数值 i 为(B　)的游标卡尺较适当。

A. i=0.1　　B. i=0.02　　C. i=0.05　　D. i=0.015

59. 配合代号 H6/f5 应理解为(　　)配合。

A. 基孔制间隙　　B. 基轴制间隙　　C. 基孔制过渡　　D. 基轴制过渡

60. 牌号为 35 的钢的含碳量为百分之(　　)。

A. 35　　B. 3.5　　C. 0.35　　D. 0.035

61. 轴类零件的淬火热处理工序应安排在(　　)。

A. 粗加工前　　B. 粗加工后,精加工前

C. 精加工后　　D. 渗碳后

62. 下列钢号中,(　　)钢的塑性、焊接性最好。

A. 5　　B. T10　　C. 20　　D. 65

63. 精加工脆性材料,应选用(　　)的车刀。

A. YG3　　B. YG6　　C. YG8　　D. YG5

64. 切削时,工件转 1 转时车刀相对工件的位移量又叫做(　　)。

A. 切削速度　　B. 进给量　　C. 切削深度　　D. 转速

65. 精车外圆时,刃倾角应取(　　)。
A. 负值　　B. 正值　　C. 零　　D. 都可以

66. 传动螺纹一般都采用(　　)。
A. 普通螺纹　　B. 管螺纹　　C. 梯形螺纹　　D. 矩形螺纹

67. 一对相互啮合的齿轮,其齿形角、(　　)必须相等才能正常传动。
A. 齿数比　　B. 模数　　C. 分度圆直径　　D. 齿数

68. CNC 是指(　　)的缩写。
A. 自动化工厂　　B. 计算机数控系统　　C. 柔性制造系统　　D. 数控加工中心

69. 工艺基准除了测量基准、定位基准以外,还包括(　　)。
A. 装配基准　　B. 粗基准　　C. 精基准　　D. 设计基准

70. 工件以两孔一面为定位基准,采用一面两圆柱销为定位元件,这种定位属于(　　)定位。
A. 完全　　B. 部分　　C. 重复　　D. 永久

71. 夹具中的(　　)装置,用于保证工件在夹具中的正确位置。
A. 定位元件　　B. 辅助元件　　C. 夹紧元件　　D. 其他元件

72. V 形铁是以(　　)为定位基面的定位元件。
A. 外圆柱面　　B. 内圆柱面　　C. 内锥面　　D. 外锥面

73. 切削用量中(　　)对刀具磨损的影响最小。
A. 切削速度　　B. 进给量　　C. 进给速度　　D. 背吃刀量

74. 粗加工时的后角与精加工时的后角相比,应(　　)。
A. 较大　　B. 较小　　C. 相等　　D. 都可以

75. 车刀角度中,控制刀屑流向的是(　　)。
A. 前角　　B. 主偏角　　C. 刃倾角　　D. 后角

76. 精车时加工余量较小,为提高生产率,应选用较大的(　　)。
A. 进给量　　B. 切削深度　　C. 主轴转速　　D. 进给速度

77. 粗加工较长轴类零件时,为了提高工件装夹刚性,其定位基准可采用轴的(　　)。
A. 外圆表面　　B. 两端面
C. 一侧端面和外圆表面　　D. 内孔

78. 闭环控制系统的位置检测装置安装在(　　)。
A. 传动丝杠上　　B. 伺服电机轴端　　C. 机床移动部件上　　D. 数控装置

79. 影响已加工表面的表面粗糙度大小的刀具几何角度主要是(　　)。
A. 前角　　B. 后角　　C. 主偏角　　D. 副偏角

80. 为了保持恒切削速度,在由外向内车削端面时,如进给速度不变,主轴转速应该(　　)。
A. 不变　　B. 由快变慢　　C. 由慢变快　　D. 先由慢变快再由快变慢

81. 数控机床面板上 AUTO 是指(　　)。
A. 快进　　B. 点动　　C. 自动　　D. 暂停

82. 程序的修改步骤，应该是将光标移至要修改处，输入新的内容，然后按(　　)键即可。
A. 插入　B. 删除　C. 替代　D. 复位

83. 在Z轴方向对刀时，一般采用在端面车一刀，然后保持刀具Z轴坐标不动，按(　　)按钮。即将刀具的位置确认为编程坐标系零点。
A. 回零　B. 置零　C. 空运转　D. 暂停

84. 发生电火灾时，应选用(　　)灭火。
A. 水　B. 砂　C. 普通灭火机　D. 冷却液

85. 含碳量在(A　)钢称为低碳钢。
A. 0.05%～0.25%　B. 0.25%～0.6%　C. 0.6%～0.8%　D. 0.8%～2.11%

86. 将淬硬钢再加热到一定温度，保温一定时间，然后冷却到室温的热处理过程为(　　)。
A. 退火　B. 回火　C. 正火　D. 淬火

87. 以下材料中，耐热性最好的是(　　)。
A. 碳素工具钢　B. 合金工具钢　C. 硬质合金　D. 高速钢

88. 车削时，走刀次数决定于(　　)。
A. 切削深度　B. 进给量　C. 进给速度　D. 主轴转速

89. 车不锈钢选择切削用量时，应选择(　　)。
A. 较大的V，f　B. 较小的V，f
C. 较大的V，较小的f　D. 较小的V，较大的f

90. 在特定的条件下抑制切削时的振动可采用较小的(　　)。
A. 前角　B. 后角　C. 主偏角　D. 刃倾角

91. 以下(　　)情况不属于普通螺旋传动。
A. 螺母不动，丝杠回转并作直线运动
B. 丝杠回转，螺母作直线运动
C. 丝杠不动，螺母回转并作直线运动
D. 螺母回转，丝杠作直线运动

92. 液压泵的最大工作压力应(　　)其公称压力。
A. 大于　B. 小于　C. 小于或等于　D. 等于

93. 以下不属于数控机床主传动特点是(　　)。
A. 采用调速电机　B. 变速范围大　C. 传动路线长　D. 变速迅速

94. 工件在装夹中，由于设计基准与(　　)不重合而产生的误差，称为基准不重合误差。
A. 工艺　B. 装配　C. 定位　D. 夹紧

95. 轴在长V形铁上定位，限制了(　　)个自由度。
A. 2　B. 4　C. 3　D. 6

96. 垫圈放在磁力工作台上磨端面，属于(　　)定位。
A. 完全　B. 部分　C. 重复　D. 欠定位

97. 设计夹具时，定位元件的公差约等于工件公差的(　　)。
A. 1/2左右　B. 2倍　C. 1/3左右　D. 3倍

98. 加工长轴端孔时，一端用卡盘夹得较长，另一端用中心架装夹时，限制了(　　)个自由度。

A. 3　　B. 4　　C. 5　　D. 6

99. 精车时，为了减少工件表面粗糙度，车刀的刃倾角应取(　　)值。

A. 正　　B. 负　　C. 零　　D. 都可以

100. 用一顶一夹装夹工件时，若后顶尖轴线不在车床主轴轴线上，会产生(　　)。

A. 振动　　B. 锥度　　C. 表面粗糙度不高　　D. 同轴度差

附加练习题二

一、选择题：(共20分，以下四个备选答案中其中一个为正确答案，请将其代号填入括号内，回答正确地得一分，回答错误的不得分。)

1. AUTOCAD中要准确的把圆的圆心移到直线的中点需要使用(　　)。
   A. 正交　　B. 对象捕捉　　C. 栅格　　D. 平移
2. 手工建立新的程序是，必须最先输入的是(　　)。
   A. 程序段号　　B. 刀具号　　C. 程序号　　D. G代码
3. 在线加工(DNC)的意义为(　　)。
   A. 零件边加工边装夹
   B. 加工过程与面板显示程序同步
   C. 加工过程为外接计算机在线输送程序到机床。
   D. 加工过程与互联网同步
4. 系统面板上的ALTER键用于(　　)程序中的字。
   A. 删除　　B. 替换　　C. 插入　　D. 清除
5. 工件在机床上定位夹紧后进行工件坐标系设置，用于确定工件坐标系与机床坐标系关系的参考点称为(　　)。
   A. 对刀点　　B. 编程原点　　C. 到位点　　D. 机床原点
6. 当加工内孔直径Φ38.5mm，实测为Φ38.60mm，则在该刀具磨耗补偿对应位置输入(　　)值进行修调至尺寸要求。
   A. −0.2mm　　B. 0.2mm　　C. −0.3mm　　D. −0.1mm
7. 加工带有键槽的传动轴，材料为45钢并须淬火处理，表面粗糙度要求为Ra0.8um，其加工工艺为(　　)。
   A. 粗车—铣—磨—热处理　　B. 粗车—精车—铣—热处理—粗磨—精磨
   C. 车—磨—铣—热处理　　D. 车—热处理—磨—铣
8. 数控车加工盘类零件时，采用(　　)指令加工可以提高表面粗糙度。
   A. G96　　B. G97　　C. G98　　D. G99
9. 在FANUC系统中，车削圆锥体可用(　　)循环指令编程。
   A. G70　　B. G94　　C. G90　　D. G92
10. 以内孔为基准的套类零件，可采用(　　)方法，安装保证位置精度。
    A. 心轴　　B. 三爪卡盘　　C. 四爪卡盘　　D. 一夹一顶
11. 用于批量生产的胀力心轴可用(　　)制成。
    A. 45号钢　　B. 60号钢　　C. 65Mn　　D. 铸铁
12. 刃倾角取值愈大，切削力(　　)。
    A. 减小　　B. 增大　　C. 不改变　　D. 消失

13. 当选择的切削速度在(　　)米/分钟时，最易产生积屑瘤。
A. 0～15　　B. 15～30　　C. 50～80　　D. 150
14. 在 FANUC 系统中，(　　)指令用于大角度锥面的循环加工。
A. G92　　B. G93　　C. G94　　D. G95
15. 首先应根据零件的(　　)精度，合理选择装夹方法。
A. 尺寸　　B. 形状　　C. 位置　　D. 表面
16. 相邻两牙在中径线上对应两点之间的(　　)，称为螺距。
A. 斜线距离　　B. 角度　　C. 长度　　D. 轴向距离
17. 在 M20—6H/6g 中，6H 表示内螺纹公差带号，6g 表示(　　)公差带代号。
A. 大径　　B. 小径　　C. 中径　　D. 外螺纹
18. 在螺纹加工时应考虑升速段和降速段造成的(　　)误差。
A. 长度　　B. 直径　　C. 牙型角　　D. 螺距
19. M20 粗牙三角形螺纹的小径应车至(　　)mm
A. 16　　B. 16.75　　C. 17.29　　D. 20
20. 普通三角螺纹的牙型角为(　　)。
A. 30°　　B. 40°　　C. 55°　　D. 60°

二、判断题：(请将判断的结果填入题前的括号中，正确的填"√"，错误的填"×")

(　　)1. 机械制图图样上所用的单位为 cm。
(　　)2. 基准轴的上偏差等于零。
(　　)3. 刀具的耐用度取决于刀具本身的材料。
(　　)4. 工艺系统刚性差，容易引起振动，应适当增大后角。
(　　)5. 我国动力电路的电压是 380V。
(　　)6. 机床"点动"方式下，机床移动速度 F 应由程序指定确定。
(　　)7. 退火和回火都可以消除钢的应力，所以在生产中可以通用。
(　　)8. 加工同轴度要求高的轴工件时，用双顶尖的装夹方法。
(　　)9. YG8 刀具牌号中的数字代表含钴量的 80%。
(　　)10. 钢渗碳后，其表面即可获得很高的硬度和耐磨性。
(　　)11. 不完全定位和欠定位所限制的自由度都少于六个，所以本质上是相同的。
(　　)12. 钻削加工时也可能采用无夹紧装置和夹具体的钻模。
(　　)13. 在机械加工中，采用设计基准作为定位基准称为符合基准统一原则。
(　　)14. 一般 CNC 机床能自动识别 EIA 和 ISO 两种代码。
(　　)15. 所谓非模态指令指的是在本程序段有效，不能延续到下一段指令。
(　　)16. 数控机床重新开机后，一般需先回机床零点。
(　　)17. 加工单件时，为保证较高的形位精度，在一次装夹中完成全部加工为宜。
(　　)18. 零件的表面粗糙度值越小，越易加工。
(　　)19. 刃磨麻花子钻时，如磨得的两主切削刃长度不等，钻出的孔径回大于钻头直径。
(　　)20. 一般情况下金属的硬度越高，耐磨性越好。
(　　)21. 装配图上相邻零件是利用剖面线的倾斜方向不同或间距不同来区别的。

(　　)22. 基准孔的下偏差等于零。
(　　)23. 牌号 T4 和 T7 是纯铜。
(　　)24. 耐热性好的材料,其强度和韧性较好。
(　　)25. 前角增大,刀具强度也增大,刀刃也越锋利。
(　　)26. 用大平面定位可以限制工件四个自由度。
(　　)27. 小锥度心轴定心精度高,轴向定位好。
(　　)28. 辅助支承是定位元件中的一个,能限制自由度。
(　　)29. 万能角度尺只是测量角度的一种角度量具。
(　　)30. CNC 机床坐标系统采用右手直角笛卡儿坐标系,用手指表示时,大拇指代表 X 轴。
(　　)31. 表达零件内形的方法采用剖视图,剖视图有全剖、半剖、局部剖三种。
(　　)32. Φ38H8 的下偏差等于零。
(　　)33. 一般情况下,金属的硬度越高,耐磨性越好。
(　　)34. 用高速钢车刀应选择比较大的切削速度。
(　　)35. 从刀具寿命考虑,刃倾角越大越好。
(　　)36. 只要选设计基准作为定位基准就不会产生定位误差。
(　　)37. 车长轴时,中心架是辅助支承,它也限制了工件的自由度。
(　　)38. 辅助支承帮助定位支承定位,起到了限制自由度的作用,能提高工件定位的精确度。
(　　)39. 游标卡尺可测量内、外尺寸、高度、长度、深度以及齿轮的齿厚。
(　　)40. CNC 机床坐标系统采用右手直角笛卡儿坐标系,用手指表示时,大拇指代表 Z 轴。
(　　)41. 机床电路中,为了起到保护作用,熔断器应装在总开关的前面。
(　　)42. 带传动主要依靠带的张紧力来传递运动和动力。
(　　)43. 粗车轴类工件外圆,75°车刀优于 90°车刀。
(　　)44. 粗基准因牢固可靠,故可多次使用。
(　　)45. 液压传动不易获得很大的力和转矩。
(　　)46. 在三爪卡盘上装夹大直径工件时,应尽量用正卡盘。
(　　)47. 铰孔时,切削速度越高,工件表面粗糙度越细。
(　　)48. 普通螺纹内螺纹小径的基本尺寸与外内螺纹小径的基本尺寸相同。
(　　)49. 多工位机床,可以同时在几个工位中进行加工及装卸工件,所以有很高的劳动生产率。
(　　)50. 在相同力的作用下,具有较高刚度的工艺系统产生的变形较大。
(　　)51. 熔断器是起安全保护装置的一种电器。
(　　)52. 在常用螺旋传动中,传动效率最高的螺纹是梯形螺纹。
(　　)53. 铰孔是精加工的唯一方法。
(　　)54. 数控机床中当工件编程零点偏置后,编程时就方便多了。
(　　)55. 液压系统适宜远距离传动。
(　　)56. 用硬质合金切断刀切断工件时,不必加注切削液。

(　　)57. 圆锥的大、小端直径可用圆锥界限量归来测量。

(　　)58. 在丝杠螺距为12mm的车床上,车削螺距为3mm的螺纹要产生乱扣。

(　　)59. 编制工艺规程时,所采用的加工方法及选用的机床,它们的生产率越高越好。

(　　)60. 实际尺寸相同的两副过盈配合件,表面粗糙度小的具有较大的实际过盈量,可取得较大的连接强度。

(　　)61. 广泛应用的三视图为主视图、俯视图、左视图。

(　　)62. 基准孔的下偏差等于零。

(　　)63. 增大后角可减少摩擦,故精加工时后角应较大。

(　　)64. 螺旋机构可以把回转运动变成直线运动。

(　　)65. 为了保证安全,机床电器的外壳必须接地。

(　　)66. 机床“快动”方式下,机床移动速度F应由程序指定确定。

(　　)67. 发生电火灾时,首先必须切断电源,然后救火和立即报警。

(　　)68. 车细长轴时,为减少热变形伸长,应加充分的冷却液。

(　　)69. 硬质合金焊接式刀具具有结构简单、刚性好的优点。

(　　)70. 各种热处理工艺过程都是由加热、保温、冷却三个阶段组成的。

(　　)71. “一面两销”定位,对一个圆销削边是减少过定位的干涉。

(　　)72. 粗基准是粗加工阶段采用的基准。

(　　)73. 两个短V形块和一个长V形块所限制的自由度数目是一样的。

(　　)74. 直接找正安装一般多用于单件、小批量生产,因此其生产率低。

(　　)75. 定尺寸刀具法是指用具有一定的尺寸精度的刀具来保证工件被加工部位的精度。

(　　)76. 工件在夹具中的定位时,欠定位和过定位都是不允许的。

(　　)77. 为了进行自动化生产,零件在加工过程中应采取单一基准。

(　　)78. 一般以靠近零线的上偏差(或下偏差)为基本偏差。

(　　)79. 公差等级代号数字越大,表示工件的尺寸精度要求越高。

(　　)80. 高速钢在强度、韧性等方面均优于硬质合金,故可用于高速切削。

参考答案

项目四引导问题参考答案

一、判断题(每小题一份,共20分)

1. √ 2. × 3. × 4. × 5. √ 6. √ 7. × 8. × 9. × 10. √ 11. ×
12. × 13. √ 14. √ 15. × 16. √ 17. √ 18. √ 19. √ 20. √

二、选择题(每小题1分,共20分)

1. D 2. D 3. B 4. B 5. A 6. A 7. C 8. C 9. B 10. A 11. D 12. B
13. C 14. C 15. B 16. B 17. D 18. A 19. A 20. A

三、选择题(每小题一份,共20分)

1	切削油	6	调制钢(或合金结构钢)	11	螺纹切削	16	调速范围宽
2	中等	7	正火	12	(X0,Z0)	17	直径值
3	+IT/2	8	切向	13	EDIT	18	编辑方式
4	准备(或快速定位准备)	9	辅助功能指令(或M指令)	14	定位误差	19	柔性制造单元
5	没有	10	直角	15	P类(或YT类)	20	防护罩

四、简答题(根据问题作答,要求笔迹清晰。共20分)

1. 用两顶尖安装工件时应注意哪些问题?(5分)

答:1)车床主轴轴线应在前后顶尖的连线。

2)在不影响车刀切削的前提下,尾座套筒应尽量伸出短些。

3)中心孔形状应正确,表面粗糙度要小。

4)如用固定顶尖,应在中心孔内加工业黄油(钙基黄油)。

5)两顶尖与中心孔的配合必须松紧合适。

2. 刃磨螺纹车刀时,应达到哪些要求?(5分)

答:刃磨螺纹车刀时,应达到以下要求:

1)车刀的刀尖应等于牙型角。

2)车刀的径向前角 $\gamma_p=0°$,粗车时允许有 $5°\sim15°$ 的径向前角。

3)车刀后角因螺纹升角的影响,应磨的不同,进给方向的后角较大,车刀的左右切削刃必须是直线(滚珠丝杠螺纹除外)。

3. 车削轴类零件时,由于车刀的哪些原因,而使表面的粗糙度达不到要求?(5分)

答:1)车刀刚性不足或伸出太长引起震动。

2)车刀几何角度形状不正确,例如选用过小的前角、主偏角和后角。

3)刀具磨损等原因。

4. 数控车床工件装夹有哪些要求？（5分）

答：数控车床夹具的要求：(1)夹具应具有足够的刚性和精度；(2)夹具应具有可靠的定位。

数控车床常用夹具的类型：(1)用于盘类或短轴类的加工，例如：三爪卡盘、四抓卡盘；(2)用于轴类或细长轴类零件，例如：毛坯装在一夹一顶、两顶尖、梁顶尖和中间支架、两顶尖和跟刀架；(3)用于加工特型零件，例如用花盘装夹；(4)其他的特殊类型加工的夹具。

数控车床工件的安装应注意：(1)力求设计、工艺与编程基准的统一，有利于提高编程是数值计算的简便性和精确性。(2) 尽量减少装夹次数，尽可能在一次装夹后，加工出全部或大部分代加工面。

五、编程题：(本题 20 分，根据要求作答，要求字迹工整，不答不给分)

使用数控车床切削零件图如图 1 所示，毛坯材料为 45 号钢，直径为 25mm，长度为 80mm。

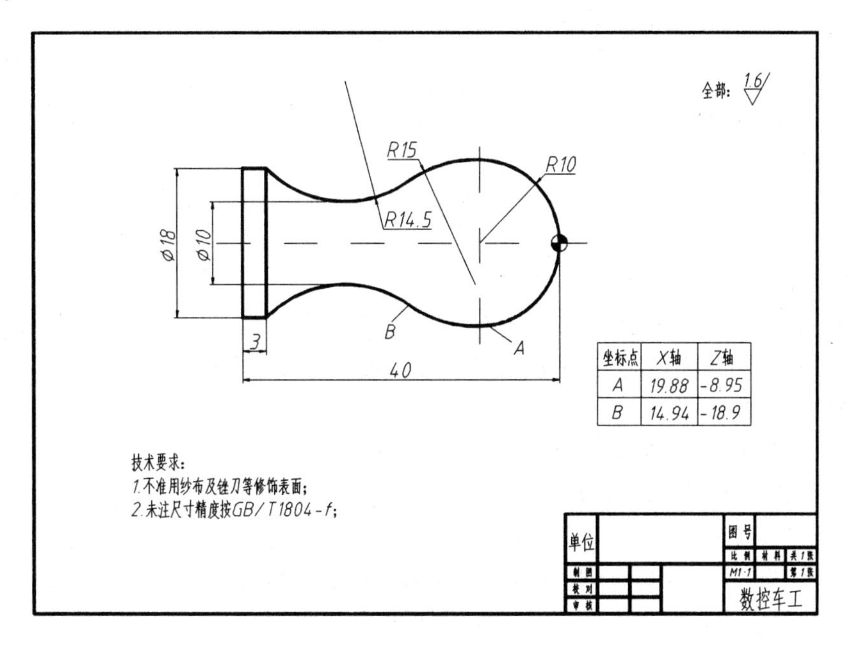

图 1

● 刀架上有 4 把车刀，1 号刀为粗车 90°外圆车刀，2 号刀是精车 90°外圆车刀，3 号刀为切断刀(刀宽为 3.0mm，对刀时对截刀的右边点)，4 号刀为公制外螺纹车刀。

● 编写粗精车加工的程序。零件的粗糙度为 Ra1.6。

解：1. 识读图样：

(1)图样分析：该图样由连接相切的圆弧段组成，最左侧有一个圆柱体，适合数控车床加工。

(2)尺寸精度、表面质量和形位公差分析

①该图最大直径尺寸 R10，尺寸精度为一般线性公差精密级(±0.1)；最小直径尺寸 Φ10，尺寸精度为一般线性公差精密级(±0.1)。

②最大长度尺寸 40，尺寸精度为一般线性公差精密级(±0.15).

③表面粗糙度 Ra1.6,要求较高,对切削参数、刀具材料和刀具角度均有较高的要求。

④该图样没有形位公差,对装夹要求一般,可用三爪卡盘装夹。

⑤图样上圆弧节点 A、B 的坐标均已告知。

2. 选择切削刀具:

(1)刀具材料的选择:

因为毛坯材料是 Φ25 的 45# 钢,题中没有给出热处理方式,按照正火处理,一般硬度在 179-217HBS,易切削。90°粗车刀材料选用 P30(YT5),90°精车刀选用 P10(YT15),切断刀材料选用 P30(YT5),公制为螺纹刀材料选用 P10(YT15)。

(2)刀具角度的选择:均按照加工中等硬度材料的刀具角度选择。

(3)刀具偏置位置的选择

1 号车刀:90°右粗偏刀,第 01 组刀补,刀尖半径 0.8,刀尖方位角 T3。

2 号车刀:90°右精偏刀,第 02 组刀补,刀尖半径 0.2,刀尖方位角 T3。

3 号车刀:切断刀,刀刃宽 4,有效切削长度≥25,第 03 组刀补,刀尖半径 0.1,刀尖方位角 T8。

4 号车刀:公制外螺纹刀,刀尖夹角 60°,第 04 组刀补,刀尖半径 0.2,刀尖方位角 T8。

3. 选择(计算)加工参数

(1)主轴转速的选择:粗加工选择主轴转速 $n=360$r/min,精加工选择主轴转速 $n=1120$r/min

(2)加工余量:

①直径方向:最大加工余量 Φ25mm(直径值),第二加工余量 25－10＝15mm。

②轴向方向:对刀操作完毕,毛坯沿轴向方向比对刀的 Z 面向＋Z 方向伸长 1mm,

(3)背吃刀量的选择:

①每一个被加工面粗加工的背吃刀量的选择:$a_p=2.0$

②每一个被加工面精加工的余量的选择:$a_p=0.2$(直径方向)$a_p=0.1$(轴向方向)

(4)进给速度的选择:

①每一个被加工面粗加工的进给速度的选择:$F=0.3$mm/r

②每一个被加工面精加工的进给速度的选择:$F=0.08$mm/r

4. 被编程加工工件的各个基点(或节点)的计算

(1)以工件的轴线和右端面的交点为工件编程原点。

(2)图样上各个基点(或节点)的坐标。直接在程序中显现。

5. 工件的装夹方式。

(1)根据图纸的技术要求,确定装夹方式:该工件用三爪卡盘直接装夹,一次切断。

(2)确定毛坯直径尺寸。(图 1 的毛坯尺寸为 Φ25)

(3)确定毛坯从卡盘端面伸出的长度尺寸:图 2 伸出的长度尺寸为 70,其长径比＝2.8,属于刚性轴。

6. 编程:(因系统不相同,编程程序仅供参考)

(1)确定几何体的切削路径和相关参数

粗车加工刀位点轨迹图:如图 2、图 3 所示。

(2)编制程序

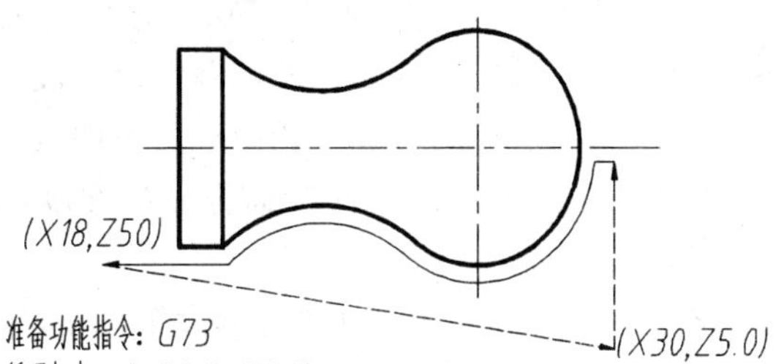

图 2

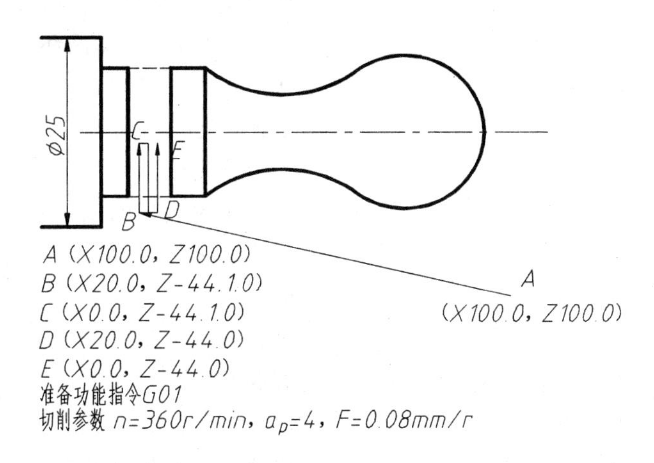

图 3

机械回零；

O0001；（设定程序名）

N0010 G99；（设定进给速度 min/r）

N0020 M03 S360；（主轴以 360 转/分钟正传）

N0030 T0101；（选定 1 号 90°粗车刀，第一组刀补）

N0040 G00 X30.0 Z5.0 G42；（快速定位到循环起点）

N0050 G73 U25.0 W0 R13；（+X 方向退刀 25mm，+Z 方向退刀 14mm，分 13 次进刀车削）

N0060 G73 P0060 Q0120 U0.2 W0.1 F0.3；（+X 方向精加工余量 0.2mm，+Z 方向精加工余量 0.1mm，粗车进给速度 0.3 毫米/转）

N0070 G00 X0.0 Z5.0；（零件轮廓程序第一段，快速进刀接近加工位置）

N0080 G01Z0 F0.08；（零件轮廓程序第二段，刀位点接触工件坐

```
                                              标原点。F0.1对G73无效,对G70有效)
N0090  G03   X19.88  Z-8.95  R10.0;(零件轮廓程序第三段,车削R10圆球面)
N0100  G03   X14.94  Z-18.9  R15.0;(零件轮廓程序第四段,车削R15圆弧体)
N0110  G03   X18.0   Z-37.0  R14.5;(零件轮廓程序第五段,车削R14.5凹圆弧
                                    体)
N0120  G01   X18.0   Z-50.0;        (零件轮廓程序第六段,车削Φ18.0圆柱体,
                                    循环结束)
N0130  G00   X100.0  Z100.0  G40;(快速退刀到换刀点)
N0140  T0100;                       (取消1号刀刀补)
N0150  T0404;                       (换4号公制精车刀)
N0160  S1120;                       (主轴转速1120转/分钟)
N0170  G00  X30.0    Z5.0    G42;  (快速定位到循环起点,准备精车)
N0180  G70  P0060    Q0120;         (精车循环,将粗车循环的余量车削掉)
N0190  G00  X100.0  Z100.0  G40;   (快速退刀到换刀点)
N0200  T0400;                       (取消4号刀刀补)
N0210  T0303;                       (换3号切断刀)
N0220  G00  X20.0    Z-44.1  G42;  (快速定位到切断循环起点,准备切断)
N0230  G01  X8.0    Z-44.1  F0.1;  (切除工艺槽,为精车左端面做准备)
N0230  G01  X20.0    Z-44.1;        (退刀)
N0230  G01  X20.0    Z-44.0;        (进刀)
N0240  G01  X0.0    Z-44.0  F0.08;(切断)
N0250  G01  X20.0    Z-44.0  F0.08;(退刀)
N0260  G00  U100.0  W100.0  G40;   (快速退刀到机械零点)
N0270  M05  T0300;                  (主轴停转,取消2号刀刀补)
N0280  M30;                         (程序结束,系统复位)
```

项目五引导问题参考答案

1. B　2. B　3. C　4. A　5. D　6. B　7. D　8. D　9. A　10. C　11. A　12. D
13. D　14. D　15. A　16. D　17. B　18. B　19. B　20. B　21. D　22. A　23. A
24. D　25. C　26. A　27. A　28. D　29. A　30. D　31. B　32. D　33. A　34. A
35. B　36. A　37. A　38. B　39. B　40. A　41. B　42. D　43. C　44. C　45. C
46. B　47. B　48. D　49. B　50. B　51. A　52. D　53. D　54. D　55. C　56. B
57. D　58. A　59. B　60. C　61. C　62. D　63. A　64. A　65. C　66. A　67. B
68. C　69. A　70. B　71. C　72. C　73. C　74. A　75. B　76. B　77. C　78. B
79. C　80. B　81. A　82. A　83. D　84. C　85. A　86. A　87. C　88. C　89. C
90. A　91. B　92. A　93. C　94. A　95. B　96. A　97. D　98. A　99. A　100. D

项目六引导问题参考答案

一、判断题(第1～20题。将判断结果填入括号中,正确的填"√",错误的填"×"。每题1分,满分20分)

1.(×) 2.(√) 3.(×) 4.(×) 5.(√) 6.(×) 7.(√) 8.(×) 9.(√)
10.(√) 11.(×) 12.(×) 13.(√) 14.(×) 15.(×) 16.(√) 17.(×)
18.(×) 19.(√) 20.(√)

二、选择题(第21～60题。选择正确的答案,将相应的字母填入题内的括号中。每题1分,满分40分)

21. D 22. C 23. D 24. A 25. B 26. A 27. C 28. C 29. B 30. B 31. B
32. D 33. C 34. B 35. D 36. B 37. A 38. C 39. A 40. D 41. C 42. B
43. C 44. D 45. B 46. A 47. B 48. D 49. B 50. B 51. C 52. A 53. D
54. A 55. A 56. B 57. B 58. C 59. D 60. C

三、简答题

61. 什么叫刀具前角?它的作用是什么?

答:刀具前角是前刀面与基面之间的夹角。

它的作用:前角主要影响切屑变形和切削力的大小,以及刀具耐用度和加工表面质量的高低。增大前角,可使夕屑易于流出,切削力降低,切削轻快。但前角过大,会使刀刃的强度降低。所以当工件材料的硬度较低 刀头材料韧性较好或精加工时,可选择较大的前角,反之则应选择较小的前角。

62. 刀具半径补偿的作用是什么?使用刀具半径补偿有哪几步?在什么移动指令下才能建立和取消刀具半径补偿功能?

答:作用:当加工曲线轮廓时,对于有刀具半径补偿功能的数控系统,可不必求出刀具中心的运动轨迹,只需按被加工工件轮廓曲线编程,同时在程序中给出刀具半径的补偿指令,就可加工出零件的轮廓曲线,使编程简化。

步骤:刀具半径补偿的建立→刀具半径补偿的进行→刀具半径补偿的撤销。

指令:在G00或G01指令下才能建立和取消刀具半径补偿。

63. 数控机床对进给系统有哪些要求?

答:数控机床对进给系统的要求:(1)承载能力强,(2)调速范围宽,(3)较高的控制精度,(4)合理的跟踪速度,(5)系统工作应稳定和可靠,(6)摩擦阻力小,传动精度和刚度高。

64. 车偏心工件时,应注意哪些问题?

使用三爪卡盘车削偏心轴注意事项:

(1)应选用硬度比较高的材料做垫块,以防止在装夹时发生挤压变形。

(2)垫块与卡爪解除的一面应做成与卡爪相同的圆弧面,否则,接触面将会产生间隙,造成偏心距误差。

(3)装夹时,工件轴线不能歪斜,否则,会影响加工精度。

(4)对精度要求较高的工件,必须在首件加工时进行试车削检验,将垫块调整合适后才可以正式车削。

使用四爪卡盘车削偏心轴注意事项:

(1)用百分表严格校准偏心距。

(2)装夹时,工件轴线不能歪斜,否则,会影响加工精度。

(3)对精度要求较高的工件,必须在首件加工时进行试车削检验,车削时:由于余量不均匀,定位点要大于偏心距,确保安全距离,未光整前,车削用量不宜过大,中途严禁卸掉工件。

65. 有一套筒如图所示,以端面 A 定位加工缺口时,计算尺寸 A_3 及其公差

答:尺寸 A_1　A_2　A_3 及 A_0 形成工艺尺寸链,其中 A_0 为封闭环,A_2　A_3 为增环,A_1 为减环。已知尺寸 $A_0=12_{0}^{+0.15}$　$A_2=35_{0}^{+0.06}$　$A_1=70\pm0.07$,求 A_3 的尺寸?

(1)求 A_3 的基本尺寸

由:$A_0=A_2+A_3-A_1$

故 A_3 基本尺寸为:$A_3=A_1-A_2+A_0=70-35+12=47$(mm)

(2)求 A_3 的上偏差:

由:$ES_0=ES_2+ES_3-EI_1$

故 A_3 的上偏差:$ES_3=ES_0+EI_1-ES_2=0.15+(-0.07)-0.06=0.02$

(3)　求 A_3 的下偏差:

由:$EI_0=EI_2+EI_3-ES_1$

得:A_3 的下偏差:$EI_3=EI_0+ES_1-EI_2=0+0.07-0=0.07$

故 $A_3=47_{+0.07}^{+0.02}$(mm)该尺寸不存在,需要重新设计尺之间的关系。

(4)计算验证

由:封闭环的公差 IT_0=增环的公差之和-减环的公差之和

$IT_0=0.15-0=0.15$

增环的公差之和-减环的公差之和=(0.06-0)+(0.02-0.07)-〔0.07-(-0.07)〕=-0.15

验算不成立,该尺寸需要修正后才能加工。

66. 编程题(参照第二阶段项目四中引导问题的编程题答案形式)

附加练习题一参考答案

1. C　2. B　3. C　4. B　5. C　6. B　7. A　8. A　9. D　10. B　11. B　12. D
13. A　14. A　15. C　16. A　17. A　18. A　19. A　20. C　21. B　22. C　23. A
24. D　25. B　26. B　27. B　28. A　29. C　30. B　31. B　32. A　33. A　34. D
35. D　36. A　37. D　38. C　39. B　40. D　41. B　42. B　43. D　44. C　45. B
46. A　47. A　48. B　49. A　50. D　51. D　52. C　53. C　54. C　55. D　56. A
57. C　58. B　59. A　60. C　61. B　62. (C)　63. A　64. B　65. B　66. C　67. B
68. B　69. A　70. A　71. A　72. A　73. D　74. B　75. C　76. C　77. C　78. C
79. D　80. C　81. C　82. C　83. B　84. B　85. A　86. B　87. C　88. A　89. C
90. B　91. D　92. C　93. C　94. C　95. B　96. B　97. C　98. B　99. A　100. B

附加练习题二参考答案

一、选择题:(共20分,以下四个备选答案中其中一个为正确答案,请将其代号每个小题前的填入括号内,回答正确地得一分,回答错误的不得分。)

1. B　2. C　3. C　4. B　5. A　6. D　7. B　8. A　9. C　10. A　11. C　12. A

13. B　14. C　15. C　16. C　17. D　18. D　19. B　20. D

二、判断题:(请将判断的结果填入题前的括号中,正确的填"√",错误的填"×")

1. (×)　2. (√)　3. (√)　4. (×)　5. (√)　6. (×)　7. (×)　8. (√)　9. (×)
10. (√)　11. (×)　12. (√)　13. (×)　14. (√)　15. (√)　16. (√)　17. (√)
18. (×)　19. (√)　20. (√)　21. (√)　22. (√)　23. (×)　24. (×)　25. (×)
26. (×)　27. (×)　28. (×)　29. (√)　30. (√)　31. (√)　32. (√)　33. (√)
34. (×)　35. (×)　36. (×)　37. (×)　38. (×)　39. (√)　40. (×)　41. (×)
42. (×)　43. (√)　44. (×)　45. (×)　46. (×)　47. (×)　48. (√)　49. (√)
50. (×)　51. (√)　52. (×)　53. (×)　54. (√)　55. (×)　56. (×)　57. (√)
58. (×)　59. (×)　60. (√)　61. (√)　62. (√)　63. (√)　64. (√)　65. (√)
66. (×)　67. (√)　68. (√)　69. (√)　70. (×)　71. (√)　72. (√)　73. (×)
74. (√)　75. (√)　76. (√)　77. (√)　78. (√)　79. (×)　80. (×)